Automobil-Sensorik 2

Thomas Tille (Hrsg.)

Automobil-Sensorik 2

Systeme, Technologien und Applikationen

Springer Vieweg

Dr.-Ing. Thomas Tille
BMW AG
Knorrstr. 147
80788 München

Technische Universität München
Arcisstr. 21
80333 München

ISBN 978-3-662-56309-0
ISBN 978-3-662-56310-6 (eBook)
DOI 10.1007/978-3-662-56310-6

Die Deutsche Nationalbibliothek verzeichnet diese Publikation in der Deutschen Nationalbibliografie; detaillierte bibliografische Daten sind im Internet über http://dnb.d-nb.de abrufbar.

Springer Vieweg

Gedruckt auf säurefreiem und chlorfrei gebleichtem Papier

Springer Vieweg ist Teil von Springer Nature
Die eingetragene Gesellschaft ist Springer-Verlag GmbH Berlin Heidelberg

Vorwort

Die Sensorik nimmt im Automobil einen bedeutenden und stark wachsenden Stellenwert ein. Im Zuge der rasanten Entwicklungen auf dem Gebiet der Fahrzeugtechnik, wie Automatisiertes Fahren und E-Mobilität, sind immer genauere und robustere Sensorinformationen unabdingbar. Diese Informationen werden in komplexen Regelalgorithmen der Fahrzeugelektronik insbesondere zur Objekterkennung, Systemüberwachung, Motorsteuerung, Fahrstabilität, Sicherheits- und Komforterhöhung genutzt. Zur Generierung dieser Informationen gewinnen neben der Optimierung bekannter Sensorprinzipien zunehmend auch neue Sensorkonzepte und -technologien an Bedeutung. Die resultierenden Sensorsysteme unterliegen neben den hohen technischen Anforderungen auch immer höheren Ansprüchen hinsichtlich Kosten, Miniaturisierung, Qualität und Zuverlässigkeit.

Um innovative Sensoren unter dem anwendungsbezogenen Fokus der Automobilindustrie zu diskutieren, wurde die Tagung *Sensoren im Automobil* im Jahre 2006 von mir erstmals initiiert. Die Beitragsinhalte der nunmehr 7. Tagung *Sensoren im Automobil* 2018 sind in diesem Fachbuch zusammengestellt und spiegeln den Trend aktueller Sensorentwicklungen für spezielle Fahrzeug-Anwendungsgebiete wider.

Der Schwerpunkt dieser Ausgabe liegt auf Sensorprinzipien und -technologien für Automatisiertes Fahren, Batterie-Zellüberwachung in Elektrofahrzeugen, Motorsteuerungen, Abgasregelungen, Klimatisierung und aktive Sicherheit im Automobil.

Einführend werden aktuelle Trends in der Automobil-Sensorik an Hand der Marktentwicklung von Sensoren betrachtet und die wichtigsten Treiber für künftige Sensorik-Anwendungen herausgestellt. Einer dieser Treiber ist das Automatisierte Fahren. Dahingehend wird ein LiDAR-Sensorsystem zur Abstands- und Geschwindigkeitsmessung sowie zur Klassifizierung von Objekten im Straßenverkehr vorgestellt. Um einen langzeitstabilen Betrieb bei gleichzeitig geringer Baugröße von Radarsensoren zu ermöglichen, werden zudem porösizierte Glaskeramik-Substrate beschrieben. Ein weiterer Treiber für die Automobil-Sensorik ist die Elektrifizierung des Antriebsstrangs von Fahrzeugen im Rahmen der E-Mobilität. Für den Einsatz in Elektrofahrzeugen werden dahingehend Sensorsysteme auf Basis der optischen Batteriesensorik und der Impedanzsensorik zur Überwachung von

Lithium-Ionen-Akkus behandelt. Des Weiteren werden integrierte Fluxgate-Sensoren zur Strommessung in Hybrid- und Elektrofahrzeugen, hoch integrierte Strom- und Positionssensoren für elektrische Antriebssysteme und ein Störfeld-robuster Kurbelwellensensor für den Einsatz in Hybridfahrzeugen vorgestellt. Ein Sensorsystem zur dynamischen Drehmomentmessung für zukünftige Antriebsstrangregelungen wird beschrieben. Für die Anwendung im Abgasstrang wird eine Beladungsregelung eines NH_3-SCR-Katalysator-Systems auf minimale NO_x-Emissionen mittels Hochfrequenz-Sensorik behandelt. Aus dem Gebiet der Fahrzeugklimatisierung werden ein miniaturisierter, thermisch gepulster VOC/CO_2-Sensor zur Luftgütedetektion und ein intelligenter Temperatursensor zur Erfassung der repräsentativen Innenraumtemperatur des Fahrzeugs beschrieben. Zur Optimierung der automatischen Lichtfunktionen im Automobil wird ein optischer Sichtweitensensor zur Nebelerkennung vorgestellt. Des Weiteren wird ein Ansatz für Sensorik in intelligenten Steckverbindern im Automobil beschrieben.

Das Buch richtet sich an Professionals in Wirtschaft und Wissenschaft, insbesondere im Tätigkeitsfeld der Automobilindustrie, bei Sensorherstellern und Forschungseinrichtungen.

An dieser Stelle gilt mein besonderer Dank allen Autoren, durch deren Beiträge dieses Buch im Kontext der Tagung *Sensoren im Automobil* 2018 entstehen konnte.

München, im April 2018 Dr. Thomas Tille

Inhaltsübersicht

Inhaltsverzeichnis

Kapitel 1
Trends in der Automobil-Sensorik

Richard Dixon[1]

Kurzfassung Die Automobilindustrie befindet sich in einem starken Umbruch. Die Elektrifizierung des Antriebs und die Automatisierung der Fahrfunktionen sowie die Anbindung an die Umwelt insgesamt sind drei der Hauptfaktoren, die die Automobillandschaft in den nächsten 20 Jahren erheblich verändern werden. Fahrzeugarchitektur, Systeme und zugrundeliegende Komponenten werden dadurch radikal beeinflusst und es entstehen neue Möglichkeiten. In diesem Beitrag werden die Möglichkeiten und Trends für neue Sensortechnologien in einigen interessanten neuen Anwendungsfeldern beschrieben.

1.1 Einleitung

Die Art und Weise, wie Automobile und andere Transportmittel wahrgenommen werden, verändert sich. In Europa existiert ein interessanter Ansatz, der sich mit Carsharing-Modellen anstelle des eigenen Besitzes eines Automobils auseinandersetzt. Zusätzlich wächst das Bewusstsein für eine saubere Umwelt. Die Regierungen aller großen Länder erlassen fortlaufend gesetzliche Vorschriften, die umweltfreundlichere Fahrzeuge abverlangen, um die Verpflichtungen des Pariser Klimaabkommens [1] einzuhalten. Andererseits führen Ziele zur Verringerung der Anzahl von Verkehrsopfern zu fortschrittlicheren Assistenzsystemen und letztendlich zu weiter automatisierten Systemen, die künftig *autonom fahrende Automobile* ermöglichen.

Autonom fahrende Automobile als starker Ausdruck für Fortbewegungsfreiheit sind für den Nutzer sehr überzeugend. Es ist eine der wichtigsten Motivationen für zukünftige Innovationen im Automobil, die enorme Auswirkungen auf die Elektronik und insbesondere auf die Sensorik hat.

Der Schwerpunkt dieses Beitrags liegt auf einer Darstellung des aktuellen Standes der Sensorik im Automobil und der sich abzeichnende Trend zukünftiger Sensorik-Entwicklungen.

---

[1] IHS Markit.

T. Tille (Hrsg.), *Automobil-Sensorik 2*, DOI 10.1007/978-3-662-56310-6_1,

Aktuell befindet sich die Automobilindustrie in einer sehr dynamischen Phase. Die Verbreitung von *Advanced Driver Assistent Systems* (ADAS) und die Erweiterung auf autonom fahrende Automobile, Informationsfusion, fortschrittliches Infotainment, Elektrifizierung des Antriebs, Konnektivität und sich ändernde Fahrzeugarchitekturen erfordern Veränderungen in der Automobil-Industrie. In den meisten Fällen ist die Sensorik-Industrie von diesen Entwicklungen ebenfalls stark betroffen. Damit automatisierte Systeme die Umwelt detektieren können, müssen sie Messungen von Umgebungsgrößen vornehmen. Sensoren spielen hierbei die Rolle der Umweltwahrnehmung, also „Augen, Nase und Ohren" des Systems bzw. des Fahrzeugs. Diese „Sinne" müssen vor Fremdzugriff geschützt werden, weshalb das Thema Datensicherheit von erhöhter Bedeutung ist.

Oft müssen Messungen in direkter Nähe des Messpunktes durchgeführt werden. Dies kann ein begünstigender Faktor dafür sein kann, das ein Teil der physische Sensoren vor einem Entfall auf Grund der *Sensor-Fusion* geschützt sind. Physische Sensoren werden also weiterhin Bestand haben und die Rolle der Sensorik wird mit zunehmender Intelligenz und Autonomie des Fahrzeugs immer bedeutender. Dies spiegelt sich in der Redundanz von Sensoren, erhöhten Leistungsanforderungen und zunehmender Intelligenz wieder. Diese Aspekte können sich positiv auf die Marktentwicklung von Sensoren auswirken.

1.2 Übersicht von Sensoren im Automobil

1.2.1 Anwendungen für Sensoren

Die aktuelle Anzahl von (diskreten) Sensoren in einem Fahrzeug beträgt je nach Markt und Ausstattung etwa 30 bis über 150. IHS Markit untersucht und verfolgt die wesentlichen Arten von Sensoren in allen Bereichen des Fahrzeugs. Die wichtigsten Sensoren im Automobil sind in Bild 1 dargestellt.

Die Marktverteilung der wichtigsten, von IHS Markit bewerteten Sensorkategorien ist in Bild 2 dargestellt. Im Jahr 2017 erreichte der Automobil-Sensor-Markt einen Wert von fast 5 Milliarden US-Dollar. Dieser Wert bezieht sich auf die Einnahmen für Sensorsysteme, d.h. Sensorelement inklusive Auswerteelektronik bzw. ASIC in einem Gehäuse. Dieser Markt wächst seit vielen Jahren deutlich.

Das Wachstum für *MEMS* (Micro-Electro-Mechanical Systems) Sensoren und andere wichtige Automobil-Sensor-Kategorien wächst im Mittel um etwa 5% pro Jahr (vgl. Bild 2, CAGR: Compound Annual Growth Rate). MEMS-Sensoren machen den Großteil dieses Marktes aus. Der Markt für MEMS-Sensoren wächst im Mittel um etwa 8 bis 10% pro Jahr. Dies ist neben der Stückzahl durch die hohe Komplexität der Herstellung von MEMS-Sensoren und den allgemein höheren Preisen für Gehäuse der ersten Ebene (first-level package) im Vergleich zu klassischen Einzelsensoren (wie Silizium-Temperatursensoren) begründet.

Sensoren Antriebsstrang

Sensoren für: Kraftstoffdampf, Kraftstoffleitung und Einspritzdruck, Zylinderdruck, Vakuum-Bremskraftverstärker, Öldruck, Saugrohrdruck, Doppelkupplung, CVT, Automatikgetriebe-Druck, Geschwindigkeit, Position, Abgasdruck (Benzin, Diesel), Luftmassenmesser, Commonrail Diesel Injektor, Automatikgetriebe inkl. CVT, DCT, Hybrid Antriebe, Hilfswasserpumpenmotor, Batterie-Überwachung, Nocken-, Kurbelwelle, Kupplungsstellung, Kühlmittelstand, Kraftstoffschienenmotor, Drosselmotor, Drosselventil, Kühlgebläse, HEV-Kühlpumpenmotor, Abgasregelventil, AGR-Ventil, HEV / EV DC-DC Subsystem-Wechselrichter, Wählhebelposition, Neutralstellung, Ölstand, SCR-Füllstand, Sekundärluftventil, Turbolader-Temperatur und -position, Vakuum-Bremskraftverstärker, VVT-Stellantrieb, Motor Wasserkreislauf-Aktuator (thermisch), Lambdasonde, Luft-Kraftstoff-Verhältnis, Feinstaub, NO_x, etc.

Sensoren ADAS / Automatisiertes Fahren

LiDAR, Radar, Kamera, Ultraschallsensoren, Parksensor, Dead Reckoning Sensoren für L4/L5 Automatisierungs-Level (Koppelnavigation), Sensoren für Adaptive Lichtsteuerung, etc.

Sensoren Fahrwerk und Sicherheit

Sensoren für: Fußgängerschutz, Elektronische Parkbremse, Crash-Sensierung (Schall), Rollerkennung, Reifendruckkontrolle, aktive Federung, Front-/Seitenairbag, Elektronisches Stabilitätskontrolle, Fahrgastbelegungserkennung, Adaptive Beleuchtung, Nachtsicht, E-Call / Unfallsensor, Front-Airbag, Seitenairbag, Fahrzeugalarm, Aktive Federung, ABS-Raddrehzahl, Pedalposition, Bremslicht, Bremsflüssigkeitsstand, Fahrgestellhöhe, Servolenkung (Winkel, Drehmoment), Position des Lenkmotors, Anlegestatus Sicherheitsgurt, etc.

Sensoren Fahrzeugkabine

Sensoren für: HVAC, Windschutzscheibenmanagement, Kabinenluftqualität, Fahrzeugalarm, Kabinentemperatur, Freisprecheinrichtung Interface (Mikrofon), Rauschunterdrückung Array, Eingebauter Navigationssensor, Regensensor, Umgebungslichtsensor, selbstabblendender Spiegel, Kofferraum- und Türverriegelung, Fensterheber, Schiebedachstellung, Kraftstofftankfüllstand, Kopfstützenposition, Sitzmotor, Lendenwirbelstütze, Scheibenwischermotor, etc.

Bild 1: Übersicht wesentlicher Sensoren im Automobil (Quelle: IHS Markit).

Bildgebende Sensoren (Image Sensors) sind eine markttechnisch stark anwachsende Sensorkategorie. Dies ist durch die zunehmende Verwendung von Kameras für diverse Anwendungen (wie Spur-Erkennung, Verkehrszeichen-Erkennung, Objekt-Erkennung, etc.) begründet. Weitere Fahrerassistenzsensoren mit wachsendem Markanteil sind Radar- und Ultraschallsensoren.

Die Sensorkategorie „Other Optical" beinhaltet im Wesentlichen folgende Sensoren: Time-of-Flight-Sensoren für den Einsatz in *HMI* (Human Maschine Interface) Anwendungen, Lichtsensoren zur Steuerung des Fahrlichts, der Display-Helligkeit und zur Erkennung von Regen.

In Bild 3 ist die Marktentwicklung für Sensoren nach Anwendungsgebieten dargestellt. Hier ist zu erkennen, dass insbesondere ADAS-Sensoren, wie Radar- und Bildsensoren die künftigen Treiber der Sensorik im Automobil sein werden.

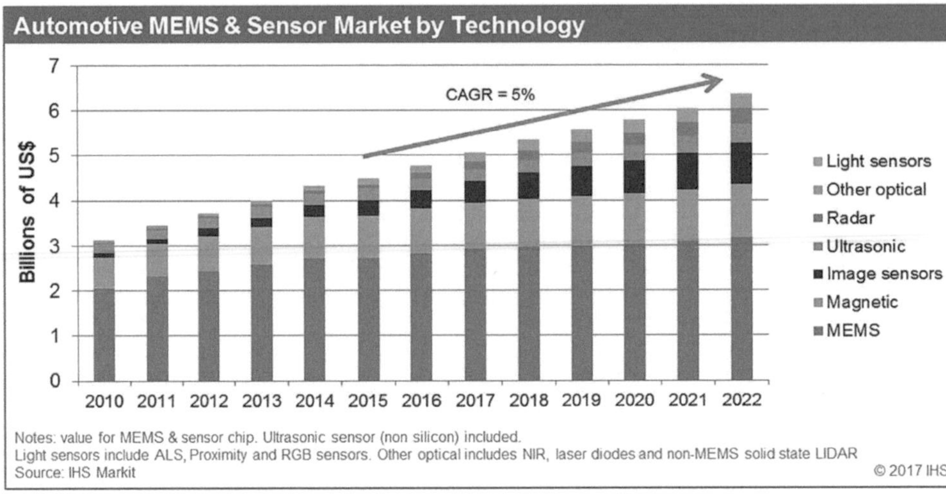

Bild 2: Marktentwicklung für Sensoren nach Kategorie. MEMS- und Magnetsensoren sind heute die dominierenden Sensortypen und sind auch künftig hinsichtlich Marktanteil dominierend; CAGR (Compound Annual Growth Rate): Jährliche Wachstumsrate (Quelle: IHS Markit).

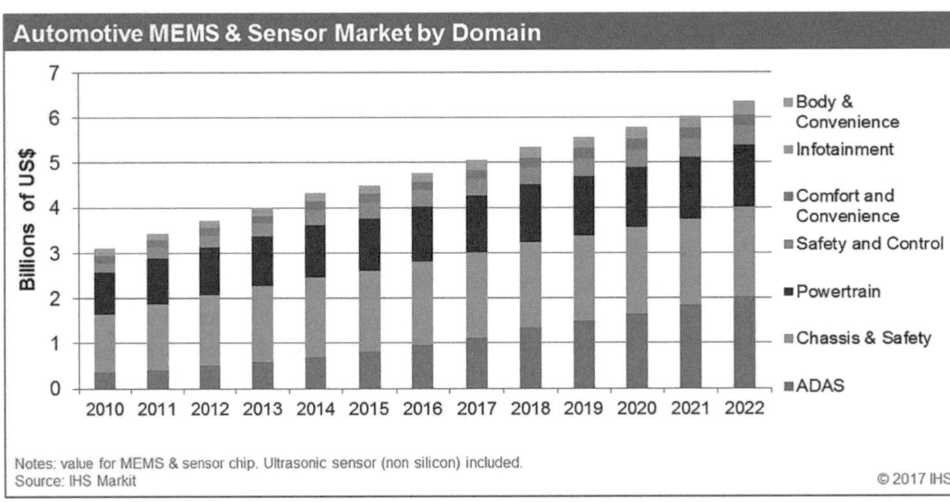

Bild 3: Marktentwicklung für Sensoren nach Anwendungsgebieten. ADAS-Sensoren, wie Radar- und Bildsensoren für Kameras sind die künftigen Treiber der Sensorik im Automobil (Quelle: IHS Markit).

1.2.2 Marktfaktoren

Aktuell gibt es im Wesentlichen die zwei folgenden, positiven Markttreiber für Sensoren im Automobil:

- *Etablierte Märkte* (Nordamerika, Westeuropa, Japan, Südkorea, etc). Diese Märkte weisen hohe Sonderausstattungsniveaus und mehr Elektronik in Bezug auf Komfortfunktionen, ADAS, fortschrittliche Sicherheitssysteme, sowie intelligente Beleuchtungssysteme auf.
- *Wachstumsmärkte* (China, Indien, etc.). Diese Märkte zeichnen sich derzeit zwar durch niedrige Ausstattungsniveaus aus, die Nachfrage nach besser ausgestatteten Automobilen mit mehr Elektronik und damit mehr Aktuatoren und Sensoren steigt aber merklich.

Etablierte Märkte zeichnen sich heute durch eine hohe Marktdurchdringung von Basissensoren für das Motor- und Getriebemanagement aus sowie Sicherheitssystemen, die wichtige Emissionsnormen und Sicherheitsauflagen erfüllen müssen. Damit ist insgesamt ein hohes Niveau an Elektronik in jedem Fahrzeug gewährleistet. Automobile in diesem Marktsegment stellen einen Treiber dar, um fortschrittliche Funktionen zu adaptieren und schließlich ein automatisiertes Fahren zu ermöglichen. Zusammen mit gesetzlichen Vorschriften der Regierungen haben NCAP (European New Car Assessment Programme) Ratings einen großen Einfluss auf die Akzeptanz von derartigen Sicherheitssystemen und -sensoren.

Wachstumsmärkte zeichnen sich durch einfache Automobile mit geringem Grad an Elektronikkomplexität aus. Da diese Märkte den technologischen Rückstand weiter aufholen, was in wichtigen Märkten wie China und Indien immer schneller stattfindet, ist der zunehmende Einsatz von Basissensoren zu verzeichnen. Zu dieser Kategorie zählen beispielsweise sog. fortschrittliche *Aftertreatment-Systeme* im Markt China, sowie Airbag- und ABS-Raddrehzahlsensoren im Markt Indien. Weiterhin kann zwischen importierten und einheimischen Fahrzeugen unterschieden werden. Importierte Fahrzeuge sind mit mehr Sensoren ausgestattet als einheimische Fahrzeuge.

Ein chinesisches Fahrzeug der Mittelklasse beispielsweise, welches der Euro-4-Abgasnorm entspricht, verfügt über etwa 10 Sensoren im Antriebsstrang. Diese sind: Getriebedrehzahlsensor, Saugrohrdrucksensor, Öldruckschalter, Klopfsensor, Sensoren zur Detektion der Drosselklappenstellung, Kurbel- und Nockenwellenposition, Luft-Kraftstoff-Verhältnis und Lambdasonde, sowie ein Wassertemperatur-Sensor. Dem gegenüber stehen europäische Mittelklassefahrzeuge wie der VW Golf Euro 6 [2], der je nach Topologie zwischen 17 und 23 Sensoren im Antriebsstrang enthält. Zusätzlich können Sensoren zur Messung von Kraftstoffeinspritzdruck- und Temperatur, Zylinderdruck, Abgasdruck und mehrere Abgastemperatursensoren, sowie Sensoren zur Messung von Ölstand, Turbolader-Temperatur und AGR-Temperatur eingesetzt sein.

Die heutigen, wesentlichen Treiber für Sensortechnologien in etablierten Automobilmärkten sind in Bild 4 dargestellt.

▪ **Vorschriften für Abgassysteme** LEV III, Euro 6c, etc. ▪ **Neue Verfahren zur Abgasmessung** RDE, WLTP	▪ **Fortschritte in Sicherheitssystemen** Inclusive Mandate ▪ **NCAP-Bewertungen**
Sensoren für: NO_x-Konzentration Feinstaubkonzentration im Partikelfilter Abgastemperatur und -druck SCR-Niveau und -Temperatur Harnstoffqualität und -dosierung AGR-Überwachung	*Sensoren für:* Reifendruck Elektronische Stabilitätskontrolle Crash-Erkennung ACC LiDAR mit MEMS-Scannern Fußgängerschutz

Bild 4: Heutige Treiber für Sensortechnologien in etablierten Automobilmärkten (Quelle: IHS Markit).

Staatliche Vorschriften haben lange Zeit dafür gesorgt, dass Fahrzeuge sicherer und umweltverträglicher werden. Für die Anwendungen in Fahrzeugsicherheit und Motor-/Abgasmanagement sind Senoren dabei Schlüsselelemente. Sobald die entsprechende gesetzliche Regelung festgelegt wurde, enstanden aus den ursprünglichen Nieschen große Volumenmärkte. Beispiele hierfür sind Reifenluftdrucksysteme und elektronische Stabilitätskontrollsysteme, die seit 2014 in Europa gesetzlich vorgeschrieben sind. Neben den gesetzlichen Vorgaben bringt die NCAP-Bewertung weitere Dynamik in die Sensorik im Automobil. So benötigen Automobilhersteller zum Erreichen einer NCAP Fünf-Sterne-Bewertung oft ADAS-Applikationen, die die Sensorik von Radar- und Kamerasystemen (beispielsweise zur Fußgängerdetektion) nutzen.

Zur Erreichung von Emissionsvorschriften werden Fahrzeuge mit neuen Abgasreinigungsanlagen ausgestattet. So werden z.B. Euro 6c-qualifizierte Dieselmotoren häufig SCR (Selective Catalytic Reduction) Systeme aufweisen. Auch Fahrzeuge mit Benzin-Direkteinspritzung benötigen zusätzliche Abgasfilter, um die Emmissionen zu kontrollieren. Diese neuen Abgasfilter erfordern Sensoren für die sog. *On-Board-Diagnose* (OBD), einschließlich Drucksensoren und potenziell auch *PM* (Particulate Matter)-Sensoren.

1.2.2.1 Preise von Sensoren im Automobil

Die Preise für Sensoren sind im Wesentlichen abhängig von der verwendeten Technologie-Komplexität, dem Packaging, den Umgebungsanforderungen der Anwendung und den Anforderungen der funktionalen Sicherheit. Die Forschungs- und Marktdaten von IHS Markit spiegeln die Tier-2 (Sublieferanten)-Versorgung mit Sensorkomponenten (Sensorelement und ASIC-Steuerungselektronik in einem sog. *First-Level-Package*) wieder.

In vielen Fällen wird das Sensorelement direkt auf einer Leiterplatte positioniert, mit einem Gel versiegelt und direkt in einem automobiltauglichen sog. *Second-Level-Package* untergebracht (beispielsweise bei einigen Abgasdrucksensoren). IHS Markit korrigiert die Preise nach der Definition von First-Level-Packages, um Vergleiche zwischen den Kosten einer Anwendung und den Erlösen für Sensorlieferanten in diesen Anwendungen zu ermöglichen.

Hierbei werden die Kosten eines Drucksensors im First-Level-Package, die zwischen \$1 und \$5 USD liegen, um einen zusätzlichen Aufschlagsfaktor von 2 bis 3 erweitert, um auf die Kosten im Second-Level-Package zu schließen. Der Aufschlagsfaktor ist abhängig von der Robustheitsanforderung am Einbauort des Sensors. Beispielsweise liegen Preise für Kurbelwellensensoren im Second-Level-Package zwischen \$1 und 3 USD. Sensoren mit Metallgehäuse wie Lambdasonden und Luft-Kraftstoff-Sensoren, Feinstaub- und NO_x-Sensoren kosten im Bereich von \$10 bis \$40 USD im Second-Level-Package. Diese elektrochemischen Sensoren sind die am schnellsten wachsenden Sensorik-Bauteile im klassischen Antriebsstrang, um Nachbehandlungssysteme wie 3-Wege-Katalysatoren und Partikelfilter zu überwachen.

Hochtemperatursensoren sind eine wichtige Bauteilkategorie, insbesondere für Dieselmotoren und zum Schutz von Turboladern. Diese Bauteile werden gewöhnlich aus rostfreiem Stahl hergestellt und kosten im Bereich von \$8 - \$10 USD im Second-Level-Package.

Typischerweise liegt der Preisverfall für Sensoren bei ca. 3 bis 4% pro Jahr. Bei bestimmten Komponenten kann der Preisverfall deutlich höher ausfallen, z.B. bei Reifendruck-Kontrollsensoren. Andere Sensoren weisen ein stabiles Preisniveau auf oder es ist sogar ein Anstieg des Preises zu verzeichnen. Beispiele für Sensoren, die sich in der Kommerzialisierung befinden, sind etablierte High-G-Beschleunigungssensoren für Airbags, Drucksensoren zur Überwachung des Reifendrucks, barometrische Drucksensoren im Motorsteuergerät für die Höhekorrektur, die Absolutdrucksensorik am Ansaugkrümmer und der Drehratensensor (Gyroskop) für die In-Dash-Navigation (Koppelnavigation, Engl. Dead Reckoning).

Raddrehzahlsensoren stellen eine weitere Kategorie von Sensoren dar, die kommerziell vertrieben werden. Zu den wertsteigernden Sensoren zählen magnetische Winkelsensoren, die in Lenksystemen zum Einsatz kommen.

1.2.2.2 Consumer-Electronics Sensoren für Automobilanwendungen

In einigen Fällen finden Sensoren von Unternehmen, die typischerweise den Konsumgütermarkt bedienen, ihren Weg sowohl in sicherheitsrelevante als auch in nicht sicherheitsrelevante Anwendungen (wie beispielsweise für Navigationsapplikationen). Durch die Herstellung in hoher Stückzahl können diese Unternehmen meist wirtschaftlicher produzieren, als dies bei automobiltauglichen Sensoren üblich ist.

Consumer-Electronic Sensoren unterliegen dem Industriestandard AEC-Q100 [3]. Kosteneinsparungen lassen sich neben der Produktsubstanz auch auf der Testebene erzielen, wo ein großer Kostenanteil der Automobil-Sensorik entsteht. Consumer-Electronic Sensoren werden sich meist auf nicht sicherheitsrelevante Anwendungen, wie z.B. Navigation beschränken. Es gibt jedoch Ausnahmen, wie den Airbag-Sensor gemäß [4].

Consumer-Electronic Sensoren können weitere Vorteile bieten, die über die geringen Kosten hinausgehen. Die Koppelnavigation (typischerweise realisiert über einen Einachskreisel und ggf. separaten 2-Achsen-Beschleunigungssensor) ist eine Anwendung, bei der Inertial-Sensoren für den Endverbraucher in den vergangenen ein bis zwei Jahren einen enormen Markterfolg nachweisen konnten. Der Grund hierfür ist, dass z.B. das zu mehreren hundert Millionen Mal in Smartphones und anderen Konsumgütern verbaute Sensorsystem gemäß [5] über mehrere Messachsen und eine Trägheitsmesseinheit (IMU: Inertial Measurement Unit) mit sechs Freiheitsgraden verfügt und damit mehrere Messarten erlaubt. Zudem ist das Sensorsystem in einem einzigen miniaturisierten Gehäuse untergebracht. Vor allem aber bietet das Sensorsystem eine wesentlich einfachere Integration in Anwendungen, die eine Montagevorrichtung mit einem Neigungswinkel von etwa 20° erfordern. Diese IMU ist günstiger als die weniger flexiblen einachsigen Gyroskope mit zusätzlichen Beschleunigungssensoren.

1.3 Impulse und Trends für Sensoren im Automobil

Dieser Teil des Beitrags befasst sich mit aufstrebenden Sensortechnologien, untersucht aber auch längerfristige Zukunftsmärkte. Insbesondere jene, die als Konsequenz der zukünftigen Anforderungen des teil- und vollautomatisierten Fahrens entstehen. Während einige dieser Entwicklungen noch Visionen sind, geben sie einen interessanten Einblick in die Einsatzmöglichkeiten verschiedenster Sensorarten.

1.3.1 Sensoren für Autonomes Fahren

In Bild 5 sind etablierte und aufstrebende Sensoren zur Unterstützung von ADAS und automatisiertem Fahren dargestellt.

Insbesondere das Erreichen der Automatisierungs-Level L4 und L5 (L4: Hoch-Automatisiertes Fahren und L5: Voll-Automatisiertes Fahren) stellt für die verwendete Sensorik eine große Herausforderung dar. Die Koppelnavigation (engl.: Dead Reckoning) stellt hierbei einen wesentlichen Ansatz dar. Die Koppelnavigation basiert auf der Berechnung der aktuellen Position durch die Verwendung zuvor festgestellter Lokalisationsdaten und durch Verrücken dieser Position auf Grundlage bekannter Geschwindigkeitsmaße über einen bestimmten Zeitraum. Trägheitsnavigationssysteme mit Koppelnavigation werden in vielen Bereichen eingesetzt, unter anderem in der Luft- und Raumfahrt, industriellen Anwendungen, Konsumgütern und schließlich auch in der Automobilnavigation.

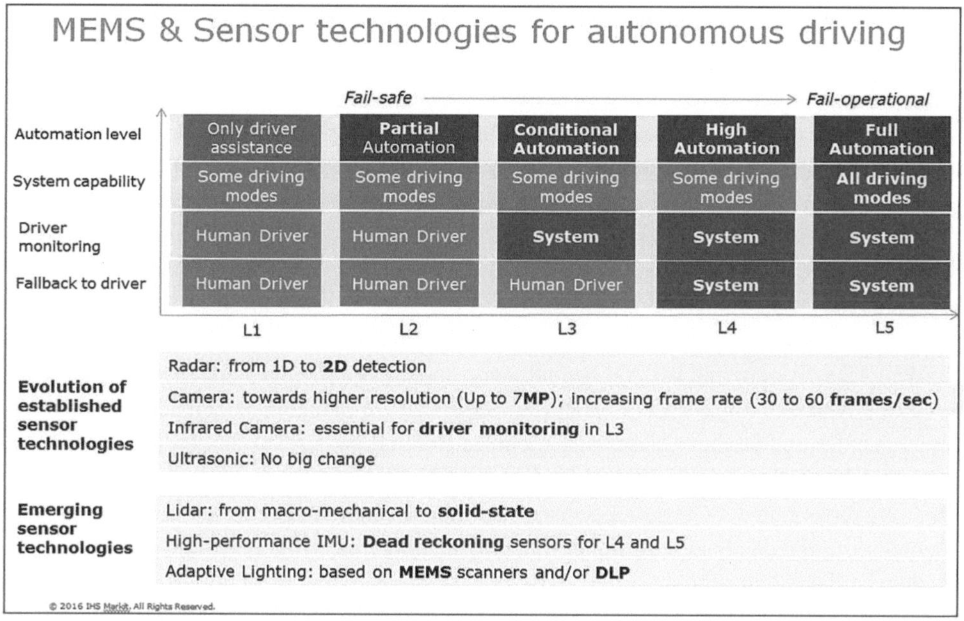

Bild 5: Etablierte und aufstrebende Sensoren zur Unterstützung von ADAS und automatisiertem Fahren (Quelle: IHS Markit).

Die heutigen inertialen Navigationssensoren erreichen eine Gierraten-Drift von 2 bis 3 Meter über eine Distanz von 300 m. Dies entspricht einer typischen Tunnellänge, bei der das GPS (Global Positioning System) Signal verloren geht. Mit dem Aufkommen des Autonomen Fahrens gewinnt die Koppelnavigation immer mehr an Bedeutung. Für die autonomen Fahrniveaus L4 und L5 ist eine hochpräzise Trägheitskoppelnavigation erforderlich.

Bei diesen Fahrniveaus wird eine Präzision von wenigen Zentimetern vorausgesetzt. Heutige MEMS-Gyroskope der Spitzenklasse, die die erforderliche Größe und zulässige Gewicht aufweisen würden, besitzen eine Lokalisationsgenauigkeit von 30 bis 50 cm (über eine Distanz von 200 m) anstatt der geforderten Maximalabweichung von unter 10 cm. Diese Positionsgenauigkeit könnte mit einem leistungsstarken 1-achsigen diskreten Gyroskop mit einer rohen Gyroskop-Bias-Instabilität von 1°/h (taktischer Grad) bis zu 0,01°/h (Trägheitsgrad) erreicht werden.

Dies bietet eine interessante Möglichkeit für Hersteller von MEMS-basierten Gierraten-Sensoren (Gyroskope), da MEMS die erforderliche Größe, Gewicht und Herstellbarkeit aufweisen im Vergleich zu anderen Technologien wie faseroptischen Gyroskopen.

Die Herausforderung besteht darin, Gierraten-Sensoren für On-Board Automobilanwendungen bis zu einem gewünschten Zielpreis zu kommerzialisieren. Preisziele sind bis heute noch nicht definiert, aber wahrscheinlich erwarten Tier-1 Lieferanten einen Preis zwischen $10 und $20 USD. Im Gegensatz dazu betragen die Kosten für Gierraten-Sensoren, die heute in der Navigation als Teil einer IMU verwendet werden, circa $2 USD oder weniger. Leistungsfähigere Gierraten-Sensoren, die in der elektronischen Stabilitätskontrolle verwendet werden, kosten circa $5 USD.

Die Voraussetzung eines *Fail-Operational Modus* zur Anwendung in Autonomen Fahrzeugen könnte den Preis dieser Sensoren zumindest zu Beginn der Markteinführung deutlich erhöhen (dieser wird bei anfänglich niedrigen Volumina voraussichtlich nicht unter $50 USD liegen).

Die zunehmende Verbreitung des Autonomen Fahrens und der einhergehende Anstieg des Volumens derartiger Anwendungen wird ein entscheidender Faktor bei der Erreichung der Preisziele sein. Es ist auch denkbar, dass der Sensor der Teil eines Sensor-Fusions-Szenarios wird. Hierbei werden Daten von Radar, Kameras, Radgeschwindigkeitssensorik aus dem ABS-System und WLAN-Signale (von anderen Fahrzeugen oder der Infrastruktur) zusammen mit den Signalen von Gierraten-Sensoren zur genauen Lokalisierung des Fahrzeugs genutzt und stellen gleichzeitig mehrere Redundanz-Szenarien bereit. Dieser Fusionsansatz kann die Anforderungen der Sensoren bis zu einem gewissen Grad reduzieren, abhängig davon, ob der Gierraten-Sensor bei einem Systemausfall als letzte Rückfallebene genutzt wird, um das Fahrzeug sicher und präzise über eine vorgegebene Bewegungsbahn bis zum Stillstand zu führen.

IHS Markit ist der Ansicht, dass dieser Anwendungsfall langfristig für Sensorunternehmen attraktiv ist. Autonome Fahrzeuge mit mindestens L4-Niveau werden voraussichtlich 2022/2023 im Stückzahlbereich von einigen Tausend ausgeliefert (vor allem im Luxussegment). Der Markt für autonome Fahrzeuge erreicht nach konservativen Schätzungen eine Stückzahl von 2 bis 3 Millionen Fahrzeuge bis 2030.

1.3.2 Sensoren für Intelligente Cockpits

In den letzten zwei bis drei Jahren haben Automobilzuliefer-Unternehmen neue Cockpit-Prototypen vorgestellt, die neue Anwendungsmöglichkeiten für die Sensorik in intelligenten Oberflächen, intelligenten Sitzen und neuen HMI-Anwendungen hervorheben.

Heutige Fahrzeugsitze sind bereits mit Kraft- und Drucksensoren ausgestattet um mehrstufige Airbag-Systeme über Eigenschaften der Insassen zu informieren, sowie die Anzahl an Insassen über Sensoren im Gurtschloss zu erkennen. Positionssensoren steuern elektronische Sitz-Verstellantriebe und Drucksensoren unterstützen die Sitze-Einstellung im Bereich der Lendenwirbelsäule. Kameras stellen einen weiteren Sensor dar, der Informationen über den Müdigkeitszustand des Fahrers liefern kann. Zukünftige Sitze könnten Sensoren enthalten, die Herzfrequenz, Atemfrequenz, Körperbewegung und -aktivität, Körperfeuchtigkeit, Temperatur, Blickwinkel und andere Daten erheben, die von der Kamera über Augenschließung, Blinzelrate, Kopfneigung und Mimik erfasst werden. In Bezug auf die fortgeschrittenen Bedürfnisse der Insassen beim Automatisierten Fahren wird ein neuer Typ an intelligenten Sitzen notwendig sein.

Gassensoren liefern Informationen über den Zustand der Umgebungsluft außerhalb der Fahrzeugkabine, um automatisch die Luftzufuhr zu regulieren. Einige Fahrzeuge sind bereits mit Mikrofonen ausgestattet, um das Kabinengeräusch im Bereich der Kopfstütze aktiv zu reduzieren oder um die Qualität der Freisprechanlage zu verbessern. Der Fahrer kann bereits über berührungslose Bedienung auf Basis einfacher Infrarot-Näherungssensoren mit seinem Informationsdisplay interagieren.

Das Konzept "Active Wellness" gemäß [6] sammelt und analysiert biologische Daten und speichert das Verhalten und die Präferenzen der Fahrzeuginsassen. Dies dient zur Vorhersage des Fahrkomforts auf Grundlage der körperlichen Verfassung des Fahrers, der Tageszeit oder der Reisebedingungen. Aber vor allem auch davon abhängig, ob das Fahrzeug im teil- oder vollautonomen Modus gefahren wird.

Die Veränderungen im Cockpit von Fahrzeugen, die sich aus dem Autonomen Fahren in Bezug auf Nutzung der Fahrgastzelle ergeben, bewirken auch eine neue Interaktion der Insassen mit dem Fahrzeug. Ein Beispiel für ein resultierendes, neues HMI-Konzept stellt das „Horizon Cockpit" gemäß [7] dar. Es ist eine Vorschau dafür, wie die Sprachaktivierung für offene Anwendungen wie Klimabedienung mit intuitiven Handgesten kombiniert werden kann, um beispielsweise die Temperatur zu verändern, d.h. Gesten als virtuelle Steuerung zu nutzen. Die Interaktion mit den Fahrzeug-Displays erfolgt über ein drucksensitives Touchpad, über das der Fahrer die zentralen Bedieneinheiten bedienen kann, ohne direkt nach ihnen greifen zu müssen.

Kapazitive Sensoren sind für Touch-Anwendungen bereits weit verbreitet und es existieren weitere berührungslose Anwendungen, die von einfachen Infrarot-Dioden bis hin zu aufwändigeren Laufzeitmessungen für Steuerungselemente reichen, z.B. um direkt einen Menüpunkt aufzurufen. Ein Beispiel für frühe Versionen der berührungslosen Bedienelemente sind das Cadillac CUE Infotainment-System [8]. Es ist mit einem Näherungssensor ausgestattet, der erkennt, wenn der Insasse zum Touchscreen greift.

Neue Anforderungen, aber auch neue Freiheitsgrade werden bei Ausgestaltung künftiger Fahrzeug-Cockpits also prägend sein. So können beispielsweise intelligente Oberflächen, die neben einer Gestensteuerung auch eine taktile Steuerung des HMI-Systems ermöglichen, künftig eine Ausprägung im intelligenten Cockpit sein. Dahingehend werden verschiedene Wege untersucht um Dekore aus Holz, Aluminium, Stoff oder Kunststoff in intelligente Oberflächen umzuwandeln. Diese können zum Beispiel mit berührungsempfindlichen, kapazitiven Sensoren funktionalisiert werden.

1.4 Zusammenfassung

Der Markt für Sensoren in der Automobilbranche ist seit vielen Jahren überaus stabil. Die Mehrheit der Entwicklungen in der Motorentechnik und bei sicherheitsrelevanten Innovationen verdanken ihren Erfolg zum Großteil der Möglichkeit, Umgebungsinformationen und Abläufe durch Sensoren genau zu detektieren und diese Informationen an elektronische Steuergeräte zu transferieren.

Die Entwicklung fortschrittlicher Fahrassistenzsysteme und ihre logische Erweiterung zum Autonomen Fahren, neue Freiheitssgrade im Cockpitdesign und die weitere Elektrifizierung des Fahrzeugantriebs werden künftige Sensorsysteme prägen.

Literatur

[1] Paris Agreement. Official Journal of the European Union, L 282/4, EUR-Lex - 22016A1019(01), 19.10.2016.

[2] Volkswagen, „VW Golf VI 1K Selbststudienprogramm", SSP 423, 2009.

[3] AEC-Q100, "Failure Mechanism Based Stress Test Qualification for Integrated Circuits", Rev. H, 11.09.2014, http://www.aecouncil.com.

[4] STM, http://www.st.com/content/st_com/en/about/media-center/press-item.html/n3720.html, Zugriff: 18.01.2018.

[5] IHS Markit, January 2017, https://technology.ihs.com/Services/523310/mems-sensors-for-consumer-mobile-intelligence-service/Data, Zugriff: 18.01.2018.

[6] Faurecia, Konzept *Active Wellness*, http://faurecia.de/autositzinnovation-active-wellness-von-faurecia-gewinnt-beim-german-design-award-2017, Zugriff: 18.01.2018.

[7] Visteon, Konzept *Horizon Cockpit*, https://www.visteon.com/media/press_kits/CES2014/techsheets/horizon_cockpit_concept.pdf, Zugriff: 19.01.2018.

[8] Cadillac, *CUE Infotainment-System*, http://www.cadillac.com/cadillac-user-experience.html, Zugriff: 18.01.2018.

Kapitel 2
LiDAR-Sensorsystem für automatisiertes und autonomes Fahren

Jürgen Kernhof[1], **Jan Leuckfeld**[1], **Guiseppe Tavano**[1]

Kurzfassung Als integraler Bestandteil von automatisiert und selbstfahrenden Autos kann ein LiDAR-Sensorsystem zur Abstands- und Geschwindigkeitsmessung sowie zur Klassifizierung von Objekten im Straßenverkehr eingesetzt werden. Neben den optischen Sensoren kommt den elektronischen Schaltungskomponenten eine besondere Bedeutung zu. Sie müssen die Anforderungen der funktionalen Sicherheit nach ASIL Level-B/D (ISO 26262) erfüllen und definieren die Präzision der Messtechnik sowie den Kostenrahmen.

2.1 Einleitung

Fahrerassistenzsysteme [7], [23] sind computerbasierte Zusatzeinrichtungen im Kraftfahrzeug, die den Fahrer in Routineaktionen oder kritischen Fahrsituationen unterstützen. Dabei können diese Systeme teilautonom und zukünftig auch autonom in Lenkung, Bremssystem oder Fahrzeugdynamik eingreifen. Die Fahrsicherheit zu jedem Zeitpunkt sicher zu stellen ist, neben der Zuverlässigkeit des Systems, die wichtigste Anforderung. Das Ziel ist es, eine bestmögliche Reduzierung des Unfallrisikos, unterstützt durch eine aktive Korrektur von Fahrfehlern, zu erreichen. Um diese Aufgaben einwandfrei ausführen zu können benötigt das Assistenzsystem detaillierte Informationen von Umgebung und Fahrsituation. Wie beim Fahrer selbst -*durch genaues hinsehen*- werden die Umgebungsinformationen hauptsächlich mit Kameras sowie mit optischen (*Ligth Detection And Ranging,* LiDAR [1]) oder elektromagnetischen (*Radio Direction and Ranging,* RADAR [2]) Ortungsverfahren gewonnen.

Durch die Kombination verschiedener Sensorsysteme (Sensorfusion) kann eine detaillierte Darstellung der Umgebung und der darin agierenden Objekte erreicht werden.

Die Empfindlichkeit und Präzision der Entfernungsmessung von Objekten spielt eine entscheidende Rolle für die Sicherheit. Je früher beispielsweise ein entferntes Hindernis

---

[1] IDT Europe GmbH.

T. Tille (Hrsg.), *Automobil-Sensorik 2*, DOI 10.1007/978-3-662-56310-6_2,

erkannt werden kann, desto mehr Zeit steht für die Entscheidung und Einleitung des Bremsvorgangs zur Verfügung. Die Distanzmessung kann mit LiDAR und RADAR-Messsystemen in ausreichender Genauigkeit und kurzem Zeitrahmen durchgeführt werden. Durch das emittieren von hochintensiven und fokussierten Lichtpulsen mit einem Laser ermöglicht LiDAR gegenüber dem RADAR, eine wesentlich feinere Auflösung und damit höhere Informationsdichte der Umgebung.

2.2 LiDAR

LiDAR ist ein optisches Messverfahren, mit dem Objekte in der näheren Umgebung lokalisiert und ihre Entfernung, Geschwindigkeit sowie Bewegungsrichtung bestimmt werden können. Dabei sendet ein Laser in regelmäßigen Abständen Lichtpulse aus, die von den Objekten reflektiert werden. Das von der Oberfläche des Objekts zurückfallende Licht, lässt Rückschlüsse auf die Position sowie Beschaffenheit zu. Die reflektierte Strahlung wird mit Fotodioden detektiert und elektronisch ausgewertet. In Tabelle 1 sind die charakteristischen Merkmale eines LiDAR-Sensorsystems aufgeführt.

Tabelle 1: Merkmale eines LiDAR-Sensorsystems.

Erkennung	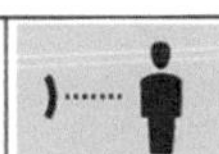	Anwesenheit von verschiedenen Objekten in einem bestimmten Blickfeld
Messung	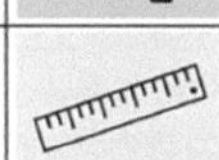	Exakte Berechnung der Entfernung zum Objekt
Klassifizierung		Kategorisieren von Objekten basierend auf ihrer Geometrie und Form
Verfolgung		Zuordnung von Geschwindigkeit und Bewegungsrichtung

In Bild 1 ist die Integration des LiDAR-Sensors als Subsystem der Fahrzeugarchitektur dargestellt. Dabei steuert das „Integrierte Messystem“ den Laser und wertet die Reflexion aus. Die empfangenen Lichtsignale werden verstärkt (*Trans-Impedance-Amplifier*, TIA), mit einem Analog-Digital-Wandler (ADC) digitalisiert und in einem Speicher (Random Access Memory, RAM) abgelegt. Diese Daten umfassen zunächst Teilbereiche der Umgebung. Eine vollständige Darstellung der Umgebung, beispielsweise als 3D-Bild, kann mit einem Microcontroller (µC) und Software erzielt werden. Dieser bildet auch das Interface zum Steuergerät (*Electronic Control Unit* - ECU), wo die Daten aus unterschiedlichen Sensorbereichen verarbeitet (*Sensor-Fusion*) und die Kontrollsignale für Bremsen, Motor und Lenkung generiert werden.

Das optische Abtasten der Umgebung in einer Straßenverkehrssituation ist illustrativ in Bild 2 dargestellt. Hierbei werden Lichtpulse in einem zweidimensionalen Raster erzeugt.

Dies kann praktisch dadurch bewerkstelligt werden, indem man den Laserstrahl durch einen beweglichen Spiegel abgelenkt.

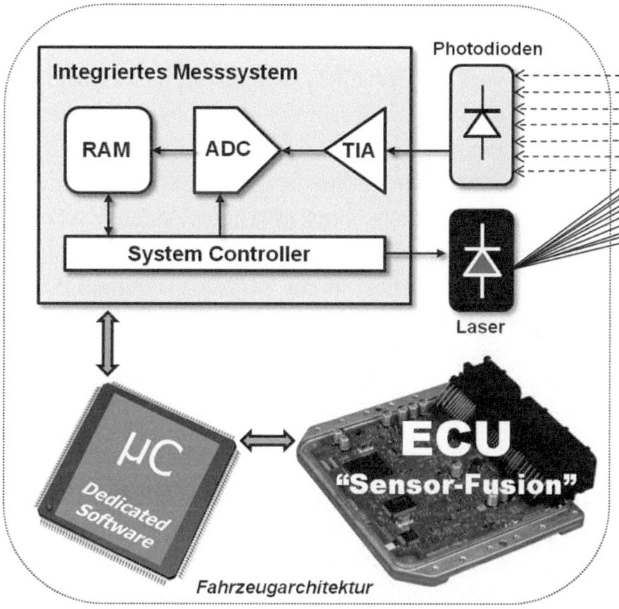

Bild 1: Applikation von LiDAR-Sensorik im Automobil.

Bild 2: LiDAR 3D Scanning im Verkehr [24].

2.3 Messtechnik

2.3.1 Optische Distanzmessung

Das Prinzip der optischen Abstandsmessung basiert auf einer Laufzeitmessung *Time-of-Fligth (TOF)* von Lichtpulsen. Dabei wird das Zeitintervall T_{TOF} ermittelt, welches die Zeit zwischen dem Aussenden eines Lichtimpulses und dem Empfangen eines am Objekt reflektierten Lichtsignals repräsentiert. Die Lichtlaufzeit ist proportional zum Abstand L_X des Objekts, wobei sich das Licht mit konstanter Geschwindigkeit c_0 im Vakuum ausbreitet. Hierbei muss ein vom Medium abhängiger Brechungsindex nbx berücksichtigt werden. Geht man davon aus, dass Sender und Empfänger an der gleichen Stelle positioniert sind, wird der Lichtpuls den Weg zum reflektierenden Objekt in der Zeit T_{TOF} zweimal durchlaufen. Die Distanz ergibt sich durch folgende Gleichung:

$$L_X = \frac{c_0}{n_{bx}} \frac{T_{TOF}}{2} \tag{1}$$

Die technische Realisierung einer TOF-Distanzmessung ist schematisch in Bild 3a dargestellt. Lichtpulse werden mit einer Laserdiode generiert und die Reflektionen mit einer Fotodiode detektiert. Eine zentrale Rolle hat hier die *Interface Electronic*, die ein integriertes Messsystem im LiDAR-Modul bildet. Dieses besteht aus digitalen und analogen Schaltungskomponenten und führt sowohl die Steuerung als auch die Signalverarbeitung der Lichtpulse durch. Der TOF-Messzyklus wird von einer digitalen Ablaufsteuerung gesteuert, deren Zeitbasis durch eine hochgenaue Taktgenerierung (Oszillator mit einer Phasenregelschleife, *Phase-Locked-Loop:* PLL) gebildet wird. Zu Beginn einer Messung wird ein Trigger-Signal gesendet, das einen sehr kurzen Lichtpuls bei der externen Laserdiode auslöst. Im Weiteren startet das Trigger-Signal den internen Zähler für die Laufzeitmessung. Das reflektiere Licht generiert in der Fotodiode einen Strompuls, der im Detektor in einen Spannungspuls übersetzt wird. Dieser wird weiter verstärkt und mit einem nachfolgenden Komparator in ein digitales Signal überführt, welches als digitales „Stopp"-Signal den Zähler steuert. Ausgehend von einer Taktperiode T_{CL} (PLL-Frequenz F_{CL}) bildet der resultierende Zählerwert N_Z den digitalen Wert für die Laufzeit Messung:

$$T_{TOF} = N_Z * T_{CL}\,, \qquad F_{CL} = \frac{1}{T_{CL}} \tag{2}$$

Das Pulsdiagram für den Laufzeitzähler ist in Bild 3b dargestellt. Die geometrische Auflösung der Distanzmessung hängt direkt von der Taktfrequenz F_{CL} des digitalen Zählers ab. Um eine Genauigkeit von beispielsweise 30 cm zu erzielen ist eine Taktfrequenz von mindestens 1 GHz erforderlich.

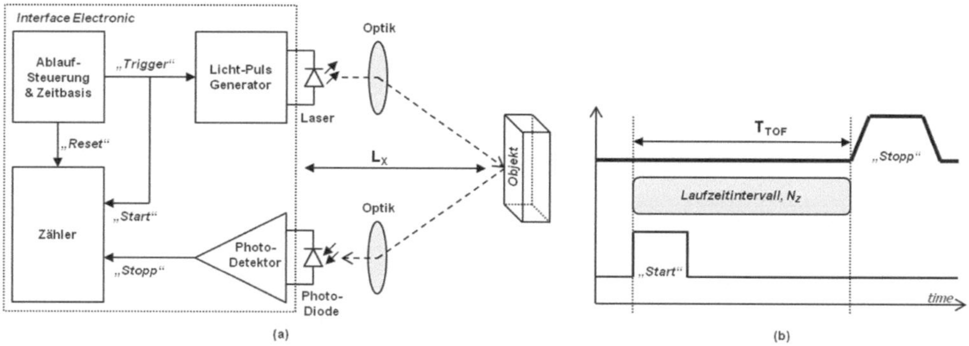

Bild 3: a) Funktionales Blockschaltbild mit TDC, b) Pulsdiagramm.

Das beschriebene Messverfahren der T_{OF} Laufzeitmessung verdeutlicht die einfache Ausführung eines *Time-to-Digital Converters* (TDC) als „Zähler“. Da der empfangene Puls mit einer einfachen Schwellenwertfunktion (Komparator) ausgewertet wird, ist das Ergebnis wie beim klassischen RADAR die Distanz zum Objekt.

Bei diesem Messprinzip geht die Information über die empfangene Amplitude verloren. Die Auswertung der Amplitude des reflektierten Lichtsignals könnte zum Beispiel als Charakteristikum für die Geometrie und Beschaffenheit des Objekts dienen.

Bei sehr kurzen Laserpulsen kann man davon ausgehen, dass die Pulsantwort der Reflexion einer Strahlungsleistung mit Gauss-Verteilung entspricht. Diese Strahlungsleistung wird mit Hilfe einer Fotodiode proportional in einen elektrischen Strom umgesetzt. Die genaue Erfassung der Stromamplitude des reflektierten Lichtpulses stellt große Anforderungen an den Empfangskanal der *Interface Elektronic*. Für die Weiterverarbeitung der Lichtsignale ist es notwendig, die Zeit- und Amplitudeninformation der Pulse zu speichern, um später beispielsweise 3D-Bilder generieren zu können bzw. Algorithmen der digitalen Signalverarbeitung anzuwenden. Diese Anforderungen können durch die Implementierung des Empfangskanals als Datenakquisitionssystem (*Data Acquisition System:* DAS) realisiert werden. Das Interface zur Fotodiode besteht aus einem programmierbaren Transimpedanzverstärker (TIA), der den Fotostrom in eine Spannung umsetzt. Das Ausgangssignal des TIA wird über eine zweite Verstärkerstufe dem Analog-Digital-Wandler (ADC) zugeführt. Abschließend werden die digitalen Abtastwerte in einem Speicher (RAM) abgelegt. Die Daten werden so im Speicher abgelegt, dass die Adressen den Zählerwerten des TDC-Verfahrens entsprechen. Über eine standardisierte Kommunikationsschnittstelle (*Controller Area Network:* CAN [25]) können dann diese Daten an das Steuergerät zur Auswertung weiter gegeben werden.

Die kleinste detektierbare Amplitude bestimmt die maximal messbare Distanz. Diese wird auch durch die Empfindlichkeit der Elektronik begrenzt und hängt im Wesentlichen vom Signal-Rausch-Verhältnis (*Signal-to-Noise-Ratio:* SNR) der anlogen Signalkette sowie des ADCs ab.

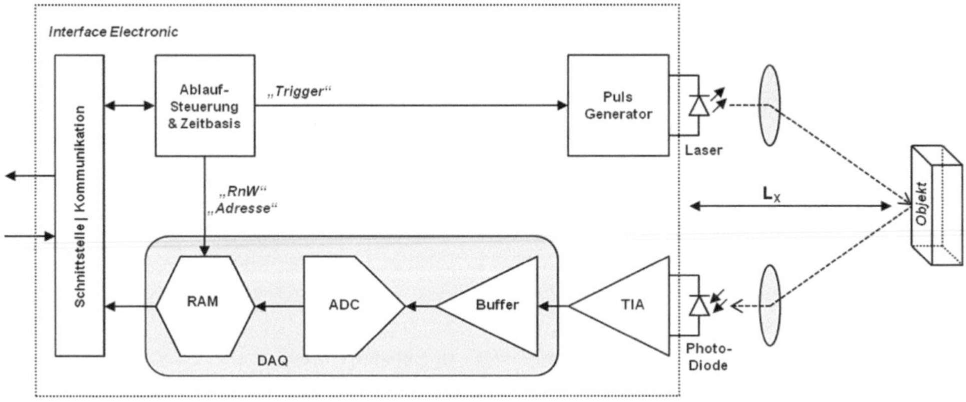

Bild 4: Funktionales Blockschaltbild mit DAS.

2.3.2 Messgenauigkeit

Die Performanz eines LiDAR-Messsystems hängt maßgeblich von der Strahlungsleistung der Laserdiode, den Reflexionseigenschaften des Objekts und der Empfindlichkeit des Fotodetektors ab. Die empfangene Lichtleistung P_E, abhängig von der Distanz X des reflektierenden Objekts, kann mit Hilfe der klassischen RADAR-Gleichungen [2] abgeschätzt werden:

$$P_E(X) = \frac{P_L\, \rho\, \tau_L\, A_E}{\pi X^2} = P_L\, \rho\, \frac{K_{TS}}{X^2} \tag{3}$$

Hier bezeichnet τ_L einen Dämpfungsfaktor der sich aus der Übertragungsstrecke, Streuung sowie den optischen Komponenten ergibt, ρ ist der Reflexionskoeffizient des Objekts und AE die effektive Fläche der Empfängeroptik. Die Systemparameter τ_L und A_E können vereinfacht als konstant (K_{TS}) betrachtet werden, so dass die empfangene Leistung P_E proportional der Leistung des Lasers, den Reflexionseigenschaften des Objekts und umgekehrt proportional dem Quadrat der Entfernung ist. Die Fotodiode ist durch eine spektrale Empfindlichkeit E_{PD} gekennzeichnet und wandelt die Strahlungsleistung P_E in einen Strom I_{PD}:

$$I_{PD}(\rho, X) = E_{PD}\, P_E(X) = E_{PD}\, P_L\, \rho\, \frac{K_{TS}}{X^2} \tag{4}$$

Dieser Strom wird mit Hilfe eines Widerstands R_{TIA} in der Empfängerelektronik in eine Spannung gewandelt und definiert letztlich die Spannungsamplitude des auszuwertenden Pulses:

$$V_{PD} = R_{TIA}\, I_{PD}(\rho, X) = R_{TIA}\, E_{PD}\, P_L\, \rho\, \frac{K_{TS}}{X^2} \tag{5}$$

Der Dynamikbereich D für ein integriertes Messsystem ergibt sich aus dem Verhältnis der Entfernung zum Reflexionskoeffizienten:

$$D = \frac{\rho_{min}}{\rho_{max}} \left(\frac{X_{max}}{X_{min}}\right)^2 \tag{6}$$

Sollen Objekte mit einem Reflexionsfaktor ρ von mindestens 0,1 in einem Distanzbereich von 1 m bis 200 m detektiert werden, so resultiert eine Signaldynamik von 1:400.000.

Das integrierte Messsystem soll höchst präzise und zuverlässige Werte der Laufzeit des initiierten Lichtpulses sowie dessen Amplitude liefern. Mit Hilfe dieser Messergebnisse werden dann Eigenschaften des reflektierenden Objektes ermittelt. Die erzielbare Genauigkeit hängt im Wesentlichen vom dynamischen Signalbereich und Rauschen des TIAs sowie von der Auflösung des ADCs ab.

Die Laufzeitmessung eines Lichtpulses basiert auf der als konstant angenommen Lichtgeschwindigkeit von ca. 300.000 km/s. Mit einer zeitlichen Auflösung von 1ns kann folglich eine Genauigkeit von ca. 30 cm erreicht werden. Für Anwendungen im Automobilbereich hingegen, ist eine Genauigkeit von kleiner als 2 cm erforderlich, was einer Laufzeit von ca. 67 ps entspricht.

Eine einfache Methode zur Messung des Ankunftszeitpunktes eines Pulses ist die Auswertung der Anstiegsflanke des Pulses mit einem Komparator. Der Spannungslevel des Schwellenwertes sollte dabei so gewählt werden, dass er deutlich über dem Rauschpegel des Empfängerkanals liegt. Damit können Fehlauslösungen vermieden werden wobei sich die minimale, sicher detektierbare Amplitude erhöht.

Die Steilheit der Flanke wird im Wesentlichen durch die Signalbandbreite der Empfängerelektronik sowie von der Fotodiode selbst limitiert. Betrachtet man den Fotosensor vereinfacht als ein Tiefpassfilter 1. Ordnung (Grenzfrequenz FG, resultierend aus der parasitären Kapazität und Widerstand der Diode) so kann die Anstiegszeit t_R (10% bis 90% der Pulsamplitude) mit der folgenden Faustformel abgeschätzt werden:

$$t_R \cong \frac{0,35}{F_G} \tag{7}$$

Die Flankensteilheit SR hängt von der Amplitude V_P des Pulses ab:

$$SR = \frac{V_P}{t_R} \tag{8}$$

Wenn dem Puls Rauschen, mit einem RMS-Wert V_{Nrms}, überlagert wird, ergibt sich eine zeitliche Variation t_{Nrms} beim Durchlaufen eines Schwellenwertes von

$$t_{Nrms} = \frac{V_{Nrms}}{SR} = t_R \frac{V_{Nrms}}{V_P} = \frac{t_R}{SNR} \tag{9}$$

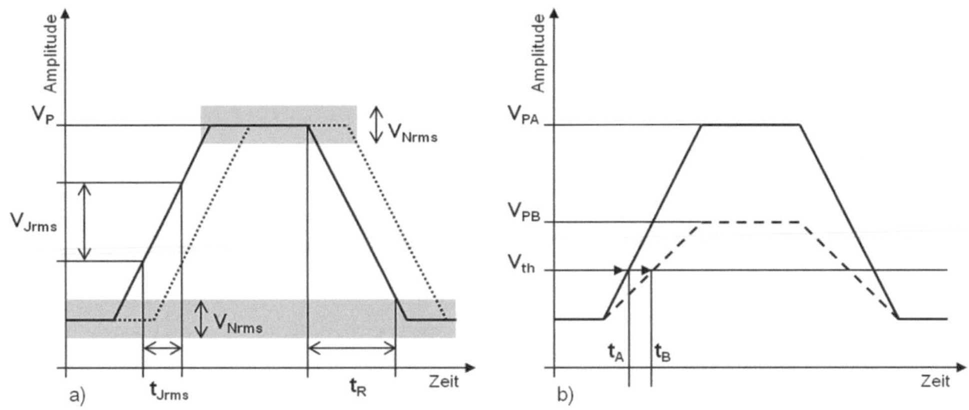

Bild 5: Auswertung von Pulsen, Effekte: a) Rauschen und Jitter, b) Amplitude.

Neben dem Rauschen der Signalspannung, das hauptsächlich durch thermische Effekte in der analogen Schaltungsteile entsteht, führt eine zeitliche Schwankung der Pulsflanke zu einer weiteren Verringerung des *SNR*. Dieser Jitter (Phasenrauschen) wird im digitalen Taktsystem generiert und beeinflusst beispielsweise das Trigger-Signal des Laserpulses und den Abtastzeitpunkt eines ADCs.

$$V_{Jrms} = SR\, t_{Jrms} = V_P \frac{t_{Jrms}}{t_R} \tag{10}$$

In Bild 5 sind die Störgrößen zusammengefasst dargestellt, welche die zeitliche Messgenauigkeit wesentlich beeinträchtigen. Bei gegebener Flankensteilheit t_R kann der Jitter in eine äquivalente Rauschspannung überführt werden wodurch sich das folgende Signal-Rausch-Verhältnis SNR_{JN} ergibt:

$$SNR_{JN} = \frac{V_P}{\sqrt{(V_{Jrms}^2 + V_{Nrms}^2)}} \tag{11}$$

Während das Rauschen der Empfängerelektronik ΔV_n (V_{Nrms}) und der Jitter Δt_j (V_{Jrms}) des Laserpulses statistische Schwankungen darstellen, entsteht durch die Amplitudenhöhe des Pulses ein systematischer Fehler. Dieser wird als *Walk-Error* [3] bezeichnet und führt zu einer Verlängerung der Laufzeit ($t_A \rightarrow t_B$).

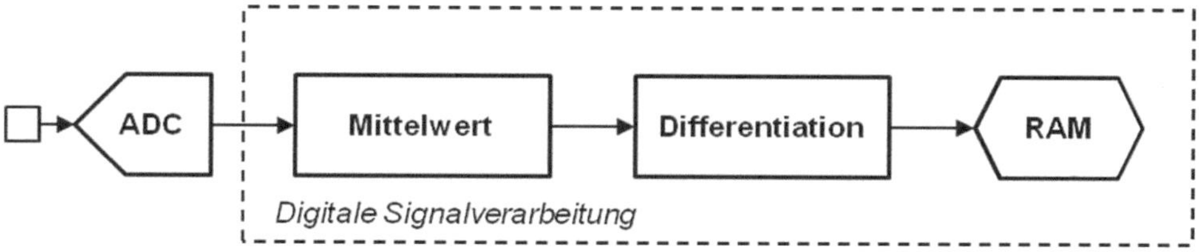

Bild 6: Messdatenerfassung mit digitaler Verarbeitung.

2.3.3 Digitale Datenverarbeitung

Die Erfassung des Pulses mit einem Abtastverfahren ermöglicht die Speicherung der Messwerte sowie eine flexible Nachbearbeitung mit Hilfe digitaler Signalverarbeitungsalgorithmen. Die Struktur eines digitalen Subsystems für die Messwertverarbeitung ist in Bild 6 funktionell dargestellt.

Grundsätzlich werden die Abtastwerte in einem Speicher (RAM) so abgelegt, dass die Adressen dem zeitlichen Verlauf der Messung entsprechen. Die binäre Adresse „0" definiert den Startzeitpunkt der TOF-Messung. Die Ermittlung des *Mittelwerts* dient zur Verbesserung des dynamischen Signalbereichs. Dabei werden die Samples von mehreren Puls/Echo-Messungen überlagert (addiert), um den das Rauschanteil zu verringern. Die eigentliche Auswertung des Pulses zur Berechnung der Laufzeit wird durch die *Differentiation* ausgeführt.

Für eine präzise Entfernungsmessung sind ein genauer Amplitudenwert sowie eine feine zeitliche Auflösung des Spannungsverlaufs eines Pulses erforderlich [22]. Dies kann mit entsprechend schnellen ADCs erreicht werden. Die Anzahl der parallel arbeitenden Fotodioden-Kanäle ist jedoch aufgrund der entstehenden Verlustleistung limitiert. Aus der zeitlichen Diskretisierung resultiert die geometrische Auflösung der Distanzmessung, die bis in den cm-Bereich reichen sollte. Um eine Auflösung von beispielweise 2 cm zu erreichen wäre ein ADC mit einer Abtastrate von 15 GHz erforderlich. Hinzu kommt die Auflösung des zu messenden Spannungswerts des Pulses, der den dynamischen Signalbereich (Distanz) limitiert. Für eine Applikation ist also ein Kompromiss zwischen Abtastrate und Auflösung des ADCs unter Berücksichtigung des Leistungsverbrauchs und der zu detektierenden Pulsbreite zu finden.

Als Alternative bietet sich ein Verfahren an, das im Folgenden mit phasenverzögerter Abtastung (*Quasi-Oversampling*) bezeichnet wird und beispielsweise in digitalen Oszilloskopen zur Anwendung kommt [8], [9], [15]. Dabei wird das Takt-Signal für den ADC in genau definierten Zeitabständen innerhalb der Taktperiode verzögert und man erreicht eine zeitlich feinere Auflösung durch die Unterteilung der Taktphase in 2^k äquidistante Zeitschritte t_{OS}:

$$t_{OS} = \frac{t_S}{2^k} \tag{12}$$

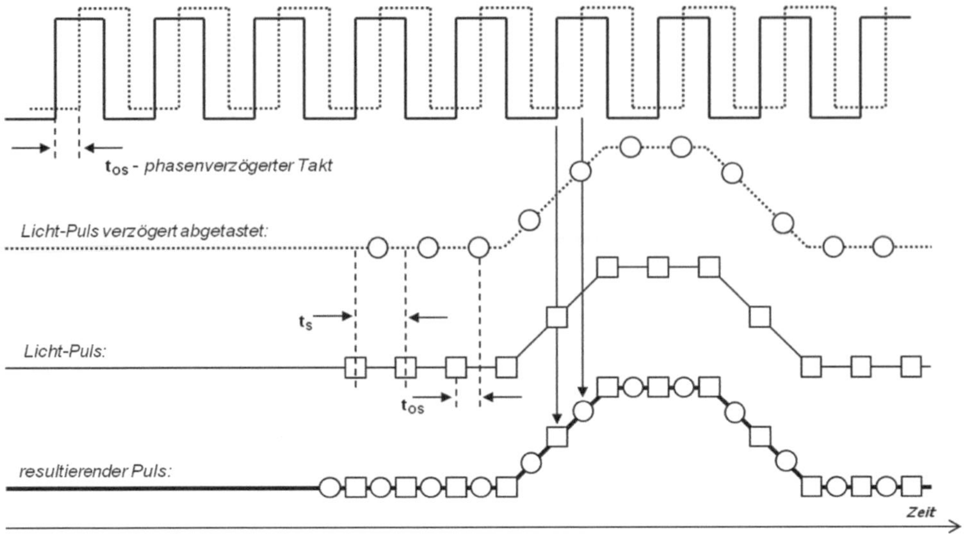

Bild 7: Phasenverzögerte Abtastung mit iterativer Pulsmessung.

Die zusätzlichen Abtastzeitpunkte t_{OS} innerhalb der Taktphase ergeben sich durch:

$$t_{OS}[n_k] = t_S\,(1 + \frac{N_{OS}}{2^k})\ ,\ N_{OS} = [\,0 \ldots (2^k - 1\,)] \tag{13}$$

Für diese phasenverzögerte Abtastung ist eine spezielle Taktsteuerung notwendig, deren Signalverlauf in Bild 7 dargestellt ist. Gemäß diesem Beispiel würde man die nicht verzögerten Samples an den ungeraden und die verzögerten an den geraden Adressen im RAM ablegen.

Als Akkumulation bezeichnet man rechnerisch die Mittelwertbildung von Messwerten, die aus aufeinander folgenden Pulsen berechnet werden. Das Signal-Rausch-Verhältnis einer Einzelmessung SNR_{JN} ist durch thermisches bzw. weißes Rauschen der analogen Schaltungskomponenten bedingt. Es kann durch die Akkumulation von N_{ACC} Messwerten wie folgt verbessert werden:

$$SNR_{ACC} = \frac{SNR_{JN}}{\sqrt{N_{ACC}}} \tag{14}$$

Die Dauer einer Laufzeitmessung ergibt sich aus der Anzahl von Akkumulationen (N_{ACC}) sowie der zeitlichen Schrittweite der Überabtastung (2^k). Da die Akkumulation auch für alle Messpunkte durchgeführt werden muss, berechnet sich die Anzahl N_{LP} der notwendigen Laserpulse:

$$N_{LP} = N_{ACC} * 2^k \tag{15}$$

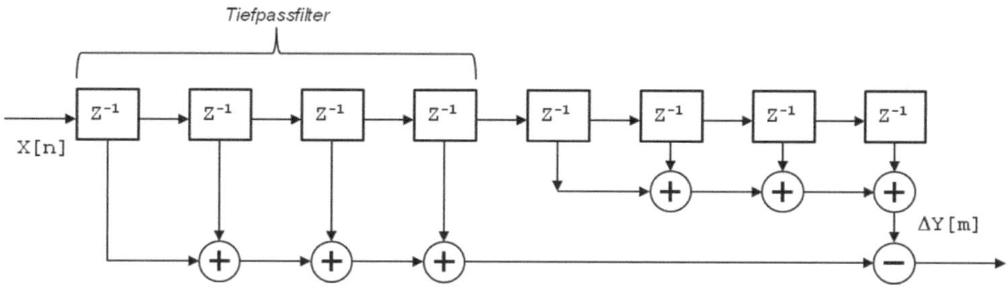

Bild 8: Digitale Differentiation als FIR-Filter 8-ter Ordnung.

Der Lichtpuls wird durch die Reflektion am Objekt, sowie durch die Bandbegrenzung der Fotodioden und der analogen Schaltungen, verschliffen. Neben dem durch die Amplitude bedingten *Walk-Error* führen weitere Verzögerungseffekte im analogen Signalpfad zu Fehlern bei der Berechnung der Laufzeit, wenn die Anstiegsflanke zur Auswertung herangezogen wird. Eine Ausweichlösung wäre ein Bezug auf den Spitzenwert der Amplitude, der jedoch durch das Rauschen überlagert ist. Eine effiziente Möglichkeit zur Bestimmung des Spitzenwertes stellt die *diskrete Differentiation* des Pulses dar. Diese ergibt beim Durchlaufen des Scheitelwertes (Übergang von der steigenden zur fallenden Flanke) des Pulses einen Nulldurchgang. Die digitale Differentiation kann durch die Übertragungsfunktion:

$$H_{DIF}(z) = \sum_{n=1}^{m} h_{dk}(n)\, z^{-n}\,,\quad h_D = [\,1\ 1\ 1\ 1\ \ldots\text{-}1\ \text{-}1\ \text{-}1\ \text{-}1\,] \tag{16}$$

gebildet werden und entspricht einem digitalen FIR-Filter. Da die Koeffizienten mit +1 oder -1 dargestellt werden ist keine Multiplikation notwendig. Eine effiziente Implementierung, bestehend aus Addierern („+"), Subtrahierern („-") und Registern (z^{-1}) ist im Bild 8 dargestellt.

Die resultierende Filtercharakteristik ist in Bild 9 abgebildet. Sie entspricht einem Hochpassfilter mit einer der Ordnung entsprechenden Anzahl an Nullstellen (Tiefpassfilter). Damit werden niederfrequente Rauschanteile praktisch vollständig eliminiert. Die Wirkung des Tiefpassfilters ist besonders hilfreich, da durch diesen das *SNR* im Signalbandbereich erhöht wird.

Zusammenfassend lässt sich feststellen, dass mit einer Ordnung $2{*}N_{FIR}$ des FIR-Filters ein Signal-Rausch-Verhältnis SNR_{FA} erreicht werden kann:

$$SNR_{FA} = \frac{SNR_{JN}}{\sqrt{N_{FIR}\; N_{ACC}}} \tag{17}$$

Damit ergibt sich auch eine Reduzierung des Leistungsverbrauchs für das LiDAR-System: Um das gleiche Signal-Rausch-Verhältnis SNR_{ACC} nur mit Akkumulationen zu erreichen sind nun weniger Laserpulse N_{LPFA} notwendig:

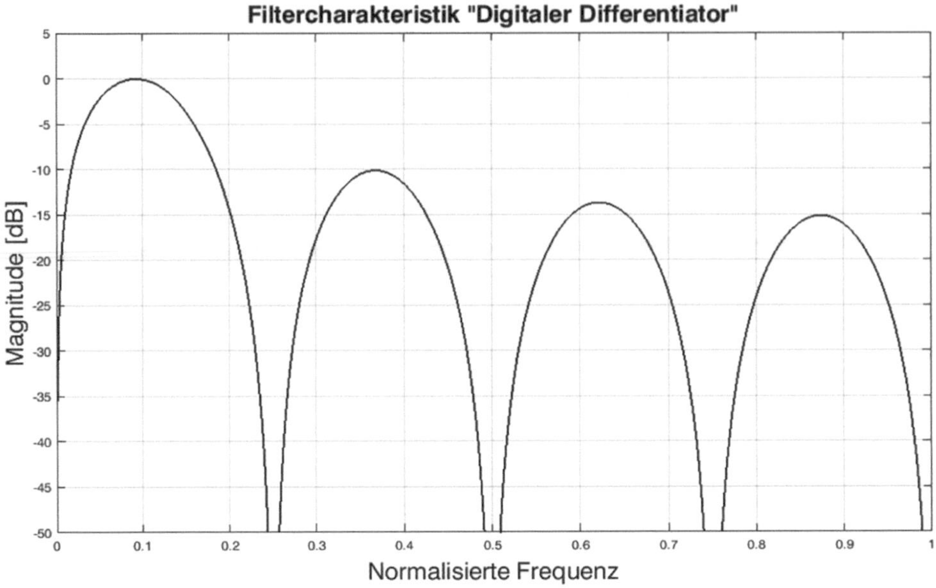

Bild 9: FIR-Filterchatakteristik mit Koeffizienten h_D = [1 1 1 1 1 1 1 1 -1 -1-1 -1 -1 -1 -1 -1]

$$N_{LPFA} = \frac{N_{ACC}}{N_{FIR}} 2^k \tag{18}$$

In Bild 10a bis Bild 10d sind die Verarbeitungsschritte der Pulsauswertung detailliert aufgeführt. Beide idealisiert abgebildeten Pulse (Bild 10a) zeigen eine zeitliche Ausdehnung von 20 ns. Die Abtastrate liegt bei 100 MHz, so das ca. 2 Samples pro Pulse dargestellt werden (Bild 10b), wobei hier die Pulse durch eine Bandbreitenbegrenzung des TIAs von ca. 100 MHz verschliffen werden. Ausgehend von einer *SNR* von 5 bzw. 0,5 der beiden Pulse bei der Einzelmessung wird eine 8-stufige Überabtastung mit 8-facher Akkumulation angewendet (Bild 10c). Abschließend wird eine Differentiation mit einem FIR-Filter 16. Ordnung durchgeführt (Bild 10d). Die Amplituden der Signale sind auf „1“ normiert, um die Verbesserung der *SNR* graphisch zu verdeutlichen. Die Pulserkennung mit einem digitalen Differentiator veranschaulicht, dass Signale unterhalb des Rauschpegels (*SNR* bei 0,5) relativ sicher erkannt werden können.

Nach Durchlaufen des Differentiators erscheint der Puls durch eine positive und negative „Spitze“ im Signalverlauf. Der Übergang vom positiven zum negativen Wert entspricht der Pulsdauer. Unter der Voraussetzung, dass der Puls symmetrische Anstiegs- und Abfallflanken hat, entspricht der Nulldurchgang dem Spitzenwert des Pulses und kann als Referenz für die Bestimmung der Laufzeit TOF herangezogen werden.

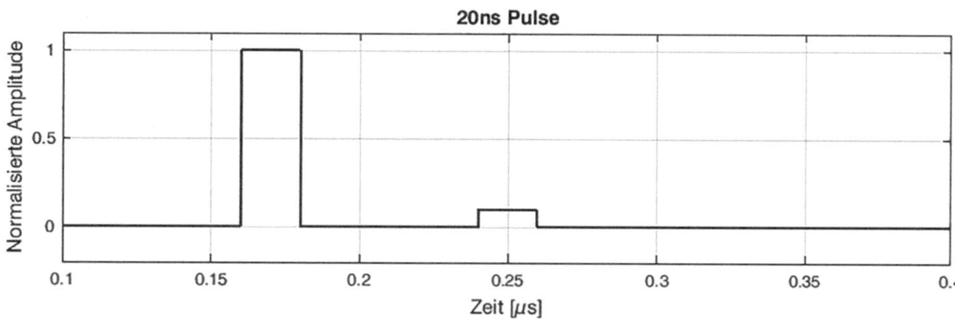

Bild 10a: Idealisierter, reflektierter Lichtpuls.

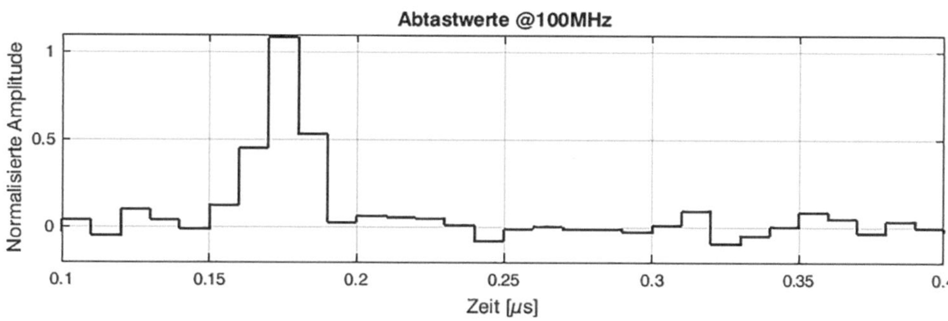

Bild 10b: Abtastung des Lichtpulses mit Rauschen.

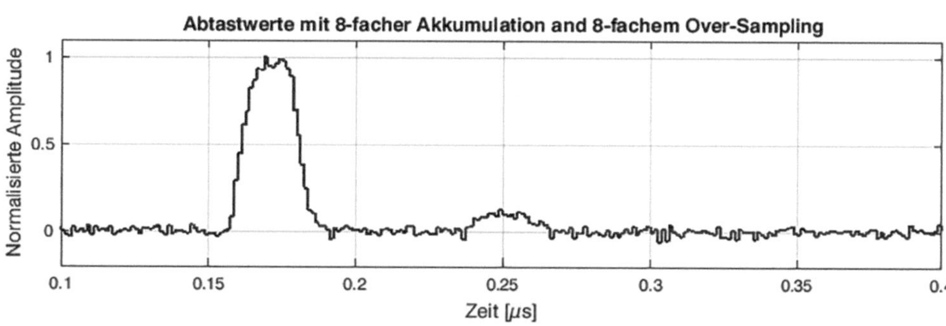

Bild 10c: Abtastwerte nach 8-facher Mittelwertbildung und 8-fachem Over-Sampling.

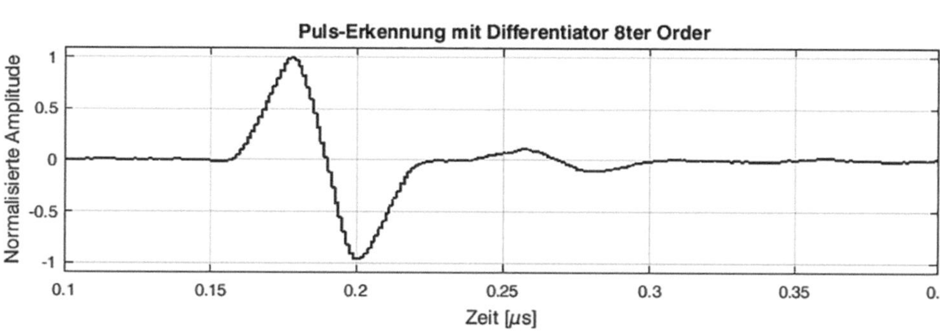

Bild 10d: Digitale Differentiation der Pulse-Samples.

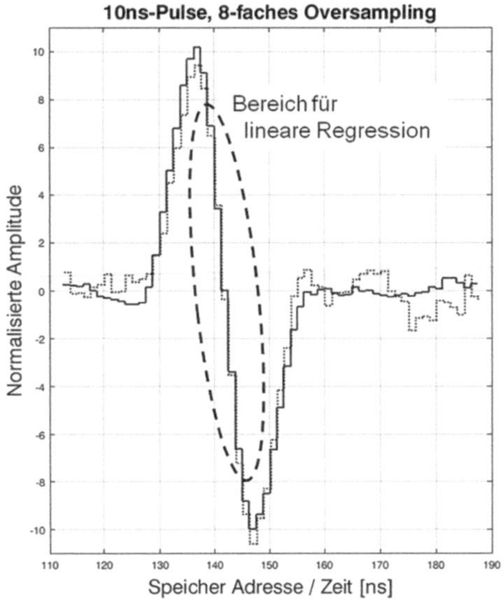

Bild 11: Auswertung des Lichtpulses durch Differentiation und Nulldurchgang.

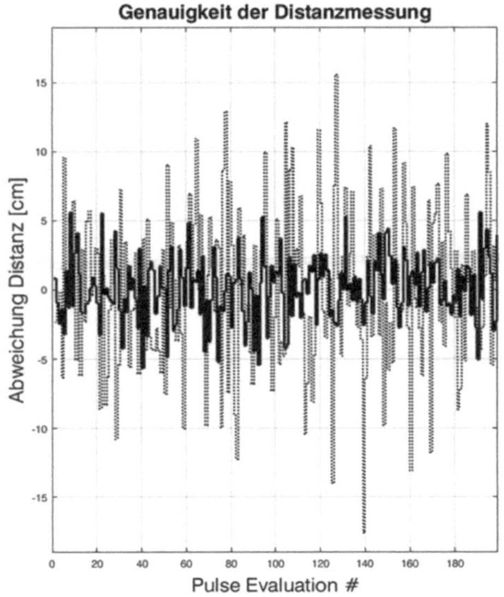

Bild 12: Erzielbare Genauigkeit der Pulsauswertung.

Die Berechnung des Nulldurchgangs zwischen den charakteristischen Spitzenwerten basiert auf einem Polynom-Fitting erster Ordnung. Der Bereich für eine lineare Regression ist in Bild 11 gestrichelt gekennzeichnet. Hier wird die Ausgleichsgerade aus den Abtastwerten $S(N_P{:}N_N)$ (RAM) und den Speicheradressen $[N_P{:}N_N]$ zwischen den Spitzenwerten bestimmt. Dies führt auch zu einer weiteren Verbesserung der *SNR*. Der Nulldurchgang errechnet sich direkt aus den linearen Koeffizienten.

Vereinfacht gesagt hängt die erreichbare Genauigkeit der Entfernungsmessung maßgeblich von der *SNR* und der Auflösung des ADCs ab. Die Überabtastung sollte so gestaltet sein, dass der Zeitrahmen von mindestens 8 Abtastwerten der zu erwartenden Pulsbreite entspricht. Aus diesem Beispiel würde ein digitaler Differentiator folgen, der als FIR-Filter 16. Ordnung, ausgeführt wird. In Bild 12 ist die erreichbare Genauigkeit eines mit 10 ns Pulsen und mit 8-facher Überabtastung bei einer *SNR* von 10 dargestellt. Die durchgezogene Linie stellt die Abweichung bei einer 8-fachen Mittelwertbildung dar und entspricht einer Genauigkeit (Standardabweichung) von ca. 6,5 cm. Bei 32-facher Mittelwertbildung erreicht man hingegen eine Verbesserung auf ca. 2,3 cm (gestrichelte Linie).

Bedingt durch das Messprinzip sollte die Pulsbreite so kurz wie möglich sein, da durch diese das räumliche Auflösungsvermögen bei der Reflexion eingeschränkt wird. Eine Pulsbereite von 10 ns entspricht einem Abstand von 3 m. Stehen zwei Objekte beispielsweise in einem geringen Abstand hintereinander, oder entstehen Mehrfachreflexionen an der Oberfläche, kann es zu einer Überlagerung und Dehnung der Pulse kommen.

2.4 Integriertes Messsystem

Im folgenden Abschnitt wird das Konzept für ein integriertes Messsystem vorgestellt, das eine effiziente und kostengünstige Realisierung von LiDAR-Applikationen im Automobilbereich ermöglichen soll. Ausgehend von den unterschiedlichen schaltungstechnischen Ansätzen aus der Literatur [10], [11], [12], [13], [16], [17], [18], [19], [20], [21] werden im Folgenden Module identifiziert, die sich mit *Submicron* CMOS-Prozessen fertigen lassen. Entscheidend ist, dass der CMOS-Prozess automotiv qualifiziert ist (AEC-Q100 [25]).

2.4.1 Laserdioden

Im LiDAR-System kommen Halbleiterlaser als infrarote Lichtquellen, mit Lichtwellenlänge zwischen 850 und 1000 nm zum Einsatz, die sich durch eine hohe Intensität und scharfe Bündelung der Strahlen auszeichnen.

Die Ausgangsleistung von kommerziell verfügbaren Laserdioden liegt im Bereich von 10 bis 70 W. Um den Anforderungen der Laserschutzklasse gerecht zu werden, muss die durchschnittliche Leistung von gepulsten Lichtsignalen bei maximal 5 mW liegen. Daraus ergibt sich eine Wiederholrate für den Puls von 20 kHz bis 100 kHz.

2.4.2 Fotodioden

Fotodioden werden eingesetzt um Lichtsignale, welche eine modulierte Strahlungsleistung besitzen, in elektrische Signale umzuwandeln. Sollen diese Fotosensoren in einem LiDAR-System eigesetzt werden, so ergeben sich hohe Anforderungen an die Empfindlichkeit und Ansprechgeschwindigkeit dieser Bauteile.

Prinzipiell beruht die Lichtempfindlichkeit einer Halbleiterdiode auf der Absorption von Photonen und einer daraus resultierenden Ladungsträgerpaargenerierung [6]. Der p/n-Übergang einer Diode bildet an der Grenzschicht eine Raumladungszone (Bild 13, grau schattierte Bereiche mit „+“ und „-“ gekennzeichnet), die durch Anlegen einer elektrischen Spannung gesteuert werden kann. Photonen, die mit ausreichend hoher Energie (entsprechend größer als der Abstand zwischen Valenz- und Leitungsband des Halbleiters) in die Raumladungszone eindringen, generieren Elektron-Loch-Paare. Durch diese Ladungstrennung bildet sich dann ein elektrischer Strom, indem sie in die gleichartig dotierten Zonen des p/n-Übergangs driften. Der so generierte Strom verhält sich proportional zum Lichteinfall. Durch quantenphysikalische Effekte und Rekombination wird jedoch nur ein Teil der Photonen wirksam.

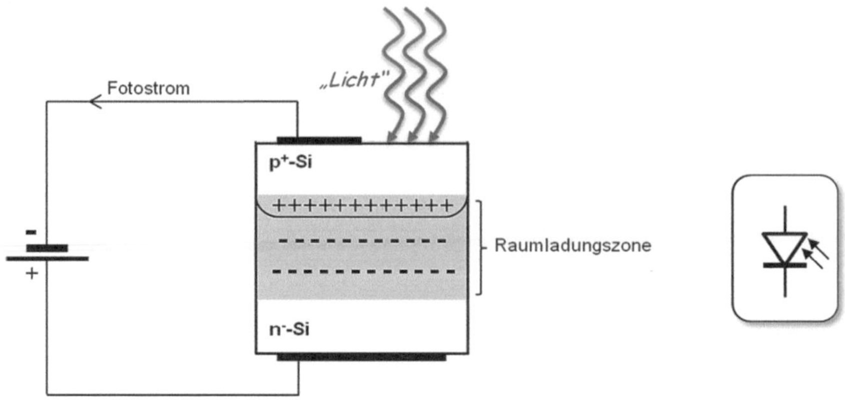

Bild 13: Funktionsweise Silizium-Fotodiode.

Der Aufbau von Silizium-Fotosensoren ist in Bild 14 schematisch dargestellt. Die einfachste Version wird durch eine p^+/n^--Diode gebildet. Sie besteht aus einem leicht dotierten n^--Substrat in das an der Oberfläche eine hochdotierte p^+-Schicht implantiert wird. Diese lichtempfindliche Schicht sollte so dünn wie möglich sein, damit viele Photonen zum p/n-Übergang eindringen können. In Sperrrichtung betrieben, stellt der p/n-Übergang eine Kapazität dar, die das dynamische Verhalten des Fotosensors bestimmt. Bei der PIN-Diode wird der p/n-Übergang durch eine eigenleitende (intrinsische) Schicht aufgeteilt. Vereinfacht dargestellt entsteht dadurch die Struktur eines Plattenkondensators, dessen Kapazität von der Tiefe der intrinsischen Schicht abhängt. Verglichen mit der einfachen p/n-Fotodiode lässt sich so die parasitäre Kapazität reduzieren, wodurch die Ansprechgeschwindigkeit bzw. Bandbreite deutlich erhöht wird. Bei Avalanche-Fotodioden (APD) wird der Übergang von der intrinsischen zur n^+-Schicht durch eine p-Dotierung erweitert. In diesem Bereich entsteht eine Zone mit hoher Feldstärke, in der weitere Ladungsträger durch eine Stoßionisation (Avalanche/Lawinen-Effekt bzw. Ladungsträgermultiplikation) entstehen können. Die APD funktioniert damit wie eine PIN-Diode mit einer zusätzlichen internen Verstärkung (Faktor einige 100). Ein gewisser Nachteil dieser erhöhten Empfindlichkeit ist, dass eine Sperrspannung von weit über 100 V angelegt werden muss. Das erhöht Aufwände und Kosten der Applikationsschaltung.

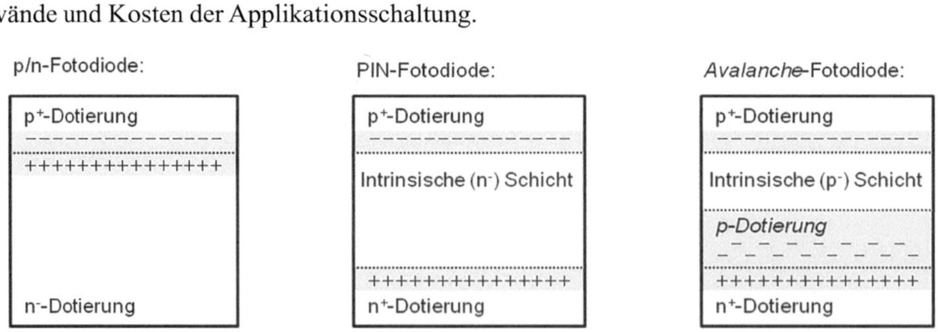

Bild 14: Struktur von Silizium-Fotodioden.

Für die Anwendung der optischen Distanzmessung lässt sich zusammenfassen, dass sich PIN-Dioden für den Nahbereich bis ca. 100 m eignen. Für größere Entfernungen kommen die APDs zum Einsatz um eine repräsentative Messungen zu erzielen.

2.4.3 Analog-Digital-Wandler

Der ADC bildet die Schnittstellte zwischen analoger und digitaler Signalverarbeitung. Um Pulse im zeitlichen Bereich von wenigen Nanosekunden auswerten zu können, ist eine Abtastrate im Bereich von einigen 100 MHz notwendig. Darüber hinaus ist eine hohe Auflösung der zu messenden Spannungswerte erforderlich, die ein geringes Eigenrauschen der Schaltungstechnik impliziert. Wandler, die diesen Anforderungen gerecht werden können, arbeiten nach dem Verfahren der sukzessiven Approximation (SAR). Bei diesem Verfahren wird die umzusetzende Spannung in iterativen Schritten um jeweils 1 Bit pro Taktphase aufgelöst. Dazu wird in jedem Schritt die Eingangsspannung mit einer Referenzspannung verglichen, die durch einen DA-Wandler erzeugt wurde. Je nachdem, ob die Eingangsspannung größer oder kleiner als die Spannung des DA-Wandlers ist, wird die Referenzspannung im nächsten Schritt um die halbe Schrittweite des letzten Schrittes nach oben oder nach unten verändert. Eine Variante dieses Verfahrens stellt der *Pipelined-ADC* dar, bei dem die Iterationsschritte durch aufeinander folgende Schaltungsstufen realisiert sind.

Ein weiterer Aspekt bei der Festlegung der Anforderungen des ADCs ist der Leistungsverbrauch des gesamten Systems in Relation zur Anzahl von Laserpulsen, die für ein 3D-Bild erforderlich sind. Grundsätzlich sollte eine hohe Abtastrate und eine Vielzahl von parallel auszuwertenden Fotodioden angestrebt werden.

2.4.4 Signalkonditionierung der Fotodiode

Durch Lichteinstrahlung wird in der Fotodiode ein Strom I_{PD} erzeugt. Da dieses Sensorsignal proportional zur empfangenen Strahlungsleistung ist, können sehr geringe Ströme entstehen. Zur elektronischen Auswertung des Sensorstromes wird dieser verstärkt und in eine elektrische Spannung umgewandelt. Um diesen Strom präzise auswerten zu können, sollte die Eingangsimpedanz des Verstärkers vernachlässigbar klein sein. Dies kann schaltungstechnisch mit einem Transimpedanzverstärker erreicht werden, dessen Ausgangsspannung V_{PD} über einen Widerstand R_{FB} (den man als Trans-Impedanz bezeichnen kann) zum Eingang rückgekoppelt wird. Um den Aussteuerbereich des Verstärkers zu erhöhen kann die Gleichtaktspannung (V_{CM}: *Common Mode Voltage*) am positiven Eingang des Verstärkers angepasst werden. Diese Schaltungstechnik wird mit einem Operationsverstärker realisiert und ist schematisch in Bild 15 dargestellt.

Der Eingangsstrom eines Operationsverstärkers ist vernachlässigbar klein. Prinzipiell wird hier der Eingangsstrom I_{PS} durch den im Widerstand R_{FB} generierten Strom I_{FB} kompensiert. Die Übertragungsfunktion des Verstärkers ist wie folgt definiert:

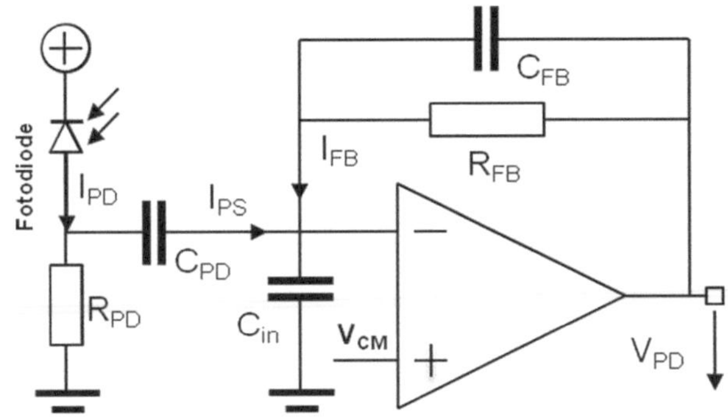

Bild 15: Optisches Sensorinterface mit Transimpedanzverstärker.

$$I_{PS} = I_{FB} = \frac{V_{PD}}{R_{FB}} \tag{19}$$

Die zu detektierenden Signale des Fotosensors sind dadurch gekennzeichnet, dass sie als sehr kurze Pulse mit steilen Flanken auftreten. Zusätzlich entstehen Ströme, die sich aus der Umgebungsbeleuchtung, bzw. dem Dunkelstrom der Diode selbst ergeben. Diese sich relativ langsam ändernden Ströme kann man weitgehend eliminieren, wenn die Fotodiode über einen Kondensator C_{PD} eingekoppelt wird. Für hochdynamische Signaländerungen stellt dieser Kondensator einen Kurzschluss dar, so dass die Ströme I_{PD} und I_{PS} praktisch gleich groß sind.

Das dynamische Verhalten des Transimpedanzverstärkers sollte so ausgelegt werden, dass der Strompuls aus der Fotodiode in einen zeitlich äquivalenten Spannungspuls umgesetzt wird. Damit sollte die Bandbreite des Verstärkers um mindestens Faktor 2 höher liegen als die der Fotodiode. Zur Bewertung des dynamischen Verhaltens wird die Kirchhoffsche Knotenregel für Ströme am Eingang des Operationsverstärkers angewandt (die Kleinbuschstaben für Strom i und Spannung v beziehen sich auf Kleinsignale):

$$i_{PS} = \frac{v_{in}}{Z_{in}} + \frac{v_{in} - v_{PD}}{Z_{FB}} \;,\; Z_{in} = \frac{1}{sC_{in}} \;,\; Z_{FB} = \frac{1}{1 + sR_{FB}C_{FB}} \tag{20}$$

C_{in} repräsentiert die Summe aller Kapazitäten am Eingang des Verstärkers. Der Operationsverstärker selbst ist durch die Leerlaufverstärkung A_0 und durch die Bandbreite ω_0 ($= 2\pi F_{3\text{dB}}$) charakterisiert:

$$\frac{v_{PD}}{v_{in}} = -A_0 \frac{\omega_0}{s + \omega_0} \tag{21}$$

Damit kann die Eingangsspannung v_{in} in die Stromgleichung eingesetzt werden und man erhält die Transimpedanz als Übertragungsfunktion 2. Ordnung:

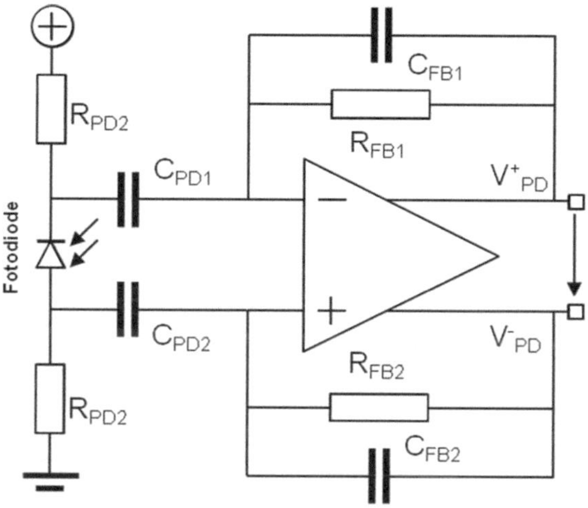

Bild 16: Optisches Sensorinterface mit differentiellem Transimpedanzverstärker.

$$\frac{v_{PD}}{i_{PG}} \cong -R_{FB} \frac{A_0\omega_0}{s^2(C_{in}+C_{FB})R_{FB}+s(1+\omega_0 C_{in} R_{FB}+A_0\omega_0 C_{FB} R_{FB})+A_0\omega_0} \tag{22}$$

Diese Übertragungsfunktion hat zwei Pole, so dass beim Schaltungsentwurf darauf geachtet werden muss, dass das Stabilitätskriterium Q eingehalten wird. Die Bandbreite des Transimpedanzvertärkers ω_T ist wie folgt definiert:

$$\frac{v_{PD}}{i_{PG}} \cong -R_{FB} \frac{\omega_T}{s^2+s\frac{\omega_T}{Q}+\omega_T}, \qquad \omega_T = \sqrt{\frac{A_0\omega_0}{R_{FB}(C_{in}+C_{FB})}} \tag{23}$$

Neben der hohen Bandbreite des stabilen Verstärkers, sind eine möglichst niedrige Rauschleistung, sowie ein geringer Leistungsverbrauch, die wichtigsten Kriterien für den Schaltungsentwurf.

In Bild 16 kommt ein differentieller Operationsverstärker zum Einsatz. Der Vorteil dieser Schaltungstechnik ist eine höhere Unempfindlichkeit gegenüber Gleichtaktstörungen, sowie Störungen, die aus der Spannungsversorgung eingestreut werden.

2.4.5 *Funktionale Sicherheit und Diagnose*

Die Anforderungen an die Entwicklung sicherheitskritischer Komponenten und Systeme von Kraftfahrzeugen ist in der ISO 26262 definiert [4]. Bereits in der Konzeptphase einer Produktentwicklung werden Gefahren identifiziert, die durch den Ausfall einer Funktion entstehen können. In einem Folgeschritt werden die daraus resultierenden Risiken quantifiziert. Damit ist gewährleistet, dass die Sicherheitsanforderungen auch in Teilsystemen bereits zu Beginn des Entwicklungsprozesses definiert sind.

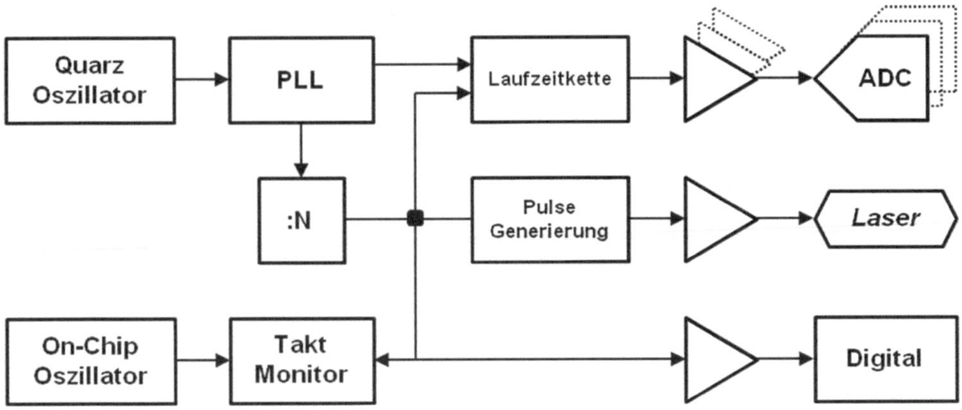

Bild 17: Taktsignale und zeitliche Referenz.

Im Rahmen der Methodik von ISO 26262 wurde das integrierte Messsystem als *Safety Element out of Context* (SEooC) entwickelt. Dies bedeutet, dass die anwendbaren Sicherheitsanforderungen zunächst nicht oder nur teilweise bekannt sind. Als Konsequenz müssen Annahmen getroffen und dokumentiert werden (Safety Manual), aus denen die Sicherheitsziele resultieren.

Die wichtigsten technischen Sicherheitsmaßnahmen werden im Folgenden kurz zusammenfasst. Ausschlaggebend für die Genauigkeit der TOF-Messung ist das auf einem Quarz basierende Taktsystem. Mit einem integrierten Oszillator werden sowohl das externe als auch die internen Taktsignale überwacht und einer Frequenzmessung unterzogen. Damit wird im gesamten Temperaturbereich eine Genauigkeit von ca. 3% der Zeitreferenz des Systems sichergestellt. Die Speichermodule (RAM) belegen einen Großteil der digitalen Chip-Fläche und werden redundant mit einem *Error-Correction-Code* (ECC) implementiert. Damit kann pro Speicherwort ein Fehler-Bit korrigiert werden, wodurch die Ausfallsrate deutlich verbessert wird. Die Ablaufsteuerungen und Zählerfunktionen des Digitalteils werden ebenfalls redundant eingebaut. Um die analoge Signalkette überprüfen zu können wurde ein Strompulsgenerator eingeführt (vgl. Bild 18, „Diagnose Puls"). Mit diesem kann am Eingang des Transimpedanzverstärkers ein Strompuls appliziert werden, bei dem die Amplitude und Breite programmiert werden kann. Die Messwerte dieses Strompulses werden im RAM gespeichert und stehen so der digitalen Auswertungslogik zur Verfügung. Desweiteren kann damit die externe Beschaltung überprüft werden, wodurch beispielsweise ein Kurzschluss am Eingang des Bausteins detektiert werden kann. Mit einem Spannungsmonitor werden verschiedene interne und externe Versorgungsspannungen sowie der Temperatursensor überwacht. Der dafür eingebaute ADC speichert diese Messwerte, die mit programmierbaren digitalen Schwellenwerten verglichen werden können. Im Fehlerfall wird ein Interrupt für den externen Microcontroller ausgelöst.

2.4.6 *Taktsystem*

Die Laufzeitmessung der Lichtpulse erfordert ein präzises und robustes Taktsystem. Die zeitliche Referenz wird durch einen externen Quarzoszillator realisiert (vgl. Bild 17). Mit Hilfe einer PLL wird daraus eine Frequenz von ca. 4 GHz generiert, die einer geometrischen Auflösung von 7,5 cm entspricht.

Das resultierende Taktsignal wird zur definierten Verzögerung des ADC-Taktsignals verwendet. Diese höchste Systemfrequenz wird mit einem programmierbaren Teiler reduziert und als Taktsignal für den Digitalteil, ADC und zum Triggern des Laserpulses eingesetzt. Da diese Komponenten auf dem Chip weit entfernt positioniert sein können, ergibt sich ein weiträumiges Netz von Taktsignalen. Durch die notwendige Signalpufferung und Verdrahtung entstehen jedoch Phasenunterschiede in den Taktpfaden, die sich als Fehler bei der Laufzeitmessung auswirken.

2.4.7 *Lichtdatenerfassungs-Modul*

Das Lichtdatenerfassungs-Modul (LDAM) bildet ein gemischt analoges und digitales Subsystem zur autonomen Datenerfassung und Speicherung. Der ADC ist das zentrale Element und definiert die Schnittstelle zwischen den analogen und digitalen Komponenten. Die Bandbreite der Fotodioden, bzw. die zu verarbeitende Pulsbreite, haben einen direkten Einfluss auf die Festlegung der Abtastrate des ADCs. Hierbei muss das Nyquist-Shannon-Theorem eingehalten werden. In Bild 16 ist die funktionale Architektur dargestellt. Zum Einsatz kommt ein *Pipelined*-ADC oder SAR-ADC mit einer Abtastrate von bis zu 1 GHz. Um sicher zu stellen, dass kein zeitlicher Versatz zwischen den Fotodiodenkanälen entsteht, werden die Spannungspegel des TIA mit *Track-&-Hold* Stufen synchron und phasenverzögert abgetastet. Diese Signale werden danach in einem definierten Zeitraster vom ADC weiter verarbeitet. Der Datenstrom wird direkt zur Mittelwertberechnung verwendet, indem zuerst der gespeicherte Samplewert gelesen und dann zum aktuellen Abtastwert addiert wird.

Der Ablauf einer Messung kann mit verschiedenen Parametern eingestellt werden, durch die die Anzahl der zu speichernden Messwerte, Mittelwerte und Schritte für die Überabtastung festgelegt werden. Weitere Parameter sind für die Konfiguration der Empfindlichkeit des Transimpedanzverstärkers vorgesehen. Ein Messzyklus wird von der Ablaufsteuerung (vgl. Bild 18) gesteuert und synchronisiert. Für die Speicherung der Messdaten kommt ein Dual-Port-RAM zum Einsatz. Damit wird erreicht, dass die Messwertspeicherung und Datenübertragung an das übergeordnete µC-System (ECU) gleichzeitig stattfinden kann.

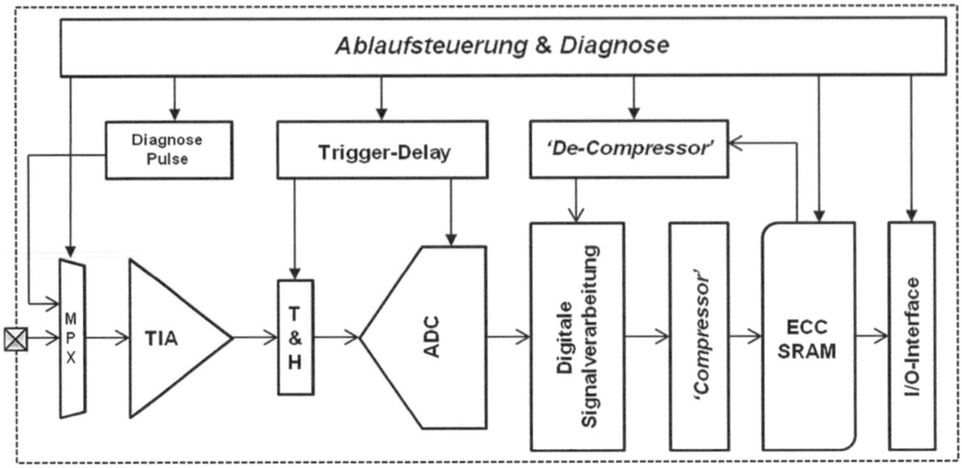

Bild 18: Blockschaltbild LDAM.

Der Digitalteil *„Digitale Signalverarbeitung"* beinhaltet hier neben der obligatorischen Arithmetik für die Mittelwertbildung und Differentiation eine Funktion zur verlustfreien Datenkompression bzw. Dekompression. Da bei einer Distanzmessung nur wenige Pulse auftreten, die den dynamischen Bereich des ADCs ausfüllen, ist damit zu rechnen, dass hauptsächlich kleine Sample-Werte entstehen. Abhängig vom Vorzeichen dieser Werte können sich relativ lange Sequenzen von Nullen oder Einsen bilden. Um den Speicherbedarf signifikant zu verringern kann eine Lauflängenkodierung (*Run-Length-Coding*) angewendet werden. Bei diesem Verfahren werden prinzipiell nur die Änderungen zwischen den Samples gespeichert. Bei der Dekompression werden den reduzierten Samples die fehlenden Null- oder Eins-Bits wieder hinzugefügt und die Breite der Datenworte wieder hergestellt.

2.4.8 Architektur des Messsystems

Das integrierte *On-Chip*-Messsystem umfasst alle notwendigen elektronischen Module, um einen intelligenten optischen Sensor realisieren zu können. Für den kompletten LiDAR-Sensor sind, neben der Spannungsversorgung und einem µC für die Aufbereitung der Bilddaten, nur noch die Fotodioden und der Laser erforderlich. Der repetitive Messzyklus basiert auf der programmierbaren Wiederholrate der Laser-Pulse. Damit zeitlich nichtkorrelierte Messungen stattfinden, sollte die Wiederholrate zeitlich variiert werden, um die gegenseitige Beeinflussung von weiteren LiDAR-Sensoren im Straßenverkehr gering zu halten.

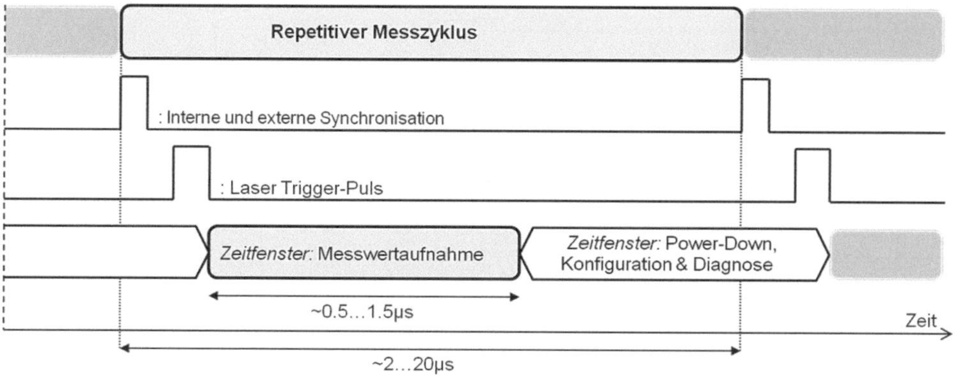

Bild 19: Programmierbarer Messzyklus.

Eine Pulsmessung wird durch ein Synchronisationssignal ausgelöst, wodurch der eigentliche Messablauf der einzelnen LDAMs parallel gestartet wird. Dieses Signal wird auch dazu verwendet, weitere Bausteine synchron zu triggern. Nach dem Trigger-Puls für den Laser kann die Messwertaufnahme mit einer programmierbaren Verzögerung gestartet werden. Danach schließt sich ein Zeitfenster an, in dem ein kurzzeitiger Power-Down, Diagnose-Messungen oder Änderungen der Konfigurationen durchgeführt werden können. Der Ablauf von Messungen ist in Bild 19 schematisch dargestellt.

Die skalierbare Architektur des integrierten Messsystems ist in Bild 20 dargestellt. Die Anzahl der auf einem Chip platzierten LDAMs wird hauptsächlich durch ihre Verlustleistung und der damit verbundenen Erhöhung der Temperaturerhöhung limitiert. Die zentrale Steuerung des Messsystems wird durch den *„System µController"* ausgeführt.

Über das *High-Speed I/O Interface* werden sowohl die Messdaten an die ECU als auch die Konfigurationsparameter für das integrierte Messsystem übertragen

Um einen vollständigen 3D *Solid-State* LiDAR-Sensor zu implementieren, ist der Anschluss an einen externen MEMS-Spiegel zur Ablenkung des Laserstrahls vorgesehen [5], [14]. In diesem Modul MEMS *Mirror Control* wird die Position des Spiegels detektiert und das Trigger-Signal für den Laser bestimmt.

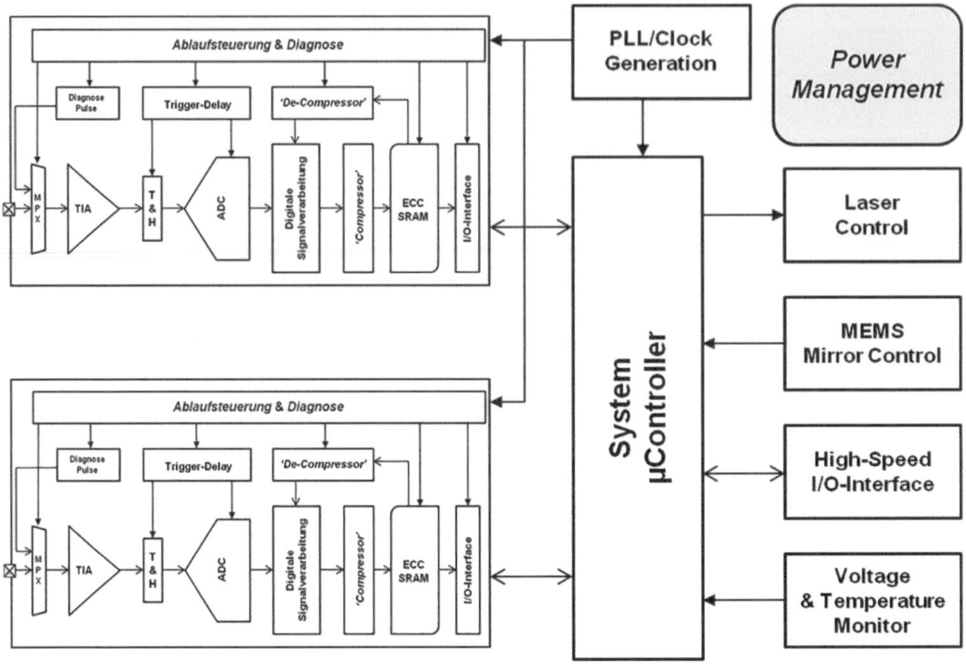

Bild 20: Architektur des integrierten Messsystems mit zwei Kanälen.

2.5 Zusammenfassung

LiDAR ist ein optisches Sensorsystem mit dem die Fahrzeugumgebung präzise vermessen werden kann. Als integraler Bestandteil der Fahrzeugarchitektur liefert es zuverlässig Daten, die im Fahrerassistenzsystem zur Beurteilung der Verkehrssituation herangezogen werden. Mit einem integrierten Messsystem, welches die Steuerung des Laser-Scannings bis hin zur digitalen Auswertung der Lichtechos selbstständig ausführt, können hochgenaue und kompakte LiDAR-Sensoren aufgebaut werden. Basierend auf einer skalierbaren und parametrisierbaren IC-Architektur, die eine Integration von empfindlichen Fotodioden-Interfaces zusammen mit ADCs und digitaler Auswertung umfasst, kann ein kostengünstiges Produktdesign ermöglicht werden. Mit modernem CMOS Technologien können komplexe Mixed-Signal ICs effizient gefertigt werden. Um die Qualität und Zuverlässigkeit des Sensorsystems sicher zu stellen, sind Maßnahmen, die den Anforderungen der funktionalen Sicherheit gerecht werden, essentieller Bestandteil der Architektur.

Literatur

[1] Goldstein, B. S., Dalrymple, G. F., “Galium Arsenid Injection Laser Radar”, Proceedings of the IEEE, Vol. 55, No.2, February, 1967.

[2] Kolawole, M., "Radar Systems, Peak Detection and Tracking", Newnes (Elsevier Science), 2002.

[3] Kurti, S., Kostamovaara, J., "An Integrated Laser Radar Receiver Channel Utilizing a Time-Domain Walk Error Compensation Scheme", IEEE Transactions on Instrumentation and Measurement, Vol. 60, No. 1, January 2011.

[4] ISO 26262: „Automotive Functional Safety", http://www.iso.org

[5] Kasturi, A., Milanovic, V., Atwood, B., Yang, J., "UAV-Borne LiDAR with MEMS Mirror Based Scanning Capability", SPIE Defense and Commercial Sensing Conference, April 20th, 2016.

[6] Sze, S.M., Kwok, K. "Physics of Semiconductor Devices", Jon Wiley & Sons, Inc., 2007.

[7] Winter, H., "Kamerabasierte Sensorik für Fahrerassistenzsysteme", 3rd Leibniz Conference of Advanced Science - Sensorsystems, 2006.

[8] Hänsler, E., „Statistische Signale. Grundlagen und Anwendungen" Springer Verlag, 2010.

[9] picco Technology, „Einführung Sampling-Oszilloskope", PSE-PRIGGEN Special Electronic, 2010.

[10] Texas Instruments, "LiDAR Pulsed Time-of-Flight Reference Design using High-Speed Data Converters", TIDUC73B–November 2016–Revised August 2017.

[11] Leser, R.J., Salzman, J.A. "Ligth-Detecetion Electronics for Rama LiDAR", Lewis Reasearch Center Cleveland, National Aeronautics and Space Administration, 1972.

[12] McCormack, P., Kwok, K. "Industrial RADAR/LiDAR System", ECE, National Semiconductor, 2005.

[13] Kawahara, K., Ikeda H., Mizuno, M., "Development of Pulse Detection IC for Space LiDAR", Jon Wiley & Sons, Inc. Trans. JSASS Aerospace Tech. Japan, Vol. 8, No. ists27, pp. Td_17-Td_22, 2010.

[14] Ito, K., et al., "System Design and Performance Characterization of a MEMS-Based Laser", IEEE Photonics Journal, Volume 5, Number 2, 2013.

[15] ORTEC AN-52, "Pico-Second Timing Analyzer Application", Advanced Measurement Technology, Inc., 2007.

[16] Jansson, J., Koskinen, V., Mäntyniemi, A., Kostamovaara, J., "A Multi-Channel High Precision CMOS Time-to-Digital Converter for Laser Scanner Based Perception Systems", Academy of Finnland, 2011.

[17] Xu, Z., Miyahara, M. Matsuzawa, A., "Picoseconds Resolution Time-to-Digital Converter Using GM_C Integrator and SAR-ADC", IEEE Transactions on Nuclera Science, Vol. 61, No.2, April 2014.

[18] Henzler, S., "Time-to-Digital Converters", Springer Series in Advanced Microelectronics 29, Springer Science+Business Media B.V., 2010.

[19] Katsibas, T., et al., "Real-Time Signal Acquisition, High Speed Processing and Frequency Analysis in Modern Air Data Measurement Instruments", Recent Advances in Signal Processing, ISBN 978-953-307-002-5, 2009.

[20] Kalden, P., Sterna, E. "Development of a Low-Cost Laser Rangefinder (LiDAR)", Master Thesis in Systems, Control and Mechatronics, Chalmers University of Technology, Gothenburg, Sweden, 2015.

[21] Mimeault, Y., Leddartech Inc., Quebec (CA), "Detection and Ranging Methods and Systems", Patent No. US 8,310,655 B2, Nov. 13, 2012.

[22] Kolawole, M., "Radar Systems, Peak detection and Tracking", Elsevier Science, ISBN 0 7506 57731, 2002.

[23] Gitelink, J., et al., "Development of Advanced Driver Assistance Systems with Vehicle Hardware-in-the-Loop Simulations", Vehicle System Dynamics, Vol. 44, No. 7, pp. 569-590, July 2006.

[24] Gagnon, Frederic, "Solid-State LiDAR: Enabling High-Volume Optical Sensor Deployments in its Applications", Presentation, Joint Symposium on Managed Lanes & AET, Dallas, TC, July 16-18, 2017.

[25] Lawrenz, W., Obermöller, N. "CAN: Controller Area Network: Grundlagen, Design Anwendungen, Testtechnik", VDE Verlag, May 31, 2011.

[26] http://www.aecouncil.com/AECDocuments.html.

Kapitel 3
Porösizierte Glaskeramik-Substrate für die Radarsensorik

Armin Talai[1], Alexander Kölpin[2], Achim Bittner[3], Frank Steinhäußer[4], Ulrich Schmid[4]

Kurzfassung Für Komfortfunktionen und aktive Sicherheitsfunktionen werden in modernen Fahrzeugen Radarsensoren im freigegebenen Frequenzband zwischen 77 GHz und 79 GHz benötigt. Um einen langzeitstabilen Betrieb bei gleichzeitig geringer Baugröße der Radarsensoren zu gewährleisten, müssen robuste Materialsysteme mit geeigneten dielektrischen Eigenschaften im Bereich der Aufbau- und Verbindungstechnik verwendet werden. Kommerzielle LTCC (engl.: low temperature cofired ceramics) Glaskeramiksubstrate ermöglichen einen dreidimensionalen Aufbau bei hervorragenden Hochfrequenzeigenschaften. Um die Antennencharakteristik zu optimieren, wird ein Porösizier-Verfahren vorgestellt, um eine lokal reduzierte Permittivität zu erreichen. Dabei wird nasschemisch das Glaskeramikmaterial porösiziert, um oberflächennah eine Schicht mit reduzierter dielektrischer Konstante zu erzielen. Diese wird durch den Vergleich von Hochfrequenzmessungen mit numerischen Simulationsergebnissen bestimmt.

3.1 Einleitung

Die Fortschritte der integrierten Schaltungstechnik im Bereich hoher Frequenzen führten in den letzten Jahren zu einer Vielzahl interessanter Entwicklungen. Insbesondere die Abstandssensorik profitierte von einer gesteigerten Performanz dieser monolithisch integrierten Mikrowellenschaltungen (MMIC) bei gleichzeitig sinken Stückkosten. Unter dem Oberbegriff RADAR (engl. Akronym „RAdio DistAnce and Ranging") ergaben sich eine Vielzahl von Anwendungen im industriellen und automotiven Sektor, die vormals auf Grund der Komplexität, Baugröße und hohen Kosten militärischen Anwendungen, der

[1] Delphi Deutschland GmbH.
[2] Brandenburgische Technische Universität Cottbus-Senftenberg.
[3] Hahn-Schickard Gesellschaft für angewandte Forschung e.V.
[4] Institut für Sensor und Aktuatorsysteme, Technische Universität Wien.

T. Tille (Hrsg.), *Automobil-Sensorik 2*, DOI 10.1007/978-3-662-56310-6_3,

Luftfahrt oder marinen Szenarien vorbehalten waren. Sogar für Consumer-Produkte sind Radar-Sensoren zukünftig vorgesehen, beispielsweise zur Gestenerkennung bei der Steuerung von Geräten.

Heutzutage sind radargestützte sogenannte Abstandsregeltempomate selbst für Fahrzeuge der Kompakt- und Mittelklasse oft als Sonderausstattung verfügbar. Auch Funktionen, wie Totwinkel- oder Spurwechsel-Assistent werden mit Radarsensoren realisiert. Auf dem Weg zum hochautomatisierten Fahren ermöglichen diese Systeme in Kombination mit Sensoren anderer physikalischer Domänen, wie z.B. Kamerasysteme, ein detailliertes Erfassen der Fahrzeugumgebung.

3.2 Hochfrequenzradarsensoren

Die im Automobil für die Umwelterfassung verwendeten Radarsensoren, die typischerweise im Frequenzbereich um 24 GHz funktionieren, müssen durch Sensoren im Frequenzband von 77-79 GHz ersetzt werden [1], wie es auf der „2015 World Radiocommunication Conference" in Genf beschlossen wurde.

Insbesondere soll damit ein weltweiter Standard definiert werden, um global funktionierende Antikollisionsradars anbieten zu können. Diese sehr hohen Frequenzen ermöglichen zusätzlich zur etablierten Verwendung als Mittel- oder Langstreckenradar den Einsatz im Kurzstreckenbereich, sodass in Kombination diese Radarsensoren einen zentralen Anteil derjenigen Sensoren repräsentieren, die in modernen PKWs für die Umfeld- und Umgebungssensorik verwendet werden (vgl. Bild 1).

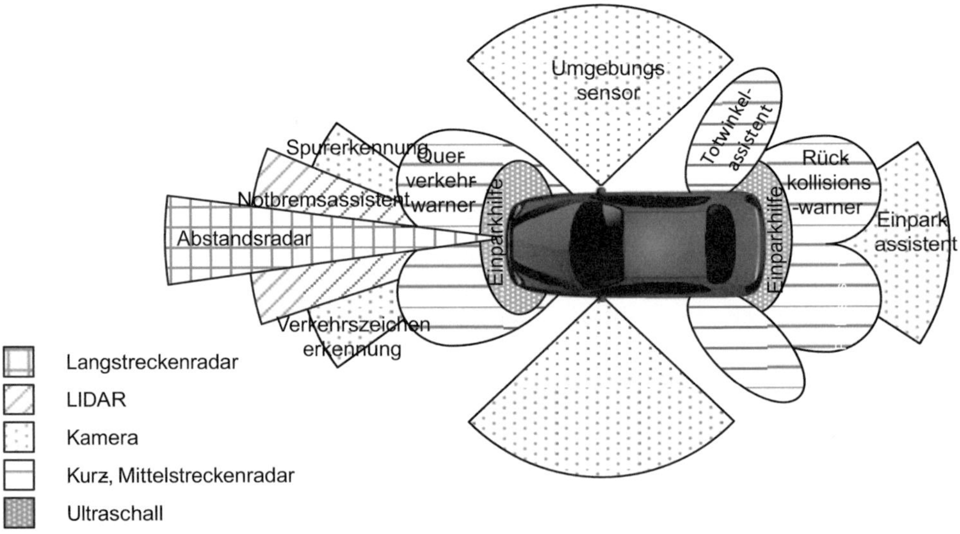

Bild 1: Umfeld- und Umgebungserfassung an einem modernen PKW [2].

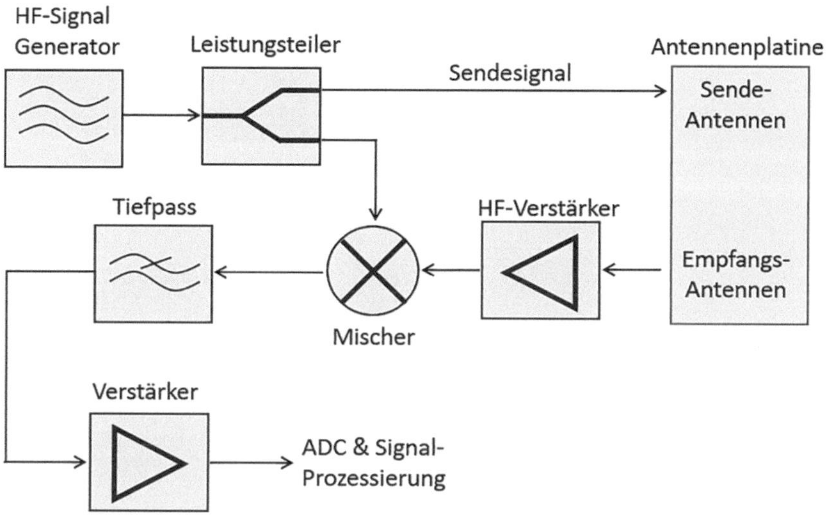

Bild 2: Block-Schaltbild eines Radarsystems mit Sende- und Empfangspfad.

Die prinzipielle Funktionsweise eines Radar-Sensors ist anhand eines Block-Schaltbildes in Bild 2 dargestellt. Ein Hochfrequenz (HF) Signal Generator erzeugt hierbei die gewünschte Signalform. Über einen Leistungsteiler wird das Signal in einen Sende- und einen Misch-Anteil getrennt. Das empfangene HF-Signal wird vorverstärkt, und mit einem Anteil des Sendesignal gemischt. Mittels anschließender Tiefpassfilterung und Verstärkung wird ein niederfrequentes Signal generiert, welches für eine digitale Prozessierung geeignet ist. Der in diesem Beitrag vorgestellte Porösizierprozess bezieht sich auf die Antennenplatine, und beeinflusst dessen Baugröße, die Fokussiereigenschaften, sowie die Abstrahleffizienz.

Prinzipiell basieren Radarsensoren auf zwei Messgrößen zur Entfernungsbestimmung eines rückstrahlenden Objekts: die Laufzeit, die relativ unpräzise, aber eindeutig ist, sowie die Auswertung der Phase. Die wichtigste Komponente des Radars ist die Antenne, mit Richtdiagramm und ihre Anpassung an Sender und Empfänger als Kenngrößen. Die Anpassung beschreibt, wie effizient die bereitgestellte Leistung abgestrahlt wird, welcher Anteil davon den Empfänger erreicht und als verwertbares Nutzsignal ausgewertet werden kann. Das Richtdiagramm liefert Aussagen, in welche Richtung Leistungsbeträge mit welcher Polarisation abgestrahlt, bzw. aus welcher Richtung sie empfangen werden können.

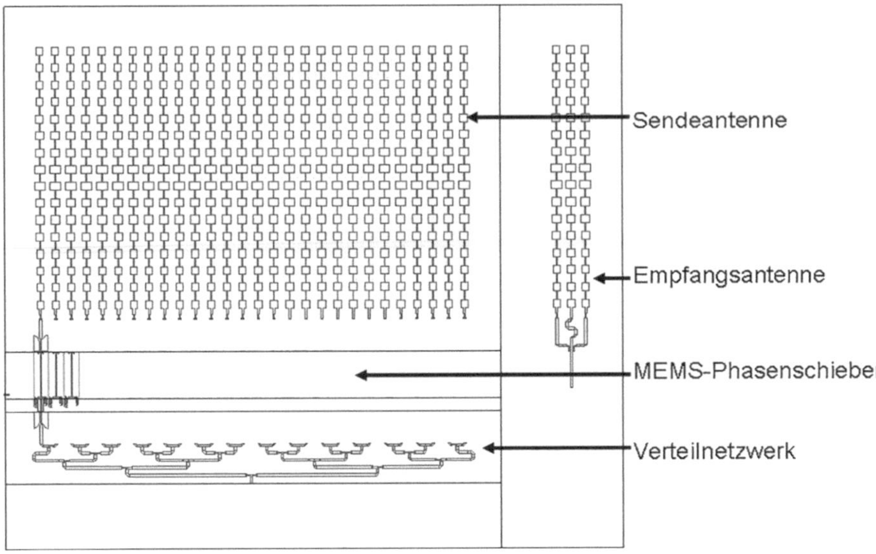

Bild 3: Schematischer Aufbau eines 79 GHz Radarsensors mit MEMS-Phasenschiebern.

3.2.1 Aufbaukonzepte

Für einen Radarsensor werden neben den elektronischen Komponenten und dem Verteilnetzwerk Sende- und Empfangsantennen benötigt. Ein gängiges Antennenkonzept sind Patchantennenarrays. Durch die phasengesteuerte Ansteuerung der einzelnen Patches wird eine elektronische Steuerung der Abstrahlcharakteristik erzielt. Diese Ansteuerung kann elektronisch oder durch RF MEMS (engl.: radio-frequency micro electromechanical systems) erfolgen. Ein schematischer Aufbau eines derartigen Sensors mit MEMS-Phasenschiebern ist in Bild 3 gezeigt.

Das Hochfrequenzsignal wird in einem Verteilnetzwerk auf die einzelnen Antennenzeilen aufgeteilt. Danach wird die Phasenbeziehung zwischen den Zeilen durch die MEMS-Phasenschieber hergestellt.

Durch diese unterschiedlichen funktionellen Bereiche auf dem Radarmodul ergeben sich verschiedene Anforderungen an das Substratmaterial. Insgesamt sollen dielektrische Verluste soweit möglich vermieden werden. Deswegen müssen Materialien mit geringem Verlustfaktor verwendet werden. Zusätzlich soll im Bereich des Verteilnetzwerkes möglichst wenig Energie durch Abstrahlung verloren gehen, während im Bereich der Antennenelemente möglichst viel Leistung als Radarsignal abgestrahlt werden soll. Grundsätzlich soll eine möglichst hohe Primitivität der Leiterplatte dafür sorgen, unerwünschte Abstrahlungsverluste in dem erstgenannten Bereich zu minimieren, während im letztgenannten ein Material mit möglichst geringer Dielektrizitätskonstante eine effiziente Abstrahlung zum Ziel hat.

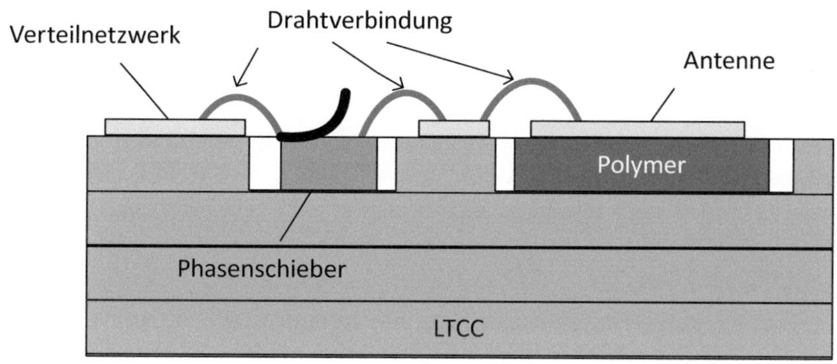

Bild 4: Schematisches Aufbaukonzept für einen phasengesteuerten Radarsensor.

Um diesen lokal höchst unterschiedlichen Anforderungen an die Leiterplatte gerecht zu werden, können mehrere Materialien miteinander kombiniert werden, wie in Bild 4 skizziert wird.

Insbesondere für Hochfrequenzanwendungen bieten sich auf Grund der dielektrischen Eigenschaften, sowie der Möglichkeit Verdrahtungsstrukturen in alle drei Dimensionen realisieren zu können, glaskeramische Substrate an. Oftmals werden dabei LTCC (engl.: low temperature cofired ceramics) verwendet. Hochfrequenzsubstrate mit niedriger Permittivität bestehen hingegen meistens aus Polymeren, die typischerweise mit Glasfasern verstärkt sind. Daher ist es naheliegend, polymere Hochfrequenzsubstrate in Kavitäten der Glaskeramiken einzusetzen. Die Fertigungstoleranzen, sowie die starken Unterschiede in den Temperaturausdehnungskoeffizienten verhindern allerdings die Realisierung von planen, durchgängig metallisierbaren Oberflächen, sodass verlustbehaftete Drahtbondverbindungen benötigt werden. Zusätzlich bedeuten Materialkombinationen Nachteile bei der Zuverlässigkeit, sowie zusätzliche Kosten auf Grund der zusätzlichen Fertigungsschritte.

Aus den genannten Gründen wäre es von hohem technischen und wirtschaftlichen Vorteil, den kompletten Verdrahtungsträger ohne die Kombination aus keramischen und organischen Materialien herzustellen zu können. Um auch die verlustbehafteten Drahtbonds zu eliminieren, sollen die verschiedenen Bereiche mit nur einer Metallisierungsebene miteinander verbunden werden. Um die relativ hohe Dielektrizitätskonstante von LTCC ($\varepsilon_r \approx 7..8$) zu reduzieren, besteht daher die Notwendigkeit, das Substratmaterial selber zu modifizieren. In der Literatur gibt es dafür den Ansatz, oberflächennahe Lagen auf Kosten der mechanischen Stabilität zu perforieren, um Hohlräume in der Keramik einzuschließen [4, 5]. Die meisten dieser Ansätze haben gemeinsam, möglichst viele dieser Hohlräume oder Lufteinschlüsse mit einer Dielektrizitätskonstante von $\varepsilon_r \approx 1$ zu realisieren, um die effektive Permittivität möglichst weit zu senken.

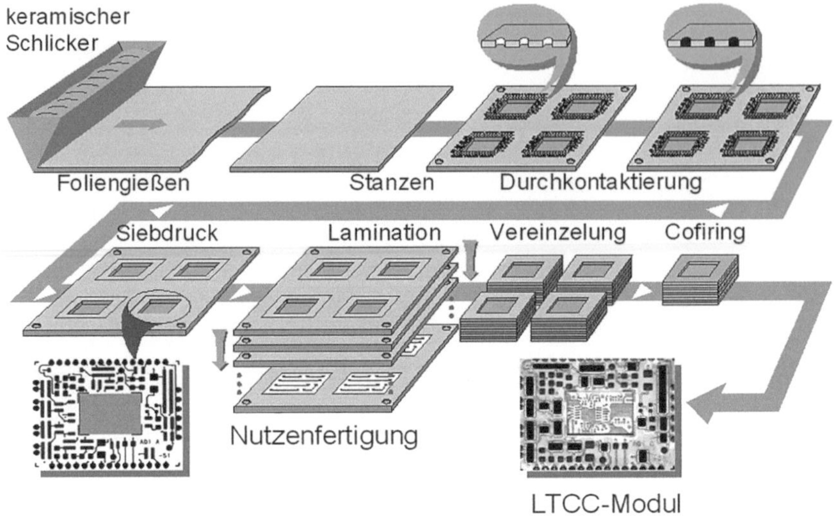

Bild 5: Wichtige Teilschritte im Herstellungsprozess einer LTCC-Keramik [6].

3.2.2 Glaskeramische Mehrlagensubstrate

LTCC bezeichnet ein Materialsystem in keramischer Mehrlagentechnologie, das sich im Vergleich zu anderen Multilayerkeramiken durch niedrige Sintertemperaturen < 1000 °C auszeichnet. Dies erlaubt den Einsatz von Metallisierungen aus Edelmetall mit niedrigem, elektrischen Widerstand. Ferner ermöglicht die Mehrlagentechnik in Bauelementen und Leiterplatten die Nutzung der „3. Dimension", da passive elektronische Bauelemente, wie Widerstände, Spulen, Kapazitäten und auch elektrische Durchkontaktierungen („Vias") mit hoher Designfreiheit in den keramischen Körper integriert werden können, sodass eine hohe Integrationsdichte erzielbar ist. Ferner können Kavitäten in einzelne Lagen oder auch durch die gesamte monolithische Keramik hindurch erzeugt werden. Damit wird eine Vielzahl von innovativen Aufbau- und Verbindungstechnikansätzen ermöglicht. So können z. B. SMD oder MEMS-Bauelemente hermetisch dicht in einer Kavität gehäust werden, indem auf einem Lötrahmen Deckelelemente aufgebracht werden.

Der eigentliche LTCC Herstellungsprozess beginnt mit dem Halbzeug Grünfolie (engl.: green tape), welche im Foliengießverfahren hergestellt wird. Dazu wird der Schlicker, bestehend aus Aluminiumoxidkörnern, Glasfritte und einem Polymervehikel, auf eine Trägerfolie gegossen und mit einer Rakel abgezogen, mit der eine gleich bleibende Schichtdicke eingestellt wird. Anschließend wird das Tape getrocknet und Coupons für die weitere Verarbeitung ausgeschnitten [6]. Der weitere Prozessablauf ist in Bild 5 dargestellt. In die zurechtgeschnittenen Coupons werden Positionierungslöcher, Durchkontaktierungen und Kavitäten gestanzt oder mit dem Laser gebohrt. Die Durchkontaktierungen werden im Schablonendruckverfahren mit einer leitfähigen Paste, je nach Metallisierungssystem aus Gold, Silber oder einer Silber-Palladiumlegierung gefüllt. Anschließend werden die Dickschichtpasten auf die noch flexiblen Keramikgrünfolien im Siebdruckverfahren aufgebracht. Mit diesen Funktionspasten können, neben Metallisierungen, passive Bauelemente, wie Widerstände und Dielektrika, gedruckt werden, die sowohl im als auch auf dem Keramikkörper angeordnet sein können.

Die fertig bedruckten Coupons werden anschließend in einer isostatischen Presse bei einem Druck von ca. 30 MPa und 70 °C für 10 min laminiert und anschließend je nach Tape bei Temperaturen bis zu 900 °C gesintert. Beim Sintern entsteht ein monolithisches Keramiksubstrat, bei dem auch Metallisierung und Glaskeramik über die Glasphase verbunden werden.

Das Ofenprofil beinhaltet den Binderausbrand bei 400 °C und das Flüssigphasensintern bei 850 °C. Beim Binderausbrand werden Weichmacher und Binder aus der Folie unter Normalatmosphäre verascht. Nach der Pyrolyse bleiben Glas- und Keramikpulver übrig. Der eigentliche Brand läuft bei einer Temperatur von ca. 850 °C ab, bei dem der keramische Körper verdichtet wird und so seine Festigkeit erhält. Neben den mechanischen Eigenschaften ist eine hohe Dichte notwendig, um möglichst vorteilhafte Substrateigenschaften zu erzielen, da Poren das Eindringen von Feuchtigkeit begünstigen und auch die elektrische Isolationsfestigkeit herabsetzen.

Die Verdichtung geschieht durch eine Kombination aus Glasumverteilung, Kornumordnung und viskosem Fließen, was als nicht-reaktives Flüssigphasensintern bezeichnet wird. In diesem Fall reagiert Aluminiumoxid nur an den Korngrenzen mit der angrenzenden Glasmatrix. Daneben gibt es auch Systeme, in denen die Glasphase mit einem weiteren Bestandteil des Tapes reagiert, um ein vollständiges Auskristallisieren zu realisieren [7]. Bei diesen Tapes kann im gebrannten Zustand nicht zwischen amorpher Glasphase und kristallinen Körnern unterschieden werden, sondern lediglich zwischen unterschiedlichen Kristallphasen.

3.3 Porösizierte Glaskeramiksubstrate

3.3.1 Nasschemisches Ätzen

Neben den molekularen Materialeigenschaften hat die Porösität einen großen Einfluss auf die Permittivität. Ein poröser Körper besteht zu einem gewissen Anteil aus Luft, welche die niedrigste Permittivität von $\varepsilon_r = 1$ aufweist. In erster Näherung setzt sich der effektive Wert von εr aus den einzelnen Permittivitäten zusammen, die mit dem Volumen der jeweiligen Materialanteile gewichtet werden.

Eine Möglichkeit, die Dielektrizitätskonstante im Bereich der Antennenelemente zu senken, ist die Realisierung eines definierten Porösitätsgrades. Um dies zu erreichen, ist es das Ziel auf Grund der heterogenen Zusammensetzung der Glaskeramik einzelne Phasen nasschemisch aus dem Verbundwerkstoff herauszulösen, sodass mikroskopische Hohlräume entstehen.

Die Möglichkeit die Glaskeramiken direkt in ihrem Fertigungsprozess in Form eines „post-fire"-Schrittes zu porösizieren, stellt einen enormen Vorteil dar. Durch eine geeignete Maskierung können Bereiche mit unterschiedlichen dielektrischen Eigenschaften selektiv in die Oberfläche der gebrannten LTCC eingebracht werden, ohne den komplexen Herstellungsprozess verändern zu müssen.

3.3.1.1 Ätzvorgang

Das selektive Porösizieren von LTCC wurde erstmals für diese Anwendung in [8] beschrieben und erfolgreich bei kommerziell erhältlichen Tapes mit typischen silikatischen LTCC-Systemen auf Basis von Aluminiumoxid-Partikeln mit BSiO-, PbBSiO- oder BaAlSiO-Glas (BAS) durchgeführt. Das wesentliche reaktive Material in diesen Glaskeramiken ist einer der Feldspäte Anorthit $Ca[Al_2Si_2O_8]$ oder Celsian $Ba[Al_2Si_2O_8]$, welche sich während des Sintervorgangs durch Aluminiumdiffusion aus den Partikeln im Übergangsbereich zur umgebenden Glasmatrix bilden [9,10]. Da diese Schicht aufgrund des Feldspatwachstums teilweise unterbrochen ist, besteht nach der nasschemischen Behandlung immer noch eine mechanische Verbindung zwischen den Korundkörnern und der Glasmatrix. Das Resultat sind miteinander vernetzte offene Poren, welche eine Tiefe von bis zu 40 µm erreichen können [8, 11]. In Bild 6 sind die unterschiedlichen Zustände schematisch dargestellt.

Phosphorsäure bietet die Möglichkeit zur präzisen Einstellung des Porösitätsgrades, also der Selektivität zwischen der Lösung der Feldspate und der Glasmatrix silikatischer LTCC.

Die Löslichkeit eines Silikat-Netzwerks ist stark vom pH-Wert und seiner mikroskopischen Struktur abhängig. Ab einem pH-Wert von etwa 8 steigt die Löslichkeit stark an und wächst massiv ab einem Wert von 10. Weiterhin zeigen beispielsweise Na und Al in kristallinem $Na[AlSi_3O_8]$ (Albit) eine viel geringere Ätzrate als in amorphem Aluminosilikat-Glas gleicher Zusammensetzung. Silikatische Gläser reagieren in sauren und neutralen wässrigen Medien meist mit der Bildung einer silikatreichen, stark an Glaswandler-Ionen verarmten, hydratisierten und amorphisierten Schicht. Das reine SiO_2-Netzwerk wird auf direktem Weg nur von Laugen, Flusssäure, bei allen Temperaturen und Konzentrationen, oder heißer, hoch konzentrierter Phosphorsäure angegriffen. Phosphorsäure bindet sich besonders in konzentrierter Form und bei Temperaturen ab 100 °C mit jeder Glaskomponente unter Bildung von Phosphaten. Dazu gehören bspw. Na, Ca, K, Al und selbst Si [12, 13].

Während für die Selektivität der Porösizierung die Ätzraten der reaktiven Phasen und Komponenten entscheidend ist, bestimmen deren Anzahl und Verteilung über die Homogenität der Öffnungen auf der LTCC-Oberfläche. Bereits die Agglomeration der Aluminiumoxid-Partikel während des Mischens im Slurry kann somit ausschlaggebend für ein inhomogenes Porösizierergebnis sein, da sich schließlich beim Sintern an deren Oberfläche die reaktiven Phasen bilden.

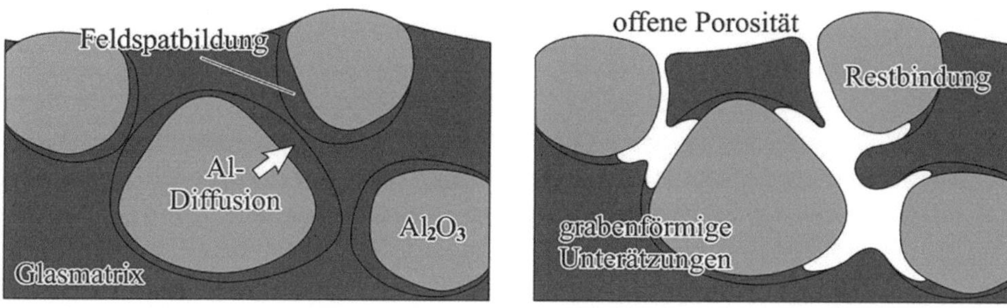

Bild 6: Schematische Darstellung der nasschemischen Oberflächen-Porösizierung von LTCC.

Der Porösitätsgrad der behandelten Glaskeramik ist von deren enthaltenen Phasen und Komponenten, sowie von deren unterschiedlichen Ätzraten gegenüber der verwendeten Phosphorsäure abhängig. Ziel ist es, einen größtmöglichen Porösitätsgrad (Tiefe und Volumen des Lufteintrages), bei gleichzeitig erhaltener, tragender Oberfläche zu erreichen. Letztere ist wiederum entscheidend für die Qualität der Metallisierung, welche für die Leitung des Hochfrequenzsignals notwendigerweise auf der porösen Oberfläche aufgebracht werden muss [14].

3.3.1.2 Poröses Substratmaterial

Die im Handel erhältliche 85 m%-ige ortho-Phosphorsäure besitzt bei Raumtemperatur eine gegenüber Wasser spürbar erhöhte Dichte von etwa 1,71 g cm^{-3} sowie eine erhöhte Viskosität von 32 mPa·s bei 30 °C [15]. Die Untersuchungen zeigen, dass ein vergleichbares Luftvolumen bei geringerer Zerstörung der tragenden Oberfläche durch Verdünnung der Säure auf bspw. 50 m% erreicht werden kann. Auf der einen Seite wird das vom Feldspat freie Glas weniger stark angegriffen und auf der anderen Seite ermöglicht die geringere Viskosität der Säure einen verbesserten An- bzw. Abtransport von frischem Ätzmedium und Reaktionsprodukten [14].

Der Porösizierschritt im Labormaßstab erfolgt in Reaktoren aus Borosilikatglas unterschiedlicher Größe. Dabei hat es sich als hilfreich erwiesen, mit einem leichten Überdruck zu arbeiten, um die Bildung störender Blasen bei der Verwendung von Phosphorsäure mit einer 50 m% Konzentration zu vermieden. Entscheidend ist aber die Konzentration der Mischung konstant zu halten, da der Wasseranteil flüchtiger ist. Die Proben waren in allen Fällen vertikal über einem Rührfisch angeordnet Das Verhältnis von Probenoberfläche zu Flüssigkeitsvolumen (engl.: surface area to solution volume ratio, SA/V) schwankte je nach Anzahl und Größe der Proben zwischen 4,3 bis 9,5 m^{-1}.

Eine überätzte Oberfläche kann zu zwei Effekten führen. Erst können die auf der Oberfläche verbleibenden Strukturen die Metallisierung nicht mehr tragen, sodass es zu einer rauen bis welligen Metallisierungsoberfläche kommt. Dies würde zu einer Verlängerung des Wellenweges oder bei Verringerung des Porositätsgrades zu einer Reduzierung des effektiv eingebrachten Luftvolumens führen. Das Resultat einer weiteren Zersetzung würde schlichtweg zum Verlust der Aluminiumoxid-Partikel führen, da auch die letzte Bindung zur Glasmatrix verloren gehen würde. Bild 7 zeigt eine porösizierte Oberfläche nach einer Behandlung in 50 m% H_3PO_4 bei 100 °C für 8 h im Vergleich mit Bild 8 desselben Materials nach einer Behandlung in ca. 90 m% H_3PO_4 bei 140 °C für 8 h. Eine technische Nutzung der stark angegriffenen Oberfläche ist nicht mehr möglich, obwohl nachfolgend gezeigt wird, dass prinzipiell durch den höheren Lufteintrag die relative Permittivität stärker gesenkt werden konnte.

Durch geeignete Wahl des Parametersatzes aus Temperatur, Konzentration und Dauer der Phosphorsäure-Behandlung kann also der Erhalt einer stabilen Oberflächenverglasung der LTCC erreicht werden.

Die Metallisierung ist entscheidend für die effektive relative Permittivität des betrachteten Gesamtsystems. So konnte gezeigt werden, dass Kantenschärfe, Kantenform, Schwankungen der Oberfläche, aber auch die Eindringtiefe der Metallisierung in die Porenstruktur maßgeblich Einfluss nehmen [16, 17].

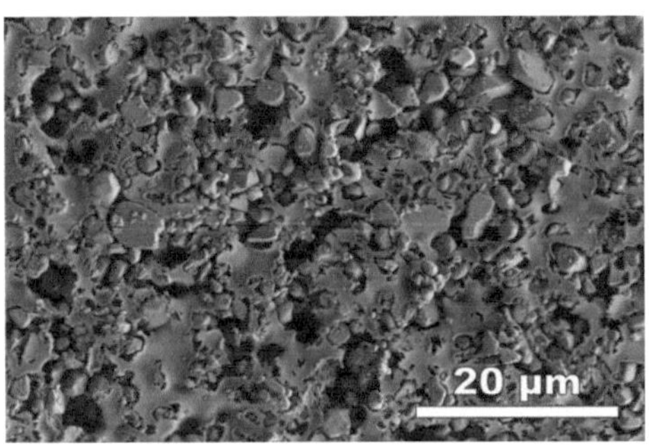

Bild 7: LTCC-Oberfläche nach einer Behandlung in 50 m% H_3PO_4 bei 100 °C für 8 h; aufgenommen mit einem Rasterelektronen-Mikroskop.

Bild 8: LTCC-Oberfläche nach einer Behandlung in 90 m% H_3PO_4 bei 140 °C für 8 h; aufgenommen mit einem Rasterelektronen-Mikroskop.

Bild 9: Bruchkante einer galvanisch hergestellte Silberschicht auf einem porösizierten LTCC-Substrat, aufgenommen mit einem Rasterelektronen-Mikroskop.

Bedingt durch den Zielfrequenzbereich der Anwendung bei bis zu 79 GHz kommt es zu einem starken Skin-Effekt und zu einer Lokalisierung der Felddichte zwischen Mikrostreifenleitung und Substrat. Somit sollte ein durch die Porösizierung erzielter Lufteintrag auch noch effektiv nach der Metallisierung erhalten bleiben. Im günstigsten Fall sollte die Metallbahn dabei mit geringstem Kontakt zum Substrat bei gleichzeitig maximaler Stabilität die offenen Poren „überbrücken".

Eine mögliche Alternative zur klassischen Dickschichttechnik stellen mittels Pulse-Plating hergestellte Silbermetallisierungen dar. Als Startschicht dienten 50 nm Silber mit einem darunter liegenden, 5 bis 10 nm dünnen Titan-Haftvermittler, welcher mittels Magnetron-Sputtern aufgebracht wurde. Die Zielstrukturen wurden dann in einen speziellen Galvaniklack eingewachsen. Der wesentliche Vorteil des Verfahrens liegt in der Möglichkeit die Eindringtiefe der Metallisierung in die Poren gezielt einstellen zu können, während die Porenöffnungen auf der Oberfläche überbrückt werden [18]. Nachteilig ist der darauf folgend notwendige Rückätzschritt der Startschicht, welcher ebenfalls die Zielstrukturen angreift. In Bild 9 ist eine derartig hergestellte Metallisierung auf einer porösizierten LTCC-Schicht von ca. 10 µm Tiefe dargestellt.

Es ist zu beachten, dass die Energiedichte des von der Metallisierung ausgehenden EFeldes nicht linear mit dem Abstand abnimmt. Dies trifft ebenfalls auf den Anteil der durch das Porösizieren eingebrachten Luft in der Substratoberfläche zu, welche dem Verlauf einer Doppel-Weibull-Verteilung folgt [19]. Abhängig von der Zielfrequenz und der angedachten Permittivitätssenkung gibt es also eine Schnittmenge zwischen dem Parametersatz der Porösizierung und der erzielbaren Qualität der Metallisierung, welche zu einem optimalen Ergebnis führt.

Mit einer geeigneten Kombination aus porösizierter LTCC und Metallisierungskonzept können Substratoberflächen mit reduzierter effektiver Permittivität hergestellt werden.

3.3.2 Hochfrequenzcharaktersierung

Die Charakterisierung der relativen Permittivität ε_r poröser LTCC wurde mittels dielektrischer Leitungs-Resonatoren durchgeführt. Ein Leitungs-Resonator beschreibt in der Hochfrequenztechnik einen kurzgeschlossenen oder leerlaufenden Abschnitt einer Hochfrequenzleitung, dessen Länge ein ganzes Vielfaches von $\lambda/2$ beträgt. Ein Resonator wirkt daher bei Anregung mit einer elektromagnetischen Welle frequenzselektiv wie ein Bandpassfilter. Die Theorie zu planaren, dielektrischen Resonatoren ist seit dem Jahr 1939 in der Literatur bekannt [20], und wurde im Rahmen dieser Arbeit mittels moderner Vollwellen-Simulationstechnik erweitert [21], [22], [23], [24], um eine Genauigkeit bei der Permittivitätsmessung von $\Delta\varepsilon_r = \pm 0{,}01$ bei porösizierten Dielektrika bis 110 GHz zu erreichen.

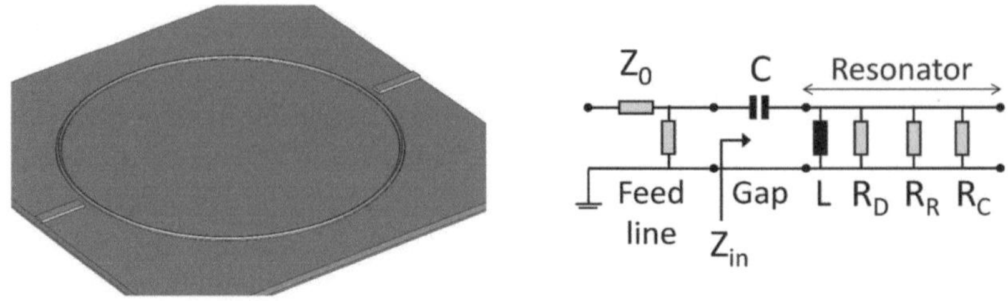

Bild 10: 3D-Modell und elektrisches Ersatzschaltbild eines dielektrischen Ring-Resonators.

3.3.2.1 Messmethode

In dieser Arbeit wurden dielektrische Ring-Resonatoren in Mikrostreifentechnologie nach Bild 10 erstellt, um den Einfluss der porösizierten LTCC Oberfläche auf die frequenzabhängige Permittivität zu bestimmen.

Die Speiseleitung (engl.: feed line) hat die charakteristische Impedanz Z_0 und die Eingangs-impedanz in den Resonator beträgt Z_{in}. Der Koppelspalt wirkt als Kapazität C, und am Ring wirken die Induktivität L, sowie drei Verlustmechanismen in Form eines Strahlungswiderstandes R_R, dielektrischer Verluste R_D und der Leitungsverluste R_C. Eine Erweiterung des Ersatzschaltbildes auf poröse LTCC kann in Detail in [25] nachgelesen werden. Die Resonanzfrequenzen $f_{i,res}$ eines Ring-Resonators können mit dem mittleren Ring-Radius r und der ganzzahligen Harmonischen i berechnet werden.

$$f_{i,res} = \frac{ic_0}{2\pi r\sqrt{\varepsilon_{r,eff}}} \tag{1}$$

Die effektive Permittivität $\varepsilon_{r,eff}$ beschreibt die insgesamt wirksame Permittivität auf elektrische Felder in der Umgebung um die Ring-Struktur, und setzt sich nichtlinear aus der Permittivität der Luft, als auch der des Dielektrikums zusammen. Bild 11 (links) zeigt die Querschnittsskizze der Messanordnung, welche in Folge des vorliegenden Feldtyps primär die z-Komponente von ε_r in der Messung erfasst, auf dessen Testmaterial diese gefertigt ist (engl.: Material Under Test, MUT).

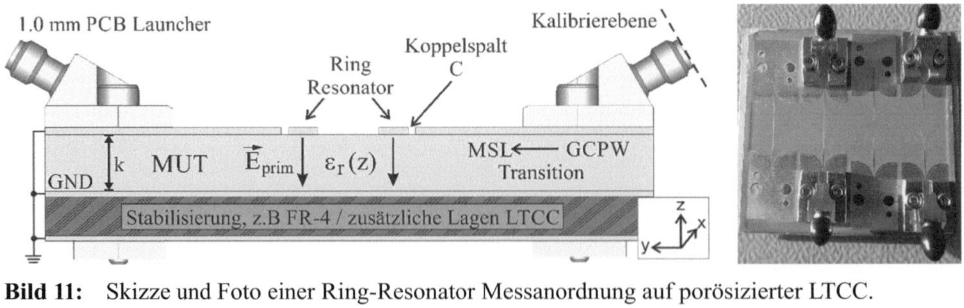

Bild 11: Skizze und Foto einer Ring-Resonator Messanordnung auf porösizierter LTCC.

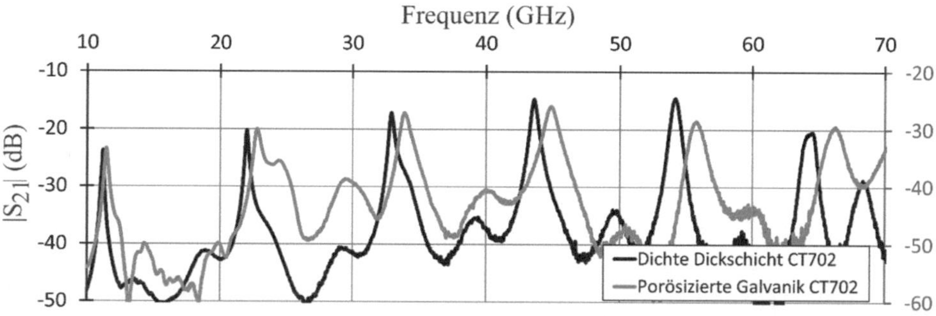

Bild 12: Exemplarisches Betragsspektrum von Ring-Resonator Messungen auf dichter und porösizierter LTCC (Heraeus CT702) von 10 GHz bis 70 GHz. Erhöhung der Resonanzfrequenz korrespondiert zu Verringerung von $\varepsilon_{r,eff}$.

Bild 11 (rechts) zeigt ein Foto der Messanordnung auf porösizierter LTCC, welche zudem einen Thru-Reflect-Line (TRL) Kalibrierstandard beinhaltet. Zur Messung wird ein vektorieller Netzwerkanalysator an montierten 1 mm Koaxial Launchern angeschlossen, und anschließend das Betragsspektrum von 1 GHz bis 110 GHz gemessen. Ein exemplarischer Ausschnitt gemessener Rohdaten ist in Bild 12 für eine dichte, sowie eine porösizierte LTCC des Typs Heraeus CT702 gezeigt.

Mit Hilfe von Vollwellensimulation in CST Microwave Studio [26] kann dem gemessenen $\varepsilon_{r,eff}$ an jeder gemessenen Resonanzfrequenz ein auf die 2. Nachkommastelle korrekter ε_r-Wert für die LTCC zugeordnet werden. Dadurch kann eine Quasi-Breitband Charakterisierung der LTCC an mehreren diskreten Frequenzpunkten durchgeführt werden.

3.3.2.2 Ergebnisse

Die Messergebnisse, die in diesem Abschnitt in Bezug auf die ε_r-Werte vorgestellt werden, wurden mittels eines kombinierten Auswerteverfahrens aus Messungen und Vollwellensimulation durchgeführt [27], [28]. Die Simulation erlaubt hierbei eine Berücksichtigung hochfrequenztechnischer Effekte, welche im Allgemeinen nicht durch analytisch lösbare Gleichungen durchgeführt werden können. Diese treten beispielsweise strukturbedingt durch inhomogene (poröse) Dielektrika, 3-dimensionale Leiterbahn-Einflüsse (Skin-Effekt), und Oberflächenrauigkeiten auf, oder können auf elektromagnetischen Ursachen wie beispielsweise Bending-Effekten der Ring-Struktur und parasitärer Abstrahlung in den Freiraum oder auf Substratwellen beruhen.

Bild 13 zeigt die ε_r-Messergebnisse der LTCC Heraeus CT702 [29] von 10 GHz bis 85 GHz. Die Frequenzbeschränkung der Messung ist primär auf der hochfrequenztechnischen Eignung der Metallisierung und den damit einhergehenden Verlusten begründet. Insbesondere seitliche Ausfransungen der Dickschicht, sowie das Eindiffundieren leitfähiger Galvanik-Partikel in oberflächennahe Poren führen zu steigenden Absorptionsverlusten im betrachteten Frequenzbereich.

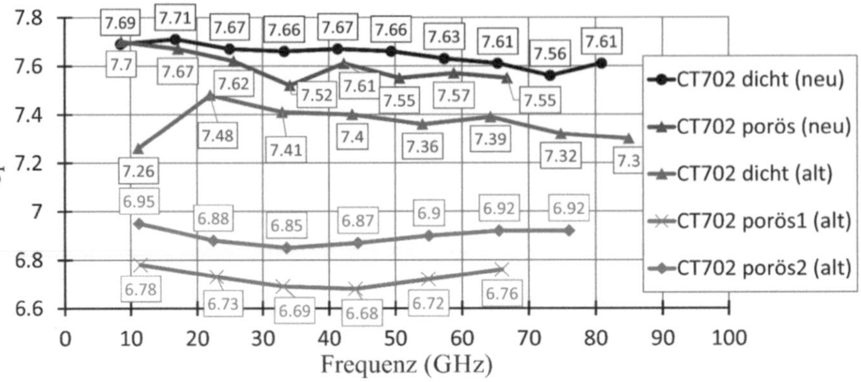

Bild 13: Messergebnisse dichter und porösizierter LTCC des Typs Heraeus CT702; Vergangene und aktuelle Material-Mischung; Dicht mit Dickschicht Gold und porösiziert mit Galvanik Silber Metallisierung.

Anhand der Messkurven ist eine Reduktion der Permittivität infolge des Porösizierens deutlich erkennbar. Die LTCCs wurden für 8 h bei 100 °C in 50 m% Phosphorsäure porösiziert, und mittels Silber Galvanik metallisiert. Während die neue Tape Mischung nur eine geringe Selektivität beim Porösizieren mit Phosphorsäure aufweist, und folglich eine geringe Reduktion des ε_r erfährt, ist die ältere CT702 Mischung besser porösizierbar, und ermöglicht eine Reduktion von ε_r um ca. 10%.

Bild 14 zeigt die Messergebnisse dichter und porösizierter LTCC vom Typ Heraeus CT701 [30], welches mit $\varepsilon_r \approx 8$ die höchste Permittivität unter den gemessenen LTCCs aufweist. Ebenso ist ersichtlich, dass dieses Tape eine gute, wenn auch etwas geringere Selektivität als das CT702 für den Porösizierprozess mit verdünnter Phosphorsäure (H_3PO_4) aufweist.

Die eingebrachten, oberflächennahen Poren in CT701 haben die Permittivität frequenzabhängig in einem Bereich zwischen 8 GHz und 68 GHz um $\Delta\varepsilon_r$ [0,4; 0,7] reduziert. Dies entspricht einer relativen Reduktion zwischen 5,7% und 9,8%.

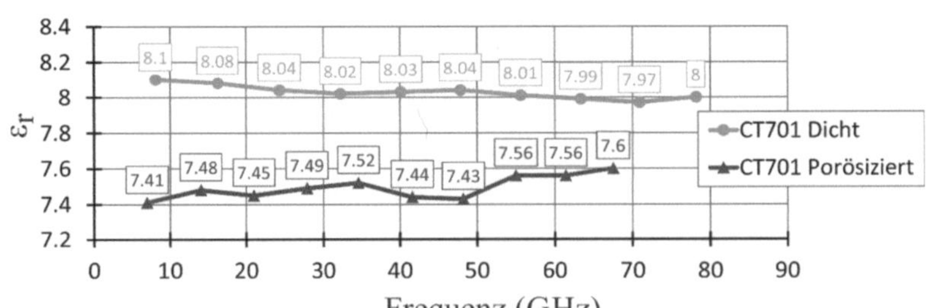

Bild 14: ε_r-Messergebnisse von dichtem und porösiziertem Heraeus CT701.

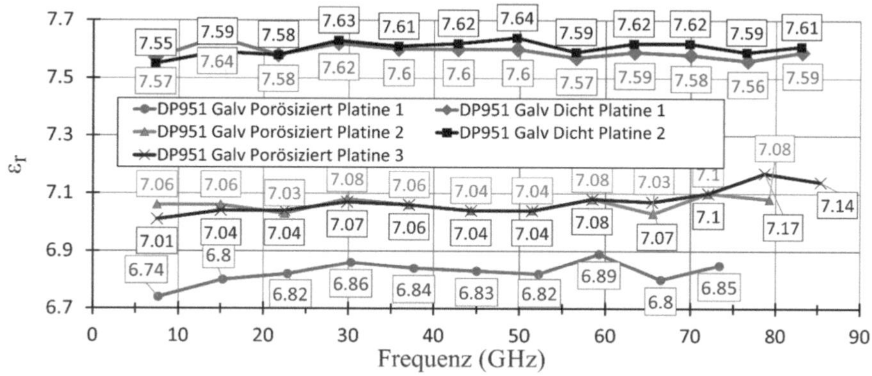

Bild 15: Messergebnisse der frequenzabhängigen Permittivität von dichtem und porösiziertem DP951 mit Silber Galvanik Metallisierung.

Bild 15 zeigt die Messergebnisse von drei porösizierten LTCCs des Typs DuPont DP951 [31], wobei die porösizierte Platine 2 und 3 mit denselben Porösizierparametern geätzt wurde, und Platine 1 stärker porösiziert wurde. Die stärkere Porösizierung hat hier zur Folge, dass die Oberfläche der DP951 rauer wird und somit die Metallisierungsverluste steigen. Aus diesem Grund ist der auswertbare Frequenzbereich von Platine 1 geringer.

Im Vergleich zu Heraeus CT701 und CT702 erlauben die geringeren Verluste des DP951 eine Verwendung auch bei höheren Frequenzen bis über 80 GHz. DP951 zeigt eine vergleichsweise hohe Selektivität beim Porösiziervorgang durch Phosphorsäure, wodurch eine ε_r Verringerung von ca. 7,6 auf 6,8 möglich ist. Dies entspricht einer relativen Änderung von ca. 12%.

Bild 16 zeigt die Messergebnisse der dielektrischen Verluste von dichtem DP951 von 10 GHz bis 86 GHz [32]. Ein Anstieg des Verlustwinkels δ_e bei Frequenzen über 70 GHz limitiert die Verwendbarkeit dieses Tapes in der 77 GHz Radar-Sensorik. Eine Reduzierung von ε_r mit Hilfe eines nasschemischen Porösiziervorganges verringert jedoch auch den δ_e Wert, da die dielektrische Absorption über den Zusammenhang $\varepsilon_r'' = \tan \delta_e \cdot \varepsilon_r$ verknüpft ist.

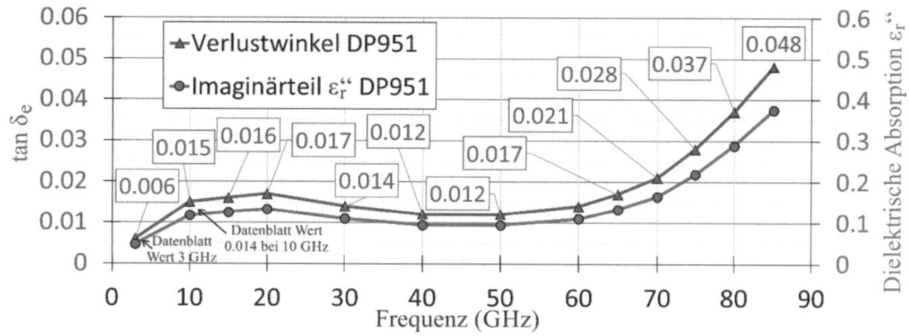

Bild 16: Messergebnisse des dielektrischen Verlustwinkels δ_e von DP951.

Tabelle 1: Vergleich der Permittivitäten aus Datenblatt und Messungen.

	Heraeus CT701	**Heraeus CT702 (alt)**	**DuPont DP951**
ε_r gemäß Datenblatt	7,3 ± 0,2 bei 2,5 GHz	7,2 ± 0,1 bei 2,5 GHz	7,8 ± 0,2 bei 3 GHz
ε_r gemessen (dicht)	8,04 ± 0,07 von 8 bis 79 GHz	7,37 ± 0,11 von 11 – 85 GHz	7,6 ± 0,05 von 8 - 84 GHz
ε_r gemessen (porös)	7,5 ± 0,1 von 7 bis 68 GHz	6,9 ± 0,05 von 11 – 77 GHz	7,04 ± 0,04 von 8 - 85 GHz

In Tabelle 1 sind die gemessenen ε_r-Wertebereiche mit verfügbaren Datenblattwerten zusammengefasst. Insgesamt zeigt sich eine gute Übereinstimmung innerhalb der unterschiedlichen Frequenzbereiche.

Unter den vorgestellten Ergebnissen zeigt insbesondere DP951 einen vielversprechenden Effekt auf Grund der Porösizierung und den daraus resultierenden Hochfrequenzeigenschaften.

3.3.3 Eignung für Radarsensoren

Keramische Mehrlagensubstrate bieten vor allem unter harschen Umgebungsbedingungen und für kleine bis mittelgroße Stückzahlen eine interessante Variante in der Aufbautechnik. Dies liegt zum einen darin begründet, dass sich so genannte hybride Schaltungen relativ einfach realisieren lassen. Darunter versteht man das Verschalten von dedizierten Hochfrequenzschaltungen in Form integrierter Schaltkreise und konzentrierten passiven Bauelementen auf einem Schaltungsträger, der im Oberflächenmontageverfahren (engl.: Surface Mount Technology – SMT) bestückt wird. Die verwendeten integrierten Schaltkreise stellen jeweils benötigte Funktionsblöcke zur Verfügung, wie z.B. Verstärker, Mischer, Schalter oder Signalerzeugungen. Da diese Grundfunktionen für viele Anwendungen in unterschiedlichsten Kombinationen Verwendung finden, werden sie in großen Stückzahlen hergestellt und zu attraktiven Stückkosten angeboten. Somit können auch für Kleinserien hochfrequente Systeme kosteneffizient aufgebaut werden, für die sich eine eigene Chip-Entwicklung nicht lohnen würde. Keramische Mehrlagentechnik ermöglicht dabei durch die hohe Anzahl von Lagen interessante funktionale Kombinationen. Hochfrequenzsignale, Spannungsversorgung und Steuerleitungen können auf unterschiedlichen Ebenen platziert werden. Außerdem lassen sich durch die definierten Lagendicken auch vertikale Hochfrequenzbauelemente realisieren, wie z.B. Breitseitenkoppler. Die hohe Widerstandfähigkeit und die Möglichkeit, aktive, passive und verteilte Bauelemente in einem Mehrlagenaufbau zu einem kompakten Gesamtmodul zu integrieren, hat der keramischen Mehrlagentechnik den Weg in die Radar-Technik für Fahrzeuganwendungen ermöglicht.

Ein weiterer Vorteil der keramischen Mehrlagentechnik liegt in den elektromagnetischen Eigenschaften des Materials begründet. Auf Grund der hohen relativen Permittivität ε_r vieler keramischer im Vergleich zu organischen Materialien kommt es zu einer starken Verkürzung der effektiven Wellenlänge λ', was gemäß folgender Formel definiert ist

$$\lambda' = \frac{c}{f} \frac{1}{\sqrt{\varepsilon_r \mu_r}} \tag{2}$$

Die Lichtgeschwindigkeit wird hierbei mit c, die Signalfrequenz mit f und die relative Permeabilitätszahl mit μ_r bezeichnet.

Neben der Miniaturisierung verteilter Komponenten der Hochfrequenzschaltung hat eine hohe relative Permittivität auch den Vorteil, dass die elektromagnetische Welle dominant im Material geführt wird und eng an die Leitungen gebunden ist. Abstrahlungseffekte sind dadurch reduziert. Dies ist vor allem für das Speisenetzwerk von Gruppenantennen von Vorteil, da parasitäre Effekte durch das unerwünschte Verkoppeln von Signalen zwischen den Zuleitungen minimiert werden. Das Ergebnis sind nahezu ideale Speisesignale an den Fußpunkten der einzelnen Elemente der Gruppenantenne.

Der Vorteil einer hohen relativen Dielektrizitätszahl von keramischen Substraten ist beim Aufbau eines Radar-Systems aber in einem Bereich nachteilig: Die Antenne soll die zugeführte Welle möglichst effizient und vollständig an die Luft abgeben. In keramischen Substratmaterialien ist die Energie des Hochfrequenzsignals aber dominant innerhalb des Substrats konzentriert und koppelt nur zu einem geringen Teil in die Luft aus, was die Gesamteffizienz eines auf keramischer Mehrlagentechnik basierenden Radarsensors verschlechtert.

Aus diesem Grund hatten die in diesem Artikel vorgestellten Arbeiten zum Ziel, in Bereichen im direkten Umfeld einer Antennenstruktur die effektive relative Dielektrizitätszahl zu reduzieren. Das hier vorgestellte Verfahren bedient sich dem Einbringen von luftgefüllten Poren in die oberflächennahen Bereiche im Umfeld und unter den Antennenstrukturen, die sich auf der obersten Metall-Lage des Mehrlagenaufbaus befinden. Hilfreich hierbei ist, dass sich das elektrische Feld vor allem an den Kanten und unterhalb der Leiterstrukturen konzentriert. Aus diesem Grund ist es nicht zwangsläufig notwendig, das gesamt Volumen der keramischen Lage zwischen Antenennleiterbahn und Bezugspotentialebene durch Einbringen von Poren zu schwächen. Es reicht aus oberflächennah zu porösizieren.

Die mit Hilfe des Ätzprozesses erreichten Reduktionen der effektiven Dielektrizitätszahl sind durchaus signifikant, wie in Abschnitt 3.3.2.2 gezeigt wurde. Allerdings reduziert das Einbringen von Poren auch die mechanische Stabilität der Oberfläche, was gesteigerten Aufwand für die Metallisierung der Antennenstrukturen erfordert. Gleichzeitig ist der Vorteil von keramischen Mehrlagenschaltungsmodulen im Bereich des Einsatzes in harschen Umgebungen etwas reduziert, was am Auflösen der hermetisch dichten Keramikoberfläche durch den Ätzprozess liegt. Da in der Praxis aber in der Regel die gesamte Elektronik in ein wasserdichtes Gehäuse samt geeignetem Radom als Antennenabdeckung eingebaut ist, lässt sich der Umgebungsschutz auch so gewährleisten und dieser Nachteil reduzieren.

Das vorgestellte Verfahren ermöglicht erstmals die Kombination von kompakten, störsicheren Hochfrequenzmodulen in keramischer Mehrlagentechnik mit effizienzgesteigerten Antennen in ein und demselben Modul. Das Potential für Anwendungen mit erhöhten Temperaturanforderungen oder für kleine und mittlere Stückzahlen ist sehr groß.

3.4 Zusammenfassung und Ausblick

Zusammenfassend lässt sich festhalten, dass das oberflächennahe Porösizieren von LTCCs einen interessanten Ansatz darstellt, um die unterschiedlichen, lokalen Anforderungen an die Materialeigenschaften einer modernen Aufbau-und Verbindungstechnologie für Hochfrequenzanwendungen, wie sie z.B. in automotiven Radarsensoren benötigt werden, zu erfüllen. Es konnte gezeigt werden, dass durch eine sorgfältige Wahl der Ätzparameter, abgestimmt auf die zu porösizierende LTCC, und einer Metallisierung, basierend auf einem maßgeschneiderten Galvanikverfahren, eine Reduzierung der Permittivität bis zu 12% in Bezug auf eine dichte, unbehandelte LTCC erzielt werden kann. Eine weitere Absenkung der effektiven Permittivität durch den porenbedingten Lufteinschluss verhindert eine starke Aufrauhung der LTCC Oberfläche durch den nasschemischen Ätzangriff, die die Qualität der direkt darüber angeordneten Metallisierung negativ beeinflusst. Zukünftige Forschungs- und Entwicklungsaktivitäten sollten sich deshalb darauf konzentrieren, entweder durch die Verwendung anderer Ätzmedien oder durch eine angepasste Versieglung der Oberfläche eine glattere Oberflächentopologie zu erzeugen, ohne idealerweise den Porositätsgrad zu reduzieren.

Literatur

[1] CEPT Report 36, Report from CEPT to the European Commission in response to Part 1 of the Mandate on Automotive Short Range Radar systems (SRR), Electronic Communications Committee (ECC) within the European Conference on Postal and Telecommunications Administrations (CEPT), 25th June 2010.

[2] M. O´Brien, A. Kashi, A. Kashi, ADAS and the systems engineering challenge, advanced driver assistance systems, 2016.

[3] Körber, R., Ziegler, V., Schmid, U., Imaging Millimeter Wave Radar with Phases Array Antenna, in Proc. 12th Advanced Microsystems for Automotive Applications Conference, Springer Verlag, Berlin, pp. 167–180, 2008.

[4] Schuler, K., Venot, Y., Wiesbeck, W., Innovative Material Modulation for Multilayer LTCC Antenna Design at 76.5 GHz Radar and Communication Application, in Proc. 33rd European Microwave Conference, Munich, pp. 707-710, 2003.

[5] Lee, Y.C., Park, C.S., Loss Minimization of LTCC Microstrip Structure with Air-Cavities Embedment in the Dielectric, Int. J. Electron. Commun., 57, Iss. 6, pp. 429-432, 2003.

[6] Gongora-Rubio, M.R., Espinoza-Vallejos, P. Sola-Laguna, L. and Santiago-Avilés, J.J., Overview of low temperature co-fired ceramics tape technology for meso-system technology (MsST), *Sensors and Actuators A*, 89, pp. 222-241, 2001.

[7] Wagner, M., Roosen, A., Low Temperature Co-fired Ceramics (LTCC)-Mehrlagenkeramik für mikroelektronische Anwendungen, *DKG Handbuch Technische Keramische Werkstoffe*, 70. Erg.-Lfg., 1-24, 2002.

[8] Bittner, A.; Schmid, U.: The porosification of fired LTCC substrates by applying a wet chemical etching procedure. *J. Europ. Ceram. Soc.* 29(1), 99–104, 2009.

[9] Eberstein, M.; Rabe, T.; Schiller, W. A.: Influences of the Glass Phase on Densification, Microstructure, and Properties of Low-Temperature Co-Fired Ceramics. *Intern. J. Applied Ceramic Technology* 3, Nr. 6, S. 428–436, 2006.

[10] Steinhäußer, F., Hradil, K., Schwarz, S., Artner, W., Stöger-Pollach, M., Steiger-Thirsfeld, A., Bittner, A., Schmid, U., Wet chemical porosification of LTCC in phosphoric acid: Anorthite forming tapes, Journal of the European Ceramic Society, Vol. 35, No. 15, 4181-4188, 2015.

[11] Steinhäußer, F., Talai, A., Weigel, R., Koelpin, A., Bittner, A., Schmid, U. Permittivity reduction and surface modification by porosification of LTCC. Ceramics International, Vol. 42, No. 7, 8925-8931, 2016.

[12] Bengisu, M.: Engineering Ceramics. Berlin [u.a.]: Springer-Verlag, 2001.

[13] Scholze, H.: Glass - Nature, Structure, and Properties. New York [u.a.]: Springer-Verlag GmbH, 1991

[14] Steinhäußer, F., Talai, A., Göltl, G., Steiger-Thirsfeld, A., Bittner, A., Weigel, R., Schmid, U. Concentration and temperature dependent selectivity of the LTCC porosification process with phosphoric acid. Ceramics International, Vol. 43, No. 1, 714-721, 2017.

[15] Holleman, A. F.; Wiberg, E. ; Wiberg, N.: Lehrbuch der Anorganischen Chemie. 102. Auflage, Berlin: Walter de Gruyter, 2007.

[16] Talai, A.; Steinhäußer, F.; Gmeiner, B., Wegener, M.; Bittner, A.; Schmid, U., Roosen, A., Koelpin, A., Weigel, R.: Electromagnetic Analysis of Conductor Track Surface Roughnesses from 1 GHz to 110 GHz. In: *International Conference on Electromagnetics in Advanced Applications (ICEAA)*, S. 415-418, 2014.

[17] Talai, A., Weigel, R., Koelpin, A., Steinhäußer, F., Bittner, A., Schmid, U., The Influence by Trapezoidal Conductor Shapes on Ring-Resonator based Material Characterization up to 110 GHz. In: IEEE International Conference on Numerical Electromagnetic Modeling and Optimization for RF, Microwave, and Terahertz Applications, pp. 1-4, 2014.

[18] Steinhäußer, F., Sandulache, G., Hansal, W., Bittner, A., Schmid, U., Silver Metallization on Porosified LTCC Deposited by Pulse Plating Technique. In: *Ceramic*

Interconnect and Ceramic Microsystems Technologies (CICMT) conference 2015 - IMAPS Europe, 2015.

[19] Steinhäußer, F., Talai, A., Steiger-Thirsfeld, A., Koelpin, A., Weigel, R., Bittner, A., Schmid, U., Graphical based characterisation and modelling of material gradients in porosified LTCC. Journal of the European Ceramic Society, Vol. 34, No. 11, pp. 2833 – 2838, 2014.

[20] Richtmyer, R. D., Dielectric Resonators, *Journal of Applied Physics*, Vol. 10, No. 6, pp. 391-398, 1939.

[21] Talai, A., Steinhäußer, F., Bittner, A., Schmid, U., Weigel, R., Koelpin, A., A Finite 3D Field Simulation Method for Permittivity Gradient Implementation of a Novel Porosification Process in LTCC, *Microwave Symposium Digest (IMS), 2013 IEEE MTTS International*, ISBN: 978-1-4673-6177-4, USA, Seattle, June 2013.

[22] Talai, A., Gmeiner, B., Steinhäußer, F., Bittner, A., Ruede, U., Schmid, U., Weigel, R., Koelpin, A., Electromagnetic Field Analysis with Advanced Structural Modeling of Microstrips on Porosified LTCC, *IEEE/MTT-S, Proceedings of the European Microwave Conference (EuMC)*, pp. 440-443, Nuremberg, Germany, Oct. 2013.

[23] Talai, A., Steinhäußer, F., Gmeiner, B., Bittner, A., Ruede, U., Schmid, U., Weigel, R., Koelpin, A., Electromagnetic Analysis of Fringed Microstrip Lines on Porosified LTCC, *IEEE/URSI, International Conference on Electromagnetics in Advanced Applications (ICEAA)*, ISBN: 978-1-4673-5705-0, pp. 1189-1192, Torino, Italy, Sep. 2013.

[24] Talai, A., Steinhäußer, F., Bittner, A., Schmid, U., Weigel, R., Koelpin, A., The Influence by Trapezoidal Conductor Shapes on Ring-Resonator based Material Characterization up to 110 GHz, *IEEE International Conference on Numerical Electromagnetic Modeling and Optimization for RF, Microwave, and Terahertz Applications (NEMO)*, pp. 1-4, Pavia, Italy, May 2014.

[25] Talai, A., Steinhäußer, F., Bittner, A., Schmid, U., Weigel, R., Koelpin, A., A Simplified Equivalent Model for Microwave Characteristics of Porosified LTCC, *XXXIth URSI General Assembly and Scientific Symposium (URSI GASS)*, pp. 1-4, Beijing, China, Aug. 2014.

[26] CST – Computer Simulation Technology GmbH, „Microwave Studio Suite 2018“, https://www.cst.com/products/cstmws.

[27] Talai, A., Steinhäußer, F., Bittner, A., Schmid, U., Weigel, R., Koelpin, A., A Permittivity Characterization Method by Detuned Ring-Resonators for Bulk Materials up to 110 GHz, *IEEE/MTT-S Proceedings of the 44th European Microwave Conference (EuMC)*, pp. 124-127, Rome, Italy, Oct. 2014.

[28] Talai, A., Steinhäußer, F., Bittner, A., Schmid, U., Weigel, R., Koelpin, A., A Method for the Determination of the Complex Permittivity by Detuned Ring Resonators for Bulk Materials up to 110 GHz, *International Journal of Microwave and Wireless Technologies*, Cambridge University Press, ISSN: 17590787, pp. 251-260, 2015.

[29] W.C. Heraeus GmbH Thick Film Materials, „LTCC Materials, CT 702“, Datasheet, http://heraeus-thickfilm.com/.

[30] W.C. Heraeus GmbH Thick Film Materials, „LTCC Materials, CT 701“, Datasheet, http://*heraeus*-thickfilm.com/.

[31] DuPont Microcircuit Materials, „951 Green Tape™, Thick Film Composition“, *Datasheet*, http://www.dupont.com.

[32] Talai, A., Steinhäußer, F., Bittner, A., Rittweg, T., Schwanke, D., Schmid, U., Weigel, R., Koelpin, A., Embedded Cavity based Dielectric Loss Measurements for LTCC Substrates up to 110 GHz, IEEE MTT-S International Conference on Numerical Electromagnetic and Multiphysics Modeling and Optimization (NEMO), pp. 1-4, Ottawa, Canada, Aug. 2015.

Kapitel 4
Optische Batteriesensorik für Elektro-Fahrzeuge

Valentin Roscher[1], Karl-Ragmar Riemschneider[1]

Kurzfassung Es wird ein neuartiges Messverfahren für den Batteriezustand vorgestellt, das übliche Methoden auf Basis elektrischer Messungen ergänzt. Hierfür wird die Ioneninterkalation des elektrochemischen Prozesses anhand veränderlicher Reflexionseigenschaften der Kathode sichtbar gemacht. Zu diesem Zweck wurden Versuche in Batterietestzellen mit transparentem Fenster sowie mit in die Zellstruktur eingesetzten Lichtleitern durchgeführt. Letztere sollen als Fasersensoren eine komplementäre Batteriemanagement-Funktion zur direkten Erfassung des Ladezustandes und als redundantes Sicherheitsniveau zur Vermeidung kritischer Batteriezustände bereitstellen.

4.1 Einführung

Die Batterie ist das Herz des Elektrofahrzeugs. Von ihrer Kapazität, Lebensdauer und Wirtschaftlichkeit hängt der Erfolg der Elektromobilität ab. Die Lithium-Ionen-Technologie ermöglicht, verglichen mit anderer Batteriechemie, hohe Leistungs- und Energiedichten sowie eine hohe Zyklenfestigkeit. Die dadurch erreichbare hohe Lebensdauer senkt die Kosten über die Nutzungszeit. Nachteilig ist jedoch, dass Lithiumbatterien bei ungünstigen Betriebszuständen schnell irreparablen Schaden nehmen können.

Um das Potential der Elektromobilität heben zu können, muss daher zunächst das Batteriesystem beherrscht werden. Schädigend wirkt das Überschreiten von Spannungsgrenzen für minimale und maximale Zellspannungen. Ebenso gibt es ein Temperaturfenster, in dem die jeweilige Zellauslegung optimal arbeitet und wenig altert. Bei sehr ungünstigen Betriebsbedingungen (niedrige Temperatur, intensive Ladung u.a.) kann es zur Abscheidung von metallischem Lithium kommen. Zunächst nimmt dabei nur die Batteriekapazität geringfügig ab. In seltenen Fällen wachsen jedoch metallische Lithiumspitzen (sog. Dendriten, vgl. Bild 10 rechts), welche den Separator beschädigen, so dass ein lokaler interner Zellkurzschluss auftreten kann. Lithium-Ionen-Batterien erfordern stets eine präzise Betriebsführung, um eine lange, wirtschaftliche Lebensdauer zu gewährleisten und um Si-

---

[1] Hochschule für Angewandte Wissenschaften Hamburg.

T. Tille (Hrsg.), *Automobil-Sensorik 2*, DOI 10.1007/978-3-662-56310-6_4,

cherheitsprobleme im Betrieb zu vermeiden. Diese Aufgabe fällt dem Batteriemanagementsystem (BMS) zu.

Die Funktion des Batteriemanagements hängt entscheidend von der Kenntnis des genauen Zustands des Zellsystems ab. In Fahrzeuganwendungen werden hierzu bisher elektrische Messgrößen verwendet, die an den Zell- bzw. Batterieanschlüssen abgenommen werden. Die Messung von Spannung und Strom kann recht problemlos außerhalb der Zelle durchgeführt werden. Die Interpretation erfordert hierbei passende Modelle des Zellverhaltens. Die erfassten elektrischen Parameter werden in der Software des zentralen Batteriesteuergerätes rechnerisch zu einer Zustandsinformation zusammengefasst. Die hierfür eingesetzten Algorithmen basieren auf Batteriemodellen, die auch die Temperatur einbeziehen. Eine Hauptrichtung der Entwicklung bei den Batteriemanagementsystemen zielt auf immer anspruchsvollere Berechnungsmodelle des Batterieverhaltens. In der Literatur sind hierzu umfangreiche Beispiele dargestellt [1, 2, 3, 4].

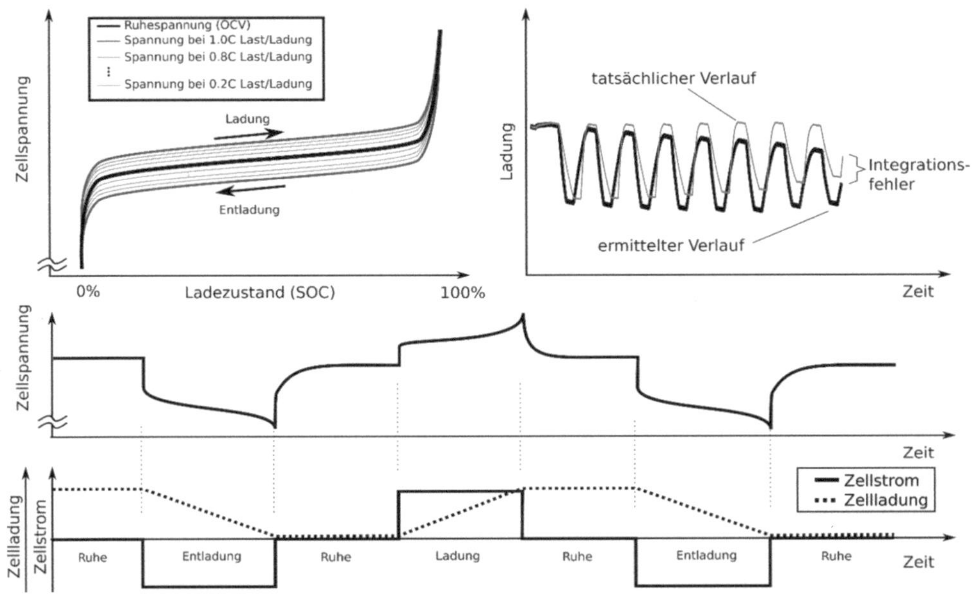

Bild 1: **Oben links:** Schematische Darstellung der Kennlinienschar zwischen Spannung und Ladung für die Ruhespannung (fette Linie), sowie Lade- und Entladefälle mit unterschiedlichen Strömen. **Oben rechts:** Schematische Darstellung des Fehlers bei der Stromintegration (Coulomb-Counting) als messtechnisches Problem von Batteriemanagementsystemen. **Unten:** Strom- und nichtlinearer Spannungsverlauf mit Relaxationsverhalten bei zyklischen Entlade-, Ruhe- und Ladephasen.

Als Eingangsparameter müssen sich die Batteriemanagementsysteme auf aktuelle Spannungsmessungen stützen, deren Genauigkeit aber unter Überspannung bei der Ladung und Unterspannung unter Last leidet (Bild 1 oben links). Diese Abweichungen entstehen nicht nur aus dem Ohm'schen Innenwiderstand der Zellen beim momentanen Stromfluss, sondern haben zudem deutlich zeitabhängige Komponenten. Beim Wegfall des Stromflusses wird erhebliche Zeit benötigt, bis ein Gleichgewichtszustand eintritt. Dieser Vorgang wird als Relaxation bezeichnet und kann einige Minuten bis Stunden bis zum Abklingen benötigen (Bild 1 unten). Daher ist erst dann die Ruhespannung fehlerfrei, d.h. unabhängig von der vorherigen Betriebsphase bestimmbar. Rechnerisch wird die Relaxation durch mehrere RC-Glieder als zeitabhängige Komponenten in den Batteriemodellen berücksichtigt [5]. Die Spannungskurve in Abhängigkeit des Ladezustandes verläuft zudem sehr flach, so dass eine Ladezustandsbestimmung bis auf einige Prozent Genauigkeit eine Spannungsmessung mit Sub-Millivolt-Präzision an der Zelle erfordern würde.

Will man statt der Spannungsmessung den Ladungsumsatz zur Bestimmung des Ladezustandes heranziehen, dann muss der Stromverlauf integriert werden. Hierzu muss der Strom schnell (>>10 Samples/Sekunde) abgetastet und vorzeichenrichtig aufsummiert werden. Im Betrieb eines Fahrzeugs treten Ströme in verschiedenen Richtungen und mit einer Dynamik über viele Größenordnungen auf. Dabei sind kleine, systematische Messfehler technisch unvermeidlich (Messoffset, Verstärkungsfehler, Quantisierungsfehler), die sich während des Betriebs zu großen Beträgen aufsummieren können (Bild 1 oben rechts).

Damit wird der Dynamikbereich der Strommessung im Fahrzeugbetrieb zu einem erheblichen Problem für die Messtechnik. Die Ladungsbestimmung über fortlaufend aufsummierte Abtastwerte des Stroms (zeitliche Integration als sog. Coulomb Counting) wird daher durch den auftretenden Integrationsfehler in der Genauigkeit limitiert.

Praktisch werden häufig stützende Spannungsmessungen in den stromlosen Ruhezuständen mit Coulomb Counting in Zuständen mit hoher Dynamik kombiniert. Dadurch können die Nachteile beider Verfahren teilweise ausgeglichen werden. Im dynamischen Fahrzeugbetrieb ohne ausgedehnte Ruhephasen kann es jedoch zu erheblichen Schätzfehlern des Ladezustandes und damit der verfügbaren Reichweite kommen. Auch bei der Schnellladung ist wegen der unsicheren Aussage der Messwerte ein Sicherheitsabstand zu theoretisch maximal möglichen Werten einzuhalten.

Ein weiteres Problem der Antriebsbatterie ist das Zusammenwirken von vielen Zellen mit potentiell unterschiedlichen Zuständen. Dem kann nur vollständig begegnet werden, wenn der Zustand der Batterie zellenweise messtechnisch erfasst wird [6, 7, 8].

Die Einzelzelle selbst ist wiederum ein System mit Komponenten, die ein unterschiedliches Verhalten aufweisen. Alle Komponenten der Zelle beeinflussen im Zusammenwirken den Gleichspannungs- bzw. -strommesswert, der an den Zellpolen erfasst wird. Eine gewisse Trennung der Komponenteneinflüsse kann die elektrochemische Impedanzspektroskopie leisten, die eine frequenzselektive Wechselstromeinprägung mit Impedanzauswertung nutzt. Dazu wurden von uns bereits technische Lösungsvorschläge für das E-Fahrzeug gezeigt [9, 10].

4.2 Direkte optische Zustandserkennung

4.2.1 Beobachtung optischer Effekte

Die direkte Beobachtung der Materialveränderungen während des elektrochemischen Prozesses in der Zelle hätte hingegen vergleichsweise einfache Auswertungsmethoden zur Folge, wenn die Erfassung praktikabel umsetzbar wäre. Im laufenden, realen Batteriebetrieb (in situ) war es bisher ein noch nicht gelöstes Problem, den Zustand der jeweiligen aktiven Zellkomponente – Anode, Elektrolyt, Kathode – auf direktem Weg und jeweils separat festzustellen.

Dafür kommt die direkte Beobachtung optischer Effekte an den Elektrodenoberflächen in Frage. Hierzu sollen in diesem Kapitel experimentelle Ergebnisse und messtechnische Konzepte gezeigt werden.

Während zwei Forschungsgruppen bereits optische Effekte in der Graphitanode in situ bestimmt haben [11-14], konnte in Arbeiten der Autoren die Ausprägung des optischen Effektes an der Kathode durch zusätzliche Maßnahmen soweit verstärkt werden, dass dieser auch für die Beobachtung in deutlicher Weise verfügbar wurde (vgl. Bild 3).

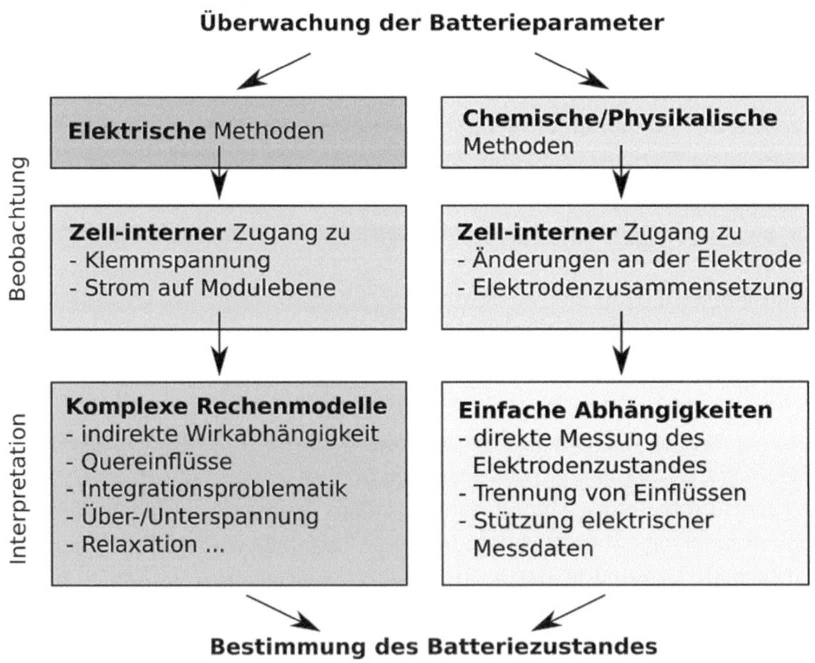

Bild 2: Übersicht über Vorgehensweisen zur Bestimmung des Zellzustandes. Klassisch werden in kommerziellen Batterieanwendungen überwiegend elektrische Methoden in Kombination mit Temperaturmessungen angewendet. Chemische/physikalische Messungen wie z.B. Druckmessungen oder die Bestimmung des Elektrodenzustandes werden derzeit nahezu ausschließlich für Laboruntersuchungen herangezogen.

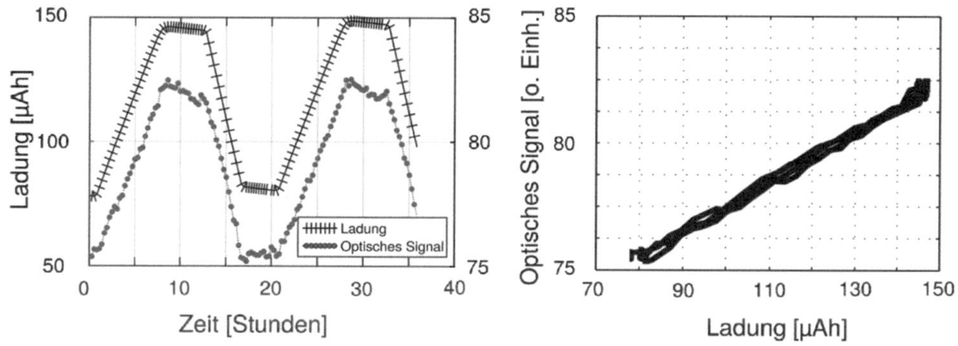

Bild 3: **Links:** Verlauf des Ladezustands der Testzelle und dem optischen Signal über die Zeit. **Rechts:** Darstellung der stabilen Relation zwischen Ladung und optischem Messsignal.

Dabei wurde die Ionen-Interkalation in Lithiumeisenphosphat-Kathoden intensiv untersucht. Ähnliche Wirkungen zeigten sich aber auch bei anderem Kathodenmaterial. Da die Kathodenseite in Batterien im Allgemeinen die Kapazität der Batterie limitiert, kann der Effekt an dieser Elektrode ein besserer Indikator für den Zellzustand als die Anodenseite sein.

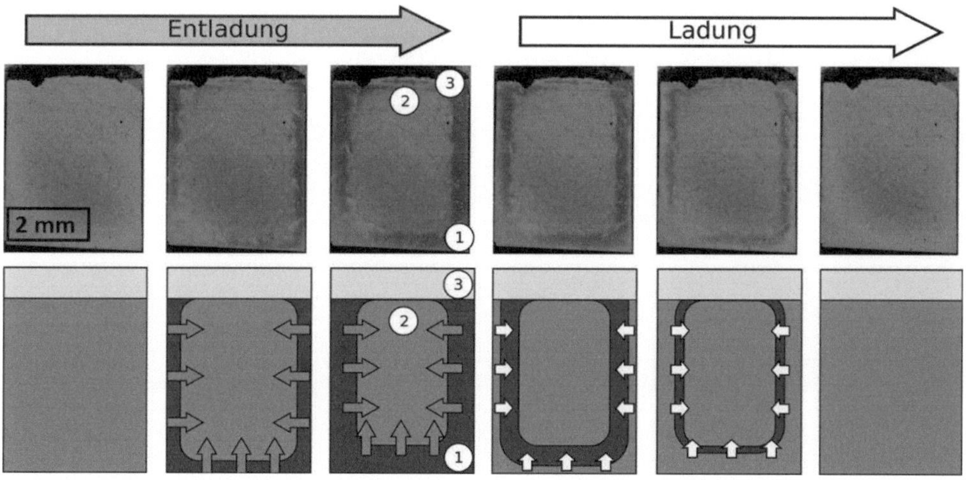

Bild 4: **Oben:** Bildaufnahmen der Kathodenoberfläche zeigen ein Vordringen der Ionen als Interkalationsfronten jeweils von den Rändern ins Zentrum. Links gezeigt ist ein Entladevorgang. Hier werden vom Rand aus beginnend Lithiumionen in die Kathode eingelagert, wodurch eine Abdunklung der betroffenen Bereiche zu beobachten ist. Rechts folgt ein Ladevorgang, bei dem Lithiumionen aus der Kathode entfernt werden. Hierdurch kommt es zu einer am Rand beginnenden Aufhellung der betroffenen Bereiche bis auf die Ursprungshelligkeit. Die Darstellung ist kontrastverstärkt. **Unten:** Schematische Darstellung der Verschiebung der Interkalationsfronten. Markiert sind (1) der mit Lithiumionen beladene Teil und (2) der noch nicht beladene Teil der Kathode sowie (3) der Stromableiter.

Insbesondere werden mit der Beobachtungsmethode auch Einblicke in das Interkalationsverhalten der Zellen möglich. Bild 4 zeigt das Vordringen der Interkalationsfront in einer Elektrode anhand von Bilddaten sowie schematisch. Diese Information kann mittels digitaler Videomikroskopie und anschließender Bildverarbeitung räumlich und zeitlich aufgelöst erfasst werden. Durch weitere Analyseschritte können Materialparameter wie Ionenleitfähigkeit/Diffusionskonstanten und Reaktionskinetik abgeleitet werden. Vergleichbare In-situ-Informationen über lokale Zellzustände erforderten bisher wesentlich aufwendigere Messaufbauten [15, 16]. Diese Datenerfassung ermöglicht eine Nutzung des Effektes in der Entwicklung der elektrochemischen Materialien, die über die primär beabsichtigte Sensoranwendung hinausgeht.

4.2.2 Messsystem für Laboruntersuchungen

Zunächst wurde ein Messsystem entwickelt, um den optischen Effekt während des laufenden Batterieprozesses beobachtbar zu machen. Insbesondere soll die Wirkung der Ionen-Interkalation durch den elektrochemischen Prozess in der Anode und der Kathode sichtbar werden. Für die Untersuchungen wurde eine Testzelle mit einem transparenten Glasfenster verwendet, durch das ein Ausschnitt der Elektrodenoberfläche sichtbar ist. Mit einer darüber befindlichen Kamera wird eine kontinuierliche Bildaufzeichnung durchgeführt, die später mittels Bildverarbeitungssoftware ausgewertet wird. Als gut geeignet hat sich die Testzelle Typ ECC-Opto-Std [17, 18] erwiesen (vgl. Bild 5 und Bild 6).

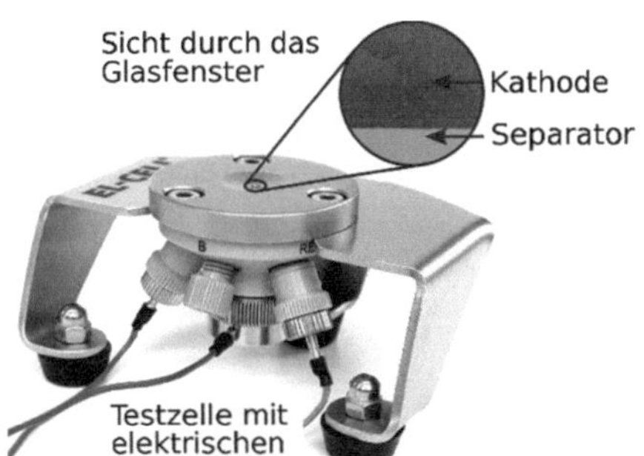

Bild 5: Ansicht der Testzelle mit Blick durch das Glasfenster auf die Elektrode.

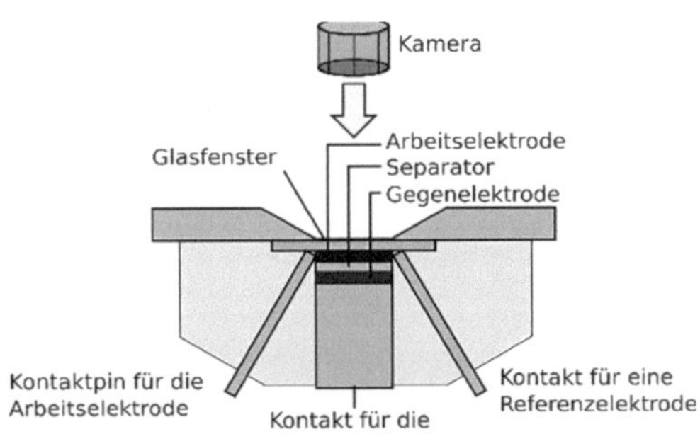

Bild 6: Interner Aufbau der Zelle mit Kamera über dem Sichtfenster.

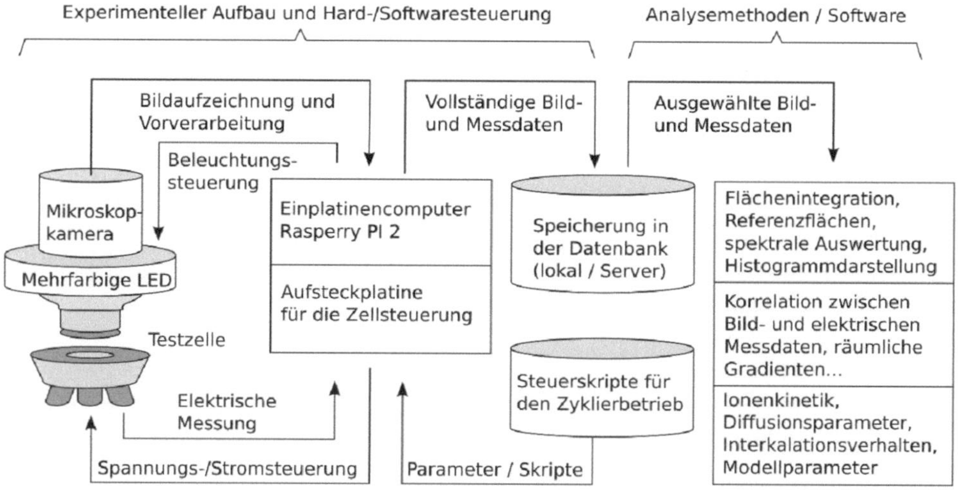

Bild 7: Der Messbetrieb erfolgt zweistufig. Zyklierung und Datenerfassung werden durch den Einplatinencomputer in Echtzeit gesteuert und die Bilddaten und elektrischen Messwerte zunächst vollständig gespeichert. Die rechenintensive Auswertung erfolgt bedienergeführt mit Bildverarbeitungsskripten und nachgelagerten Analysemethoden auf einem separaten Computer.

Für die Datenaufnahme wurde ein Messaufbau mit digitaler Mikroskopkamera und ein spezialisiertes Zyklier- und Erfassungssystem entwickelt. Eine Übersicht zeigt Bild 7. Das Zykliersystem basiert auf einem Raspberry-Pi-Einplatinencomputer [19] sowie einer selbst entwickelten Mess- und Steuerplatine. Zum Einsatz kommen der Analog-Digital-Wandler AD7691 [20] für die Erfassung der Strom- und Spannungsmessdaten sowie der Digital-Analog-Wandler AD5680 [21] für die Steuerung der Zelle. Das System erreicht im derzeitigen Strommessbereich von 0-1 mA eine Messgenauigkeit von <1 µA sowie <100 µV für die Spannungsmessung im Messbereich 0,1 - 4,5 V. Über die USB-Ports sind externe sechsstellige Präzisionsmultimeter auslesbar, so dass auf diese für genauere Messwerte bis in den Nanoamperebereich, jedoch bei geringerer Erfassungsrate, zurückgegriffen werden kann. Die gesamte Datenerfassung ist auch in der Softwaresteuerung umgesetzt und in Dateien protokolliert.

Die Kommunikation zwischen dem Einplatinencomputer und der spezialisierten Messplatine erfolgt über SPI und über die GPIO-Pins des Boards. Die Steuersoftware ist in C geschrieben und als Server-Client-System umgesetzt. Die einzelnen Messprozesse für Spannung, Strom und Temperatur erfassen als Server ihre Messdaten nach einem Timer-Prinzip unabhängig voneinander. Es können auch Spannungsmessungen mit mehreren Quellen parallel ausgeführt werden. Beispielsweise kann der On-Board-Analog-Digital-Wandler mit schneller Abtastung und niedrigerer Messauflösung aufzeichnen und zeitgleich das Präzisionsmultimeter mit hoher Genauigkeit und langsamer Abtastung erfassen. Das Steuerprogramm des Einplatinencomputers verbindet sich als Client zu den Servern und fragt Daten ab, die anschließend in Log-Dateien gespeichert werden. Es erzeugt auch

Vorgaben für die Zykliersteuerung der Testzelle, die anschließend von dem Digital-Analog-Wandler umgesetzt werden.

Weitere USB-Ports ermöglichen auch das Anschließen einer Mikroskopkamera, die über den Raspberry Pi gesteuert werden kann. Durch die Erfassung von elektrischen und optischen Messdaten auf einem System kann die Zeitgleichheit aller Messungen sichergestellt werden. Die Bilder der Kamera werden als unkomprimierte Farbbilder im Dateisystem aufgezeichnet und können anschließend über ein gemeinsames Zeitstempelverfahren den elektrischen Mess- und Zyklierwerten zugeordnet werden. Eine Auswertung und Bilddatenanalyse erfolgt offline auf Basis der erfassten Dateien. Hierzu ist eine Bibliothek von Matlab-Skripten erstellt.

Ein Korrekturverfahren gleicht Schwankungen der Bildbeleuchtung aus. Dazu wird eine zeitlich unveränderliche Fläche am Rand des Bildes als Referenz beobachtet und der Reflexionswert zur Normierung des Gesamtbildes herangezogen. Die Farbkanäle können separiert betrachtet werden. Einzelne Bildbereiche können für eine übersichtliche Auswertung integral zusammengefasst werden. Außerdem können Gradientenprofile in beliebigen Richtungen über Bildausschnitten gebildet werden. Letzteres ist für die Auswertung von kontrastreichen Stufenverläufen im Bild nutzbar. Diese Stufen bilden Grenzlinien des Eindringens der Ionen in die Elektroden (Interkalationsfronten) und verschieben sich mit fortlaufender Be- und Entladung.

4.2.3 Elektrodenanordnung in der Testzelle

Wegen der Vorteile in der Betriebssicherheit und der im Vergleich zu anderen Technologien geringeren Kosten wurde das Hauptaugenmerk der Untersuchungen auf Lithiumeisenphosphat (LFP) gelegt. Als Leitmittel und optischer Marker wurde Indiumzinnoxid (ITO) und in einigen Fällen Kohlenstoff (C) eingesetzt. Als Gegenelektrode kam in den meisten Fällen metallisches Lithium zum Einsatz, in einigen Aufbauten Graphit auf Kupfer-Stromableitern. Der verwendete Elektrolyt ist ein Lithiumsalz in einer organischen Lösung, der typisch für kommerzielle Zellen ist (1M $LiPF_6$ in 1:1 EC/DMC). Als Separator wurde ein Glasfaservlies eingesetzt.

Den wesentlichen Fortschritt in der Arbeitsgruppe der Autoren erbrachte die experimentelle Feststellung, dass eine in das Kathodenmaterial eingebrachte elektrochrome Markersubstanz den optischen Effekt deutlich erhöht. Effekte in Lithiumeisenphosphat-Kathoden waren zuvor aufgrund der hohen Lichtabsorption des als Leitmittel beigesetzten Kohlenstoffs (schwarze Farbe) nur schwer optisch zu beobachten.

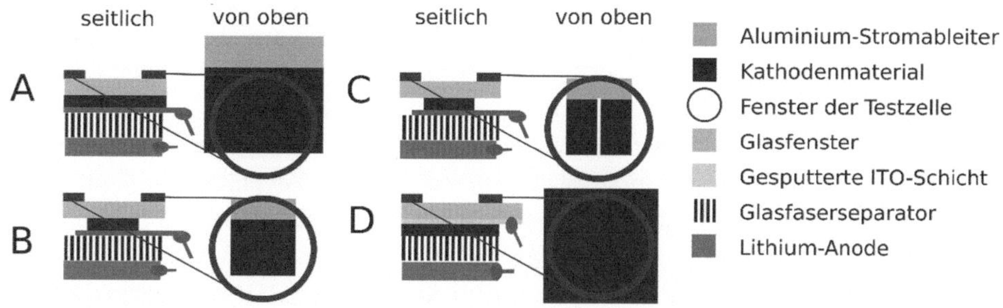

Bild 8: Elektrodenanordnung der untersuchten Zellen. Die Aufbauvarianten A und B ermöglichen den Blick auf die Oberfläche der Kathode. Die gleiche Anordnung kann in umgekehrtem Aufbau auch für die Beobachtung der Anode genutzt werden. Der Aufbau C ermöglicht die vergleichende gleichzeitige Beobachtung mehrerer Elektrodenproben. Der Aufbau D erlaubt den Blick auf die Rückseite der Elektrode durch einen transparenten Stromableiter.

Die jeweiligen zu untersuchenden Aktivmaterial-Mischungen für die Elektrodenbeschichtung wurden als Suspension (Slurry) hergestellt. Das Slurry enthält jeweils die für die Elektrode verwendeten Aktivmaterialien sowie das Bindemittel Polyvinylidenfluoridpulver (PVDF), das in flüssigem N-Methyl-2-pyrrolidon (NMP) gelöst ist. Das jeweilige Slurry wird zunächst mittels einer Spritze auf die Stromableiterfolie aufgetragen und anschließend mit einer Rakelmaschine auf eine Schichtdicke von 200 µm eingestellt. Als Materialkombinationen für die Kathode kamen zu Vergleichszwecken reines LFP, LFP mit verschiedenen Massenanteilen Kohlenstoff oder ITO sowie Elektrodenbeschichtungen aus reinem ITO zum Einsatz. Das verwendete ITO diente sowohl als elektrochromer Marker als auch zur Erhöhung der Leitfähigkeit.

Aus der beschichteten Folie wurden 4x4 mm^2 große Quadrate geschnitten und in den Testzellen unter dem kreisförmigen optischen Glasfenster (2 bzw. 6 mm Durchmesser) angeordnet. Hierfür wurden verschiedene Geometrien eingesetzt, die in Bild 8 dargestellt sind. Die Montage der Testzellen und die Elektrolytbefüllung erfolgten unter Argon-Schutzgasatmosphäre in einem Handschuhkasten (Glovebox).

4.2.4 *Korrelation zwischen Ladung und Reflexion*

Beim Aufladen von Batteriezellen werden Lithiumionen aus der Kathode entzogen und in der Anode eingelagert. Die Anoden bestehen in kommerziellen Zellen aus Graphitschichten auf einer Stromableiterfolie aus Kupfer. In Testzellen kann auch metallisches Lithium benutzt werden, wenn nur die Kathode beobachtet werden soll. Beim Entladen von Zellen wird Lithium in der Kathode eingelagert.

In den Testzellen führt das Auslagern von Lithiumionen aus der Kathode zu einer sichtbaren Aufhellung der Elektrodenfläche, das entspricht dem Aufladen der Zelle. Das Einlagern von Lithiumionen während der Entladung der Zelle führt zu einer sichtbaren Verdunkelung. Der beobachtete Effekt war in mehr als 60 Versuchsreihen über teilweise wochenlange Zyklen vollständig reversibel und reproduzierbar. Diese Beobachtungen führten zum Konzept, den Zusammenhang zwischen elektrischer Ladung und Reflexion an der Elektrodenoberfläche als sensorisch nutzbarer Zusammenhang auszuwerten.

Die dabei erzeugten Datensätze bestehen aus mehreren tausend bis zu hunderttausend Bildern. Sie wurden dann einer in Software automatisierten Bildverarbeitung unterzogen. Bild 9 zeigt typische Ergebnisse dieser Auswertung, bei denen Rohdaten einem Rauschfilter unterzogen, in Graustufen umgewandelt und durch weitere Bildverarbeitungsschritte geführt wurden, um den Kontrast zu erhöhen. Eine anschauliche Datenauswertung kann als digitales Video im Zeitraffer erfolgen, um die Veränderungen deutlicher sichtbar zu machen [22]. Die zeitliche Entwicklung der räumlichen Verteilung entspricht der Ionenkinetik, so dass sich z.B. Tiefe und Geschwindigkeit der Ioneneinlagerung im Material analysieren lassen.

Durch Experimente mit den Batterietestzellen wurde festgestellt, dass der Ersatz von Kohlenstoff durch Indiumzinnoxid (ITO) als transparentes leitfähiges Oxid (TCO) mit elektrochromen Eigenschaften eine deutliche Ausprägung bewirkt [23]. Die zugesetzten ITO-Nanopartikel bewirken eine starke makroskopische sichtbare und kontrastreiche räumlich aufgelöste Reflexionsänderung der Elektrode. Diese ITO-Partikel wirken als elektrochrome Markersubstanz für den Lithiumionen-Besatz. Auch die chemisch-physikalischen Ursachen wurden untersucht [24]. Hierbei kamen unter anderem Raman-Mikroskopie im laufenden Batteriebetrieb (in situ) sowie Rasterelektronenmikroskopie nach der Zerlegung der Zelle (post-mortem) zum Einsatz.

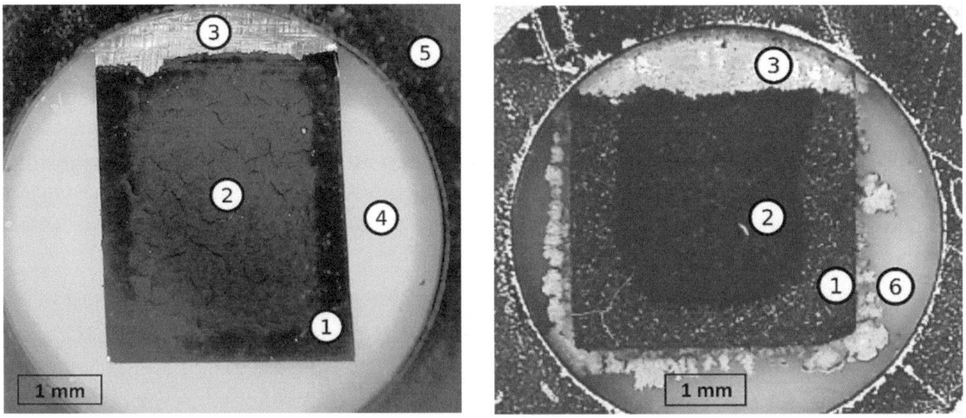

Bild 9: **Links:** Veränderung der Kathodenseite bei der Einlagerung von Lithium in den Randbereichen. **Rechts:** Veränderung an der Anodenseite. Neben der Einlagerung von Lithiumionen im Randbereich kommt es auch zu einer deutlichen Abscheidung metallischen Lithiums (Dendritenbildung). Gezeigt sind (1) der mit Lithiumionen beladene Teil und (2) der noch nicht beladene Teil der Kathode. Weiterhin markiert sind (3) der Stromableiter, (4) der Separator und (5) der Rand der Testzelle sowie (6) Dendritenwachstum außerhalb der Graphitanode. Die Darstellung wurde kontrastverstärkt.

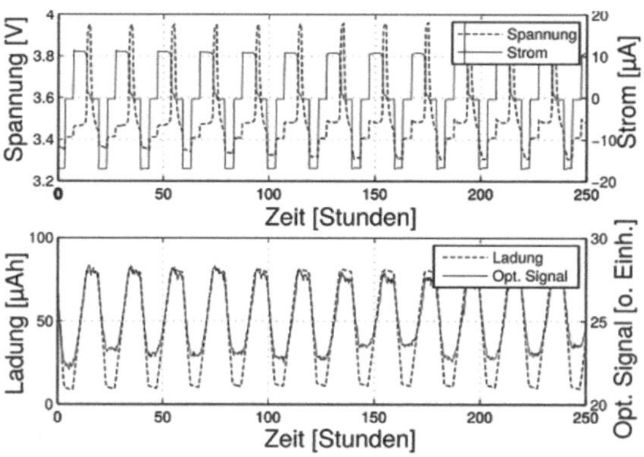

Bild 10: Oben: Strom- und Spannungsverlauf während einer Messreihe. Aus dem Stromverlauf wird die Ladung der Zelle berechnet. **Unten:** Die elektrische Ladung der Zelle und die gemessene Reflexion der Kathodenoberfläche liegen präzise in Phase.

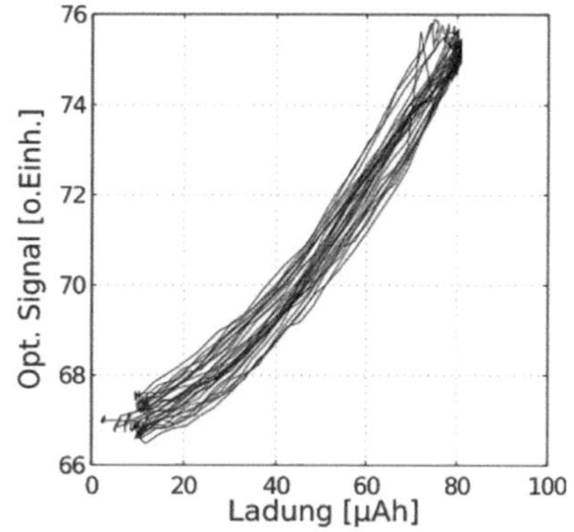

Bild 11: Darstellung der stabilen Relation zwischen Ladung und der optischen Reflexion der Kathodenoberfläche. Die Umkehrfunktion kann für die Ermittlung des Ladezustandes aus optischen Messdaten genutzt werden.

Das Bild 10 stellt die erfassten Daten eines Versuchs über zwölf Lade- und Entladezyklen dar. Es werden die Zellspannung, der Strom, die aus dem Strom berechnete Zellladung und der aus den digital aufgenommenen Mikroskop-Bildern berechnete Reflexionsgrad dargestellt. Letzterer ist über den relevanten Bereich der Elektrode in der Fläche gemittelt, indem die Pixelwerte eines Farbkanals aufsummiert wurden. Bei allen Messungen wurde eine gute Korrelation zwischen dem flächenintegrierten optischen Effekt und dem Ladezustand gefunden, die kaum von Rauschen betroffen ist. Allerdings war zunächst noch eine geringe Drift zu beobachten, für die sowohl Beleuchtungsschwankungen und Kamerasensitivität als auch der Integrationsfehler der mitlaufenden Ladungsermittlung durch Strommessung verantwortlich sein könnte.

Der stabile Zusammenhang zwischen dem Ladezustand und den optischen Messwerten kann einfach ausgewertet werden (vgl. Bild 11). Die entstehende, nahezu lineare Kennlinie kann in umgekehrter Weise zur Schätzung der Ladung anhand des optischen Signals genutzt werden. Hier wird ein klares Potential für ein neuartiges Sensorsystem mit unabhängigen Wirkprinzipien gesehen, das den Ladezustand nichtelektrisch erfasst.

4.3 Fasersensor für konventionelle Zellaufbauten

4.3.1 Aufbau und Funktionsweise

Transparente Fenster zur Elektrodenbeobachtung und Kamerasysteme sind nur für Laboruntersuchungen, nicht jedoch für kommerziellen Zellen in Antriebsbatterien realisierbar. Somit muss ein anderer Zugang zu dem optischen Effekt gefunden werden, der keine wesentlichen Änderungen an der Zellkonstruktion erfordert. Im Gegensatz zu Fenstern und Kameras ist das Einbringen von sehr dünnen optischen Fasern in die Elektroden bei der Batterieherstellung grundsätzlich möglich. Um Lichtleitfasern als Sensor nutzen zu können, muss die Lichtdurchlässigkeit von den Eigenschaften des umgebenden Batteriematerials beeinflusst werden. Dies steht im Gegensatz zum üblichen Einsatz von Lichtleitfasern zur Datenübertragung, bei der durch Totalreflexion innerhalb der Faser möglichst wenig verlustbehaftete Wechselwirkung mit der Umgebung erfolgt.

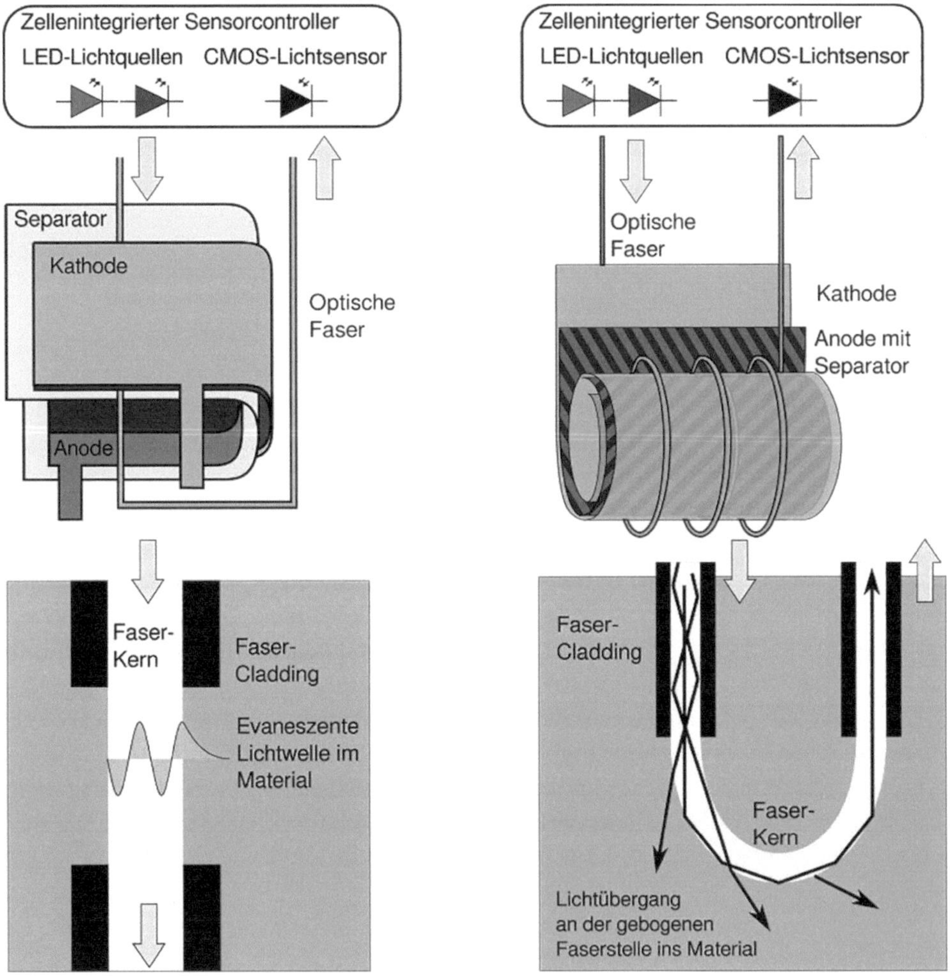

Bild 12: **Links:** Konzeptskizze für einen Fasersensor in einer kommerziellen Pouchzelle. Ein partielles Eindringen der Lichtwelle in das umgebende Medium erlaubt die Wechselwirkung mit dem Batteriematerial. **Rechts:** Konzeptskizze für einen Fasersensor in kommerziellen Rundzellen. Hierbei wird die Krümmung der Elektroden genutzt, um eine Wechselwirkung mit dem umgebenden Material zu erreichen. An der Biegung kommt es zu einem Ausbrechen eines Anteils des eingekoppelten Lichts. Dieser Anteil ist vom Brechungsindex des umgebenden Materials abhängig.

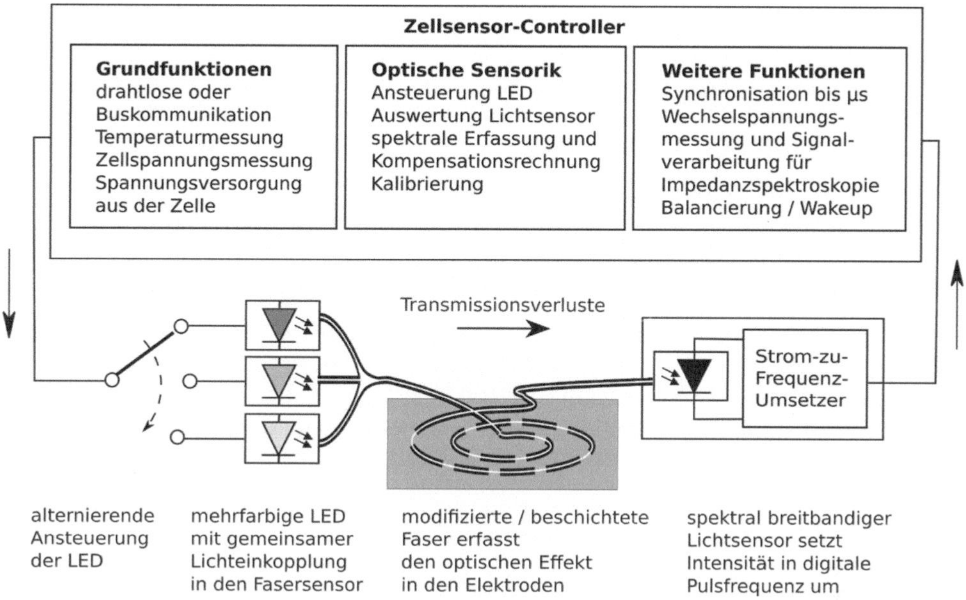

Bild 13: Die optische Fasersensorik kann als Teilfunktion eines modularen Sensorsystems implementiert werden, das in jede Zelle integriert wird. Zentrale Komponente ist ein Low-Power-Mikrocontroller mit eingebetteten Softwarefunktionen und Hardware-Ergänzungen.

Beim Einsatz von Lichtleitern als optischer Fasersensor tritt das evaneszente Feld des Lichtes mit dem umgebenden Material in Wechselwirkung. Um diese Wechselwirkung in ausreichendem Umfang zu erreichen, wird die reflektierende Umhüllung (Cladding) der optischen Faser durch mechanische Bearbeitung oder durch Ätzen in der Dicke reduziert (Tapering). Die grundsätzliche Anwendbarkeit einer evaneszenten Wechselwirkung mit einer Faser wurde für Graphitanoden in experimentellen Pouchzellen gezeigt [25]. Das technische Problem besteht darin, die optischen Fasern in die Elektroden zu implantieren, ohne die Faser oder die Elektrode während des Zellherstellungsprozesses zu beschädigen, da die mechanische Handhabung der verdünnten Faser kritisch ist.

Ein weiterer Ansatz, eine sensorisch ausreichende optische Wechselwirkung mit dem umgebenden Batteriematerial zu erreichen, ist die Verformung von optischen Fasern mit kleinen Biegeradien. Dies wurde für die Ladezustandsbestimmung mithilfe der Elektrolytdichte bei Bleibatterien bereits gezeigt [26, 27]. Durch die Verformung der Faser wird die Bedingung für die Totalreflexion in der Faser für einen Teil des eingekoppelten Lichts nicht mehr erfüllt, so dass im Bereich der Verformung Anteile des Lichts in die Umgebung austreten. Beide vorgenannten Konzepte für die Einbringung in Batteriezellen sind in Bild 12 skizziert.

Das elektronische Sensorsystem der Zelle misst in beiden Fällen die Übertragungsverluste in der Faser, die von der Änderung der optischen Eigenschaften und damit vom Ladezustand abhängen. Ein solches Modul mit mehreren LEDs als Lichtquellen und einem Photodioden-Lichtsensor wurde bereits als Schaltung getestet. Der Lichtsensor TCS3200

[28] ist in CMOS-Technologie als Chip integriert und arbeitet als Oszillator. Die einfallende Lichtintensität bestimmt die Ausgangsfrequenz des Signals am digitalen Ausgang. Der Sensor hat eine hohe Dynamik, benötigt keinen zusätzlichen AD-Wandler und ist wegen des digitalen Ausgangsignals bestens geeignet mit dem Sensorcontroller zusammenzuwirken. Das Funktionsmodul ist eine Erweiterung des modularen Sensorsystems für Einzelzellen [9, 10]. Eine Übersicht dazu zeigt das Bild 13.

In kommerziellen Batterien sollte der Einsatz der Markersubstanz ITO wegen der hohen Kosten möglichst gering sein. Um dies zu erreichen, kann die Markersubstanz nicht mit der gesamten Elektrodenfläche, sondern nur abschnittsweise auf die Faseroberfläche aufgebracht werden. Dazu werden die Markersubstanz und das Elektrodenmaterial mit flüssigem Binde- und Lösungsmittel zu einer dünnflüssigen Suspension als Slurry aufbereitet und wie eine Lackierung als dünne Schicht mit etwa 100 Mikrometer Stärke aufgetragen. Alternativ käme für einen kommerziellen Einsatz eine Sputterbeschichtung mit einer Schichtdicke unter einem Mikrometer in Frage. Sputterverfahren sind industriell in der Displayherstellung für Flächengläser und für optische Gläser bereits üblich. Die Sputterbeschichtung des Lichtleiters wäre wahrscheinlich während der Faserfertigung vorteilhaft durchzuführen. Die derart beschichtete Faser könnte dann bei der Zellfertigung in oder zwischen herkömmlichen Elektroden ohne Markersubstanz eingebracht werden.

4.3.2 *Experimentelle Fasersensoren in Batteriezellen*

Die Fasersensorik an der Kathode wurde in Laborversuchen mit Glasfasern und Kunststoff-Lichtleitfasern (Plastik Optical Fiber, POF) untersucht. Hierbei sollte insbesondere die praktische Erfassbarkeit des Effektes mit Hilfe der Markersubstanz gezeigt werden.

Eine andere Arbeitsgruppe hat etwa zeitlich parallel ein Verfahren für die Einbringung von modifizierten Glasfasern in Graphitanoden erarbeitet und für die Laborhandhabung hinreichend stabil ausgereift [13, 14]. Im Rahmen einer Forschungskooperation wurde dieses Verfahren genutzt, um die mit Glasfasern erfassbare Wirkung des ITO-Markermaterials in der Kathode zu testen. Bild 14 zeigt die Einbringung der Faser in die beiden Elektroden schematisch.

Bild 14: Schnittdarstellung der experimentellen Pouchzelle mit einer in die Kathode (links) und einer in die Anode (rechts) eingebrachten Lichtleitfaser.

Für den Aufbau wurde bei optischen Glasfasern die reflektierende äußere Schicht (Cladding) verjüngt. Dadurch kann ein Teil des Lichts mit der Umgebung wechselwirken. Auf dem für den Sensor genutzten Faserabschnitt wurde zunächst die Kunststoff-Schutzschicht mechanisch entfernt und die Fasern in einer Ätzlösung behandelt. Hierfür wurde eine 6:1 Mischung aus 40%igem Ammoniumfluorid (NH_4F) und 49%iger Flusssäure (HF) genutzt. Die behandelten Fasern wurden anschließend mittels einer Glycerin-Lösung auf ihre Sensitivität getestet. Der sensitive Abschnitt der Fasern wurde anschließend auf dem Aluminium-Stromableiter befestigt und mit Elektrodenmaterial beschichtet. Als Aktivmaterial wurden verschiedene Mischverhältnisse von LFP, ITO und Kohlenstoff eingesetzt, als Binder kam wie für die Testzelle in NMP gelöstes PVDF zum Einsatz.

Die fertiggestellten Elektroden wurden zusammen mit einem Separator und einer kommerziellen Graphitanode in eine Verbundstoffhülle aus Polyamid, Aluminium und Polypropylen eingebracht und mittels einer Heißpresse eingeschlossen.

4.3.3 Messergebnisse mit Fasersensoren

Die Zyklierung und die Aufnahme der elektrischen Daten erfolgte über einen Batteriezelltester. Insgesamt wurde die Zelle über sechs Wochen kontinuierlich geladen und entladen, wobei für einen kompletten Zyklus inklusive Ruhezeiten ca. 20 Stunden benötigt wurden. Für die optische Beobachtung wurden als Lichtquellen eine Infrarot-LED im Bereich 840-860 nm und ein Spektrometer für die Datenaufnahme eingesetzt.

Die Messdaten in Bild 15 zeigen einen deutlichen Zusammenhang zwischen Ladezustand und optischem Signal, jedoch in diesem Erstversuch stärkere Störeinflüsse, als es in den Kameraaufnahmen beobachtet wurde. Obwohl noch eine Stabilisierung im weiteren Entwicklungsfortschritt erwartet wird, muss für einen späteren Einsatz der Methode sicherlich noch eine rechnerische Korrektur erfolgen.

4.3.4 Kalibrierung der Fasersensoren

Für die Anwendung von Lichtleitfasern als Sensoren ist das Problem von Kreuzbeeinflussungen bekannt. Für die beabsichtigte Verwendung sind insbesondere Druck und Temperatur erhebliche Störgrößen, für die eine geeignete Referenzierung und Korrekturrechnung benötigt wird. Eine Anfangsfehlererfassung kann diese Probleme vermindern. Diese Erstkalibrierung könnte während der Zyklen der Werksformatierung von handelsüblichen Batterien durchgeführt werden. Die Kompensationsparameter können in den Low-Power-Mikrocontrollern intelligenter Zellensensoren gespeichert werden.

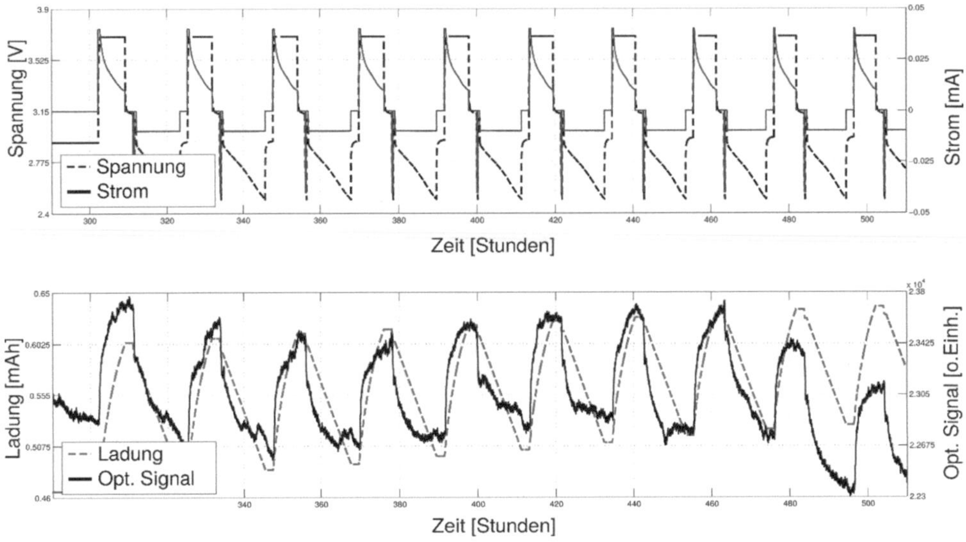

Bild 15: Signal einer optischen Faser, die durch eine Elektrode mit optischer Markersubstanz verläuft, während der Zyklierung der Batteriezelle. Zu erkennen ist ein deutlicher Zusammenhang zwischen Ladezustand und optischem Signal, wenngleich das optische Signal von Störungen und einer kontinuierlichen Drift überlagert ist. Ursachen für die Störungen können bspw. sich ändernde Druckverhältnisse oder Temperaturen im Bereich der Faser oder der Lichtquelle sein.

Eine weitere Referenzierungsmethode für optische Intensitätswerte ist aus der medizintechnischen Blutoximetrie bekannt [29, 30]. Dabei werden unterschiedliche Übertragungsverluste von zwei Lichtwellenlängen bei Transmission durch das Prüfmedium ins Verhältnis gesetzt. Forschungsarbeiten anderer Gruppen haben auf spektrale Verschiebungen bei Fasermessungen in Batterien hingewiesen [31, 32, 33], jedoch war dort primäre Zielsetzung die Erfassung mechanischer Effekte (Stress, Verformung, Temperaturausdehnung). Hierbei kamen Bragg-Filter in den Fasern zum Einsatz, die spektrale Unterschiede bis in den Subnanometerbereich der Wellenlängen sehr präzise aufgelöst haben. Diese auf dem Interferenzprinzip basierenden Filter können als Reflexionsstellen mit definierten Abständen in Fasern eingebracht werden, um bestimmte Wellenlängen selektiv zu unterdrücken [34]. Temperatur und mechanische Faserdehnung verschieben die unterdrückte Wellenlänge. Dieser Zusammenhang wurde ausgenutzt, um mit Hilfe von Fasersensoren den Stress von Testzellen zu messen. Weil bei den eigenen Arbeiten eine aufwandsgünstige und robuste Zellensensorik im Vordergrund steht, sollten einfache Farbunterschiede, also wesentlich größere Wellenlängenabhängigkeit der Reflexion, genutzt werden. Bei der Batterieuntersuchung wurden an der Anode starke Farbunterschiede festgestellt, die auch visuell sichtbar sind. Diese Unterschiede sind auch mit den Farbkanälen handelsüblicher Kameras erfassbar. Jeder Farbkanal hat dabei einen vergleichsweise großen Sensitivitätsbereich von mehreren hundert Nanometern. Bild 16 links zeigt sogar eine Gegenläufigkeit der Intensitäten des blauen zum roten und grünen Kanal in eigenen Messungen an einer Graphitanode. Diese

Gegenläufigkeit kann in Anlehnung an die Signalverarbeitung bei der Oximetrie zur Kompensation aller nicht spektral abhängigen Quereinflüsse genutzt werden (Unterschiede der Lichteinkopplung, unterschiedliche Beleuchtungsstärken, Temperatur- und Stresseinfluss auf die Faser). Durch die Breitbandigkeit reicht die abwechselnde Beleuchtung mit verschiedenfarbigen LED und einem breitbandigen CMOS-Lichtsensor aus. Nach einer Kompensationsrechnung der Ergebnisse von zwei oder mehreren LED-Beleuchtungsschritten bleibt als spektral abhängiger Einfluss nur der Farbumschlag des Anodenmaterials übrig. Dieser ist von der Lithiumbeladung und damit dem Ladezustand der Zelle abhängig. Insofern ist ein Verfahren ähnlich der Oximetrie-Referenzmethode für die Anode sehr aussichtsreich.

Die Anwendung dieses Verfahrens stößt durch eine schwache Wellenlängenabhängigkeit des Effektes zumindest in der Kathode mit ITO-Markermaterial noch auf Probleme. Bei Kamerauntersuchungen wurde festgestellt, dass keine klar gegenläufige Abhängigkeit der Farbkanäle gegeben ist (Bild 15 rechts). In spektrometrischen Vorarbeiten konnte bisher keine so ausgeprägt deutliche Wellenlängenabhängigkeit für Lithiumeisenphosphat oder ITO wie an der Anode nachgewiesen werden, so dass eine Referenzierung über den Vergleich mehrerer Wellenlängen nicht ohne weitere Maßnahmen aus dem Verfahren der Oximetrie abzuleiten ist.

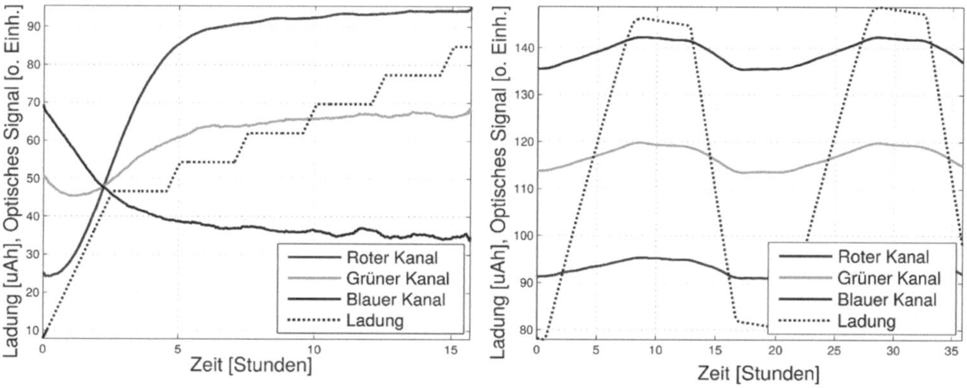

Bild 16: Gegenüberstellung der unterschiedlichen spektralen Reflexionsantwort von Effekten an der Anode und Kathode. **Links:** Verlauf der drei Farbkanäle Rot, Grün und Blau für eine Graphitelektrode bei der Ladung einer Testzelle. Die Gegenläufigkeit der optischen Änderungen kann für eine Referenzierung eingesetzt werden. **Rechts:** Verlauf der Farbkanäle für eine Kathode aus einer Materialmischung von LFP und ITO. Hier war keine gegenläufige Wellenlängenabhängigkeit zu beobachten.

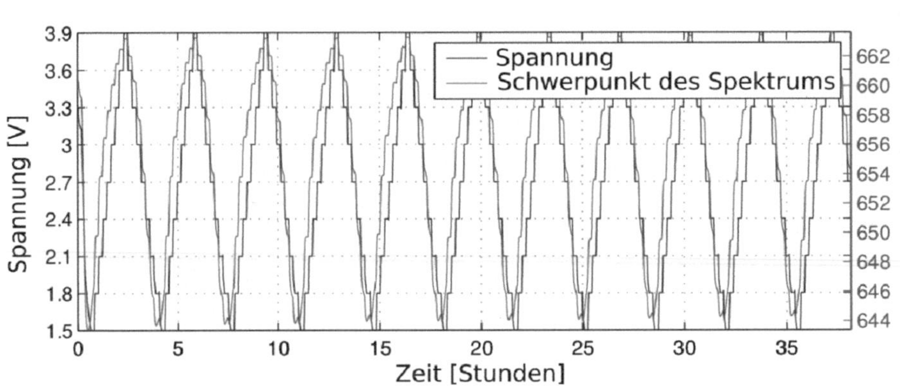

Bild 17: In Spektrometer-Messungen an Marker-ITO wurde eine Verschiebung des Spektrums-Schwerpunktes festgestellt. Hieraus können evtl. Ansätze für eine Referenzwertbildung abgeleitet werden [35].

Auf der Suche nach einem geeigneten Effekt zur Referenzierung wurde zunächst die Marker-Substanz ITO in reiner Form spektrometrischen Untersuchungen unterzogen. Dazu wurde sie in eine Testzelle anstelle des Kathodenmaterials in reiner Form eingebracht. Anode, Elektrolyt sowie der Zellenaufbau mit den Stromableiterfolien blieben unverändert. Diese Zelle wurde wie eine Batteriezelle zykliert. Die Beobachtung des Markermaterials erfolgte mit einem Spektrometer anstelle der Kamera. Es wurde ein breitbandiges Spektrum festgestellt, das nur geringfügige Veränderungen in Abhängigkeit von der jeweiligen Zellspannung aufwies. Rechnerisch wurde der geometrische Schwerpunkt über das gesamte Spektrum bestimmt. Dieser war von der Zellspannung klar abhängig (Bild 17). Insofern wird die generelle Chance gesehen, eine Referenzgröße über unterschiedliche spektrale Antworten zu ermitteln.

Neben der höher aufgelösten Signalverarbeitung (Schwerpunktbestimmung, Histogrammauswertung u.a.) sind auch der Einsatz anderer Markermaterialien, die Erweiterung auf Infrarot-LED als Quellen und die Verwendung des Bragg-Filterprinzips für nächste Forschungsschritte vorgesehen.

4.4 Zusammenfassung

Es wurde ein Verfahren zur direkten, optischen Bestimmung des Ladezustands in Lithium-Ionen-Batterien vorgestellt. Neuartig ist die Beobachtung der Kathode mit Unterstützung eines elektro-chromen Markers. Die Methode ist sowohl in Labortestzellen als auch in kommerziellen Batteriezellen anwendbar. Für die sensorische Funktion konnten folgende zentralen Eigenschaften im Experiment gezeigt werden:

- Präzise Korrelation zwischen der Intensität der Lichtreflexion an den Elektrodenoberflächen und dem Ladezustand der Zelle
- Stabile Reversibilität dieses Zusammenhanges über sehr viele Zyklen

Für die Laborverwendung kann das Verfahren das örtliche Voranschreiten des elektrochemischen Batterieprozesses abbilden. Die Beobachtung der Reaktionsfront auf der Elektrode kann beispielsweise zur Materialcharakterisierung genutzt werden. Hiermit ist der Einfluss von Materialparametern wie der elektrischen Leitfähigkeit, der Ionenleitfähigkeit und Diffusionskonstanten unabhängig von den elektrischen Messgrößen experimentell feststellbar.

Für die Verwendung in kommerziellen Batteriezellen wurden technische Lösungsvorschläge für die Einbringung einer solchen Sensorik auf der Basis von modifizierten Lichtleiter-Fasern vorgestellt. Zu diesem Zweck wurden Versuchsanordnungen entworfen und Laboraufbauten der Zellen praktisch vorgenommen. Erste Ergebnisse sprechen für eine Übertragbarkeit der Ergebnisse der Kameraaufnahmen an Testzellen auf die Fasersensoren in typischen Batteriezellen.

Wenn es gelingt, in weiteren Entwicklungsschritten diesen Fasersensor gegen messtechnische Quereinflüsse zu stabilisieren, ihn technisch auszureifen und in die Batterieherstellung einzubinden, dann könnte dieser durch die zusätzliche Information zum Batteriezustand das Batteriemanagement entscheidend verbessern. Es scheint denkbar, das Batteriemanagementsystem im Fahrzeug bei Aufgaben wie der Reichweitenabschätzung oder der Schnellladeüberwachung zu unterstützen, weil zusätzliche Informationen über den Zellzustand zur Verfügung stehen. Besonders bemerkenswert ist, dass die optische Zellbeobachtung ein von anderen Messgrößen unabhängiges Verfahren darstellt, das dadurch ein redundantes Sicherheitsniveau zur Vermeidung kritischer Batteriezustände bereitstellen kann.

Projektpartner und Förderung

Die Arbeiten wurden im Rahmen des Projektes „Sino-German Electromobility Research" (FKZ 03EM0204) durch das BMVI sowie die Graduiertenschule „Key Technologies for Sustainable Energy Systems" der Universität und der HAW Hamburg gefördert. Untersuchungen zur Markersubstanz und verschiedenen Batteriematerialien wurden gemeinsam mit der Peking University Graduate School in Shenzhen, China (Arbeitsgruppe Prof. Feng Pan) durchgeführt. Die praktischen Faseraufbauten erfolgten in Kooperation mit der Arbeitsgruppe Prof. Patricia Nieva an der Universität Waterloo, Kanada.

Literatur

[1] Pop, V. Bergveld, H. J., Danilov, D., Regtien, P. P., Notten, P. H., „Battery management systems: Accurate state-of-charge indication for battery-powered applications", Philips Research Book Series Vol. 9., Springer, 2008.

[2] Sauer, D. U., Bohlen, O., Sanders, T., et al., „Batteriezustanderkennung: Mögliche Verfahrens- und Algorithmenansätze, Grenzen der Batteriezustandserkennung.", Energiemanagement und Bordnetze II, Hrsg: M. Schöllmann, expert-Verlag 2007.

[3] Keil, P, Jossen, A., „Aufbau und Parametrierung von Batteriemodellen.“, 19. Design & Elektronik-Entwicklerforum Batterien & Ladekonzepte, Weka Fachmedien GmbH, 2012.

[4] Lorentz, V., Koffel, S., März, M. et al., „foxBMS - free.open.flexible battery management system“, Fraunhofer IISB Nürnberg, www.foxbms.org, 2017.

[5] Schmidt, J. P., Berg, P., Schönleber, M., Weber, A., Ivers-Tiffée, E., „The distribution of relaxation times as basis for generalized time-domain models for Li-ion batteries.“, Journal of Power Sources, 2013.

[6] Riemschneider, K.-R., „Wireless Battery Management System“, Patent application WO2004/047215A1, US020060152190A1, EP000001573851A1.

[7] Schneider, M., Ilgin, S., Jegenhorst, N., Kube, R., Püttjer, S., Riemschneider, K. R., Vollmer, J., „Automotive Battery Monitoring by Wireless Cell Sensors“, Proceedings of the 2012 IEEE I2MTC, Graz, 2012.

[8] Schmidt, J. P., Dandl, S, Gentschev, AC, Elian, K, Rose, M., „Integrierte Zell-Sensorik in Lithium-Ionen-Akkus für Elektro-und Hybridfahrzeuge.“, Automobil-Sensorik (Ed. T. Tille), Springer Verlag, Berlin, Heidelberg, 2016.

[9] Sassano, N., Roscher, V., Riemschneider, K.-R., „Batterie-Zellensensoren mit drahtloser Kommunikation und verteilter Signalverarbeitung“, Automobil-Sensorik (Ed. T. Tille), Springer Verlag, Berlin, Heidelberg, 2016.

[10] Roscher, V., Schneider, M., Durdaut, P., Sassano, N., Pereguda, S., Mense, E., Riemschneider, K. R., „Synchronisation using wireless trigger-broadcast for impedance spectroscopy of battery cells“, IEEE SAS, Zadar, 2015.

[11] Harris, S. J. et al., „Direct in situ measurements of Li transport in Li-ion battery negative electrodes“, Chem. Phys. Lett. 485.4, 265-274, 2010.

[12] Maire P. et al., „Colorimetric determination of lithium-ion mobility in graphite composite electrodes“, J. Electroanal. Chem. 644.2, 127-131, 2010.

[13] Ghannoum, A., Norris, R. C., Iyer, K., Zdravkova, L., Yu, A., Nieva, P., „Optical Characterization of Commercial Lithiated Graphite Battery Electrodes and in Situ Fiber Optic Evanescent Wave Spectroscopy“, ACS Appl. Mater. Interfaces, 2016.

[14] Ghannoum, A., Iyer, K., Nieva, P., Khajepour, A., „Fiber optic monitoring [...]: A novel tool to understand the lithiation of batteries“, IEEE Sensors, 1-3, 2016.

[15] Osswald, P. J. et al., „Simulation and Measurement of Local Potentials of Modified Commercial Cylindrical Cells“, J. Electrochem. Soc., 162 (10) A2099-A2105, 2015.

[16] Senyshyn, A. et al., „Spatially resolved in operando neutron scattering studies on Li-ion batteries“, J. Power Sources 245: 678-683, 2014.

[17] EL-CELL GmbH, „ECC-Opto-Std Cell“, User Manual, www.el-cell.com, 2017.

[18] Sven Jovanovic, “In-operando Raman Mikroskopie an Lithium-Ionen Batterien”, Bruker User Meeting FZ Jülich, 2016.

[19] Raspberry Pi Foundation, „Raspberry Pi 2B“, Internetseiten und Dokumentation zum Einplatinencomputer, https://www.raspberrypi.org/products/raspberry-pi-2-model-b/, 2018.

[20] Analog Devices, Inc, „Analog-Digital-Converter AD7691“, Datasheet, http://www.analog.com/media/en/technical-documentation/data-sheets/AD7691.pdf, 2017.
[21] Analog Devices, Inc, „Digital-Analog-Converter AD5680“, Datasheet, http://www.analog.com/media/en/technical-documentation/data-sheets/AD5680.pdf, 2017.
[22] Roscher, V. et al., Video presentation of optical effects at LFP cathodes, https://www.youtube.com/watch?v=GGD5kaVe8qY, 2017.
[23] Roscher, V., Riemschneider, K.-R., „In-situ Electrode Observation as an Optical Sensing Method for Battery State of Charge”, IEEE SAS, 2017.
[24] Roscher, V., Riemschneider, K.-R., „Method and measurement setup for battery state determination using optical effects in the electrode material”, IEEE Trans. Instrum. Meas., 2018.
[25] Ghannoum, A., Nieva, P., Yu, A., Khajepour, A., „Development of Embedded Fiber Optic Evanescent Wave Sensors for Optical Characterization of Graphite Anodes in Lithium-Ion Batteries“, ACS Applied Materials & Interfaces, 2017.
[26] Weiss, J. D., „Optical state-of-charge monitor for batteries“, US Patent 5,949,219, 1999.
[27] Cao-Paz, A. M., et al., „A multi-point sensor based on optical fiber for the measurement of electrolyte density in lead-acid batteries“, Sensors, 10. Jg., Nr. 4, 2010.
[28] Austria Microsystems AG, “Programmable Color Light-to-Frequency Converter AMS TCS3200”, Data Sheet, http://ams.com/eng/content/download/250259/976005/142755, 2016.
[29] Nielsen, L. L., „Multi-wavelength incremental absorbence oximeter“, US Patent 4,167,331, 1979.
[30] Yan, Y., Poon, C.C.Y., and Zhang, Y., „Reduction of motion artifact in pulse oximetry by smoothed pseudo Wigner-Ville distribution“, Journal of Neuro Engineering and Rehabilitation, 2005.
[31] Sommer, L.W. et al., „Embedded Fiber Optic Sensing for Accurate State Estimation in Advanced Battery Management Systems“, MRS Proceedings. Bd. 1681. Cambridge Univ. Press. 14-1681, 2014.
[32] Raghavan, Ajay, et al., „Embedded fiber-optic sensing for accurate internal monitoring of cell state in advanced battery management systems part 1: Cell embedding method and performance“, Journal of Power Sources 341, 2017.
[33] Ganguli, Anurag, et al., „Embedded fiber-optic sensing for accurate internal monitoring of cell state in advanced battery management systems part 2: Internal cell signals and utility for state estimation.“, Journal of Power Sources 341, 2017.
[34] Hill, K. O., Fujii, Y., Johnson, D. C., Kawasaki, B. S., „Photosensitivity in optical fiber waveguides: Application to reflection filter fabrication.“ Applied Physics Letters, 32 (10), 647-649, 1978.
[35] Gerken, T., „Untersuchung der spektralen Eigenschaften von optischen Effekten an Lithium-Eisenphosphat-Elektroden“, Bachelorarbeit HAW Hamburg, 2016.

Kapitel 5
Impedanzsensorik für Batteriezellen in Elektro-Fahrzeugen

Jan Philipp Schmidt[1], Thomas Hammerschmidt[1]

Kurzfassung Die Zellimpedanz stellt als charakteristische Batteriegröße ein wichtiger Performance-Indikator dar. Darüber hinaus lässt sie sich jedoch durch Ihre starke Abhängigkeit von Betriebsbedingungen und Alterungszustand auch zur Diagnose verwenden. Ausgehend von den Sensitivitäten der Impedanz werden die möglichen Anwendungsszenarien aufgezeigt. Dabei wird speziell auf die Temperatursensitivität stärker eingegangen. Von dieser ausgehend werden schließlich Anforderungen an einen *Impedanzsensor* zur Bestimmung der Zellkerntemperatur abgeleitet und diskutiert.

5.1 Einleitung

Die Impedanzspektroskopie erfreut sich im wissenschaftlichen Umfeld weiter Verbreitung und wird durch ihren allgemeinen Charakter zur Beschreibung linearer Systeme zur Erforschung neuer Materialien, Elektrodendesigns und auch zur Untersuchung von Alterungseffekten eingesetzt. Neben diesen Anwendungen zur Entwicklung und Erforschung von Zellen, wurde jedoch bereits die Anwendung in einer Zielapplikation, wie zum Beispiel Fahrzeugen, zu diagnostischen Zwecken vorgeschlagen, insbesondere zur Bestimmung der Zelltemperatur [1].

Weiter steigende Energiedichten und zunehmende Speichergrößen erhöhen die Notwendigkeit einer gut funktionierenden Zellüberwachung. Neben dem Sicherheitsaspekt, erfordern jedoch auch eine optimale Betriebsführung und damit eine möglichst lange Lebensdauer des Speichers die exakte Kenntnis des Zellzustandes. Selbst unter optimistischen Annahmen wird der Batteriespeicher einen nennenswerten Anteil der Gesamtfahrzeugkosten ausmachen, so dass die Ausschöpfung von Grenzpotentialen auch unter monetären Gesichtspunkten wettbewerbsentscheidend sein kann. Die Kenntnis der aktuellen Zellimpedanz im Fahrzeug rückt damit in den Fokus. Welche Zustandsgrößen mit der Zellimpedanz prinzipiell überwacht werden könnten, wird in Abschnitt 5.3 ausgeführt.

---
[1] BMW AG.

T. Tille (Hrsg.), *Automobil-Sensorik 2*, DOI 10.1007/978-3-662-56310-6_5,

Prototypische Umsetzungen einer Impedanzmessung im Fahrzeug wurden bereits im wissenschaftlichen Umfeld publiziert [2]. Eine grundlegende Ableitung der Anforderung an eine Impedanzmessung aus den Anforderungen an eine Temperaturmessung ist jedoch noch nicht erfolgt. Dies wird in Abschnitt 5.4 beispielhaft durchgeführt.

5.2 Stand der Technik Impedanzspektroskopie und Zellimpedanz

Im Folgenden wird das Messprinzip der Impedanzspektroskopie knapp erläutert, unterschiedliche Umsetzungsvarianten beschrieben und anschließend ein kurzer Überblick über die in Lithium-Ionen Zellen ablaufende Prozesse und deren Verknüpfung zur Impedanz gegeben.

5.2.1 Elektrochemische Impedanzspektroskopie (EIS)

Bei der elektrochemischen Impedanzspektroskopie (EIS) wird die Batteriezelle mit einem sinusförmigen Strom- oder Spannungssignal angeregt und die resultierende Spannungs- oder Stromantwort gemessen. Aus dem Verhältnis der Amplituden und der Phasendifferenz von Spannung und Strom, wird die komplexe Impedanz berechnet. Dabei wird vorausgesetzt, dass das zu untersuchende System linear, zeitinvariant und kausal ist. Die Linearitätsforderung kann dabei durch Wahl einer hinreichend geringen Amplitude und die Zeitinvarianz durch Sicherstellung einer konstanten Temperatur und eines konstanten Ladezustands erreicht werden.

Durch Variation der Anregungsfrequenz, kann ein Impedanzspektrum im zu betrachtenden Frequenzbereich aufgenommen werden. Da sich ein Signal über eine Fourierreihe in Sinusanteile zerlegen lässt, kann über das so erhalten Impedanzspektrum das lineare Verhalten einer Zelle beschrieben werden und wird auch als Impulsantwort des Systems bezeichnet. Mit dem Impedanzspektrum liegt somit ein nichtparametrisches Modell des Zellverhaltens vor. Diese Zusammenhänge und weiterführenden Informationen zur EIS sind in der Grundlagenliteratur [3, 4] ausführlich beschrieben.

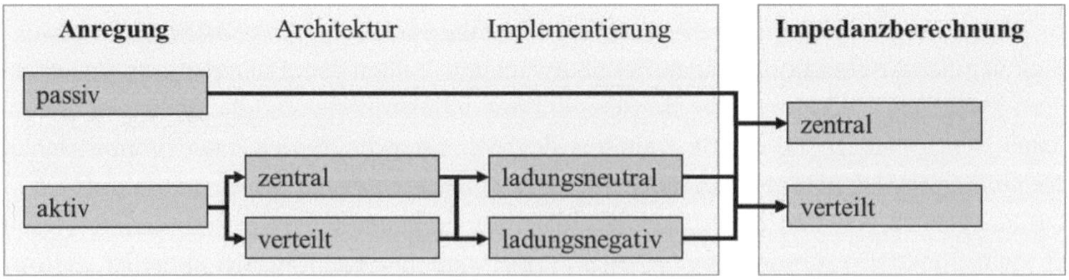

Bild 1: Kategorisierung verschiedener Umsetzungsformen einer zellindividuellen Impedanzmessung in einem Elektrofahrzeug.

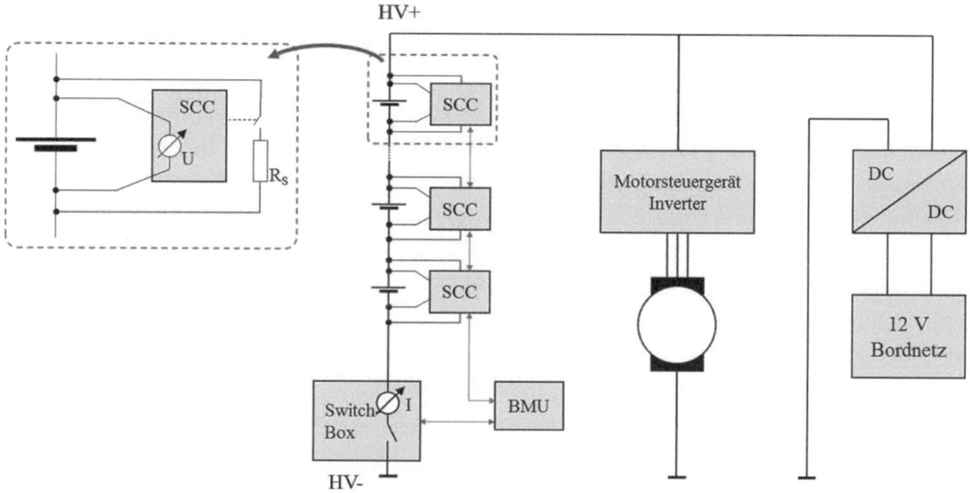

Bild 2: Systemschaltbild des HV-Bordnetzes mit den zellindividuellen Smart Cell Chips (SCC) zur Impedanzmessung.

Bei der Umsetzung der Messmethode in einem Fahrzeug, lassen sich die bisher Konzepte in verschiedene Kategorien bezüglich Architektur und Anregung unterteilen. So kann eine gezielte Anregung der Zelle stattfinden, die hier als aktive Anregung bezeichnet wird oder auch die bereits im Bordnetz vorhanden Dynamik verwendet werden, die als passive Anregung bezeichnet wird. Bei der aktiven Anregung kann die Anregung auf Zellebene erfolgen oder über eine zentrale Komponente im Antriebsstrang, z.B. einem DC/DC-Wandler [5] oder einem Inverter [1]. Die Anregung selbst kann ladungsneutral erfolgen, d.h. ein Laden- und Entladen der Zellen ist möglich und damit auch ein gleichanteilsfreies Anregungssignal. Insbesondere auf Zellebene einfacher umzusetzen ist jedoch eine ladungsnegative Anregung, bei der nur negative Ströme gestellt werden können und somit kein Element zur Energiespeicherung notwendig wird. Konkret lässt dies z.B. eine Implementierung in einem unidirektionalen DC/DC-Wandler zu wobei der Gleichanteil für Fahrzeugfunktionen eingesetzt werden kann, während eine dezentrale Implementierung über die Balancing-Widerstände eine dissipative Methode darstellt. Die Messwerterfassung und – auswertung zur Impedanzberechnung kann schließlich zentral oder dezentral stattfinden, wobei eine dezentrale Berechnung aufgrund der ansonsten hohen Datenmengen zu bevorzugen ist [2]. Die verschiedenen Umsetzungsformen sind in Bild 1 dargestellt.

In diesem Beitrag soll von einer dezentralen, ladungsnegativen Anregung mit dezentraler Impedanzberechnung ausgegangen werden. Die daraus resultierende Architektur ist zusammen mit weiteren Komponenten des Hochvoltnetzes (HV) in Bild 2 dargestellt. Der pro Zelle vorhandene Smart Cell Chip (SCC) übernimmt die Funktionalität einer zuvor modulzentralen Zellüberwachungseinheit. Hierzu muss der SCC zum einem über eine Spannungsmessung verfügen und auch über eine Möglichkeit die Ladezustände der Zellen zu symmetrieren. Dies wird hier über einen schaltbaren Entladewiderstand R_S ermöglicht.

Gleichzeitig dient dieser Entladewiderstand zur Erzeugung des Anregungssignals, wobei verallgemeinernd auch eine Stromsenke angenommen werden kann. Der SCC kann somit die Zellimpedanz autonom messen.

Der Integrationsaufwand in das HV-Bordnetz ist gegenüber einer zentralen Anregung deutlich reduziert und auch in bestehende Systeme leicht möglich. Bei einer zentralen Anregung z.B. über Inverter oder Gleichspannungswandler müssten diese in die Kommunikation eingebunden werden und bereits bei der Anforderungsdefinition die Funktion der Anregungsgenerierung berücksichtigt werden. Hingegen ist durch die ladungsnegative Anregung der Energieaufwand für die Messung deutlich erhöht. Während bei einer ladungsneutralen Anregung lediglich eine Verlustleistung über die aufmodulierte Anregungsamplitude anfällt (~mV), muss bei der Anregung über den Entladewiderstand die gesamt Zellspannung berücksichtigt werden (~V). Bei einem angenommenen Innenwiderstand von 1 mΩ und einer Stromamplitude von 100mA fielen bei einer ladungsneutralen Anregung gerade 0,01 mW Verlustleistung in der Zelle an, während bei einer ladungsnegativen Anregung zusätzlich noch 0,4 W Verlustleistung über den Entladewiderstand hinzukämen.

Um die auf Grund des Energieverbrauchs damit deutlich zu beschränkende Anregungsamplitude kompensieren zu können, steigen die Anforderungen an die Spannungsmessgenauigkeit. In diesem Beitrag soll der Fokus aber die Anforderung auf die Impedanzmessgenauigkeit gelegt werden, daher wird bereits bei einer für den SCC spezifizierten Messunsicherheit der Impedanz aufgesetzt. Für die Einschätzung der in Abschnitt 5.4 aufgestellten Unsicherheitsbeiträge und des Aufwandes zur Verringerung dieser, ist ein Verständnis dieses Zusammenhanges (höherer Anregungsstrom → geringere Messunsicherheit der Impedanz) jedoch wichtig.

5.2.2 Zellimpedanz

Um die später getroffenen Entscheidungen bezüglich Anregungsfrequenz und auch die Ursache der Einflussfaktoren auf die Impedanz nachvollziehen zu können, werden die in einer Zelle stattfindenden, elektrochemischen Prozesse kurz zu betrachtet. Bild 3 zeigt zusammen mit den Elektroden einer Zelle ein vereinfachtes Ersatzschaltungsmodell, dessen Komplexität jedoch ausreicht, um wesentliche Prozesse und deren Abhängigkeit von der Frequenz zu erläutern. Rechts dargestellt ist die Kathode mit einem Aluminiumableiter und der porösen Elektrode bestehend aus Aktivmaterialpartikeln (zum Beispiel Lithium-Nickel-Mangan-Cobalt-Oxid, NMC) und additiven Leitzusätzen. Diese ist durch den Separator von der Anode getrennt, der somit einen internen Kurzschluss verhindert, jedoch den Austausch der Lithium-Ionen über den Elektrolyten zulässt. Links ist die Anode mit einem Kupferableiter und einer porösen Elektrodenschicht aus Graphit dargestellt.

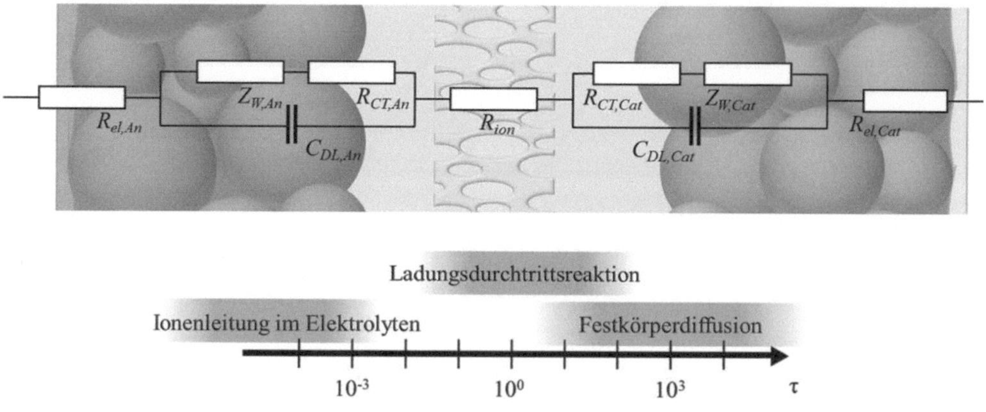

Bild 3: **Oben:** Elektrodenstapel mit darüber liegender Ersatzschaltung zur vereinfachten Zuordnung der Elektrodenprozesse. **Unten:** elektrochemische Prozesse in einer Lithium-Ionen Zelle nach Zeitkonstanten geordnet.

Die Ionenleitung im Elektrolyten ist durch den ohmschen Widerstand R_{ion} dargestellt und beschreibt zusammen mit der Elektronenleitfähigkeit in Elektrode und Ableiter sowie Kontaktwiderständen Rel das rein ohmsche Verhalten. Diese Verlustprozesse sind somit frequenzunabhängig und bestimmen damit das Impedanzverhalten für hohe Frequenzen (>1 kHz). Bei diesen hohen Frequenzen ist die Ladungstransferreaktion RCT noch über die Doppelschichtkapazität CDL kurzgeschlossen. Auch die Diffusion im Festkörper, dargestellt über die Warburg-Impedanz ZW ist zu langsam, als dass Sie bei diesen Frequenzen bereits im Impedanzverhalten sichtbar wäre. Mit abnehmender Frequenz wird nun der Strom über die Doppelschichtkapazität abnehmen und über den Ladungsdurchtrittswiderstand zunehmen. Das Impedanzverhalten wird nun von den ohmschen Anteilen und dem Ladungsdurchtritt bestimmt. Ebenfalls in diesem Frequenzbereich sind Deckschichten wie die SEI zu finden. Bei weiterer Verringerung der Frequenz tritt zunehmend das Verhalten der Festkörperdiffusion zutage, so dass die Impedanz weiter zunimmt und nunmehr alle Prozesse umfasst.

Das in Bild 3 unten dargestellte Spektrum an Zeitkonstanten veranschaulicht die Abfolge der Prozesse und ordnet sie den Größenordnungen der Zeitkonstanten nach ein. Neben unterschiedlichen charakteristischen Zeitkonstanten weisen alle diese Prozesse ein unterschiedliches Temperaturverhalten auf und auch eine unterschiedliche Abhängigkeit vom Ladezustand (Engl.: State of Charge, SOC) der Zelle. Die Wahl der Frequenz ist somit entscheidend dafür, welche Zustandsgröße der Zelle ermittelt werden soll. Wichtig ist dabei zu beachten, dass bei einer Messung mit der Frequenz f_{EIS} auch alle Prozesse mit einer kleineren Zeitkonstanten als $1/(2\pi f_{EIS})$ zur Impedanz beitragen.

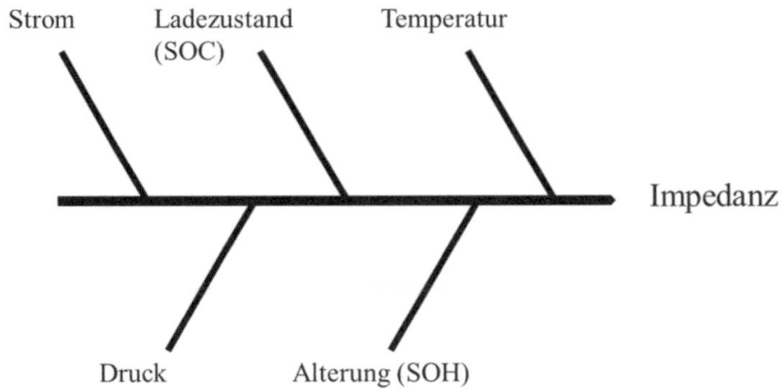

Bild 4: Ursache-Wirkungsdiagramm verschiedener Einflussgrößen auf die Zellimpedanz.

Nicht dargestellt ist im Ersatzschaltungsmodell in Bild 3 eine serielle Induktivität, mit welcher sich das gemessene Verhalten von niederohmigen Zellen (<1 mΩ) gut beschreiben lässt, und oft bereits ab wenigen hundert Hertz beobachtet werden kann. Nicht unerheblich ist hier jedoch auch die Messanordnung und Kabelführung, bei welcher die Einkopplung des Anregungsstroms in die Spannungsleitungen zu minimieren ist.

Obwohl die elektrochemische Impedanzspektroskopie keine neue Methode ist, wurde in den letzten Jahren eine große Anzahl an Beiträgen publiziert. Gerade für niederohmige automotive Zellen ist es jedoch äußerst schwierig, physikalisch aussagekräftige Ersatzschaltungsmodelle zu erhalten. So treten viele Prozesse in Anode und Kathode in überlappenden Frequenzbereichen auf und können nur schwer voneinander getrennt werden. Durch die implizite Mehrdeutigkeit gerade komplexer Modelle müssen diese durch weitere Methoden ergänzt und bestätigt werden [6, 7]. Für den Einsatz als Diagnosewerkzeug in einem Fahrzeug genügt jedoch bereits ein deutlich vereinfachtes Modell.

5.3 Sensitivitäten der Zellimpedanz und ableitbare Anwendungsfälle

Die zuvor dargestellten, im Zellinnern ablaufenden Prozesse bedingen eine Abhängigkeit der ermittelten Impedanz von verschiedenen Einflussfaktoren und Operations-bedingungen. Diese Sensitivitäten ermöglichen es zum einen die Impedanz als charakteristische Größe für Diagnosen heranzuziehen. Auf der anderen Seite erschweren multiple Abhängigkeiten die einfache Umsetzung. Im Folgenden wird auf die im Ursache-Wirkungsdiagramm dargestellten Einflussfaktoren eingegangen, Abhängig-keiten sowie Größenordnungen demonstriert und auch mögliche Anwendungsszenarien dargestellt. Dabei wird insbesondere auf die Querwirkung für die Temperaturbestimmung aus einer Impedanzmessung eingegangen. Ausdrücklich ausgenommen sind bei dieser Betrachtung Einflussgrößen auf das Messsystem zur Impedanzmessung selbst.

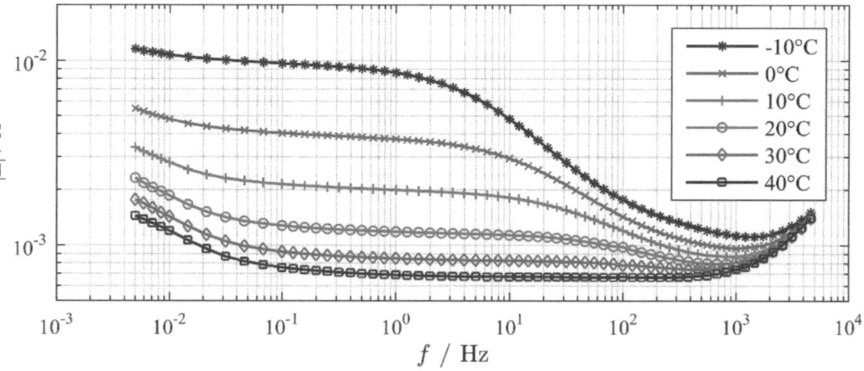

Bild 5: Amplitude der Zellimpedanz über Frequenz für eine PHEV-Zelle bei Variation der Temperatur und einem konstanten SOC von 50%.

5.3.1 Temperatur

Die höchste Sensitivität zeigen Lithium-Ionen Zellen bezüglich der Temperatur. Beispielhaft ist dies in Bild 5 im doppelt logarithmischen Amplitudengraph der Impedanz für eine PHEV-Zelle (Engl.: Plug-in Hybrid Electric Vehicle) dargestellt. Dabei ist eine deutlich höhere Temperaturabhängigkeit bei niedrigeren Frequenzen festzustellen. So nimmt die Amplitude bei 1 Hz um den Faktor zwölf zu, während bei 500 Hz nur eine Zunahme um den Faktor zwei abgelesen werden kann.

Mit der in Abschnitt 5.2.1 dargestellten Abhängigkeit der physikalisch/chemischen Prozesse lässt sich dies über eine geringere Temperaturaktivierung der ionischen Leitfähigkeit des Elektrolyten gegenüber der Ladungsdurchtrittsreaktion begründen. Ein mögliches Modell des Temperaturverhaltens der Ionenleitung im Elektrolyten sowie der Ladungsdurchtrittsreaktion stellt dabei die Arrheniusgleichung dar [8]. Durch die nichtlineare Natur ist die Änderung der Impedanz bei niedrigen Temperaturen stärker ausgeprägt als bei hohen Temperaturen. Neben der Frequenzwahl können abhängig von Zellchemie, leistungs- oder energieoptimierter Zellauslegung sowie Zellgröße unterschiedliche Temperatursensitivitäten gemessen werden. Die Änderung der Impedanz mit der Temperatur wird dabei als Temperatursensitivität

$$S_{Z,T} = \frac{\partial Z}{\partial T} \tag{1}$$

bezeichnet. Für drei verschiedene Zellentypen ist die der Betrag der Temperatursensitivität des Realteils der Impedanz bei einer Frequenz von 100 Hz in Bild 6 dargestellt. Dabei kann zunächst abgelesen werden, dass der Betrag der Sensitivität mit sinkender Temperatur zunimmt und das alle drei Zellen in der gleichen Größenordnung liegen. Es stellt sich so dar, als ob die HEV-Zelle (englisch: Hybrid Electric Vehicle) eine höhere Temperatursensitivität aufweist, als die anderen Zellen. Dies jedoch über die Designparameter der Zelle erklären zu wollen schlägt fehl. Einen besseren Hinweis liefert hier die mit der Nennkapazität C_N multiplizierte Sensitivität, wie in Bild 7 für eine Zelltemperatur von 25 °C dargestellt ist. Hier zeigt die HEV-Zelle die geringste Temperatursensitivität, was sich auch über die dünneren Elektrodenschichten und damit kürzeren ionischen Leitungspfade erklären lässt. Hin zu Zellauslegungen mit höheren Energiedichten, wie bei der BEV-Zelle (Engl.: Battery Electric Vehicle) nimmt die Temperatursensitivität zu.

Während die bisher dargestellten Messungen bei einer homogenen Zelltemperatur durchgeführt wurden, ist insbesondere für großformatige Zellen unter Last von einem Temperaturgradienten auszugehen. Werte aus der Literatur liegen bei 2,5 K für den Normalbetrieb [9], im Fehlerfall können jedoch deutlich höhere Temperaturgradienten auftreten [10]. Höhere Energieinhalte für Speicher wie sie in Fahrzeugen mit Reichweiten von 300km und größer erreicht werden müssen, können durch Parallelschaltung von Zellen realisiert werden. In diesem Fall wird ein Zellbündel von einem Impedanzsensor wie eine einzelne Zelle betrachtet. Dabei können die Temperaturdifferenzen über solche Zellbündel jedoch weiter ansteigen. Da die in einer einzelnen Zelle parallel geschalteten Elektrodenlagen und ganze parallel geschalteten Zellen makroskopisch somit das gleiche System bilden, wirkt sich ein Temperaturgradient für beide Systeme gleich aus. Wie in [8] dargestellt, kann dabei davon ausgegangen werden, dass die aus der Impedanz abgeleitete Temperatur den Mittelwert der Zellwickeltemperatur darstellt, solange die Temperaturdifferenz gegenüber der Nichtlinearität der Temperaturabhängigkeit klein ist.

Anwendungsszenario Temperaturmessung

Auch in aktuellen Batteriespeichern wird die Temperatur der Zellen überwacht. Jedoch erfolgt die Temperaturmessung über externe Sensoren, welche somit nicht die Kerntemperatur der Zellen angeben und von der Umgebungstemperatur oder abhängig von Einbauort auch von der Stromstärke beeinflusst werden können. Letzteres kann der Fall sein, wenn direkt am Zellverbinder gemessen wird. So wird die ermittelte Temperatur noch über ein Modell aufbereitet werden müssen um eine realistische Kerntemperatur der Zelle angeben zu können. Graphisch ist dieser Zusammenhang in Bild 8 aufbereitet.

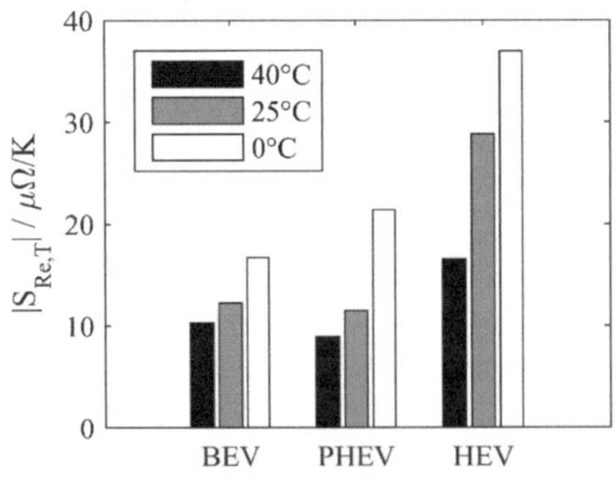

Bild 6: Betrag der Temperatursensitivität $S_{Re,T}$ für unterschiedliche Zelltypen.

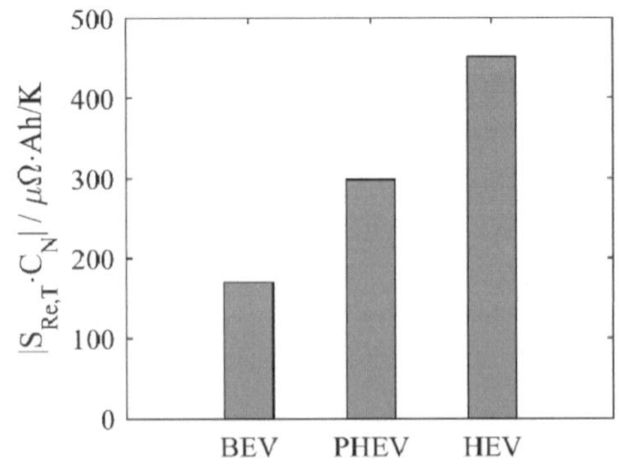

Bild 7: Betrag der über die Nennkapazität C_N normierten Temperatursensitivität bei 25 °C.

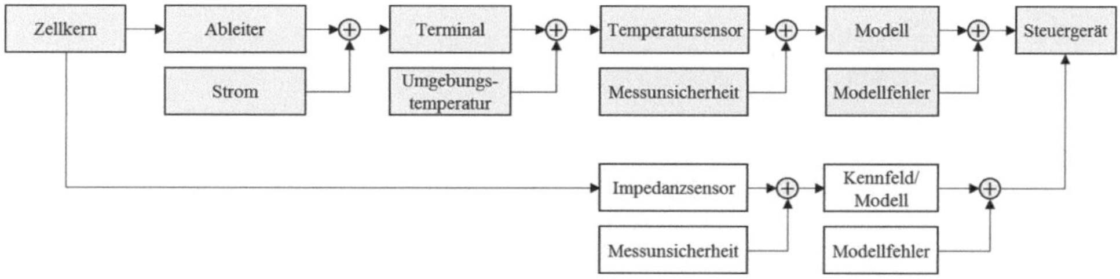

Bild 8: Wirkkette von Zellkerntemperatur bis zur im Steuergerät vorliegenden Temperaturwert für die Messung über einen externen Temperatursensor (grau) und über die Impedanz (weiß).

Demgegenüber bietet die Verwendung der Impedanzmessung den Vorteil, dass ohne verfälschende äußere Einflüsse eine mittlere Zelltemperatur angegeben werden kann. Da die relevante Impedanzänderung durch den Zellkern selbst verursacht wird und nicht von den metallischen Leitungswiderständen von Terminal und Ableiter, tritt auch keine Dämpfung der bestimmten Temperatur und damit auch kein Zeitversatz ein.

Weiterhin kann ohne den Einbau weiterer Sensoren eine Temperatur für jede Parallelschaltung von Zellen angegeben werden, da eine Spannungsüberwachung ohnehin erfolgen muss, und damit die zur Berechnung der Impedanz notwendigen Größen bereits vorliegen. Eine Überwachung der Einzelzellen mittels externer Sensorik ist nicht üblich.

Eine Herausforderung stellt in diesem Zusammenhang die Sichererstellung einer ausreichend hohen Anregung der Zelle im gewünschten Frequenzbereich dar, sowie die Trennung des Temperatureinflusses von weiteren Einflussgrößen, welche im Folgenden beschrieben werden.

5.3.2 Ladezustand (SOC)

Im Gegensatz zur Bleisäurebatterie bleibt bei der Lithium-Ionen Technologie die Ionenkonzentration und damit die Ionenleitfähigkeit des Elektrolyten über den SOC konstant. Jedoch sind weitere Prozesse wie der Ladungsdurchtritt und die Festkörperdiffusion stark abhängig vom SOC. Damit erhöht sich die Ladezustandsabhängigkeit mit sinkender Frequenz wie in Bild 9 für eine Zelle bei konstanter Temperatur und Variation des SOCs dargestellt ist.

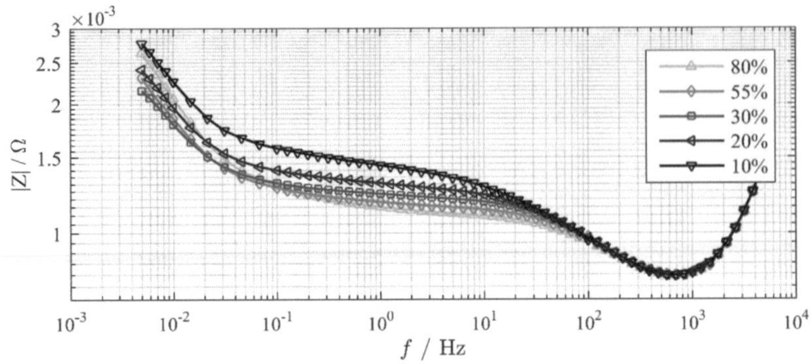

Bild 9: Amplitude der Zellimpedanz über Frequenz für eine PHEV-Zelle bei Variation des Ladezustands und einer konstanten Zelltemperatur von 20 °C.

5.3.2.1 Einfluss auf Temperaturbestimmung

Ist der SOC nicht bekannt oder soll bei der Implementierung der Temperaturmessung über die Impedanz aus Gründen der Einfachheit der SOC nicht berücksichtigt werden, führt dies zu einer Unsicherheit bei der Temperaturbestimmung. Um diese zu reduzieren, kann ein Frequenzbereich mit einer möglichst geringen Abhängigkeit vom SOC gewählt werden. In Bild 9 entspräche dies einer Frequenz >100 Hz. Hierbei ist jedoch zu beachten, dass mit steigender Frequenz auch die Temperatursensitivität sinkt und somit zu einer in Summe erhöhten Unsicherheit führen kann. Ist die resultierende Unsicherheit der Temperaturmessung über die Impedanz jedoch zu groß, muss der Ladezustand explizit als Eingangsgröße in die Temperaturbestimmung mit aufgenommen werden. Ein Beispiel dazu wird in Abschnitt 5.4 gegeben.

5.3.2.2 Anwendungsszenario SOC-Bestimmung

Stand der Technik für die SOC-Bestimmung ist das Coulomb-Counting und die Verwendung der Leerlaufspannung. Beide Strategien können in modellbasierten Verfahren, wie zum Beispiel einem Kalman-Filter, kombiniert werden. Obwohl eine Abhängigkeit der Impedanz vom SOC in vielen Fällen deutlich ausgeprägt ist, gibt es in der Literatur jedoch kaum Ansätze aus der Impedanz den SOC zu bestimmen, wie zum Beispiel in [11, 12]. Größte Schwierigkeit bei der Umsetzung eines solchen Algorithmus ist die dominante Abhängigkeit der Impedanz von der Temperatur, so dass zunächst eine exakte Temperaturschätzung vorliegen muss, bevor der Ladezustand ermittelt werden kann. Als vorteilhaft gegenüber leerlaufkennlinienbasierten Verfahren könnte sich die Anwendbarkeit unter Last herausstellen.

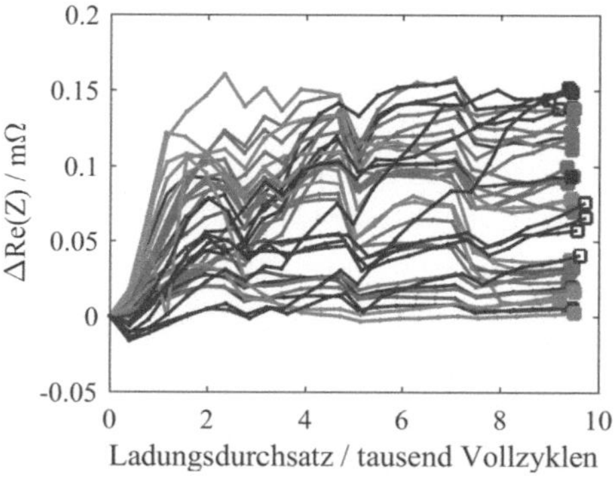

Bild 10: Änderung des Realteils bei 800 Hz über Vollzyklen für Zellen des Typs PHEV1 bei unterschiedlichen Lastbedingungen.

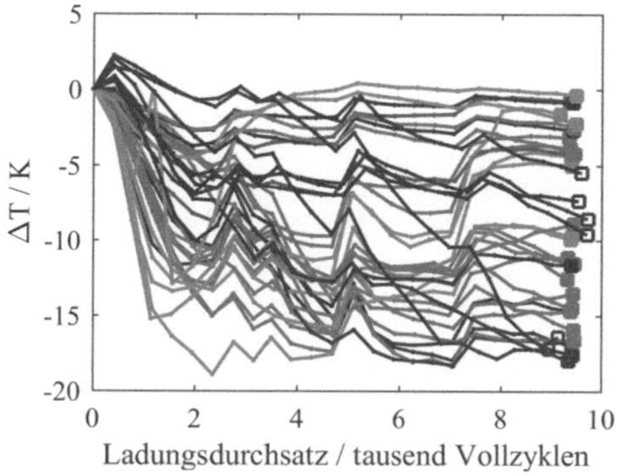

Bild 11: Resultierende Abweichung der Temperaturmessung bei 20 °C über die Impedanz bei Vernachlässigung der Alterung.

5.3.3 Alterungszustand (SOH)

Über die Lebensdauer kann sich sowohl die Kapazität als auch die Impedanz der Zellen stark ändern. Während die Änderung der Kapazität als SOH_C mit einem Wert zwischen 100% und 0% entsprechend einer verbleibenden Kapazität zwischen 100% und 80% angegeben wird, wird der SOH_R als Zunahme des Innenwiderstands um 100% angegeben. Abhängig von den Betriebsbedingungen kann dabei die Alterung bezüglich Kapazität und Innenwiderstand unterschiedlich verlaufen und hängt von einer Vielzahl von Faktoren ab. Eine separate Bestimmung beider Größen bleibt somit erforderlich.

5.3.3.1 Einfluss auf die Temperaturbestimmung

Beispielhaft ist in Bild 10 für eine PHEV-Zelle die Änderung des Realteils der Impedanz bei 800 Hz über die Anzahl an Vollzyklen dargestellt. Die unterschiedlichen Verläufe resultieren aus verschiedenen Belastungsprofilen und Umgebungsbedingungen. Insgesamt ist eine Zunahme des Realteils zu beobachten, nachdem bei manche Zellen eine anfängliche Abnahme beobachtet werden konnte.

Welche Auswirkungen diese Änderung des Realteils auf eine Temperaturmessung über den Realteil hätte, ist in Bild 11 dargestellt. Hier wurde unter Annahme des im Anfangszustand charakterisierten Arrheniusverhaltens eine Temperatur bestimmt und anschließend die Differenz zur tatsächlichen Temperatur aufgetragen. Die sich somit einstellende Messunsicherheit ist mit fast 20 K über Lebensdauer nicht akzeptabel und erfordert daher Gegenmaßnahmen. Dass eine vorbestimmte Nachführung der Temperatur-Impedanz-Kennlinie über eine Zyklenzahl nicht möglich ist, zeigt Bild 11 eindrucksvoll. Gegenüber der Berücksichtigung des SOC-Einflusses muss hier ein neuer Weg gegangen werden, der einer zellindividuellen Alterung Rechnung trägt.

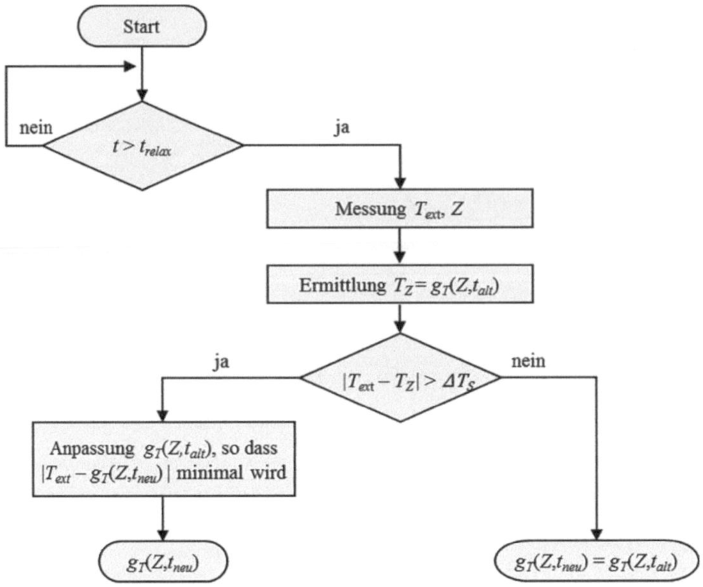

Bild 12: Algorithmus zur Adaption des Kennfeldes $g_T(Z) = T$ zur Temperaturberechnung aus der Impedanz, um Alterungseffekte der Zellimpedanz zu korrigieren.

Es wird daher eine adaptive Nachführung der Temperatur-Impedanz-Kennlinie mittels einer konventionellen Temperaturmessung an der Zelloberfläche vorgeschlagen, die beispielsweise durch den SCC vorgenommen werden könnte. Die Vorgehensweise ist in Bild 12 weiter detailliert:

Befindet sich der Speicher für eine vordefinierte Zeit in t_{relax} in Ruhe, so kann davon ausgegangen werden, dass die Temperatur des Zellkerns und die Oberflächentemperatur sich angeglichen haben. Folglich entspricht die über einen externen Temperatursensor ermittelte Temperatur T_{ext} dann der inneren Zelltemperatur. Zeitgleich zu dieser Temperaturmessung wird die Impedanz Z der Zelle gemessen und mittels der zum Zeitpunkt t_{alt} zuletzt angepassten Kennlinie $g_T(Z, t_{alt}) = T_Z$ die aus der Impedanz bestimmbare Temperatur T_Z berechnet. Ist die Differenz beider Temperaturwerte größer als ein vordefinierter Schwellwert ΔT_S wird die Kennlinie angepasst, so dass die Differenz der Temperaturwerte minimiert wird. Anschließend wird die neue Kennlinie $g_T(Z, t_{neu})$ abgelegt.

5.3.3.2 Anwendungsszenario SOH-Bestimmung

Es liegt nahe, die Impedanzmessung direkt als mögliche Messmethode für den SOH_R einzusetzen. Neben dieser Anwendung wäre aber insbesondere die Bestimmung des SOH_C aus dem SOH_R erstrebenswert. Da der SOH_C unmittelbar in die Reichweitenprädiktion eingeht wäre damit eine sicherere Bestimmung der Reichweite möglich. Gegenüber der Bestimmung der tatsächlichen Kapazität über eine Entladung wäre eine Impedanzmessung auch deutlich schneller. Diese Fragestellung ist jedoch noch Teil aktueller Forschung.

Über den in Bild 10 dargestellten Verlauf der Impedanz bei einer Frequenz hinaus, können auch Impedanzspektren über einen breiten Frequenzbereich analysiert werden. Wie aus dem Grundlagenteil ersichtlich ist, wirken sich Alterungseffekte an verschiedenen Komponenten (Elektrolyt, Aktivmaterial, Gefüge/Mikrostruktur) auch bei unterschiedlichen Frequenzen aus, so dass eine Trennung dieser Prozesse und eine Diagnose der Alterungseffekte prinzipiell möglich sind. Im wissenschaftlichen Umfeld wird diese Methode bereits mehrfach angewandt [6, 13].

5.3.4 Druck

Der Druck, der auf eine Zelle ausgeübt wird, beziehungsweise der sich einstellt bei einer vorliegenden Verspannung, beeinflusst die Impedanz der Zelle über die davon betroffenen Mechanismen wie Kontaktwiderstände oder die Kompression oder Entspannung der porösen Elektroden. Anschaulich wurde das in [14] dargestellt: es wurde gezeigt, dass der Elektrolyt beim Zyklieren aus dem Zellwickel herausgepresst und wieder eingesogen wird.

5.3.4.1 Einfluss auf die Temperaturbestimmung

Grundsätzlich ist von einer Abhängigkeit des Drucks auszugehen und somit zu berücksichtigen. In diesem Beitrag wird davon ausgegangen, dass Änderungen innerhalb eines Zyklus mit der SOC-Abhängigkeit korreliert sind und daher über diese Abhängigkeit bereits berücksichtigt werden. Änderungen über Lebensdauer werden wiederum der SOH-Abhängigkeit zugeschlagen und über die Nachführung des Kennfelds adaptiert.

5.3.4.2 Anwendungsszenario Deformationsdiagnose

Ein Extremfall stellt die mechanische Verformung bei einem Crush-Test dar, wie in Bild 13 dargestellt. Hier wurde eine PHEV-Zelle mit einem Halbzylinder bis auf eine definierte Position gequetscht und währenddessen die Kraft und die Impedanz aufgezeichnet.

Der Realteil steigt mit zunehmender Kraft und kehrt auch nach Wegnahme der externen Krafteinwirkung nicht mehr auf den Ausgangszustand zurück. Dabei kann auch beobachtet werden, dass die Zelle mit der höheren Belastung auch nach Wegnahme der externen Krafteinwirkung auch auf einen höheren Impedanzwert zurückfällt. Somit könnte diagnostiziert werden, ob bei einer Deformation des Speichergehäuses bereits Zellen betroffen waren, oder ob eine Weiterfahrt möglich ist.

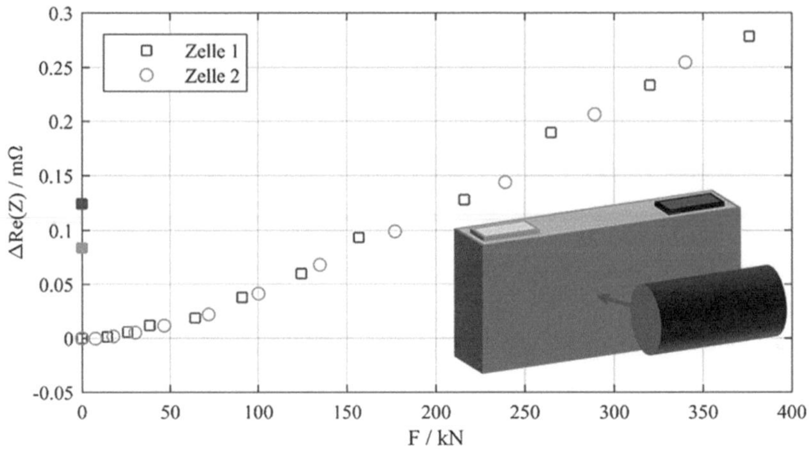

Bild 13: Änderung des Realteils über Krafteinwirkung, und nach Wegnahme der äußeren Krafteinwirkung (ausgefüllte Symbole).

5.3.5 *Strom*

Grundsätzlich muss von einer Stromabhängigkeit der Impedanz ausgegangen werden, die vom Ladungsdurchtritt hervorgerufen wird und durch die Butler-Volmer Gleichung beschrieben werden kann [15]. Erschwert wird eine Messung dieses Zusammenhangs in der Praxis durch die Zeitinvarianz der Zelle unter Last: so führt eine Überlagerung der Messung mit einem hohem Strom zwangsläufig zu einer Ladezustandsveränderung und einem Temperaturanstieg.

Einfluss auf Temperaturbestimmung

Um den Einfluss des Stroms auf die Impedanz zu reduzieren, wurde eine Anregungsfrequenz von 800 Hz gewählt, mit dem Ziel oberhalb der charakteristischen Frequenz des Ladungsdurchtrittsprozesses zu liegen und damit diesen als stromabhängig vermuteten Prozess aus der Messung zu eliminieren. Zur Überprüfung dieser Annahme, wurde eine Zyklierung mit hohen Strömen durchgeführt und eine Impedanzmessung bei 800 Hz überlagert. Trotz der erhöhten Messunsicherheit der Impedanzmessung am Prüfstand, welche eine Filterung über 10 s notwendig machte, sind die Ergebnisse geeignet die Stromabhängigkeit für die angewandte Anregungsfrequenz zu bewerten.

In Bild 14 ist der Verlauf der am Zellterminal gemessenen Temperatur T_{ext}, einer intern in der Zelle mittels Thermoelement gemessene Temperatur $T_{int,TC}$ und über die Impedanz bestimmte Temperatur $T_{int,Z}$ für einen Lade-/Entladezyklus dargestellt.

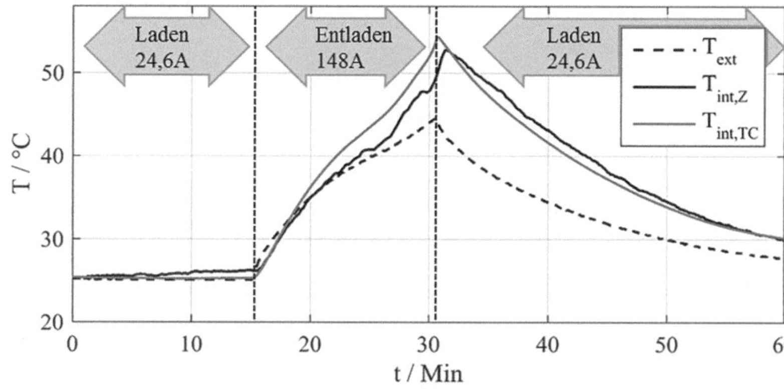

Bild 14: Extern am Terminal gemessene Zelltemperatur T_{ext}, intern im Zellkern gemessene Temperatur $T_{int,TC}$ und über Impedanz gemessene Zellkerntemperatur $T_{int,Z}$ für eine prismatische Zelle der Größenordnung 40 Ah.

Dabei wurde die Zelle in Laderichtung nur wenig belastet und für wenige Minuten mit einem hohen Strom von 148 Ah entladen. Entsprechend erwärmt sich die Zelle sehr schnell, wobei zwei Beobachtungen gemacht werden können:

1) Der zellexterne Sensor am Terminal zeigt einen sprunghaften Anstieg unmittelbar nach Einstellen des Ladestroms. Dieser lässt sich gut durch die Erwärmung des Zellterminals erklären und würde somit die in Bild 8 aufgeführten Beeinflussung der Temperaturmessung durch äußere Einflüsse bestätigen.
2) Die aus der Impedanz ermittelte Temperatur folgt dem internen Thermoelement gut und es sind an den Umschaltstellen der Ströme keine Sprünge in der aus der Impedanz abgeleiteten Temperatur $T_{int,Z}$ zu sehen. Daher ist davon auszugehen, dass im Frequenzbereich von 800 Hz keine direkte Sensitivität der Impedanz auf den Strom existiert.

5.4 Impedanzsensor zur Temperaturmessung

Nachdem im vorhergehenden Abschnitt rein qualitativ auf die verschiedenen Einflussgrößen und damit Sensitivitäten der Zellimpedanz eingegangen wurde, soll nun detailliert ausgearbeitet werden, wie einzelne Einflussgrößen auf die Messunsicherheit der Temperaturmessung über die Impedanz einwirken und welchen Betrachtungen notwendig sind, um eine optimale Wahl der Messparameter zu treffen. Hierzu wird zunächst ein Basisszenario für die Temperaturmessung festgelegt und die Messgleichung mit den Unsicherheitseinflüssen aufgestellt. Anschließend werden anhand ausgewählter Einflussgrößen die Parameter der Impedanzmessung zur Temperaturbestimmung gewählt und ein Unsicherheitsbudget berechnet.

Um ein Basisszenario für die Betrachtungen zu haben, wird von folgenden übergeordneten Anforderungen zur Temperaturmessung ausgegangen:

- Messunsicherheit für die mittlere Zellkerntemperatur ±4 K, bei einem Messbereich von -20 °C bis 50 °C
- Messfrequenz 1 Hz
- max. mittlerer Stromverbrauch zur Impedanzmessung 250 mA pro Zelle, dies entspricht damit einer Anregungsamplitude $I_{A,PP}$ von 500 mA
- zugrunde gelegt wird eine PHEV1-Zelle mit einer Kapazität von 26 Ah

5.4.1 *Prozessgleichung und Unsicherheitseinflüsse*

Zur Bestimmung der Temperatur können verschiedene Merkmale der Impedanz herangezogen werden: Realteil, Imaginärteil, Phase oder Amplitude. Diese können bei einer festen Frequenz ausgewertet werden oder auch umgekehrt die Frequenz bestimmt werden, bei der ein bestimmter Wert erreicht wird. Abhängig von der Wahl des Messmodells kommen unterschiedliche physikalisch/chemische Effekte der Zelle zu tragen womit sich die Sensitivität sowie die Extrapolierbarkeit ändern. Ein systematischer Überblick über verschiedene Auswertemöglichkeiten sowie möglichen Kennlinienmodelle ist in Bild 15 gegeben. [16, 8, 17, 18, 19, 20]

Ohne Einschränkung der Allgemeinheit des Vorgehens wird hier zunächst der Realteil der Impedanz $\mathrm{Re}(Z(f_{EIS}, T, SOC, SOH))$ als Merkmal zur Temperaturbestimmung herangezogen. Dieser besitzt eine Abhängigkeit von der Temperatur T, bei einer definierten Anregungsfrequenz f_{EIS} sowie Abhängigkeiten von Ladezustand SOC und Alterungszustand SOH. Die Messgleichung für die mittlere Zelltemperatur wird damit zu

$$T = g_T(Re(Z), f_{EIS}, SOC, SOH) \tag{2}$$

wobei mit g_T Umkehrfunktion des Realteils nach der Temperatur definiert ist und somit die Messung des Realteils selbst zur Einflussgröße wird. Für eine Betrachtung der Sensitivitäten ist es zunächst nicht notwendig eine analytische Darstellung dieser Funktion zu erhalten, es genügt ein ausreichend dicht besetztes Kennfeld, um partielle Ableitungen nach allen Parametern bilden zu können. Beim Übergang zu einer modellbasierten Kennlinie müsste dann noch der Modellfehler in das Unsicherheitsbudget mit aufgenommen werden.

Die hier betrachteten Unsicherheitseinflüsse können wiederum in systematische, bekannte Einflüsse zerlegt werden (z.B. dem SOC) und einem statistischen Anteil der aus einer Messunsicherheit der Einflussgröße selbst erwächst (z.B. einem statistisch verteilen SOC-Schätzfehler). Anhand der vier Einflussgrößen sollen nun Strategien zur Beherrschung dieser dargestellt werden und eine quantitative Bewertung der resultierenden Temperaturmessunsicherheit gegeben werden:

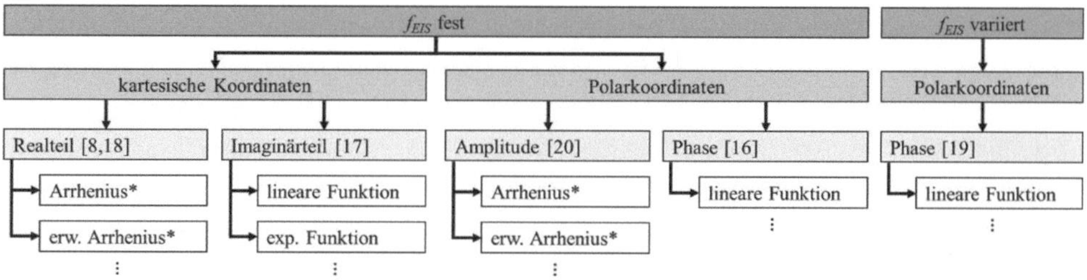

Bild 15: Unterschiedliche Auswerteverfahren zur Bestimmung der Temperatur aus der Impedanz mit Angabe der Quellen. Die mit * markieren Kennlinienmodelle erlauben eine einfache, analytische Darstellung und basieren auf einem physikalisch/chemischen Modell.

Re(Z): Die Impedanzmessung selbst unterliegt systematischen und statistischen Unsicherheiten, die von der Umsetzung der Messschaltung (SCC) und auch den Messparametern Anregungsamplitude und Integrationszeit abhängig sind. Die statistischen Unsicherheiten lassen sich insbesondere durch eine Erhöhung des Anregungsstroms mit einer näherungsweisen linearen Abhängigkeit verringern. Eine Erhöhung der Integrationszeit um den Faktor n führt zu einer Verringerung der statistischen Messunsicherheit um. Beide Parameter sind jedoch nicht frei wählbar, da zum einen die Erhöhung des Anregungsstroms zu einer erhöhten Energieaufnahme und zum anderen die Erhöhung der Integrationszeit zu einer erhöhten Latenzzeit führt.

Die systematischen Unsicherheiten werden durch die Nachführung der Funktion g_T mit dem in beschriebenen Verfahren korrigiert. Dabei muss entweder sichergestellt sein, dass bei Nachführung der Funktion g_T die gleichen Operationsbedingungen für die Messschaltung gelten wie auch im normalen Betrieb oder abweichende Bedingungen intern korrigiert werden. Daher wird im Folgenden kein Messunsicherheitsbeitrag für eine unbekannte, systematische Unsicherheitseinfluss für die Messung von Re(Z) angenommen.

Für eine Feste Wahl der Anregungsamplitude und Integrationszeit wird nun ein statistischer Unsicherheitsbeitrag δ_{Re} von 5 μΩ angenommen, der eine Normalverteilung mit einem Vertrauensbereich von 3σ abdeckt. Dieser Wert ist damit ein zentrales, charakteristisches Leistungsmerkmal des SCC. Wie er in das Unsicherheitsbudget eingeht, wird bei Betrachtung der Prozessgleichung weiter unten deutlich.

f_{EIS}**:** Zum einen kann über die Wahl der Frequenz eine möglichste hohe Sensitivität bezüglich der Temperaturänderung bei Minimierung der Abhängigkeit vom SOC erreicht werde, zum anderen kann die Frequenz selbst mit einer gewissen Unsicherheit behaftet sein, die als statistische Unsicherheit δ_f angenommen wird. Für diese wird wiederum eine Normalverteilung angenommen, mit einem Vertrauensbereich von 3σ der gerade 1% des Wertes von f_{EIS} entspricht.

SOC: Eine Korrektur des Einflusses des SOCs ist möglich, wenn der SOC selbst bekannt ist und die Abhängigkeit der Impedanz vom SOC. In einem batterieelektrischen Fahrzeug ist der SOC eine gemessene Größe, die selbst mit einer Messunsicherheit δ_{SOC} behaftet ist.

Somit muss diese Messunsicherheit des SOCs auch bei Korrektur des systematischen Anteils weiter im Unsicherheitsbudget für die Temperaturmessung berücksichtigt werden. Ist die Abhängigkeit der Impedanz jedoch bei der gewählten Frequenz f_{EIS} gering, kann es vorteilhaft sein, die Abhängigkeit vom SOC in Gänze als unbekannten, systematischen Einfluss zu betrachten und diesen damit als rechteckverteilte, statistische Größe anzunehmen. Dabei erhöht sich die resultierende Messunsicherheit der Temperatur, jedoch wird die Funktion g_T und das damit verbundene Kennfeld vereinfacht. Dieser Weg soll hier zunächst beispielhaft beschritten werden. Damit wird δ_{SOC} zunächst zu 100% gewählt.

SOH: Da die Abhängigkeit der Impedanz vom SOH stark ausgeprägt ist und keine eindeutige, vorbestimmte Abbildung der Impedanz auf Zyklenanzahl oder Zellkapazität möglich ist, kann eine Korrektur über eine Modellgleichung nicht erfolgen. Stattdessen wird, wie in Abschnitt 5.3.3 vorgeschlagen, von einer adaptiven Anpassung des Kennfeldes bei thermischen Gleichgewichtsbedingungen ausgegangen. Da dieser Abgleich nicht permanent sondern nur zyklisch erfolgt, muss eine Abschätzung eines maximalen, resultierenden Temperaturabweichung zwischen zwei Adaptionsvorgängen durchgeführt werden. Es wird daher von einem rechteckverteilten statistischen und damit nicht korrigierbaren Einfluss δ_{SOH} ausgegangen, welcher die Dimension Ω hat und die größte anzunehmende Veränderung darstellt. Mit den in Bild 10 dargestellten Messungen konnte eine Abschätzung über den Worst-Case durchgeführt werden, so dass eine maximale Änderung von 5 μΩ pro Woche angenommen wird, was bereits einer Änderung von 0,5% pro Woche entspricht. Somit wird als Einflussgröße für die Alterung zwischen zwei Adaptionsvorgängen von 5 μΩ gewählt. Neben dieser Einflussgröße ist bei der Adaption von g_T die Temperaturmessunsicherheit des zusätzlichen Temperatursensors T_{ext} selbst zu berücksichtigen, die hier mit δ_{Kalib} ebenfalls als rechteckverteilte, statistische Größe angenommen wird.

In Summe ergibt dies die Prozessgleichung für die Temperaturmessung zusammen mit allen Unsicherheitsbeiträgen

$$T = g_T(Re(Z), f_{EIS}, SOC, SOH) + S_{T,Re}\delta_{Re} + S_{T,f}\delta_f + S_{T,SOC}\delta_{SOC} + S_{T,Re}\delta_{SOH} + \delta_{Kalib} \quad (3)$$

wobei $S_{X,Y}$ die Sensitivität der Größe X bezüglich der Größe Y darstellt und über die partielle Ableitung von X nach Y berechnet wird. Damit ähnelt die Vorgehensweise der im „Guide to the Expression of Uncertainty in Measurements“ [21] festgelegten. Abweichend davon wird allerdings für die Berechnung der resultierenden Messunsicherheit nicht die Wurzel der Quadratsumme der einzelnen Beiträge herangezogen, sondern die Summe der absoluten Beiträge. Dieses Vorgehen lässt sich damit rechtfertigen, dass ein größter Fehler angegeben werden soll und auch ein breiter Messbereich bewertet wird. Hingegen wird im Vorgehen nach GUM eine im Vergleich zum Messwert selbst kleine Abweichung angenommen, die eine Linearisierung im Arbeitspunkt ermöglicht. Ebenso werden hier die Überdeckungsfaktoren (Vertrauensbereiche) bereits bei der Angabe der Einflussgröße mit $k = 3$ (3σ) berücksichtigt.

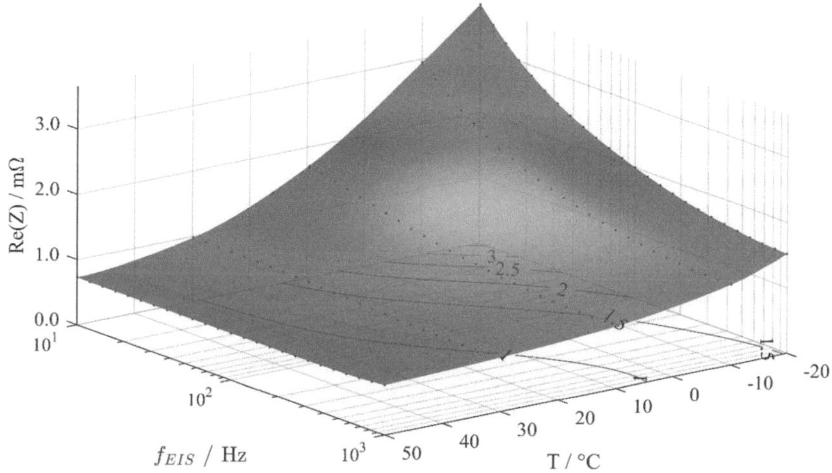

Bild 16: Realteil der Impedanz $Z(f_{EIS}, T)$ für einen konstanten SOC von 50%.

5.4.2 *Wahl der optimalen Anregungsfrequenz f_{EIS}*

Die für die Temperaturmessung optimale Anregungsfrequenz der Impedanz soll eine möglichst hohe Sensitivität der Impedanz bei Temperaturänderung ergeben bei einer geringen Abhängigkeit vom Ladezustand. Um für verschiedene Frequenzen diese Zusammenhänge zu quantifizieren, ist die Aufnahme eines Kennfelds der Zellimpedanz bei verschiedenen Temperaturen und Ladezuständen notwendig. Dieses Kennfeld ist für die betrachtete 26 Ah PEHV1 Zelle bei einem SOC von 50% in Abhängigkeit von Temperatur und Frequenz in Bild 16 dargestellt. Wie bereits in den Grundlagen dargestellt, nimmt der Realteil der Impedanz für steigende Frequenzen ab und für sinkende Temperaturen zu.

Durch partielle Ableitung des Kennfelds nach der Temperatur wird die Temperatursensitivität des Realteils der Temperatur für $S_{Re,T}$ berechnet und ist in Bild 17 dargestellt. Daraus lässt sich ablesen, dass zwischen einer Temperatur von 50 °C und -20 °C ein Unterschied von $S_{Re,T}$ von mehr als zwei Größenordnungen liegt. Damit folgt direkt, dass für eine Temperaturmessung mit einer Auflösung in der Größenordnung von 1 K eine Auflösung der Impedanz von 74 µΩ bei niedrigen Temperaturen und Frequenzen ausreichend ist, während bei hohen Temperaturen und Frequenzen mit 1,6 µΩ aufgelöst werden müsste.

Der Beitrag zur Temperaturmessunsicherheit aus der Messunsicherheit des Realteils wird über die Multiplikation der Einflussgröße δ_{Re} mit der Realteil-Sensitivität der Temperatur $S_{T,Re}$ und damit dem Kehrwert von $S_{Re,T}$ berechnet. Um eine bezüglich Messunsicherheit optimale Temperaturmessung zu erhalten, ist dabei das Minimum von $S_{T,Re}$ zu suchen. Auch hier ergibt sich direkt, dass bei einer Auslegung auf den Worst-Case, dementsprechend bei hohen Temperaturen, ein lokales Minimum bei circa 50 Hz liegt und damit zunächst als optimale Frequenz angenommen wird. Der für die Berechnung der Messunsicherheit heranzuziehende Sensitivitätskoeffizient $S_{T,Re}$ wird damit zu -0,14 K/µΩ.

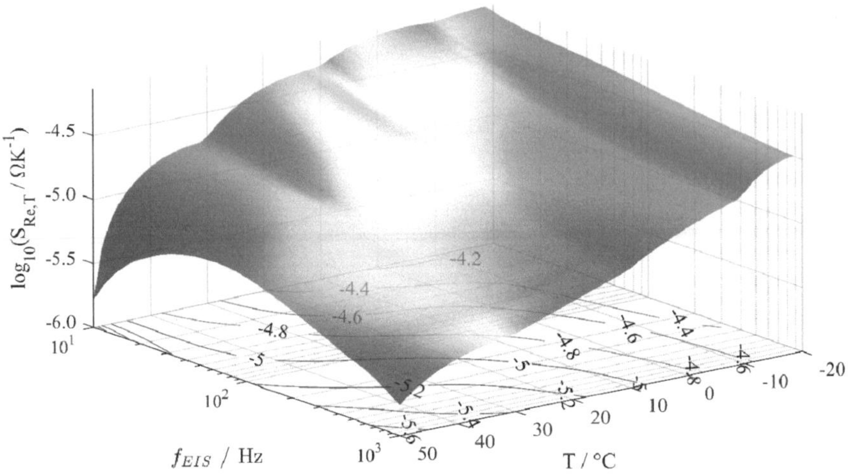

Bild 17: Logarithmus des Betrags der Sensitivität des Realteils auf eine Temperaturänderung $S_{Re,T}$.

Wie eingangs gefordert, soll jedoch eine SOC-Abhängigkeit des Kennfelds für die Temperaturbestimmung vermieden werden. Daher ist nun die Sensitivität $S_{T,SOC}$ der Temperatur vom Ladezustand SOC zu betrachten. In diesem Fall wird jedoch nicht die partielle Ableitung berechnet, sondern die maximale Differenz des Realteils über SOC $\Delta\mathrm{Re}_{SOC,max}$ (in Ω/100% SOC) in jedem Betriebspunkt f_{EIS} und T bestimmt und mit der partiellen Ableitung der Temperatur nach dem Realteil $S_{T,Re}$ multipliziert:

$$S_{T,\,SOC} = S_{T,Re} \cdot \Delta\mathrm{Re}_{SOC,max} \tag{4}$$

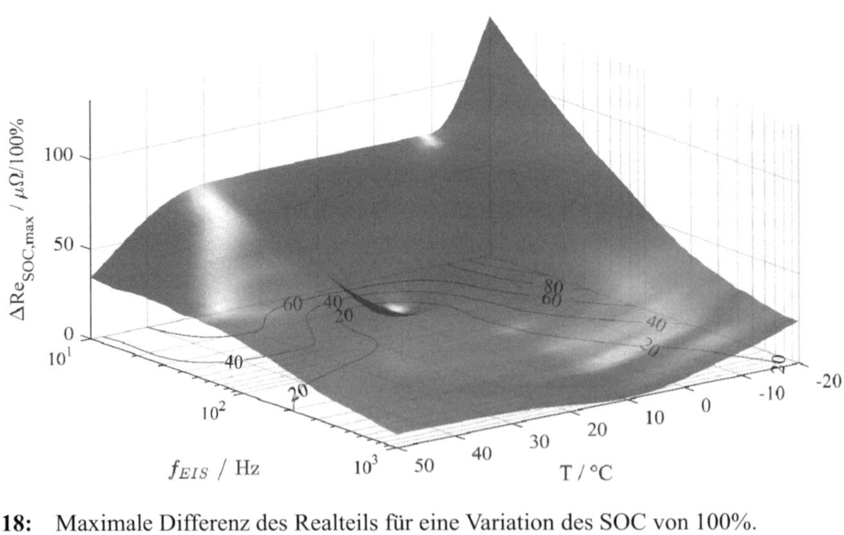

Bild 18: Maximale Differenz des Realteils für eine Variation des SOC von 100%.

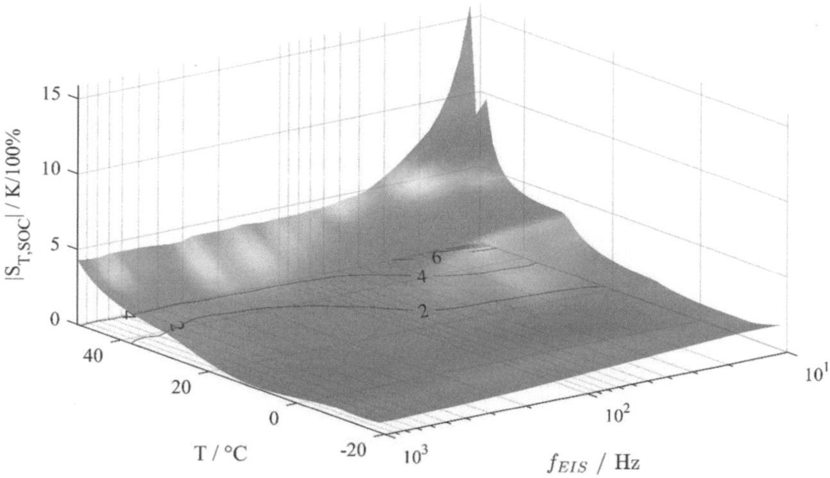

Bild 19: Betrag der SOC-Sensitivität der Temperatur $S_{T,SOC}$ in K pro 100% SOC.

Die maximale Differenz des Realteils über SOC $\Delta\text{Re}_{SOC,max}$ ist in Bild 18 dargestellt. Für die verwendete Zelle ist zu erkennen, dass es bei hohen Frequenzen und mittleren Temperaturen Punkte mit geringen Differenzen gibt, während diese für abnehmende Frequenzen zunehmen.

Durch die Multiplikation mit $S_{T,Re}$ ergibt sich die resultierende SOC-Sensitivität der Temperaturmessung $S_{T,SOC}$ die in Bild 19 dargestellt ist. Hier kann nun für eine SOC-Variation von 0% bis 100% direkt der resultierende Beitrag zur Messunsicherheit der Temperatur abgelesen werden. Auch hier muss auf den Worst-Case ausgelegt werden, das heißt der Minimalwert bei den höchsten Temperaturen muss gefunden werden. Damit empfiehlt sich auch hier die Wahl einer Anregungsfrequenz $f_{EIS} \geq 50$ Hz. Der zur Anregungsfrequenz von 50 Hz gehörende Sensitivitätskoeffizient $S_{T,SOC}$ wird damit zu 4,6 K/100% gewählt.

Durch eine Abweichung der angeregten Frequenz f_{EIS} gegenüber der im Kennfeld abgelegten Messung kann ebenfalls eine Messunsicherheit entstehen. Hierzu wird zunächst die Sensitivität des Realteils auf eine Frequenzänderung $S_{Re,f}$ betrachtet, die in Bild 20 dargestellt ist.

Um die Auswirkung auf die Temperaturbestimmung beurteilen zu können, ist diese noch mit $S_{T,Re}$ und f_{EIS} multiplizieren, da die Einflussgröße δ_f als Prozent der Anregungsfrequenz f_{EIS} angegeben. Daraus resultiert die Sensitivität $S_{T,f}$, die in Bild 21 aufgetragen ist. Dabei wird für f_{EIS} von 50 Hz eine Sensitivität von 0,13 K/% gefunden.

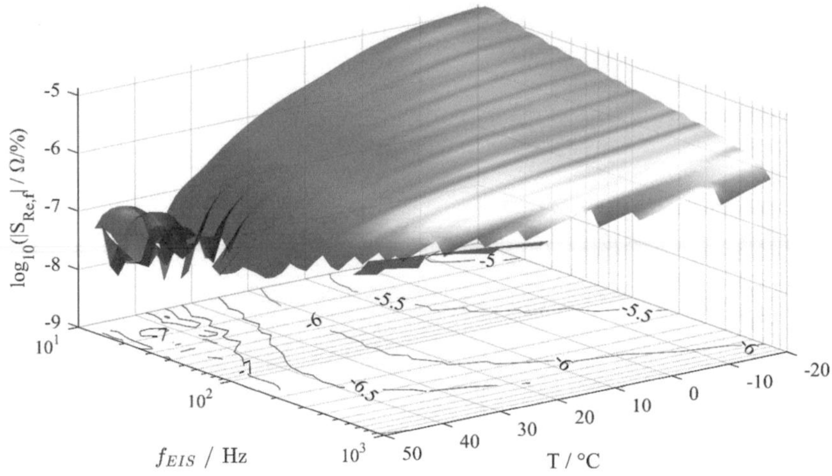

Bild 20: Sensitivität des Realteils auf eine Frequenzabweichung von f_{EIS}.

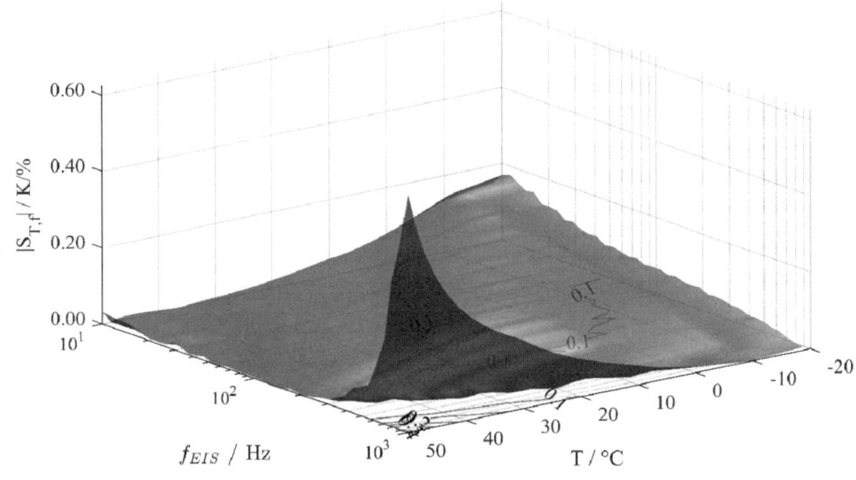

Bild 21: Sensitivität der Temperaturmessung aus der Impedanz auf die Frequenzabweichung $S_{T,f}$.

5.4.3 Messunsicherheitsbudget und Optimierung

Mit den zuvor durchgeführten Betrachtungen wurden die Sensitivitätskoeffizienten der Prozessgleichung (3) für die jeweilige Worst-Case Temperatur im Betriebsbereich ermittelt. Eine gegenüber der Prozessgleichung übersichtlichere Darstellung ist die Auftragung in einer Tabelle. Diese gibt einen Eindruck wie hoch die einzelnen Beiträge zur Gesamtunsicherheit sind.

Tabelle 1: Messunsicherheitsbudget für die Temperaturmessung über den Realteil der Impedanz bei einer Anregungsfrequenz f_{EIS} von 50 Hz.

Einflussgröße	Größe	max. Sensitivität	Beitrag	
			absolut / K	relativ / %
Messunsicherheit Realteil δ_{Re}	5 µΩ	-0,14 K/µΩ	0,72	10
SOC δ_{SOC}	100%	4,60 K/100%	4,60	64
SOH δ_{SOH}	5 µΩ	-0,14 K/µΩ	0,72	10
Kennfeldadaption δ_{Kalib}	1 K	1	1,00	14
Frequenzfehler δ_F	1%	0,13/%	0,13	2
Gesamt U_T			7,17 K	100%

So kann aus Tabelle 1 abgelesen werden, dass die über eine Frequenzabweichung von 1% verursachte Messunsicherheit keinen wesentlichen Beitrag zur gesamten Messunsicherheit liefert. Es kann jedoch auch abgelesen werden, dass bei einer Vernachlässigung der SOC-Abhängigkeit die daraus resultierende Temperaturmessunsicherheit 64% des Gesamtbudgets ausmacht. In diesem Fall wäre es also sinnvoll zunächst die SOC-Abhängigkeit in das Kennfeld g_T mit aufzunehmen und erst anschließend die über die Impedanzmessschaltung verursachte Einflussgröße δ_{Re} zu optimieren.

Beispielhaft soll nun eine zunächst grobe Näherung der SOC-Abhängigkeit angenommen werden. Dazu wird das bis jetzt über den gesamten SOC reichende Intervall in vier Intervalle von 25% zerlegt, wobei vereinfachend eine konstante SOC-Sensitivität $S_{T,SOC}$ angenommen wird. Anders formuliert, würde dieses Vorgehen voraussetzen, dass das hinterlegte SOC-abhängige Kennfeld $g_T(Re,SOC)$ nur noch ein Viertel der Abweichung des Realteils aufweist. Entsprechend würde sich die aus der SOC-Abhängigkeit resultierende Messunsicherheit auf 1,15 K verringern und würde damit im Bereich der weiteren Unsicherheitsbeiträge liegen. Diese Anpassung der Annahmen soll nun für die weiteren Betrachtungen gelten.

Während bislang immer nur für eine Anregungsfrequenz bei der jeweiligen Worst-Case Temperatur die Sensitivitäten betrachtet wurde, wäre es auch möglich gewesen direkt für den gesamten Temperatur- und Frequenzbereich die Messunsicherheit aufzustellen und erst anschließend den Auslegungspunkt festzulegen. Entsprechend ergibt sich für die in Tabelle 1 angenommenen Einflussgrößen, mit Ausnahme der nun verbesserten Messunsicherheit der SOC-Abhängigkeit, die Messunsicherheit $U_T(f_{EIS},T)$ für den gesamten Frequenz- und Temperaturbereich, die in Bild 22 dargestellte Fläche.

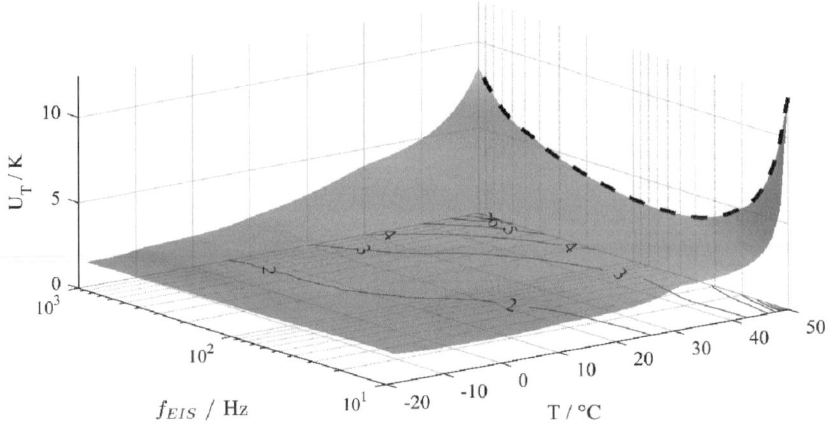

Bild 22: Messunsicherheit U_T der Temperaturmessung über Impedanz für den gesamten Temperatur- und Frequenzbereich, mit der gestrichelten Linie dargestellt ist die maximale Messunsicherheit bei verschiedenen Frequenzen im gesamten Temperaturbereich.

An den Kontourlinien lässt sich dabei ablesen, dass für Temperaturen unter 40 °C und Anregungsfrequenzen unter 200 Hz eine Messunsicherheit von weniger als 3 K erreicht werden kann. Dabei ist bereits berücksichtigt, dass für die Kennfeldnachführung durchgehend ein Offset von 1 K anzurechnen ist. Die optimale Anregungsfrequenz $f_{EIS,opt}$, minimiert nun die maximale Messunsicherheit U_T im gesamten Temperaturbereich. Im dargestellten Beispiel ist dies das Minimum der gestrichelten Linie bei 50 Hz.

Die maximale Messunsicherheit für den gesamten Temperaturbereich lässt sich nun weiter in die einzelnen Unsicherheitsbeiträge aufschlüsseln, wie in Bild 23 dargestellt. Dort kann einfach abgelesen werden, dass für die gesetzten Prämissen eine Messunsicherheit von unter 4 K im Frequenzbereich zwischen 40 Hz und 100 Hz erreicht werden kann. Aus dieser Darstellung lassen sich auch die weiteren Maßnahmen priorisieren, um die maximale Messunsicherheit wirkungsvoll zu reduzieren:

1) Feingranularere Berücksichtigung der SOC-Abhängigkeit,
2) Verkürzung des Adaptionsintervalls des Kennfelds und
3) Verringerung der Temperaturmessunsicherheit des externen Sensors bei Nachführung des Kennfelds.

Der Einfluss einer Frequenzabweichung bleibt auch bei einer sehr hoch angenommenen Abweichung von 1% sehr gering.

Dass die Wahl des Auswerteverfahrens eine große Auswirkung auf die einzelnen Unsicherheitsbeiträgen hat, kann anhand Bild 24 nachvollzogen werden. Hier sind die Unsicherheitsbeiträge bei der Bestimmung der Temperatur aus dem Imaginärteil, unter ansonsten gleichen Prämissen wie zuvor, aufgetragen. Eine einmal getroffene, optimale Frequenzwahl kann also nicht direkt auf andere Auswerteverfahren übertragen werden. Weiterhin kann auch abgelesen werden, dass der bisher wenig relevante Frequenzfehler einen signifikanten Beitrag bei höheren Frequenzen liefert.

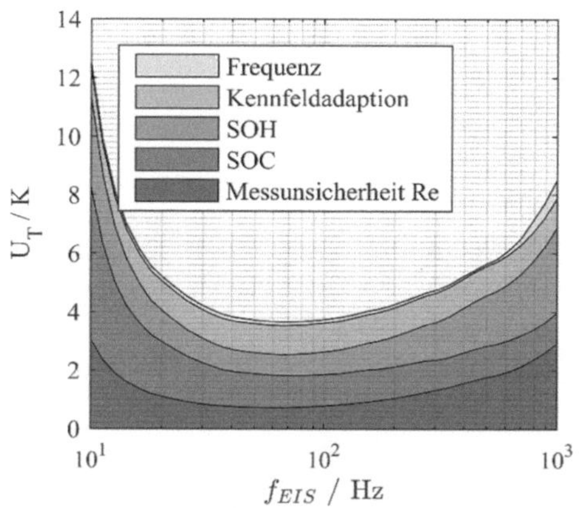

Bild 23: Worst-Case Messunsicherheitsbudget der Temperaturmessung über den Realteil der Impedanz als Funktion der Anregungs-frequenz f_{EIS}.

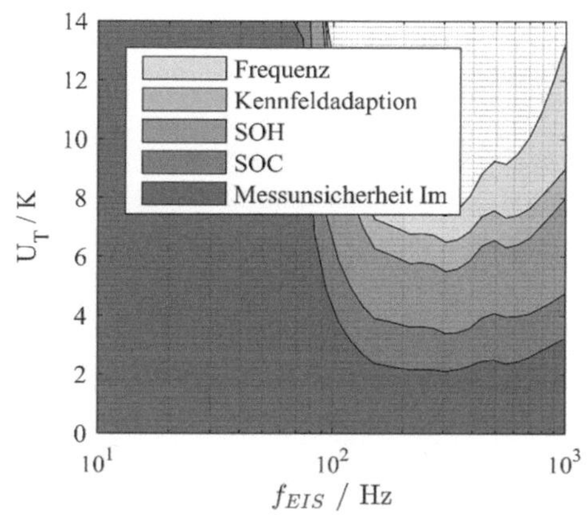

Bild 24: Worst-Case Messunsicherheitsbudget der Temperaturmessung über den Imaginärteil der Impedanz als Funktion der Anregungsfrequenz f_{EIS}.

Während bislang das Augenmerk auf dem Worst-Case und damit der höchsten Temperatur lag, soll nun auch der gesamt Temperaturbereich betrachtet werden. Bild 25 stellt die Unsicherheitsbeiträge bei f_{EIS} von 50 Hz über die Temperatur dar. Hier lässt sich zunächst feststellen, dass bereits unter 30 °C der aus der Kennfeldadaption resultierende Beitrag mehr als 50% der gesamten Messunsicherheit ausmacht.

Zum anderen kann auch beobachtet werden, dass der Einfluss des SOCs über die Temperatur stark variiert und im Gegensatz zu den anderen Beiträgen nicht monoton über die Temperatur verläuft. Insgesamt lässt sich die mit ca 3,5 K zunächst hoch erscheinende, maximale Messunsicherheit über den gesamten Betriebsbereich relativieren, da im normalen Betriebsbereich mit einer durchaus geringeren Messunsicherheit gerechnet werden kann.

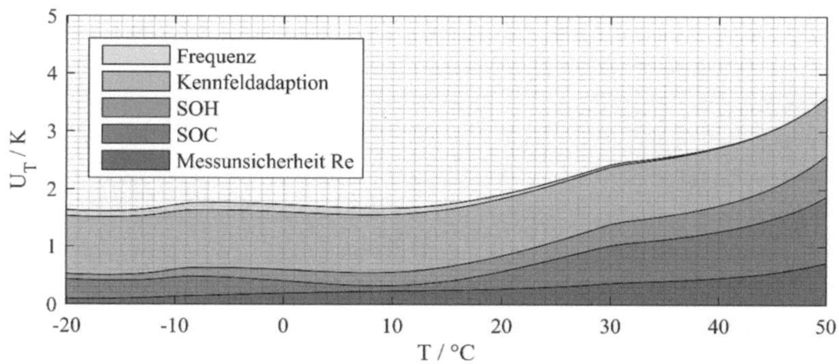

Bild 25: Messunsicherheitsbudget der Temperaturmessung aus dem Realteil der Impedanz als Funktion der Temperatur bei f_{EIS} = 50 Hz.

Abschließend sei noch erwähnt, dass ein eventuell zu berücksichtigender Modellfehler aus einer Kennliniennäherung noch keinen Eingang in das Unsicherheitsbudget gefunden hat. Daraus könnte auch die Wahl einer anderen optimalen Frequenz resultieren. Denn es ist bei der Frequenz- und damit Modellwahl auch auf eine gute Extrapolationsfähigkeit zu achten, sowie der Eignung der Modellcharakteristik zur Beschreibung der Temperaturabhängigkeit über die gesamte Lebensdauer der Zelle Rechnung zu tragen. Zusätzlich ist gerade bei geringeren Frequenzen die Stromunabhängigkeit zu prüfen und ebenso könnte das Rauschleistungsniveau in der Zielapplikation über der Frequenz mit aufgenommen werden.

Der gerade durchlaufene Prozess lässt sich zusammenfassend in vier Schritte gliedern:

1) Kennfeldaufnahme der Zelle $Z(f, T, SOC, ..)$ mit möglichst vielen bekannten Einflussgrößen
2) Alterungstest zur Absicherung des Impedanzverhaltens über Lebensdauer:
    a. Abschätzung einer maximalen Impedanzveränderung zwischen Kennfeldadaptionsvorgängen
    b. Verifizierung der Modelleignung über Lebensdauer
3) Berechnung der Sensitivitätskoeffizienten / Matrizen der Sensitivitätskoeffizienten
4) Aufstellen des Unsicherheitsbudgets und Ableitung von Optimierungsmaßnahmen

5.5 Zusammenfassung

Durch die Sensitivität der Impedanz auf verschiedenen Einflussgrößen, kann diese zur Diagnose oder Zustandsbestimmung im Betrieb herangezogen werden. Dabei ist, die Temperaturabhängigkeit die dominante Einflussgröße und legt die Anwendung als Messmethode zur Bestimmung der Zellkerntemperatur nahe. Dies setzt jedoch die Berücksichtigung der Quersensitivitäten zu den anderen Einflussgrößen voraus. Weiterhin gilt zu beachten, dass das resultierende Sensorsystem neben der schaltungstechnischen Umsetzung der Impedanzmessung auch die Zellimpedanz selbst umfasst.

Sich langsam ändernde Einflussgrößen, wie Alterung oder Druckanstieg über Lebensdauer, können durch ein adaptives Kennlinienverfahren kompensiert werden. Somit ist es auch möglich trotz eines langsam driftenden systematischen Messfehlers die Temperatur aus der Impedanz zu bestimmen. Diese Erkenntnis vereinfacht die Realisierung eines solchen Sensorsystems deutlich, da der systematischen Messunsicherheit eine untergeordnete Rolle zugewiesen wird.

Für die beispielhaft betrachtete Zelle konnten aus der Anforderung an eine Messung der Zellkerntemperatur mit einer Unsicherheit kleiner 4 K folgende Anforderungen an einen Impedanzsensor abgeleitet werden:

- 5 μΩ statistische Messunsicherheit des Realteils der Impedanz
- maximaler Drift der systematischen Messunsicherheit 0,5 μΩ/Tag
- Frequenzbereich der Impedanzmessung 40 Hz – 200 Hz
- Frequenzgenauigkeit 1%

Diese Werte konnten durch die Aufstellung eines Budgets der Messunsicherheiten validiert werden. Im Allgemeinen kann durch dieses Vorgehen sowohl das optimal geeignete Auswerteverfahren als auch die optimale Anregungsfrequenz f_{EIS} ermittelt werden. Weiterhin kann auf diesem Weg festgestellt werden, welche Einflussgrößen optimiert werden müssen um die Messunsicherheit wirkungsvoll zu reduzieren.

Literatur

[1] D. A. Howey, et al., „Online Measurement of Battery Impedance Using Motor Controller Excitation“, IEEE transactions on vehicular technology, pp. 2557-2566, 2014.

[2] N. Sassano, et al., „Batterie-Zellensensoren mit drahtloser Kommunikation und verteilter Signalverarbeitung“, in Thomas Tille (Hrsg.) Automobil-Sensorik Ausgewählte Sensorprinzipien und deren automobile Anwendung, Springer, 2016, pp. Kapitel 2, Seite 45-63.

[3] A. Lasia, “Electrochemical Impedance Spectroscopy and its Applications”, Springer, 2014.

[4] M. E. Orazem und B. Tribollet, “Electrochemical Impedance Spectroscopy”, John Wiley & Sons, 2011.

[5] P. Hong, et al, „Modeling and Experiment Validation of the DC/DC Converter for Online AC Impedance Identification of the Lithium-Ion Battery“, SAE Int. J. Alt. Power., pp. 233-245, 2017.

[6] J. Illig, et al., „Understanding the impedance spectrum of 18650 LiFePO4-cells“, J. Power Sources, pp. 670-679, 2013.

[7] J. Landesfeind, et al., „An Analysis Protocol for Three-Electrode Li-Ion Battery Impedance Spectra: Part I. Analysis of a High-Voltage Positive Electrode“, J. Electrochem. Soc., pp. A1773-A1783, 2017.

[8] J. P. Schmidt, et al., „Measurement of the internal cell temperature via impedance: Evaluation and application of a new method“, J. Power Sources, pp. 110-117, 2013.

[9] N. Damay, et al., „Thermal modeling of large prismatic LiFePO4/graphite battery. Coupled thermal and heat generation models for characterization and simulation“, J. Power Sources, pp. 37-45, 2015.

[10] G.-H. Kim, et al., „A three-dimensional thermal abuse model for lithium-ion cells“, J. Power Sources, pp. 476-489, 2007.

[11] M. P. Felder et al., „ State of charge classification for lithium-ion batteries using impedance based features“, Adv. Radio Sci., pp. 93-97, 2017.

[12] P. Jansen, et al., „Impedance spectra classification for determining the state of charge on a lithium iron phosphate cell using a support vector machine“, Adv. Radio Sci., pp. 127-132, 2015.

[13] B. Stiaszny, et al., „Electrochemical characterization and post-mortem analysis of aged LiMn2O4–Li(Ni0.5Mn0.3Co0.2)O2/graphite lithium ion batteries. Part I: Cycle aging“, J. Power Sources, pp. 439-450, 2014.

[14] R. Hausbrand, et al., „Fundamental degradation mechanisms of layered oxide Li-ion battery cath-ode materials: Methodology, insights and novel approaches", Mater. Sci. Eng. B, pp. 3-25, 2015.

[15] M. Doyle, et al., „Modeling of Galvanostatic Charge and Discharge of the Lithi-um/Polymer/Insertion Cell", J. Electrochem. Soc., pp. 1526-1533, 1993.

[16] R. Srinivasan, et al., „Instantaneous measurement of the internal temperature in lithium-ion rechargeable cells", Electrochim. Acta, pp. 6189-6204, 2011.

[17] N. S. Spinner, et al., „Expanding the Operational Limits of the Single-Point Impedance Diagnostic for Internal Temperature Monitoring of Lithium-ion Batteries", Electrochim. Acta, pp. 488-493, 2015.

[18] R. R. Richardson, et al., „Battery internal temperature estimation by combined impedance and surface temperature measurement", J. Power Sources, pp. 254-261, 2014.

[19] L.H.J. Raijmakers, et al., „Sensorless battery temperature measurements based on electrochemical impedance spectroscopy", J. Power Sources, pp. 539-544, 2014.

[20] J. Zhu, et al., „A new lithium-ion battery internal temperature on-line estimate method based on electrochemical impedance spectroscopy measurement", J. Power Sources, pp. 990-1004, 2015.

[21] I. O. f. Standardisation, Guide to the Expression of Uncertainty in Measurements, Genf, Schweiz: DIN/Beuth-Verlag, 1995.

Kapitel 6
Integrierte Fluxgate-Sensoren zur Strommessung in Hybrid- und Elektrofahrzeugen

Christian Berger[1], Marco Wolf [1], Martin Rieder[1]

Kurzfassung Zukünftige gesetzliche Anforderungen an reduzierte CO_2-Emissionen für Kraftfahrzeuge erfordern eine weitere Hybridisierung und Elektrifizierung von Fahrzeugantrieben. Das Downsizing von Verbrennungsmotoren und die Kompensation der damit kleineren Systemleistung durch Hybridisierung, sowie immer leistungsfähigere Elektrofahrzeuge, führen zu steigenden Systemleistungen im elektrischen Antriebsstrang. Daher sind höhere Spannungslagen und Ströme notwendig. Da der Ladezustand der Traktionsbatterie als sicherheitskritisch einzustufen ist, werden hochgenaue, zuverlässige Stromsensoren für Messbereiche von einigen hundert Ampere bis über 2 kA benötigt. In dieser Abhandlung werden Stromsensoren in ihren Eigenschaften und Funktionsprinzipien verglichen und eine neue hochintegrierte Lösung vorgestellt.

6.1 Einleitung

Im Jahr 2009 wurden mit der Verordnung zur Festsetzung von Emissionsnormen [1] die durch die EU definierten CO_2-Emissionsziele für PKW zu 95 g CO_2/km bis 2020 beschlossen. Allerdings wurden die Zielvorgaben für Verbrennungsmotoren schon im Jahr 2012 nicht erreich. Somit entstand die Notwendigkeit, alternative Antriebskonzepte, wie Elektro- und Hybridantriebe zu entwickeln, um zukünftigen Vorgaben zum Flottenverbrauch und dem CO_2-Ausstoß zu entsprechen [2].

Eine wesentliche Komponente in Hybrid- und Elektrofahrtzeugen ist die Traktionsbatterie, die mit fortschreitender Entwicklung der Fahrzeuge leistungsfähiger wird und so auch die Nutzung leistungsfähiger Antriebsmotoren möglich wird. Während bei elektrischen Antrieben in Hybridfahrzeugen (Hybrid Electric Vehicles, HEV) seit dem Jahr 2000 ein Leistungszuwachs von durchschnittlich 35 kW auf 60 kW im Jahr 2017 zu beobachten ist, zeigt sich der Trend steigender Antriebsleistungen bei vollelektrischen Fahrzeugen wesentlich deutlicher. Hier ist ein Leistungszuwachs der elektrischen Antriebe von durchschnitt-

[1] TE Connectivity Germany GmbH.

T. Tille (Hrsg.), *Automobil-Sensorik 2*, DOI 10.1007/978-3-662-56310-6_6,

lich 20 kW im Jahr 2000 bis zu 210 kW im Jahr 2017 festzustellen. Im Premiumsegment finden sich Antriebsleistungen bis zu 515 kW in Serienfahrzeugen.

An die Überwachung der Batterie werden (hauptsächlich aus Sicherheitsgründen) hohe Anforderungen gestellt. Der Ladezustand (State of Charge, SOC) muss genau bekannt sein, um kritische Systemzustände wie Über- oder Unterladen der Batterie zu vermeiden. Zusätzlich wird hierfür auch eine Bewertung der über die Lebensdauer abnehmenden Ladekapazität (State of Health, SOH) vorgenommen. Um dies zu überwachen, werden hochgenaue, zuverlässige Stromsensoren benötigt. Diese müssen im Falle eines Hochvoltsystems auch galvanisch vom Bordnetz isoliert sein.

Es ist festzustellen, dass der geforderte Messbereich gemeinsam mit der Leistung der Antriebe steigt. Es werden Strombereiche von 100 A bis über 2 kA verlangt. Zur Messung dieser Ströme stehen verschiedene Technologien zur Verfügung, welche im Folgenden näher erörtert und gegenübergestellt werden.

6.2 Technologieübersicht Stromsensoren

Für die Strommessung in der Elektromobilität steht bereits eine Vielzahl an bewährten Messprinzipien zur Verfügung, die allerdings mit den steigenden Anforderungen an ihre technologischen Grenzen stoßen. Üblicherweise kommen Hall-, Shunt- oder Fluxgate-Sensoren zum Einsatz. Jede dieser Technologien hat ihre typischen Vor- und Nachteile in Bezug auf Kosten, Bauraum und Messgenauigkeit. Stromsensoren auf Hall-Basis sind prinzipbedingt galvanisch getrennt, sie erreichen die erforderliche Genauigkeit im Offset (Nullpunkt) nicht. Widerstandsbasierte Shunt-Stromsensoren sind sehr genau, jedoch nicht galvanisch isoliert und können bei großen Strömen durch ihre Verlustleistung limitiert sein. Fluxgate-Sensoren vereinen die Vorteile dieser beiden Technologien, allerdings sind herkömmliche Fluxgate-Sensoren teurer im Aufbau und benötigen einen größeren Bauraum. Die geforderten großen Messbereiche bei gleichzeitig kleinem Offset und hoher Genauigkeit eröffnen ein Anwendungsfeld für integrierte Fluxgate-Sensoren, insbesondere dann, wenn nur wenig Bauraum zur Verfügung steht.

6.2.1 Hall-Sensoren

Stromsensoren auf Basis des Hall-Effekts werden im automotive Umfeld seit vielen Jahren erfolgreich eingesetzt. Grundlegend tritt der Halleffekt in allen elektrischen Leitern auf, die sich in einem Magnetfeld befinden. Die Lorenzkraft, die auf Ladungsträger im Hallelement wirkt, verursacht eine Hall-Spannung, die abhängig von der zu messenden Feldstärke ist.

Über die Kontakte C_1 und C_2 wird ein Bias-Strom eingeprägt (vgl. Bild 1). Bei Anwesenheit eines Magnetfeldes B, senkrecht zur Hall-Platte, entsteht ein elektrisches Feld E_H. Somit kann an den Kontakten S_1 und S_2 eine Hallspannung U_H abgegriffen werden. [3] Die Hallspannung U_H kann nach Gleichung (1) berechnet werden. A_H beschreibt hier Materialspezifische Eigenschaften der elektrischen Leitfähigkeit des Hallelements, U_0 beschreibt die Offsetspannung, h die Höhe des Hallelements.

$$U_H = A_H \frac{I_{bias} B}{h} + U_0 \tag{1}$$

6.2.1.1 Direkte Strommessung

Die durch einen Strom I_P in einem Kabel verursachten Magnetfelder werden durch einen Ringkern aus weichmagnetischem Material konzentriert. In einem Spalt des Kerns wird ein Hall-Sensor platziert, welcher ein Magnetfeld proportional zum Strom I_P misst. Die sehr kleine Hallspannung wird darin zusätzlich verstärkt und als Sensorsignal ausgegeben (vgl. Bild 2).

Diese Konfiguration hat den Vorteil, dass die Messung unempfindlich gegenüber externen Störfeldern ist. Zudem ist ein solcher Sensoraufbau sehr kostengünstig zu realisieren, wobei Genauigkeiten von $2\%_{FS}$ bis $3\%_{FS}$ (FS: Full Scale) erreicht werden können. Neben Offset- und Gain-Fehlern kommt es durch die Aufmagnetisierung des Kernmaterials zu Hysterese-Effekten und Magnetischen Offsets, die nicht kompensiert werden können.

6.2.1.2 Kompensationsstromsensoren

Kompensationsstromsensoren (Closed-Loop Sensoren) sind ähnlich aufgebaut wie Open-Loop Sensoren. Die Hall-Spannung wird in dieser Konfiguration nicht zur Erzeugung eines Ausgangssignals verwendet, sondern zur Regelung eines Sekundärstromes.

Der Sekundärstrom I_C fließt durch die Kompensationsspule mit der Windungszahl N und erzeugt einen magnetischen Fluss im Kern. Der magnetische Fluss im Kern ist Null, wenn folgender Zusammenhang gilt:

$$I_C \cdot N = I_P \tag{2}$$

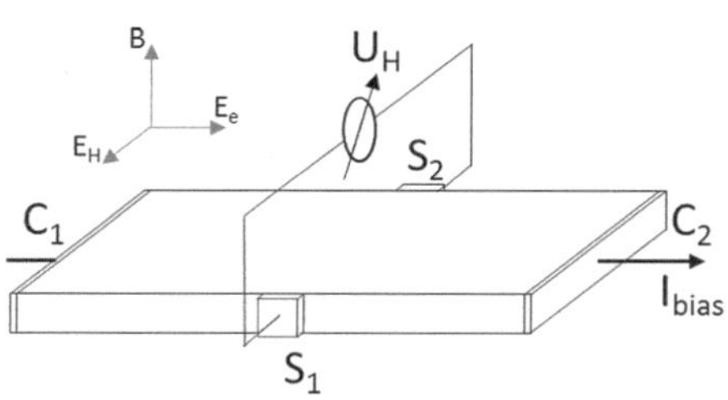

Bild 1: Schematische Darstellung, Hallelement in Form einer rechteckigen Platte.

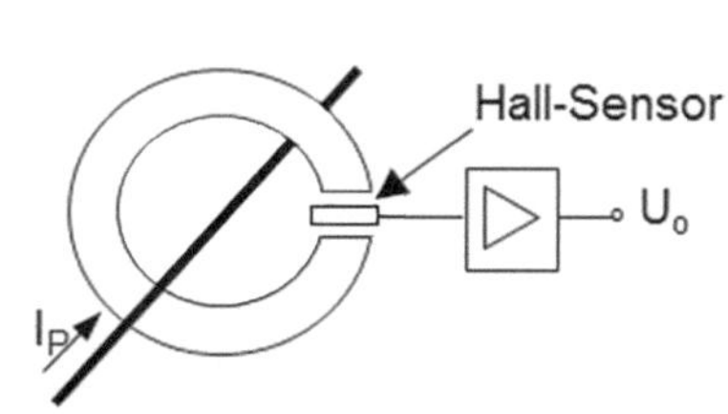

Bild 2: Direkte Strommessung (Open-Loop) mit Ringkern und Hall-Element im Luftspalt.

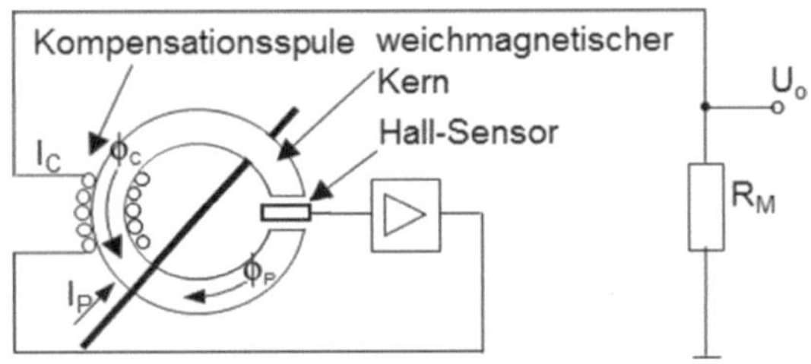

Bild 3: Schematische Darstellung, Closed-Loop Stromsensor.

Das Ausgangssignal eines solchen Stromsensors ist also ein Strom, oder eine Spannung, die über einen Widerstand (R_M, vgl. Bild 3) abgegriffen werden kann. Stromsensoren nach diesem Messprinzip erreichen Genauigkeiten von 0,5%$_{FS}$ bis 1%$_{FS}$. Allerdings verläuft der Strombedarf proportional zum Primärstrom und kann einige hundert Milliampere betragen.

6.2.2 *Shunt-Sensoren*

Häufig werden in Batteriemanagementsystemen, die im Premiumsegment eingesetzt werden, Messwiderstände (Shunt-Widerstände) eingesetzt. Diese weisen einen sehr kleinen und genau bekannten Widerstand mit niedrigem Temperaturkoeffizienten auf, sie sind im Strompfad integriert und werden vom Batteriestrom durchflossen (vgl. Bild 4).

Der Primärstrom kann mittels des Ohm'schen Gesetzes direkt aus dem Spannungsabfall über den Shunt ermittelt werden. Shunts ermöglicht die genaue Messung von Strömen im Bereich einiger 10 mA bis zu (kurzzeitig) über 1 kA, bei gleichzeitig kleinem Offset und hoher Genauigkeit.

Messungen von großen Strömen sind problematisch, da der Widerstand eines Shunts immer auf den Maximalstrom ausgelegt werden muss. Da die Verlustleistung quadratisch mit dem Strom zunimmt, stellen dies steigenden Anforderungen an eine hohe Stromtragfähigkeit, eine Herausforderung an den thermischen Aufbau dar.

In Hochvoltsystemen muss zudem eine zuverlässige galvanische Isolierung des Stromsensors gewährleistet sein. Zusätzlich dazu macht die Verwendung von hochwertigen Analog/Digital (A/D) Wandlern und kostenintensiven Widerstandsmaterialien Shunt-basierte Stromsensoren wesentlich teurer als Sensoren mit Hall-Elementen.

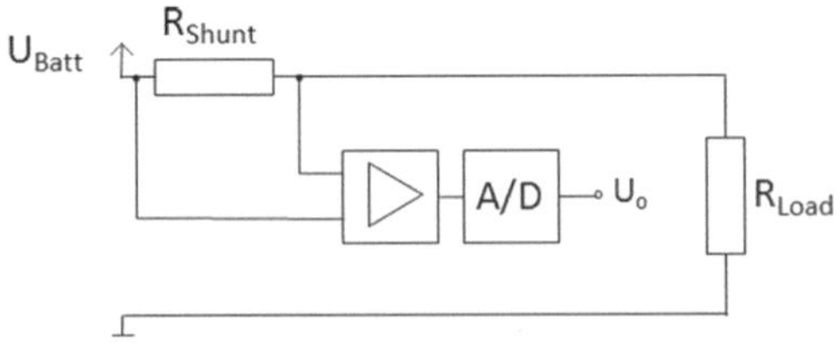

Bild 4: Schematische Darstellung, Strommessung mittels Shunt-Widerstand.

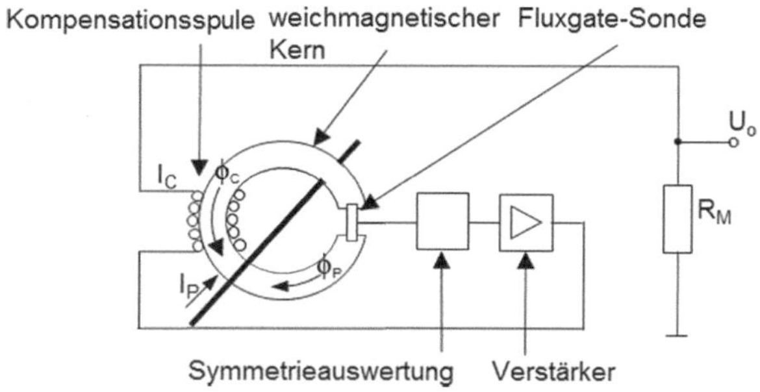

Bild 5: Schematische Darstellung eines Fluxgate-Stromsensors.

6.2.3 *Fluxgate-Sensoren mit Kern*

Die Fluxgate-Technologie verbindet die hohe Genauigkeit, vergleichbar der von Shunt-basierten Stromsensoren, mit der galvanischen Isolierung, wie bei der Messung mittels Hall-Sensoren.

In Bild 5 ist der grundlegende Aufbau eines Standard Fluxgate-Sensors dargestellt. Wird ein durch einen Ringkern geführte Leiter, der den Strom I_P trägt, als Spule mit einer Windung betrachtet, ist $N_P = 1$. Der Strom I_P verursacht einen magnetischen Fluss im Kern, der mit der Fluxgate-Sonde detektiert werden kann.

Der Kern der Fluxgate-Sonde besteht aus einem Streifen weichmagnetischen, hochpermeablen Materials mit einer umliegenden Spule. Die Magnetisierungskennlinie (sog. B-H-Kurve) der Fluxgate-Sonde beschreibt die Abhängigkeit der Flussdichte von der magnetischen Feldstärke. Die B-H Kurve der Fluxgate-Sonde ist symmetrisch, so lange kein Magnetfeld anliegt. Die Fluxgate-Sonde wird als frei schwingender Oszillator beschaltet, wobei die Spule so bestromt wird, dass der Kern abwechselnd in beide Richtungen gesättigt wird. Es ergibt sich ein rechteckförmiges Ausgangssignal, dessen Tastverhältnis abhängig von einem vorhandenen Feld H ist (vgl. Bild 6).

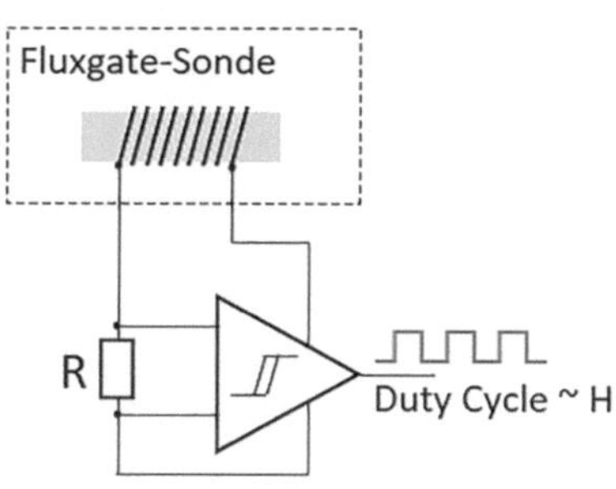

Bild 6: Grundlegender Aufbau einer Fluxgate-Sonde: Weichmagnetischer Kern mit umliegender Spule. Die Sonde wird als Oszillator in Resonanz betrieben, wobei das Tastverhältnis des Ausgangssignals abhängig von einem externen Feld H ist.

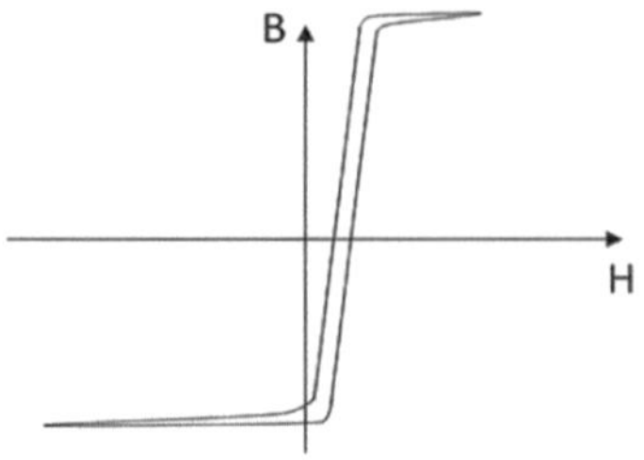

Bild 7: B-H-Kurve der Fluxgate-Sonde, Verschiebung der Kurve entlang der H-Achse durch anliegendes H-Feld.

Um die Fluxgate-Sonde zu bestromen wird eine rechteckförmige Spannung angelegt. Erreicht der Strom durch die Spule der Fluxgate-Sonde einen definierten Schwellwert, wird die Polarität der anliegenden Spannung umgekehrt. Im steilen Bereich der B-H-Kurve liegt die Induktivität der Fluxgate-Sonde Größenordnungen über der Induktivität, die sie im Bereich der Sättigung des Kernmaterials aufweist (Bereiche kleiner Steigung). Bei Erreichen der Sättigung des Kernmaterials steigt der Spulenstrom schnell an und die Polarität der an die Spule angelegten Spannung wird umgekehrt, sobald der vordefinierte Schwellwert erreicht ist.

Ein Strom I_P führt zu einem Feld H im Luftspalt des Kerns, wodurch eine Asymmetrie in der B-H-Kurve der Fluxgate-Sonde resultiert. Sie wird entlang der H-Achse verschoben. (vgl. Bild 7). Daher ist die Dauer, bis die Fluxgate-Sonde die Sättigung erreicht und der Spulenstrom den Schwellwert überschreitet, in die eine Richtung größer, als in die andere. Somit wird die Ausgangsspannung des Oszillators in Abhängigkeit eines Feldes H pulsweitenmoduliert.

Das Tastverhältnis des Ausgangssignals ist sehr empfindlich und wird zur Nullfelddetektion im Luftspalt des Kerns verwendet. Über die Bestromung der Kompensationswicklung wird der magnetische Fluss im Kern, damit auch die magnetische Feldstärke H im Luftspalt, zu Null geregelt.

Die Fluxgate-Sonde wird so wieder in einen symmetrischen Arbeitspunkt geschoben [4]. Es gilt:

$$N_P \cdot I_P = N_C \cdot I_C \rightarrow I_P = N_C \cdot I_C \;\; (N_P = 1) \tag{3}$$

Als Messgröße kann der Spannungsabfall über dem Widerstand R_M verwendet werden:

$$U_{out} = R_M \cdot I_C \tag{4}$$

Fluxgate-Sensoren zeichnen sich neben einer sehr kleinen Nichtlinearität durch einen (abhänigig von der Topologie) sehr kleinen Offset in der Größenordnung von < 20 mA aus, bei einem Messbereich von einigen Hundert Ampere. Die galvanische Isolierung und die hohe Messgenauigkeit zeichnen Fluxgate-Sensoren gegenüber der Shunt- und Hall Technologie aus.

6.3 Strommessung mittels Integrierter Fluxgate-Sensoren

Eine weitere Möglichkeit zur Strommessung in automobilen Applikationen stellt die Messung mittels integrierter Fluxgates dar, wobei durch die differenzielle Anordnung der Fluxgates kein Ringkern notwendig ist. Der in dieser Veröffentlichung Vorgestellte Stromsensor kann in platzsparender Form in einen elektrischen Leiter eingebracht werden und verbindet so die Vorteile des klassischen Fluxgates mit der Möglichkeit einer platzsparenden Integration. Zudem entsteht prinzipbedingt keine zusätzliche Energiedissipation, wie dies bei den Shunts der Fall ist. Insbesondere bei steigenden Anforderungen an die Stromtragfähigkeit, wird die Energiedissipation wegen des Zusammenhanges $P = I^2 \cdot R$ problematisch.

6.3.1 Differentieller Fluxgate-Sensor

Die Strommessung mittels integrierter Fluxgate-Sensoren erfordert eine Stromschiene (Bus-bar) mit einer Öffnung (vgl. Bild 8), innerhalb der sich ein zum Primärstrom proportionales Gradientenfeld ausbildet. Der Gradient entspricht einem Maß für die Stromstärke, während Fremdfelder (Gleichfelder) gut kompensiert werden können. Über die Geometrie der Bus-bar kann der Messbereich des Stromsensors eingestellt werden, zudem sind die Montagetoleranzen der Sensoranordnung bei einer geeigneten Geometrie unkritisch.

Um das Gradientenfeld zu messen, werden zwei integrierte Fluxgates so in der Öffnung der Bus-bar platziert, dass sie im Wesentlichen symmetrisch zum Mittelpunkt der Öffnung angeordnet sind. Dann gilt für die Flussdichte in der Öffnung der Bus-bar: Die Ausprägung der magnetischen Flussdichte ist eine Funktion der Position der Fluxgates, der Bus-bar Geometrie und des Primärstromes I_P.

In Bild 9 ist das Ergebnis einer FEM-Simulation der Bus-bar im Querschnitt dargestellt. Das Diagramm zeigt die Flussdichte und die Position der Fluxgates in der Öffnung der Bus-bar.

Unter der Annahme, dass externe Störfelder B_{CM} (CM: Common Mode) gleich auf beide Fluxgates wirken, können die Störfelder gemessen und auch kompensiert werden. Es gilt:

$$\Delta_B = (B_+ + B_{CM}) - (B_- + B_{CM}) = B_+ - B_- \tag{5}$$

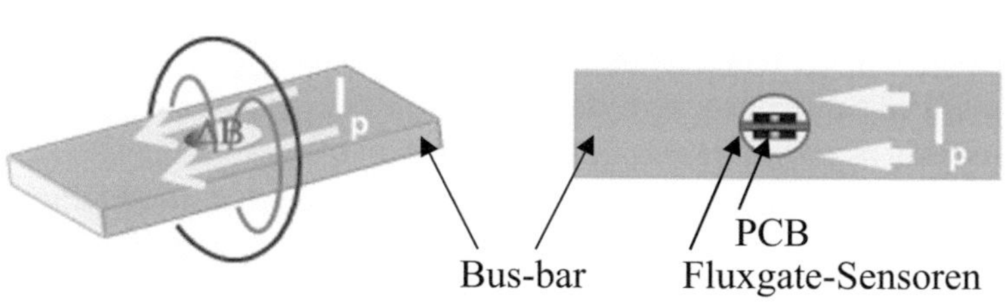

Bild 8: Bus-bar mit Loch und integrierter PCB (PCB: Printed Circuit Board → Leiterplatte).

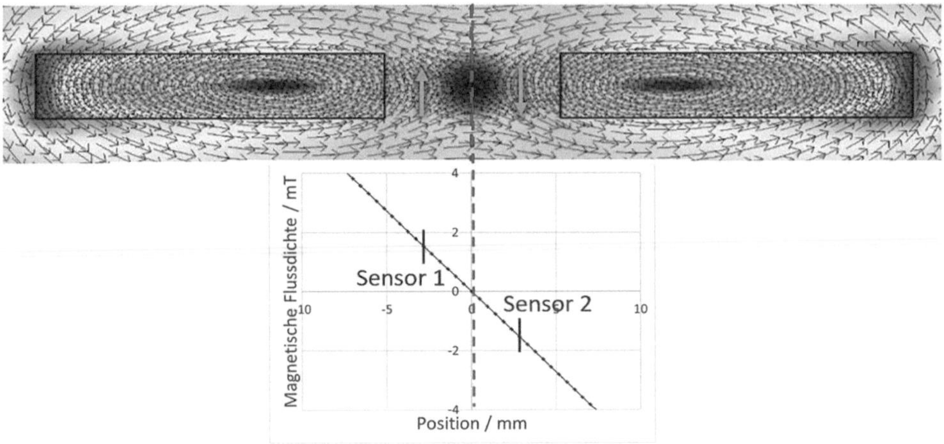

Bild 9: FEM Simulation, Querschnitt einer bestromten Bus-bar mit Loch.

Mit einer entsprechenden elektrischen Verschaltung der Fluxgates, können Fremdfelder so ohne weiteres kompensiert werden, allerdings mit der Einschränkung, dass dies nur innerhalb des Messbereichs der Fluxgates möglich ist.

6.3.1.1 Bus-bar Design

Im Folgenden wird die Auslegung der Bus-bar für einen 500 A Stromsensor exemplarisch beschrieben. Mittels einer FEM-Simulation wurden die Effekte unterschiedlicher Geometrien untersucht. Um die Stromtragfähigkeit zu gewährleisten, ist ein Leiterquerschnitt von 30 mm^2 erforderlich. Die differentielle Flussdichte in der Öffnung soll maximal 4 mT betragen, um den Messbereich der Fluxgates gut zu nutzen und gleichzeitig ausreichend Reserven für die Fremdfeldunterdrückung vorzuhalten.

Es wurden Öffnungen in der Bus-bar mit einem Durchmesser von 8 mm, 10 mm und 12 mm simuliert, wobei die Höhe und Breite der Bus-bar variiert wurde. Die Ergebnisse zeigen, dass die Bus-bar so ausgelegt werden kann, wie es die Anwendung erfordert (vgl. Bild 10). Somit können Messbereiche von 100 A bis 2 kA realisiert werden. Im Falle eines 500 A Stromsensors erweist sich eine Geometrie, wie in Bild 11 dargestellt, als geeignet.

Aus der FEM-Simulation und der in Bild 11 dargestellten Geometrie ergibt sich eine Empfindlichkeit der Bus-bar von an der Position der Fluxgates, die symmetrisch im Abstand von 1,2 mm zur Mitte der Öffnung platziert sind. Bei einem Strom von $I_P = 500$ A ergibt sich somit eine differenzielle Flussdichte von 3,06 mT, wobei der Messbereich der Fluxgates ausreichend ist, um Fremdfelder zu kompensieren.

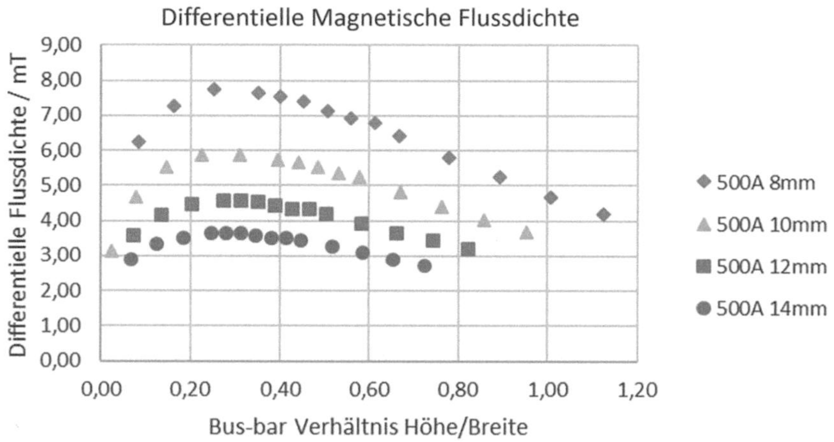

Bild 10: Ergebnis der FEM-Simulation, Bus-bar mit unterschiedlichen Geometrien.

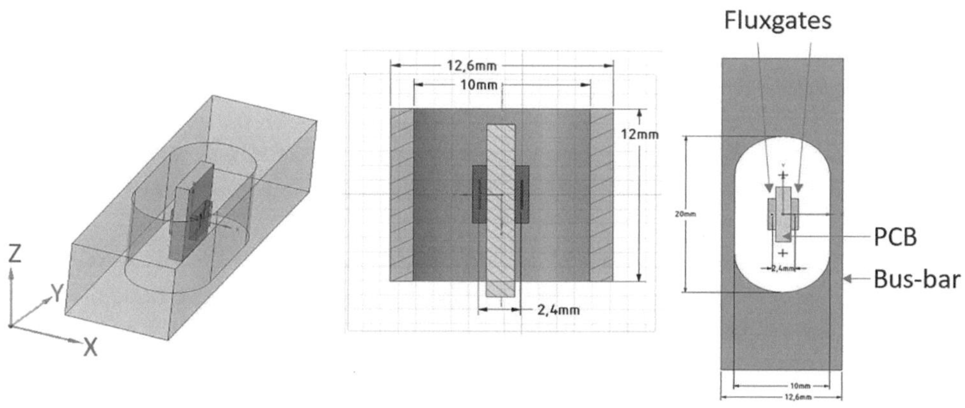

Bild 11: Geometrie der Bus-bar für einen 500 A Stromsensor.

Die Geometrie der Bus-bar mit einem Verhältnis von Höhe zu Breite von circa 1 wurde gewählt, um die in Z-Richtung und Y-Richtung weitgehend homogene Feldverteilung zu nutzen. Simulationen zeigen, dass die Flussdichteverteilung in Z-Richtung, in Bezug zu Positionstoleranzen der PCB und den Fluxgates, als homogen angenommen werden kann, wie aus Bild 13 ersichtlich wird.

Das gleiche gilt für die Ausgestaltung der Öffnung in der Bus-bar als Langloch. Die Bereiche, in denen die Leiter parallel und mit konstantem abstand verlaufen, weisen auch eine homogene Verteilung der magnetischen Flussdichte auf. So lange die Fluxgates innerhalb ihres Messbereiches von 2 mT betrieben werden, ist auch die Positionierung des PCBA (Printed Circuit Board Assembly, Elektronische Baugruppe) in X-Richtung unkritisch.

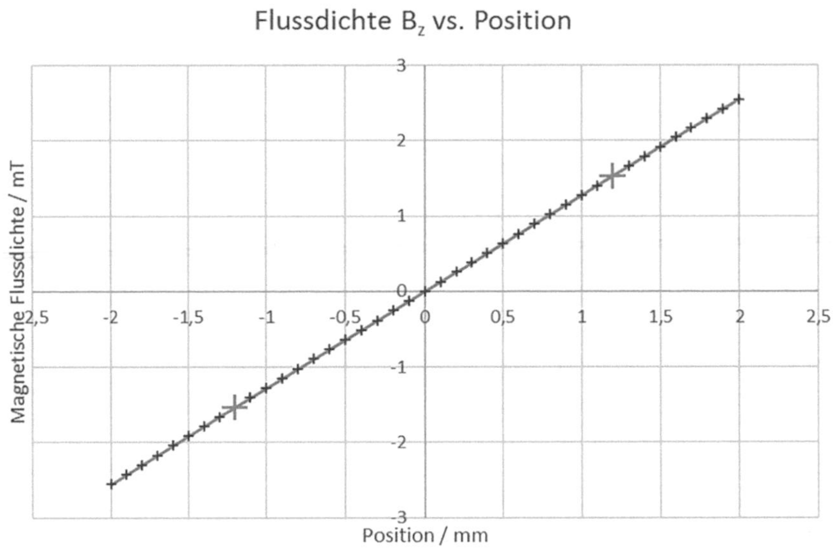

Bild 12: Magnetische Flussdichte vs. Position der Fluxgates innerhalb der Öffnung in der Bus-bar.

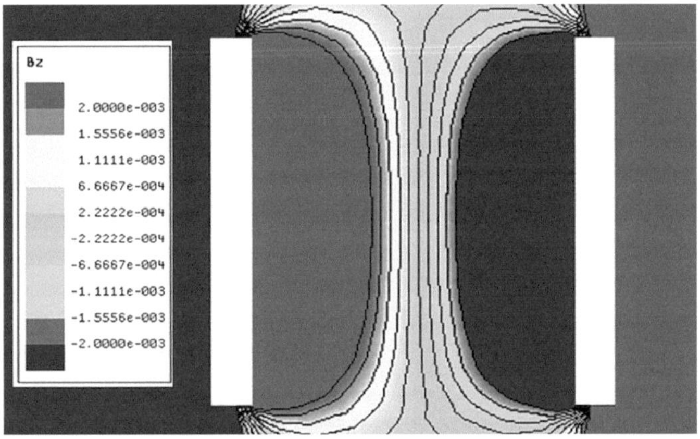

Bild 13: Magnetische Flussdichte in Z-Richtung innerhalb der Öffnung in der Bus-bar.

Winkelfehler bei der Montage des PCBA, wie ein Verkippen der innerhalb der Busbar, können zu einer Abweichung in der Empfindlichkeit der Sensoren führen. Der Abstand der Fluxgates zueinander ist als Projektion auf die X-Z-Ebene definiert. Ein Verdrehen der PCB um die z-Achse führt zu einem verringerten Abstand der Fluxgates und somit zu einer geringeren Empfindlichkeit. Da für den Abstand und damit die die Empfindlichkeit des Sensors gilt: (Empfindlichkeit s, Empfindlichkeit rechnerisch s_{bb}, Rotation um die Z-Achse des PCB: α_Z), ist dieser Fehler sehr klein und leicht durch Kalibration zu korrigieren. Eine Verkippung des PCB um die Y-Achse um 1° führt zu einer Abweichung, die so gering ist, dass sie vernachlässigt werden kann. Eine Zusammenfassung der Wirkung unterschiedlicher Positionierungstoleranzen ist nachfolgende dargestellt:

- Positionsfehler in Z-Richtung → Flussdichteverteilung ist homogen: Kein Effekt
- Positionsfehler in y-Richtung → 10mm Langloch mit parallelem Abschnitt: Kein Effekt
- Positionsfehler in X-Richtung → Führt zu einem Offset, abhängig von der Geometrie.
- Rotation PCB, Z-Achse → Verringerung der Empfindlichkeit, $s = s_{bb} \cdot \cos(\alpha_z)$.
- Rotation PCB, X-Achse → Kleine Empfindlichkeitsabweichung, zu vernachlässigen
- Rotation PCB, Y-Achse → Kleine Empfindlichkeitsabweichung, zu vernachlässigen

6.3.1.2 Sensor-PCB

Wie bereits beschrieben werden zur Messung der Felder im inneren der Bus-bar integrierte Fluxgates verwendet. Die Fluxgates werden auf der Ober- und Unterseite einer Platine platziert und in der Bus-bar fixiert. Die schematische Darstellung in Bild 14 zeigt den grundlegenden Aufbau der Sensorelektronik.

Es werden zwei Größen gemessen: die Differenzfeldstärke als Maß für den Primärstrom I_P und die externen Störfelder. Für die Ausgangsspannung U_{out_cm} in Abhängigkeit externer Störfelder gilt:

$$U_{out\_cm} = U_{CM} \cdot G_+ = \left(U_{R1} - U_{R2}\right) \cdot G_+ = \left(R_1 i_1\left(B_+\right) - R_2 i_2\left(B_-\right)\right) \cdot G_+ \\ = \left(R_1 \cdot 12^{mA}_{mT} \cdot B_+ - R_2 \cdot 12^{mA}_{mT} \cdot B_-\right) \cdot G_+ \tag{6}$$

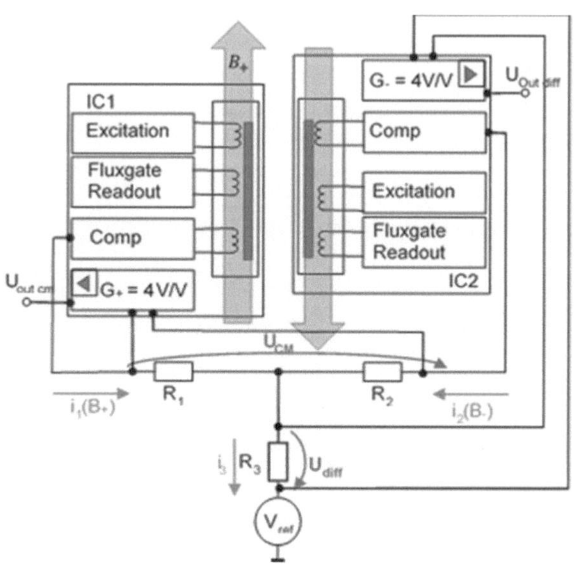

Bild 14: Schematischer Aufbau der Sensorelektronik.

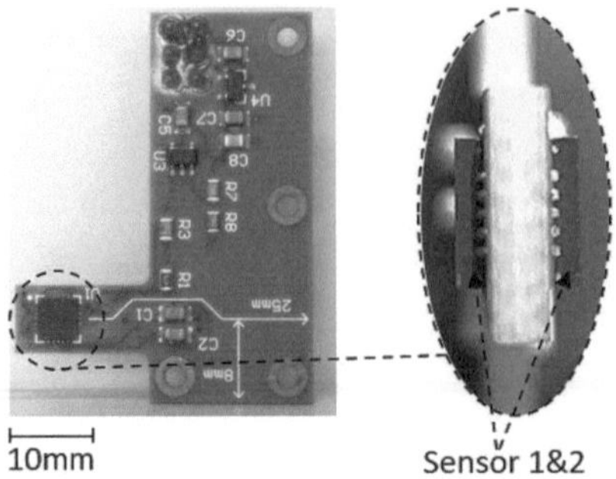

Bild 15: Fluxgate-Sensor PCB.

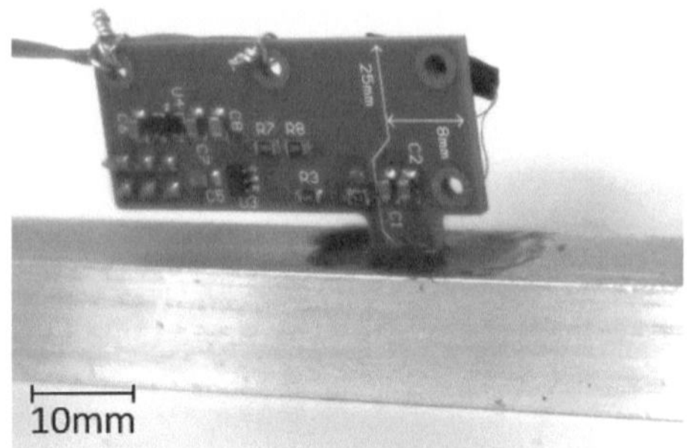

Bild 16: PCB in Bus-bar montiert.

$$U_{out\_diff} = \left(U_{diff} \cdot G_{-}\right) + V_{ref} = \left(R_3 G_{-}\left(i_1\left(B_{+}\right) + i_2\left(B_{-}\right)\right)\right) + V_{ref} \\ = \left(R_3 G_{-}\left(12\tfrac{mA}{mT} \cdot B_{+} + 12\tfrac{mA}{mT} \cdot B_{-}\right)\right) + V_{ref} \tag{7}$$

Da der Messbereich der Fluxgate-Sensoren auf ±2 mT beschränkt ist, ergibt sich eine Einschränkung in der Fremdfeldkompensation. Alle externen Felder werden zu dem Gradientenfeld innerhalb der Bus-bar addiert, daher limitieren externe Felder direkt den Messbereich des Stromsensors.

Um die Fremdfeldfestigkeit zu erhöhen kann ein Kompensationsfeld in der Art gestellt werden, dass es im gleichen Betrag, aber mit entgegengesetztem Vorzeichen zu den externen Störfeldern auf die Fluxgates wirkt. Die Fluxgates arbeiten so immer im spezifizierten Messbereich von ±2 mT, wodurch der volle Messbereich des Stromsensors erhalten bleibt.

Dem Sensoraufbau, so wie in Bild 11 bzw. Bild 15 und Bild 16 dargestellt, wird eine die PCB umschießende Kompensationswicklung hinzugefügt. Unter der Annahme, dass externe Störfelder im Wesentlichen homogen und in der gleichen Richtung auf die Fluxgates wirken, kann jetzt, wie beschrieben, ein entsprechendes Kompensationsfeld erzeugt werden. Der Aufbau, ergänzt um die Kompensationsspule, ist in Bild 19 dargestellt.

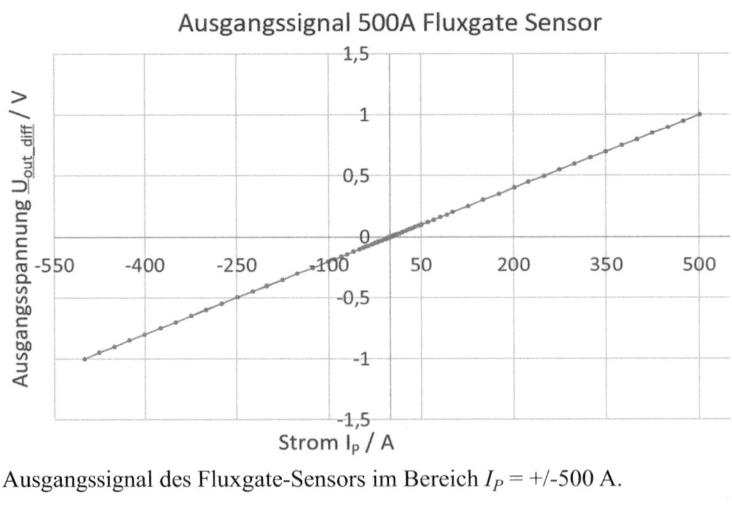

Bild 17: Ausgangssignal des Fluxgate-Sensors im Bereich I_P = +/-500 A.

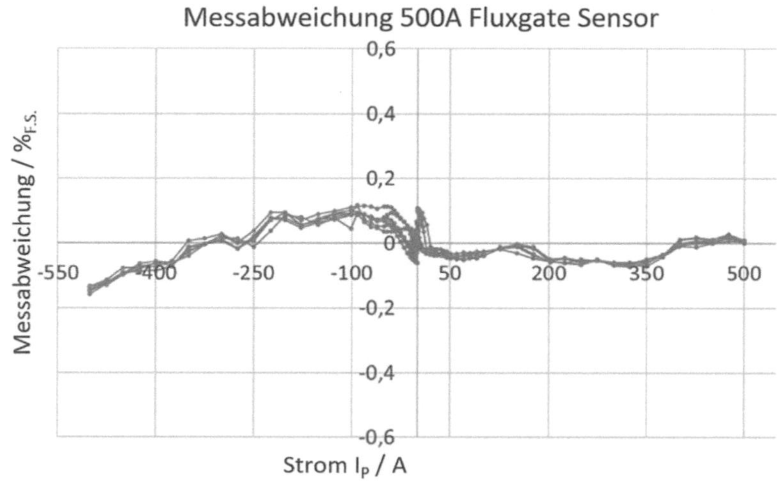

Bild 18: Messabweichung in % vom Messbereichsende bei Raumtemperatur $T = 23$ °C.

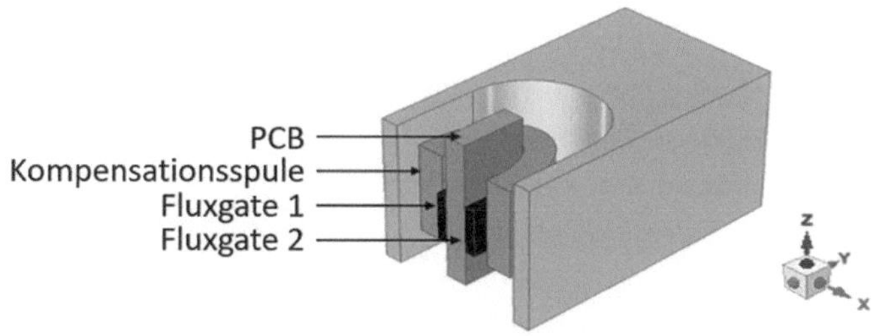

Bild 19: Bus-bar mit Sensor-PCB und umliegender Kompensationsspule.

Aus der Beschaltung Bild 14 ist ersichtlich, dass eine Messung der Störfelder erfolgt und ein entsprechendes elektrisches Signal verfügbar ist. Dieses Signal $U_{out\ cm}$ wird als Eingangsgröße für einen Regler verwendet, der den Spulenstrom so einstellt, dass $U_{out\ cm} = 0$ gilt (vgl. Bild 20). Mit einem Kompensationsstrom von 135 mA können Störfelder bis zu 3 mT kompensiert werden. Messungen in einem Helmholtz-Spulenpaar zeigen, dass der Messbereich des Stromsensors auch bei externen Störfeldern erhalten bleibt. Die Messabweichung bewegt sich weiterhin in einem Fehlerband $< \pm 0{,}2\%_{FS}$.

Die Ergebnisse der Störfeld-Messungen im Bereich $I_P = \pm 500$ A sind in Bild 21 und Bild 22 dargestellt.

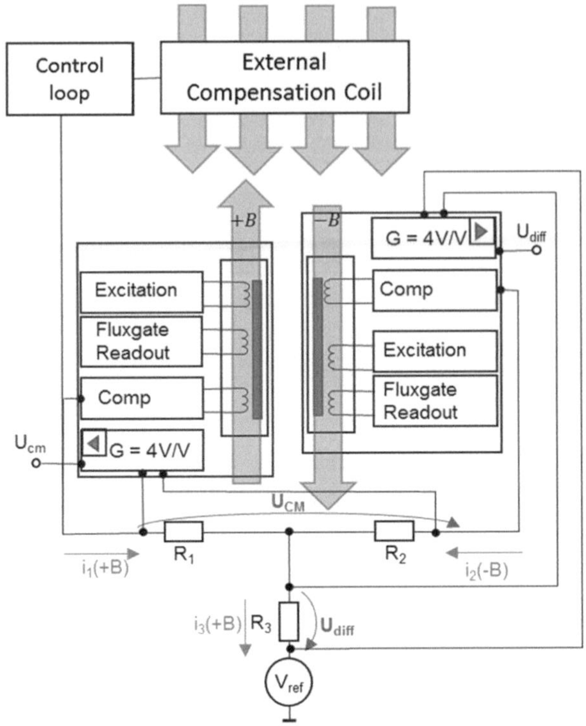

Bild 20: Schematischer Aufbau der Sensorelektronik mit Regelschleife um externe Fremdfelder zu kompensieren.

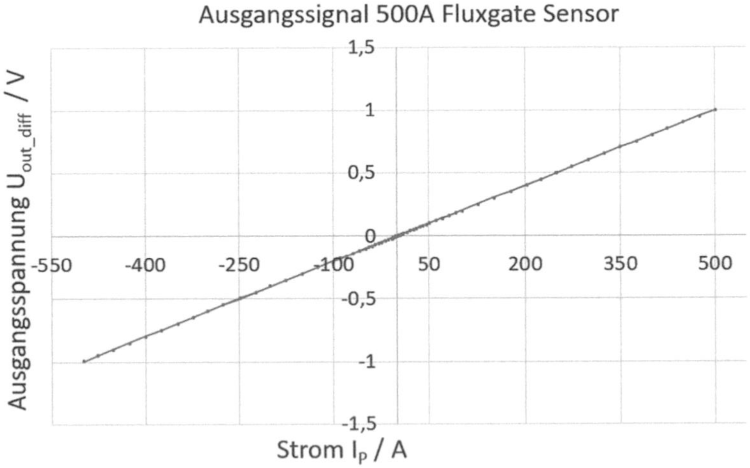

Bild 21: Ausgangssignal des Fluxgate-Sensors im Bereich I_P = +/-500 A bei einem Fremdfeld von 0,35 mT.

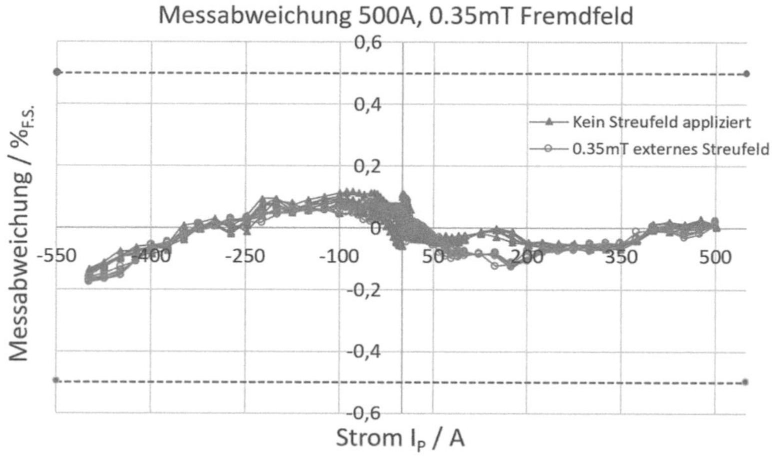

Bild 22: Messabweichung in % vom Messbereichsende (FS: Full Scale) bei Raumtemperatur $T = 23$ °C und einem Fremdfeld von 0,35 mT.

6.3.2 Integration des Fluxgate-Sensors

Zu Demonstrationszwecken wurde der Fluxgate-Stromsensor in eine Switchbox (S-Box), eingebaut. Die elektromagnetischen Schütze der S-Box verbinden die Hochvolt- Batterie des Fahrzeuges mit den elektrischen Verbrauchern. Neben der reinen Schaltfunktion befinden sich in der S-Box die Schmelzsicherungen für den Komponenten- und Kurzschluss Schutz, ein Relais zum Vorladen der Systemkapazitäten über einen Vorladewiderstand und ein integrierter Stromsensor für das Batteriemanagementsystem (BMS). In der betrachteten Version wurde ein Stromsensor auf Hall-Basis durch den Fluxgate sensor ersetzt.

6.3.2.1 Versuchsaufbau zur Charakterisierung

Der für die S-Box erforderliche Messbereich von 100 A und die Geometrie der Stromschiene erfordern ein angepasstes Design des Fluxgate-Stromsensors (vgl. Bild 23). Zu diesem Zweck wurde die Stromschiene aufgetrennt und die für den Sensor notwendige geometrische Anordnung eingefügt. Während Gleichtakt Felder durch das Messprinzip egalisiert werden haben lokale Gradienten Felder, durch die Stromführung in der direkten Umgebung zum Sensor verursacht, einen Einfluss auf die Empfindlichkeit des Sensors.

In dieser Anordnung wurde die Kalibrierung der Kennlinien bei Raumtemperatur, gegenüber einer externen Referenz, vorgenommen. Danach wurde die Stromschiene mit Sensor in einer Temperaturkammer charakterisiert.

Die Anforderung des Batteriemanagementsystems an den Stromsensor sind in diesem Anwendungsfall: ein Messbereich von -100 A bis +100 A, ein Temperaturbereich von 20 °C bis +85 °C und eine absolute Messabweichung von weniger als ±0,5 $\%_{FS}$.

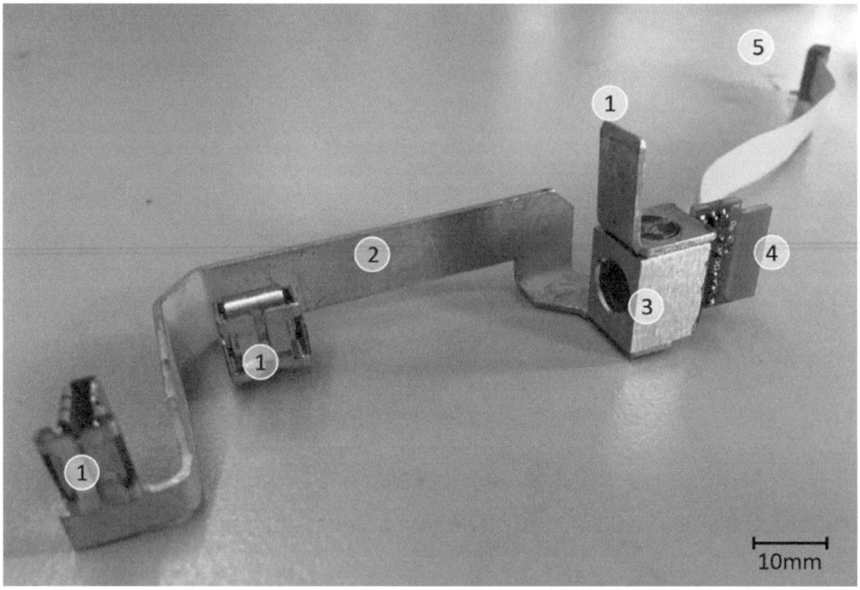

Bild 23: Stromschiene mit integriertem Fluxgate; Steckkontakt (1), Bus-Bar (2), Bus-Bar-Abschnitt mit Öffnung (3) für PCBA (4), Anbindung an Auswerteelektronik (5).

Die Messabweichung eines differentiellen Fluxgate-Sensors in Bild 24 zeigt, dass der Fluxgate Sensor die Anforderungen des Batteriemanagementsystems sehr gut erfüllt.

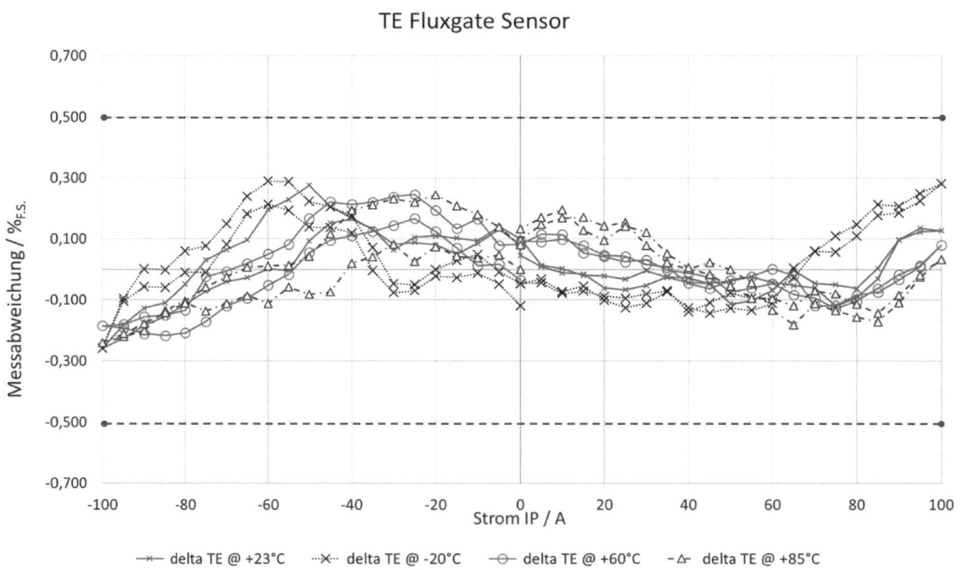

Bild 24: Messabweichung des differentiellen Fluxgate-Sensors.

6.3.3.1 Applikations- und Performancetest

Eine besondere Anforderung ergibt sich aus dem Systemmodell zur Abschätzung des Ladezustands der Hochvolt-batterie. Die Batteriespannung ist über einen weiten Spanungsbereich nicht abhängig von dem Ladezustand der Batterie. Deswegen werden, vom Ausgangspunkt einer bekannten und geladenen Batterie, alle eingehenden und ausgehenden Batterieströme über Zeit erfasst. Das Integral der Stromwerte liefert ein hinreichend genaues Model den Ladezustand der Batterie abzuschätzen. Durch dieses Verfahren führen alle systematischen Asymmetrien in der Kennlinie oder ein Offset der Kennlinie zu großen Abweichungen in der Abschätzung. Besonders kritisch sind Offsets im Stromsignal die sich über die Zeit aufaddieren. Die Folge ist ein fehlerhaftes Lademodell und damit die verfälschte Abschätzung der verbleibenden Fahrzeugreichweite.

Um die Asymmetrie und den Offset des Fluxgate-Sensors mit einem Hall-Sensor zu vergleichen, wurde ein Fahrzyklus nach US06 (vgl. Bild 25) ein zur Fahrzeuggeschwindigkeit korrespondierendes Stromprofil verwendet [5].

Von diesem Fahrprofil lassen sich die elektrischen Systemleistungen bei allen Fahrsituationen herleiten: Strombedarfe für die Beschleunigungen oder das halten einer Fahrzeuggeschwindigkeit, aber auch die Rückgewinnung von Bremsenergie durch Rekuperation bei den Verzögerungen. Es ergibt sich ein für das Fahrzeug charakteristisches Stromprofil das vom Stromsensor gemessen werden soll. In der Versuchsanordnung für diesen Applikationstest wurde der bisherig verwendete Hall- Sensor in Serie zu dem Fluxgate- Sensor mit dem gleichen Stromprofil beaufschlagt und gegen eine externe Referenz verglichen. Dabei wurden alle zeitsynchron erfassten Messwerte aufaddiert / integriert und die berechneten Ladung bzw. Kapazitätswerte verglichen.

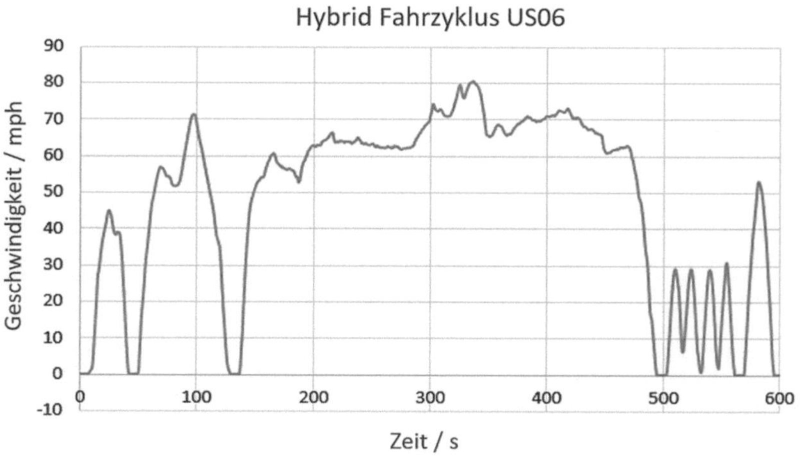

Bild 25: Fahrzeuggeschwindigkeit im US06-Testzyklus.

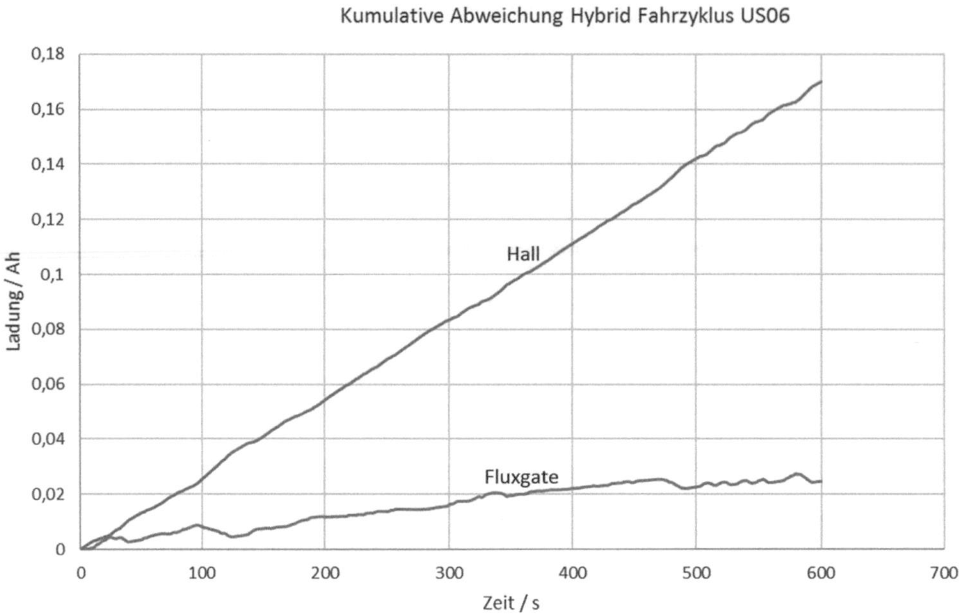

Bild 26: Abweichung in der Batteriekapazität innerhalb eines simulierten Fahrzyklus.

Tabelle 1: Übersicht der Sensors-Eigenschaften.

Eigenschaft	**Wert**
Messbereich	±100 A
Auflösung	16 bit
Genauigkeit	$\pm 0{,}3\%_{\mathrm{F.S.}}$
Fremdfeldkompensation	±3 mT
Umgebungstemperatur ϑ_A	$-20\ °\mathrm{C} \leq \vartheta_A \leq +85\ °\mathrm{C}$
Betriebsspannung V_B	$6{,}0\ \mathrm{V} \leq V_B \leq 16\ \mathrm{V}$
Stromaufnahme min	18 mA
Maximale Stromaufnahme @ 3mT Streufeld	150 mA
Abmessungen Sensor-Frontend	10 x 12 x 15 mm^3

6.3.3.2 Performancevergleich im Applikationstest

Die Messabweichung des Fluxgate- und des Hall-Sensors wurden jeweils integriert und ergeben somit die Abweichung in Amperestunden (Ah). Das Ergebnis ist in Bild 26 dargestellt. Die Abweichung bei Einsatz des Fluxgate-Sensors ist ca. 7-mal kleiner, als bei der Messung des Stromes mittels eines marktüblichen automotive-tauglichen Hall-Sensors. Die Nichtlinearitäten in den Daten des Fluxgate-Sensors resultieren aus dem Einfluss der Regelschleife und sind kompensierbar. Die Eigenschaften des Stromsensors sind in Tabelle 1 zusammengefasst.

6.4 Zusammenfassung

In der Veröffentlichung wurden verschiedene Technologien zur Messung eines elektrischen Stromes im Automobil vorgestellt. Die beschriebenen Vor- und Nachteile der Technologien zeigen unter Berücksichtigung zukünftig steigender Anforderungen an die Stromsensorik, dass kernlose, magnetische Messverfahren hier sehr gut geeignet sind.

Neben der platzsparenden Integration des Fluxgate-Sensors in eine Stromschiene, sind der Prinzip-bedingt kleine Offset und die erreichbaren Genauigkeiten, im Vergleich zu anderen magnetischen Messverfahren, vorteilhaft. Da kein zusätzlicher elektrischer Widerstand in den Stromleiter eingebracht wird, entstehen keine zusätzlichen Verlustleistungen, so wie bei der Strommessung mittels Shunt-Widerstand. Durch den quadratischen Zusammenhang zwischen Verlustleistung und Strom, führt die Entwicklung zu größeren Stromstärken zu thermischen Problemen bei der Messung mittels Shunt. Zudem ist eine Galvanische Isolierung zwischen Hochvoltbatterie und dem 12 V / 5 V Netz erforderlich. Die galvanische Isolierung ist bei magnetischen Messverfahren ohne weiteren Aufwand bereits enthalten.

Literatur

[1] „Verordnung (EG) Nr. 443/2009 des europäischen Parlaments und des Rates vom 23. April 2009 zur Festsetzung von Emissionsnormen für neue Personenkraftwagen im Rahmen des Gesamtkonzepts der Gemeinschaft zur Verringerung der CO_2-Emissionen von Personenkraftwagen und leichten Nutzfahrzeugen“, Amtsblatt der Europäischen Union, Juni 2009.

[2] European Environment Agency, “Monitoring CO_2 emissions from new passenger cars in the EU: summary of data for 2013”, Apr. 2014.

[3] Popovic, R. S., “Hall Effect Devices”, 2. Auflage, Institute of Physics Publishing, Dezember 2003.

[4] Hilzinger, R., Rodewald R., “Magnetic Materials”, Vacuumschmelze GmbH & Co. KG, Publics Publishing, 2013.

[5] EPA - United States Environmental Protection Agency, “EPA US06 or Supplemental Federal Test Procedures (SFTP)”, Zugriff am 12.01.2018.

Kapitel 7
Hoch integrierte Strom- und Positionssensoren für elektrische Antriebssysteme

Leo Aichriedler[1], **Peter Slama**[1]

Kurzfassung Durch den signifikanten Anstieg der Penetrationsrate von hoch elektrifizierten beziehungsweise rein elektrischen Fahrzeugantrieben steigen sowohl die Anforderungen an die Systemkosten, die Schlüssel-Parameter und nicht zuletzt die funktionale Sicherheit elektrischer Antriebe. Dabei kommt der Sensorik eine besondere Bedeutung zu. Im Beitrag werden hoch performante magnetische Sensoren für Rotorlage- und Stromsensorik vorgestellt, die neben den bekannten Unterscheidungskriterien auch noch wesentliche Vorteile bei der Systemintegration bieten.

7.1 Einleitung

Lokale CO_2-Emissionsfreiheit wird Realität. Um zukünftige, von der Gesetzgebung beschlossene Emissionsziele zu erreichen, ist ein Umstieg auf Fahrzeuge mit elektrifiziertem Antriebsstrang unumgänglich. Nur so können in Großstädten trotz steigendem Verkehrsaufkommen die vorgegebenen Grenzwerte z.B. für lokale CO_2-Emission einge-halten werden. Für eine gesamtheitliche Betrachtung müssen dabei aber auch in der Frage der Stromerzeugung neue Wege weg von fossilen Brennstoffen (Dekarbonisierung) gegangen werden. Dies wird für die Erreichung der weltweit vereinbarten Ziele gemäß dem Klimaschutzabkommen von Paris 2015 zwingend erforderlich sein.

Es gibt diverse Studien und Szenarien bezüglich der Transition zur Elektromobilität. Sie weisen mitunter eine hohe Varianz bezüglich der Geschwindigkeit des Übergangs auf. Es ist allerdings Konsens, dass die Stückzahlen für Fahrzeuge mit elektrifiziertem Antriebsstrang bis 2025 sprunghaft ansteigen werden. Bild 1 zeigt ein potentielles Übergangsszenario. Wie aus der Grafik ersichtlich ist, kann dabei zwischen Fahrzeugen mit zusätzlichem 48 V Bordnetz (Mild Hybrid / 48 V), Plug-In Hybrid Fahrzeugen (PHEV / HEV) und reinen Elektrofahrzeugen (EV) unterschieden werden. Mild Hybride besitzen neben dem etablierten 12 V Netzwerk ein 48 V Bordnetz, mit dem leistungsstärkere Ver-

[1] Infineon Technologies Austria AG.

T. Tille (Hrsg.), *Automobil-Sensorik 2*, DOI 10.1007/978-3-662-56310-6_7,

braucher (Nebenantriebe) wie z.B. ein e-Turbo elektrisch betrieben werden. Des Weiteren kann kinetische Energie bei Bremsvorgängen effizienter rekuperiert und das Fahrzeug mit geringer Geschwindigkeit rein elektrisch bewegt werden (z.B. zum Einparken). Plug-In Hybrid Fahrzeuge besitzen neben dem Verbrennungsmotor als Hauptantriebsmotor auch einen elektrischen Traktionsmotor, mit dem das Fahrzeug rein elektrisch für eine limitierte Reichweite, meistens zwischen 30 und 50 km, angetrieben werden kann. Reine Elektrofahrzeuge (EV) verfügen über keinen Verbrennungsmotor, sie werden ausschließlich von einem oder mehreren elektrischen Hauptantriebsmotor(en) bewegt. Der limitierende Faktor für höhere Elektrifizierung ist derzeit vor allem die Batterietechnologie, die die speicherbare Energiemenge technisch und kommerziell in engen Grenzen hält. Ein weiterer begrenzender Faktor ist der mit der fehlenden Schnell-Ladefähigkeit und der damit einhergehenden langen Ladezeiten verbundene „Mobilitätsverlust". Die laufenden technologischen Verbesserungen sowohl bei der Batterietechnologie als auch bei der verfügbaren Infrastruktur steigern die rein elektrisch erreichbaren Reichweiten von Elektrofahrzeugen kontinuierlich. Somit sinkt die Hürde zum Umstieg in die Elektromobilität, die Stückzahlen steigen und die Kosten sinken. Analysten gehen davon aus, dass sich die Kosten für den Antriebsstrang eines Elektrofahrzeuges (BEV, vgl. Bild 2) im Zeitraum von 2014 bis 2025 durch Volumeneffekte und technologische Weiterentwicklungen nahezu halbieren.

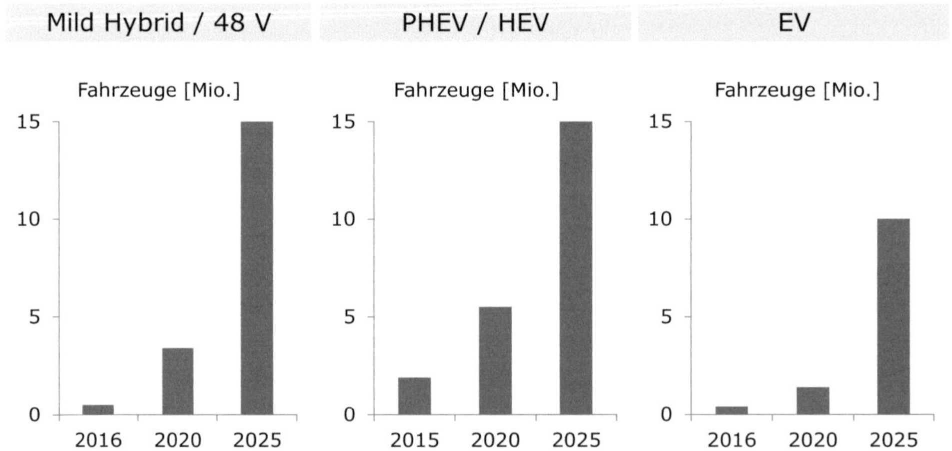

Bild 1: Marktentwicklung Hybrid- und Elektrofahrzeuge [1].

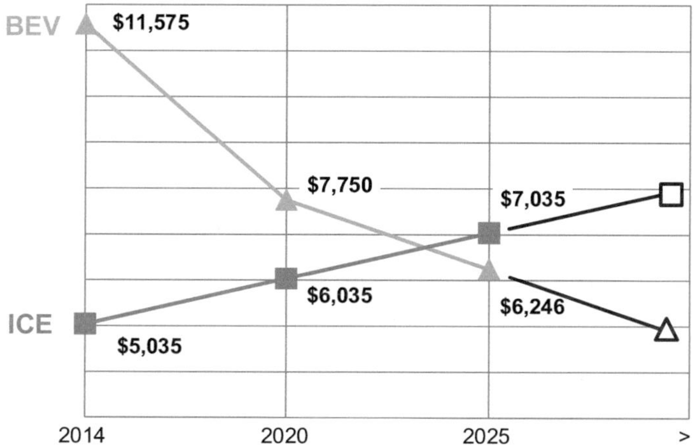

Bild 2: Kostenentwicklung Antriebsstrang Elektrofahrzeug (BEV) und Fahrzeug mit Verbrennungsmotor (ICE) [2].

Durch die steigende Komplexität von Antriebssystemen mit Verbrennungsmotor steigen deren Kosten kontinuierlich. Vor allem die additiven Systeme zur Steigerung der Effizienz, zur Hybridisierung und nicht zuletzt zur Abgasnachbehandlung führen zu einer signifikanten Erhöhung von direkten und indirekten Kosten. Laut der in Bild 2 dargestellten Studie ist zwischen dem Jahr 2014 und 2025 mit einem Anstieg von 40% zu rechnen. Somit ist zu erwarten, dass zwischen 2020 und 2025 der Punkt erreicht wird, in dem die Kosten des Antriebsstrangs für ein reines Elektroauto und für ein Auto mit Verbrennungsmotor gleich hoch sein werden. Ab diesem sogenannten „break-even point" wird ein Elektroauto in Bezug auf die Anschaffungskosten für den Endkunden attraktiver sein. Diverse staatliche Fördermaßnahmen könnten diesen Zeitpunkt durchaus noch früher Realität werden lassen. Damit befindet sich die Elektromobilität auf dem Weg von der Nische zum Main-Stream und rückt daher sowohl bei den Kosten als auch der Funktionalität in den Fokus.

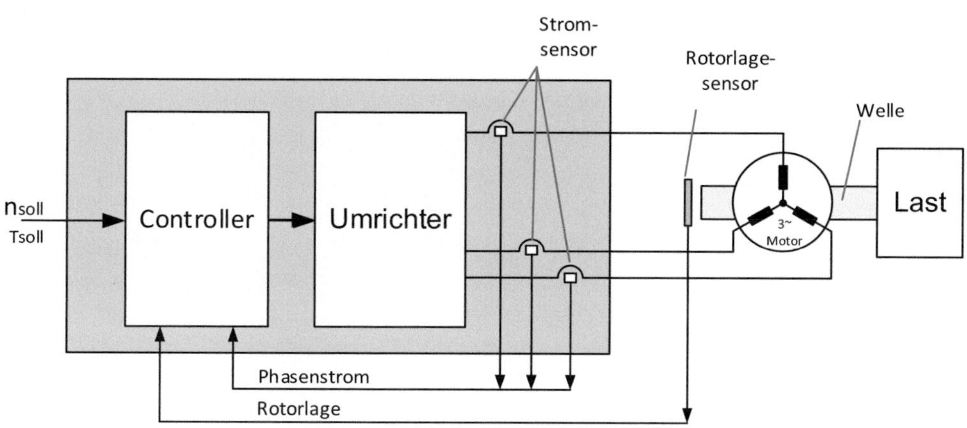

Bild 3: Ansteuerung eines elektrisch kommutierten Motors [3].

Die komplexe Ansteuer-Elektronik für die Regelung von hocheffizienten, bürstenlosen Elektromotoren besteht grundsätzlich aus einem Mikrokontroller, einem Umrichter und Sensoren zur Erfassung der Rotorposition und der Phasenströme (vgl. Bild 3) [3].

Zur Erreichung der Kostenziele bei einem elektrischen bzw. hoch elektrifizierten Antriebsstrang tragen primär die Kosten für Batterie und Umrichter sowie die E-Maschi-nen per se bei. Allerdings kommt der Sensorik in Bezug auf die Regelungsperformance, dem Bauraum, aber auch bei der funktionalen Sicherheit eine gewichtige Rolle zu.

In diesem Beitrag wird auf die direkte, mit der Ansteuerung einer elektrisch kommutierten elektrischen Maschine assoziierte Sensorik eingegangen. Die wesentlichen Sensoren sind hierbei: Ein Winkelsensor bzw. Drehzahlsensor zur Messung des Rotorwinkels bzw. Schlupfe und Stromsensoren zur Messung der Phasenströme im Stator.

7.2 Rotorlagesensorik

7.2.1 Sensorsysteme

Die unterschiedlichen Prinzipien bzw. Technologien zur Erfassung der Rotorposition wurden im Beitrag [3] ausführlich diskutiert. Elektromechanischen Sensorsystemen (Resolver) basieren auf dem Prinzip der Induktion. Aktive magnetische Sensoren können die Größe (Hall-Technologie) oder die Richtung des Magnetfeldes (MR magnetoresistive Technologie) detektieren.

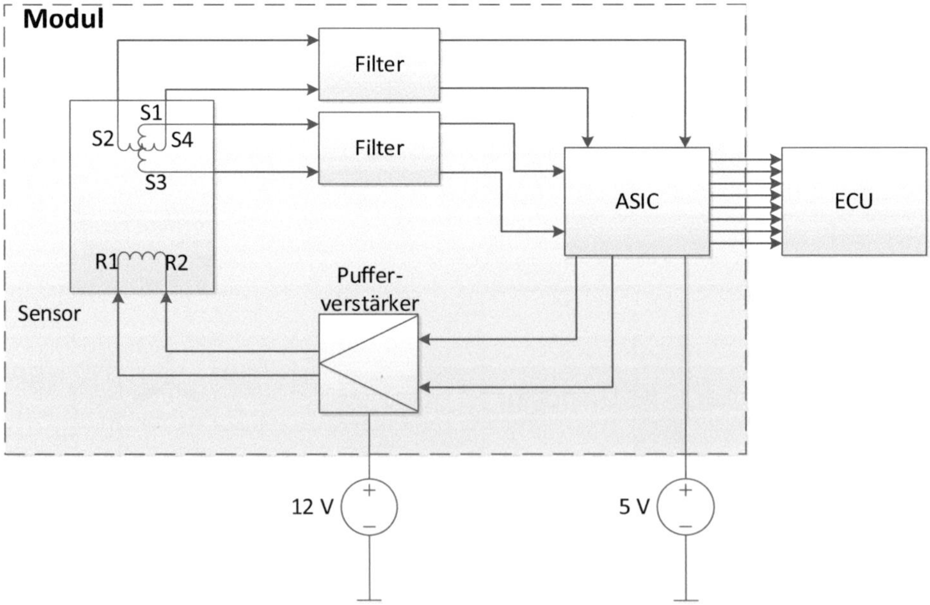

Bild 4: Applikationsbeschaltung eines Resolvers.

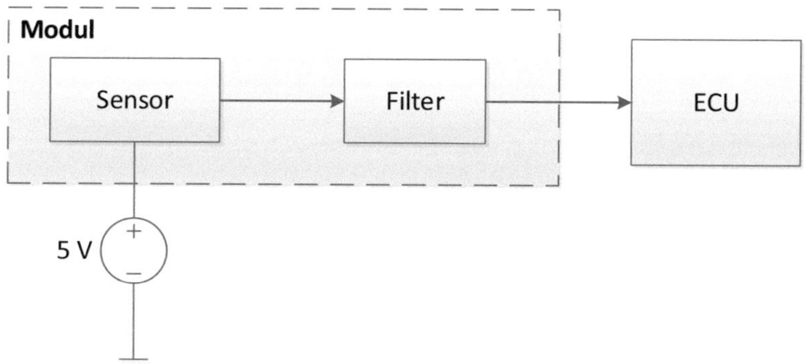

Bild 5: Applikationsbeschaltung magnetischer Sensor.

In Bild 4 ist die Applikationsbeschaltung eines weit verbreiteten elektromechanischen Sensorsystems (Resolver) abgebildet. Die Sensoreinheit am Stator dieses Sensors besteht aus den Erregerspulen (R_1, R_2) und mehreren versetzten Empfängerspulen (S_1 bis S_4). An die Erregerseite wird ein hochfrequentes Sinussignal angelegt, das dann in Abhängigkeit der Winkelposition des Rotors über ein magnetisches Koppel-Element auf die Empfängerspulen übertragen wird.

Im Empfängerbaustein werden die Amplituden und Phasen der Signale aus den Empfängerspulen ausgewertet und daraus der Rotorwinkel berechnet. Durch die limitierte Frequenz der Erregerspannung und die erforderliche Demodulation im Auswerte-Baustein ist die Bandbreite dieses Sensorsystems limitiert. Bei entsprechender Auslegung, idealer Ausrichtung und normalen Betriebsbedingungen erzielen Resolver-basierte Winkelsensoren eine sehr hohe Genauigkeit. Hohe Drehzahlen (30.000 U/min) und vor allem hoch dynamische Vorgänge führen allerdings aufgrund der geringen Bandbreite und der erforderlichen Demodulation des Trägersignals zu deutlichen Verlusten an Genauigkeit, also zu einem signifikanten Anstieg des Winkelfehlers.

Bei magnetischen Sensoren, im Speziellen bei Sensoren die auf den diversen magnetoresitiven Effekt beruhen, wird das Magnetfeld kontinuierlich abgetastet. Somit können hier deutlich höhere Bandbreiten erzielt werden. In Bezug auf den Sensor existieren keine Limitierungen gegenüber Drehzahl und Beschleunigung. Durch eine Vielzahl weiterer Vorteile [3], nicht zuletzt auch aufgrund der Robustheit in Verbindung mit einer herausragenden Kostenposition, werden derartige magnetische Sensoren deshalb in vielen Applikationen eingesetzt.

Wie im Bild 5 ersichtlich, ist die Applikationsbeschaltung eines magnetischen Sensors deutlich weniger komplex als die eines Resolvers. Sowohl der Pufferverstärker, als auch die Auswerteschaltung zur Berechnung des Rotorwinkels aus den Signalen der Empfängerspulen können hier entfallen.

Die Ausgangsleitungen des Sensormodules können direkt mit der zentralen Kontrolleinheit ECU (Electronic Control Unit, elektronisches Steuergerät) verbunden werden.

Ein in das Wellenende integriertes magnetisches Sensorsystem (vgl. Bild 6) kann weitere Anforderungen in der Applikation lösen [3].

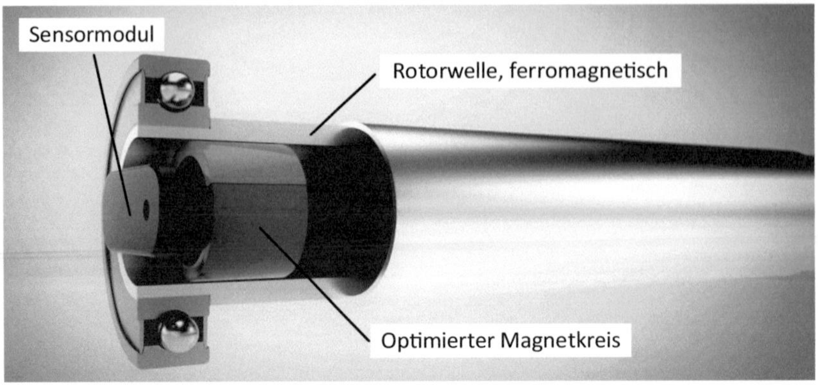

Bild 6: In die Welle integriertes magnetisches Sensorsystem.

Die ferromagnetische Rotorwelle schirmt das Sensorsystem im Inneren vor magnetischen Streufeldern. Zusätzlich kann im Vergleich zu elektromechanischen Sensorsystemen deutlich Bauraum gespart werden. Durch die hohe Integration ergibt sich eine geringe Größe der Sensor-Chips. Dadurch ist es möglich, mehrere Sensor-Chips in einem Sensor-Gehäuse zu verbauen. Es kann durch gezielte Kombination verschiedener Sensortechnologien neben der Redundanz auch eine Diversität der Sensoren erreicht werden. Somit können höchste Systemanforderungen bezüglich funktionaler Sicherheit gemäß ISO 26262 [4] erfüllt werden.

Bei sehr hohen Anforderungen an die Sensor-Performance und an die funktionale Sicherheit kommt der Schnittstelle zwischen dem Sensor und der Auswerteeinheit (Mikrocontroller) eine sehr große Bedeutung zu. Im folgenden Abschnitt sollen daher die unterschiedlichen Methoden diskutiert und ein neuer, innovativer Ansatz präsentiert werden.

7.2.2 Schnittstelle

Bei der Anbindung eines Sensors an einen Mikrocontroller können zwei grundsätzliche Partitionierungen unterschieden werden: *lokaler Sensor* und *abgesetzter Sensor*. Im ersten Fall ist der Rotorlagesensor in der zentralen Steuereinheit integriert (vgl. Bild 7). Bei einer derartigen Partitionierung kann aufgrund der physikalischen Nähe und der direkten Einbettung des Sensors in das Ökosystem des Steuergerätes ein breites Portfolio an Schnittstellen verwendet werden. Im Mikrocontroller ist eine Vielzahl an Ressourcen verfügbar. Die Anforderungen an die Robustheit der Schnittstelle gegenüber externen Einflüssen sind gering, deshalb kommen sowohl analoge als auch digitale Schnittstellen zum Einsatz.

Analoge Schnittstellen bieten in der Regel eine sehr hohe Bandbreite, geringe Gruppenlaufzeiten und Flexibilität bei der Auswertung und Nachbearbeitung der Sensordaten im Controller. Zusätzlich bieten sie optimale Methoden zur Synchronisation mehrerer Sensoren bei minimaler Komplexität auf Seiten des Sensors.

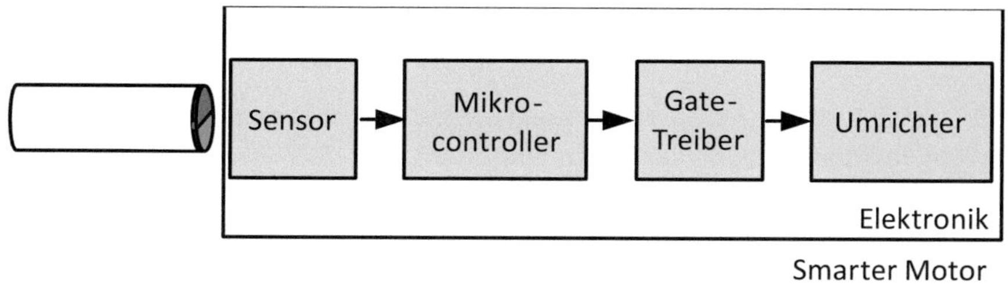

Bild 7: Integrierte Elektronik mit Rotorlagesensor.

Digitale Schnittstellen mit entsprechender Vorverarbeitung der Sensorsignale im Sensor ermöglichen eine deutliche Entlastung des Controllers. Sie bieten Vorteile bei internen Diagnosekonzepten im Kontext von Anforderungen an die funktionale Sicherheit, haben allerdings Defizite bei der Synchronisation und bei der verfügbaren Abtastrate.

Bei einem abgesetzten Sensor ist dieser nicht Teil des Steuergeräts, sondern als eigenständiges Modul über ein Kabel mit diesem verbunden (vgl. Bild 8). Diese Partitionierung findet sich beispielsweise bei Antrieben, bei denen die Integration des Umrichters in den Motor aufgrund des verfügbaren Bauraums nicht möglich ist. In diesem Fall kommt der Schnittstelle zwischen dem Sensor und dem Steuergerät eine sehr große Bedeutung zu. Neben der kostenseitig motivierten Minimierung der notwendigen Verbindungen und Steckkontakte ist eine entsprechende Robustheit der Verbindung gegenüber externen Einflüssen, z.B. elektrostatische Entladung (ESD) und elektromagnetische Verträglichkeit (EMV) sicherzustellen. Eine digitale Schnittstelle in Verbindung mit einer entsprechenden Vorverarbeitung der Sensordaten im Sensor wird hier gegenüber einer analogen Anbindung in beiden Aspekten (erforderliche Anzahl der Verbindungen, Robustheit) Vorteile bieten.

Die aktuell verfügbaren und im Automobil-Umfeld etablierten Standards für digitale Schnittstellen (SPC, SENT, PWM, SPI, I^2C, Inkremental-Interface, etc.) bieten allerdings entweder nicht die erforderlichen Bandbreite, verfügen nicht über die erforderlichen Synchronisationsmechanismen, haben Einschränkungen bei der Robustheit gegenüber externen Einflüssen, und/oder werden von verfügbaren Mikrocontrollern nicht oder nur unzulänglich unterstützt. Hoch performante Sensorschnittstellen aus dem Industrie-Bereich sind in vielen Aspekten wie beispielsweise der Anzahl der Leitungen oder der Komplexität der Auswerteschaltung in einem automotiven Kontext technisch und kommerziell nur schwer darstellbar.

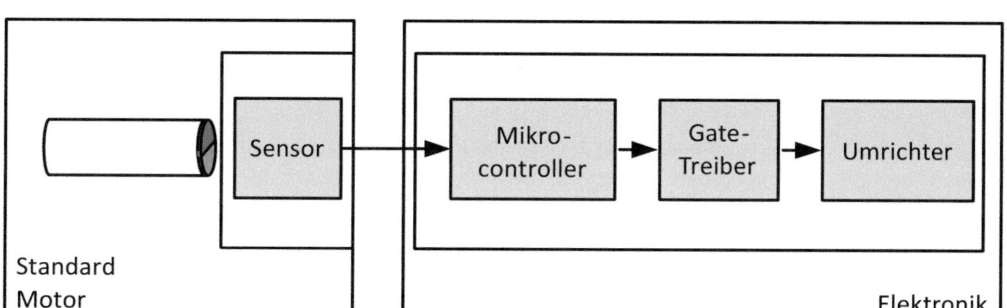

Bild 8: Abgesetzter Rotorlagesensor.

7.2.2.1 Sensor-Rohsignal

Magnetkreise für Winkel-Sensorik werden in der Regel so ausgelegt, dass ein Sensor durch eine geeignete Anordnung von sensitiven Elementen aus dem Verlauf des Magnetfeldes ein Sinus- und Cosinus-Signal ableiten kann (vgl. Bild 9). Durch eine einfache Arkustangens-Berechnung kann dann auf den absoluten Winkel zurückgerechnet werden.

Die erzielbare Genauigkeit der Winkelmessung hängt wesentlich von der Nachverarbeitung der Rohdaten ab. Bei einer Basis-Kompensation werden primäre Sensor-Fehler wie z.B. Offsets, unterschiedliche Amplituden des Sinus- und Cosinus-Signals und auch mechanische Versätze der Sensorzellen im Magnetkreis (Orthogonalität) ausgeglichen.

Mit derartigen Kompensationen erster Ordnung lassen sich bei geeigneter Auslegung des Magnetkreises und Verwendung leistungsfähiger Sensoren Fehler im Bereich ± 0,3° erreichen (vgl. Bild 10, oberes Diagramm). Werden die verbleibenden Signaloberwellen über entsprechende Verfahren (Kompensation zweiter Ordnung) kompensiert, so kann der Winkelfehler nochmals deutlich auf Werte von kleiner ± 0,1° optimiert werden (vgl. Bild 10, unteres Diagramm).

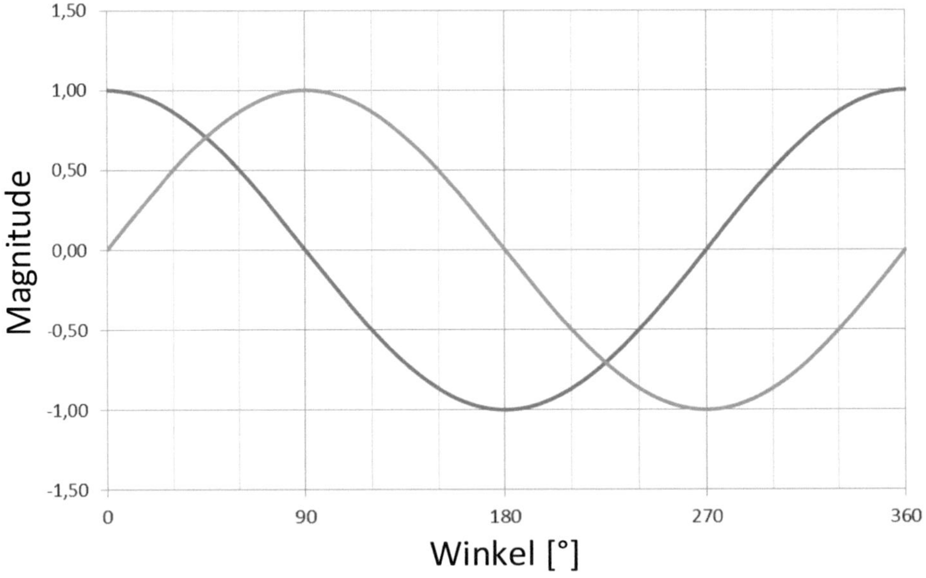

Bild 9: Analoge Schnittstelle; Sinus- und Cosinus Signale.

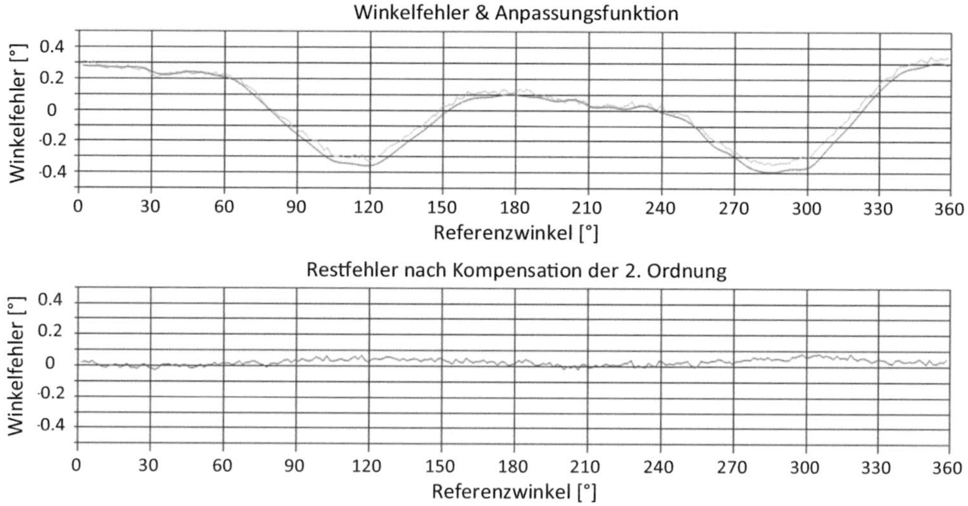

Bild 10: Typischer Verlauf des Winkelfehlers eines MR-Winkelsensors nach Kompensation erster und zweiter Ordnung.

7.2.2.2 Analoge Schnittstelle

Bei Sensoren, die auf dem MR-Effekt (Magnetoresistiver Widerstand) beruhen, können diese beiden Signale dann entweder direkt oder nach einer einfachen Aufbereitung (Verstärkung) im Sensor übertragen und durch einen Mikrocontroller eingelesen und verarbeitet werden. Der Hauptvorteil dieser Implementierung liegt in der Einfachheit des Sensors und in der minimalen Verzögerungszeit (Latenzzeit) in der gesamten Signalkette. Die gesamte Signalverarbeitung und auch die Abtastung des Sensorsignals werden durch den Mikrocontroller gesteuert. So können Genauigkeitsverluste, die durch Latenzzeiten und vor allem durch Unsicherheiten im Abtastzeitpunkt entstehen, auf sehr einfache und effiziente Weise minimiert werden.

Analoge Schnittstellen sind bei lokalen Rotorlagesensoren derzeit am gebräuchlichsten. Für Applikationen mit hohen Anforderungen an die Genauigkeit (Beispiel: elektrische Lenkung, Hauptantrieb), die funktionale Sicherheit oder Verfügbarkeit, wird der Einsatz redundanter und sogar diverser Sensorsysteme unerlässlich. Dies führt bei einer analogen Schnittstelle sehr rasch zu einer signifikanten Erhöhung der Anzahl zu bewertender Signale.

Darüber hinaus ist es notwendig, neben den Winkelwerten auch noch Diagnose-Informationen des Sensors zu bewerten. Speziell in diesen Fällen ist die Einführung einer hoch performanten, digitalen Schnittstelle sehr vorteilhaft. Bild 11 zeigt die resultierenden Verdrahtungs-Komplexitäten für die Realisierung eines redundanten Sensorsystems zur Rotorlagemessung. Bei einem derartigen Sensor können sowohl die Versorgungs- (VDD, GND) als auch die Ausgangsleitungen (SIN, COS) der einzelnen Sensoren getrennt ausgeführt werden. Die Ausgangsleitungen werden in der Regel differentiell ausgeführt (SIN_H/SIN_L, COS_H/COS_L). Die erfolgt aus Gründen der EMV-Robustheit, der Diagnosefähigkeit, aber auch um die Verluste bei der nachfolgenden Analog/Digitalwandlung möglichst gering zu halten. Zusätzlich kann über eine weitere Leitung (DIAG) Diagnoseinformation übertragen werden. Somit ergeben sich für die analoge Implementierung der Sensorschnittstelle bis zu 14 Leitungen. Die resultierende Komplexität bezüglich der Verkabelung ist hoch, auch die Größe der Stecker steigt entsprechend. Zusätzlich ist die analoge Schnittstelle trotz differentiell ausgeführter Signalleitungen anfällig gegenüber externer Beeinflussung. Dies muss bei der Konfektionierung und Verlegung der Sensorleitungen entsprechend berücksichtigt werden. Die hohen Aufwände für die Sensorschnittstelle werden dadurch zu einem signifikanten Kostenfaktor für das Sensor-System.

Wie in Bild 11 angedeutet ist, lässt sich der Aufwand für die Schnittstelle bei Einführung eines digitalen Interfaces deutlich verringern. Im folgenden Abschnitt sollen nun verfügbare Standards bezüglich ihrer Verwendbarkeit für abgesetzte Rotorlagesensoren diskutiert werden.

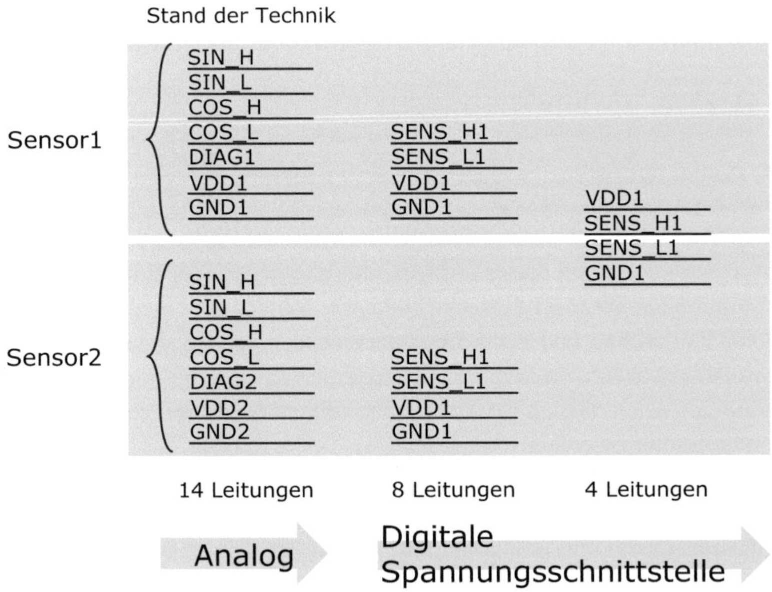

Bild 11: Komplexität der Sensor-Verkabelung eines redundanten Sensorsystems bei analoger und digitaler Schnittstelle.

7.2.2.3 Digitale Schnittstelle

Um die Leistungsfähigkeit und die Einsetzbarkeit einer Digital-Schnittstelle bewerten zu können, müssen zuerst die Schlüsselparameter festgelegt werden. Diese sind nachfolgend beschrieben.

7.2.2.3.1 Schlüsselparameter

- **Nutzdaten:** Winkel- und Diagnose-Information.
- **Information zur Datensicherung:** Um eine sichere Übertragung zu gewährleisten, ist es erforderlich, entsprechende Sicherungs-Daten, z.B. in Form eines CRC (cyclic redundancy check, zyklische Blockprüfung) mit zu übertragen.
- **Synchronisations-Mechanismus:** Um den Einfluss der unvermeidlichen Latenzzeit möglichst gering zu halten, ist die Kontrolle des Abtast-Zeitpunktes durch das Steuergerät essentiell. Eine Sensorschnittstelle muss daher einen entsprechenden Synchronisationsmechanismus unterstützen.
- **Arbitrationsmechanismus für Bussysteme:** Bei redundanten Systemen ist die Anbindung mehrerer Sensoren über einen Sensorbus aufgrund der reduzierten Verdrahtungskomplexität wünschenswert. In einem solchen Fall ist ein Mechanismus erforderlich, der den Zugriff der einzelnen Teilnehmer auf den Bus durch geeignete Maßnahmen regelt.
- **Latenzzeit:** Die zeitliche Dauer zwischen der Abtastung des Winkelwertes im Sensor bis zur Verfügbarkeit der Daten (inklusive Sicherungsinformation) im Steuergerät.
- **Latenzzeit-Jitter:** Die zeitliche Varianz der Latenzzeit.

7.2.2.3.2 Anforderungsprofil Rotorlagesensorik

Bei hoch performanten feldorientierten Regelungen ist es mittlerweile Stand der Technik, den Spannungsvektor der Ausgangsspannung in jeder PWM-Periode der aktuellen Rotorlage anzupassen. Dies bedingt, dass die Update-Rate des Rotorlagesensors mindestens der PWM-Frequenz des Umrichters entsprechen muss. Für eine PWM Frequenz von 20 kHz ergibt sich somit beispielsweise eine erforderliche Update-Rate von 50 µs.

Um die Synchronisation eines oder mehrerer Sensoren auf einem Sensor-Bus zu gewährleisten wird es erforderlich sein, ein Anforderungs-Kommando in gesicherter Weise an die Sensoren zu übertragen. Die dazu notwendigen Daten sind in Tabelle 2 aufgelistet.

In Summe ergibt sich daher eine minimale Datenmenge von 30 Bit, die innerhalb der erforderlichen Update-Zeit übertragen werden muss.

Damit kann sehr einfach die erforderliche Netto-Datenrate des Sensor-Interfaces berechnet werden. Im gezeigten Fall ergibt sich eine Netto-Datenrate von:

$$Netto-Datenrate = \frac{D_{(Daten)} + D_{(Adresse)}}{Update-Rate} = \frac{24Bit + 6Bit}{50\mu s} = 600kBit/s \qquad (1)$$

Tabelle 1: Nutzdaten für ein digitales Sensor-Interface.

Inhalt - Daten	**Bit Anzahl**
Nutzdaten: **Winkelinformation:** Typischerweise werden Rotorlagesensoren mit einer Auflösung bis zu 16384 Pulsen pro Umdrehung eingesetzt. Dies entspricht einer Auflösung von 13 Bit. **Diagnoseinformation:** Die minimale Diagnoseinformation beträgt 1 Bit, um die Gültigkeit eines Winkelwertes anzuzeigen.	13 Bits 1 Bit
Datensicherung: Um eine Datenübertragung für hoch sicherheitsrelevante Systeme zu implementieren, ist eine Absicherung nach ASIL-D (automotive safety integrity level) Kriterien erforderlich. Dafür sind für die anzustrebende Frame-Länge mindestens sieben Bit Information erforderlich.	7 Bits
Busfähigkeit: Im Falle mehrerer Bus-Teilnehmer ist die Übertragung einer eineindeutigen Sensor-ID zur sicheren Zuordnung der angekommenen Daten unerlässlich. Um ein System mit bis zu acht Teilnehmern realisieren zu können, ist eine 3-bit Adresse erforderlich.	3 Bits
Gesamt	24 Bits

Bei mehreren Busteilnehmern ist diese Datenrate entsprechend zu multiplizieren. Diese Berechnung beinhaltet noch keinerlei Toleranzen, Zeiten zwischen der Übertragung einzelner Blöcke bzw. Zusatzinformationen zur Synchronisation oder Steuerung der Busteilnehmer.

In Tabelle 3 sind etablierte Sensor-Schnittstellen mit den zuvor beschriebenen Schlüsselparametern aufgelistet. Es wird dabei deutlich, dass keine der gelisteten Schnittstellen die Anforderungen an die Datenrate in Kombination mit der geforderten Störungsrobustheit erfüllt. Als einzige Schnittstelle erfüllt SPI die erforderliche Datenrate, dies allerdings auf Kosten der EMV-Kompatibilität und der Leitungsanzahl.

Tabelle 2: Daten für Sensor-Adressierung und Synchronisation.

Inhalt – Adresse	**Bit Anzahl**
Sensor-Adresse für bis zu 8 Bus-Teilnehmer	3 Bits
Absicherung Sensor Adresse	3 Bits
Gesamt	6 Bits

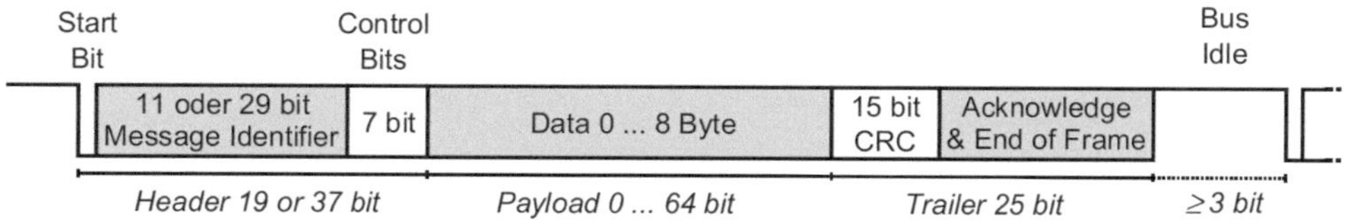

Bild 12: Data Link Layer CAN 2.0A und CAN 2.0B Botschaftsformat (Längenangaben ohne Bit-Stuffing, zusätzlich typ. 3 bis 4 Stuff-Bits je Botschaft) [5].

Tabelle 3: Übersicht Standard Sensor Interfaces.

	Einheit	**SPC**[2]	**SENT**[3]	**PWM**[4]	**SPI**	**I²C**
Bandbreite-Äquivalent	kBit/s	64	64	13	5000	400
Latenzzeit	µs	468	448,5	1000	6,4	75
Anzahl der Leitungen[5]	-	1	1	1	3(4)	2
Latenzzeit-Jitter	µs	n/a	448,5	1000	n/a	n/a
EMV/ESD Robustheit	-	Mittel	Mittel	Mittel	Gering	Sehr gering
Busfähig-keit	-	Ja	Nein	Nein	Ja	Ja
Diagnose-fähigkeit	-	Ja	Ja	Nein	Ja	Ja

[2] Annahme: 8 Daten-Nibbles mit 27 UT (unit time), Sync-Frame 27 UT, Trigger-Frame 13 UT, CRC-Frame 27 UT, UT = 1,5 µs, Summe 468 µs.

[3] Annahme: 8 Daten-Nibbles mit 27 UT, Sync-Frame 27 UT, CRC-Frame 27 UT, UT = 1,5 µs, Summe 448,5 µs.

[4] Übertragung von Diagnose- und Sicherungsinformation ist nicht möglich. Für die Bewertung wird nur die Winkelinformation herangezogen. PWM-Frequenz = 1 kHz.

[5] Ohne Berücksichtigung der Sensor-Versorgungsleitungen.

Tabelle 4: Standardisierte Bussysteme im Kraftfahrzeug. Verwendbarkeit als Sensorschnittstelle.

	Einheit	**LIN**	**CAN-HS**	**CAN-FD**	**FlexRay**	**Ethernet**
Bandbreite-Äquivalent	kBit/s	20	1000	2000	5000	10000
Latenzzeit	µs	3250[6]	62[7]	31[8]	16[9]	51,2[10]
Anzahl der Leitungen[11]	-	1	2	2	2	2
Latenzzeit-Jitter[12]	µs	> 13000	> 248	> 124	> 64	> 204,8
EMV/ESD Robustheit	-	Hoch	Hoch	Hoch	Hoch	Hoch
Busfähigkeit	-	Ja	Ja	Ja	Ja	Ja
Diagnosefähigkeit	-	Ja	Ja	Ja	Ja	Ja

Betrachtet man Bus-Implementierungen, die für externe Kommunikation im automotiven-Umfeld in Verwendung sind (vgl. Tabelle 4), so finden sich definitiv Schnittstellen, die die gestellten Anforderungen erfüllen. Die Verwendung von Ethernet und Flexray Übertragung ist aufgrund der hohen Komplexität der Leitungstreiber und der Restriktionen bezüglich der Verkabelung wahrscheinlich nicht zweckführend. CAN-HS (High Speed Controller Area Network) hat als etablierter Standard aufgrund der großen Verbreitung und der damit verbundenen Volumens-Effekte sehr hohes Potential. Allerdings ergibt sich bei der Nutzung des CAN-Protokolls durch die für die Bus-Arbitrierung vorgesehenen Zusatzdaten (vgl. Bild 12) vor allem bei den hier erforderlichen kurzen Datenframes ein sehr ungünstiges Verhältnis zwischen Brutto- und Nettodatenrate. Bei einer Limitierung der physikalischen Brutto-Datenrate auf 1 Mbit/s ergibt sich aufgrund der hohen Menge an übertragener Zusatzinformation bei hundertprozentiger Auslastung lediglich eine physikalisch mögliche Netto-Datenrate von etwa 250 kBit/s (Referenz: CAN2.0A-Protokoll [5]).

Um bestehende CAN-Bausteine für die zu implementierende Sensorschnittstelle nutzen zu können, muss also ein Protokoll entwickelt werden, das eine deutlich höhere Effizienz in Bezug auf das Brutto/Nettodatenratenverhältnis aufweist. Dabei können die reduzierten

[6] 65 Bit Payload (Nutzdaten)
[7] 62 Bit Payload
[8] 62 Bit Payload
[9] 80 Bit Payload
[10] 512 Bit Payload
[11] Ohne Berücksichtigung der Sensor-Versorgungsleitungen
[12] Gilt für vier Botschaften

Anforderungen an die Busfähigkeit (Single Master statt Multi-Master, geringere Anzahl an Teilnehmern) ausgenutzt werden. Zusätzlich ist eine Optimierung auf sensor-spezifische Eigenschaften wie die Minimierung der Latenzzeit-Variation erforderlich.

7.2.2.4 Sensorbus GP-HSSI

Um diese Anforderungen zu adressieren, stellen wir eine neue, auf existierenden Komponenten basierende Schnittstelle GP-HSSI (General purpose high speed sensor interface) vor. Die folgende Spezifikationen sollen erfüllt werden:

- Datenrate bis 5 Mbit/s
- Busfähigkeit für bis zu acht Teilnehmer
- Echtzeit-Synchronisationsfähigkeit durch einen Bus-Master
- Latenzzeit-Variation << 1 μs
- Hohe EMV-Kompatibilität entsprechend CISPR (Internationales Sonderkomitee für Funkstörungen)
- Unterstützung durch nicht spezifische Mikrocontroller-Peripherie
- Datensicherung für ASIL-D Systeme

7.2.2.4.1 Prinzipieller Aufbau

Der Ansatz basiert auf der Verwendung von CAN-HS bzw. CAN-FD (flexible Datenrate) Transceivern als physikalisches Übertragungsmedium. Als Datenprotokoll dient ein optimiertes Protokoll, das über UART (universal asynchronous receiver transmitter) bzw. PWM (pulse width modulation) -Peripherieeinheiten eines Mikrocontrollers generiert werden kann. Der prinzipielle Aufbau der Schnittstelle ist in Bild 13 dargestellt. Für die Kommunikation zwischen Sensor und Steuergerät werden zwei Leitungen (CANH, CANL), benötigt. Die Sensor-Versorgung erfolgt über zwei weitere, getrennte Leitungen. Die Bus-Transceiver können dabei entweder als diskrete Standard-Komponenten verbaut werden oder sind direkt Teil des Sensor-ICs.

Durch die sehr einfache Bus-Topologie ist es ausreichend, die Sensorleitung an beiden Enden mit einem 120 Ohm Widerstand zu terminieren. Die üblicherweise in Standard-CAN Implementierungen verwendete Gleichtakt-Drossel kann entfallen. Der Bus-Master (ECU) steuert die Bus-Kommunikation über einen Trigger-Frame. Dieser dient zum einen zur Adressierung der Sensoren, zum anderen wird durch diesen Frame die Sensor-Abtastung gesteuert. Über einen speziellen, vom Master ausgesendeten Frame (Broadcast) können darüber hinaus gleichzeitig mehrere Sensoren synchronisiert werden. Nach dem erfolgreichen Einlesen eines Trigger-Frames überträgt der betroffene Sensor seine Daten in Form von mehreren 8-bit Frames auf den Bus. Am Ende eines Übertragungszyklus wird vom adressierten Sensor ein Sicherungs-Frame auf den Bus übertragen. Bild 13 zeigt den zeitlichen Ablauf einer Übertragung, in Tabelle 5 ist der Inhalt der einzelnen Datenframes dargestellt.

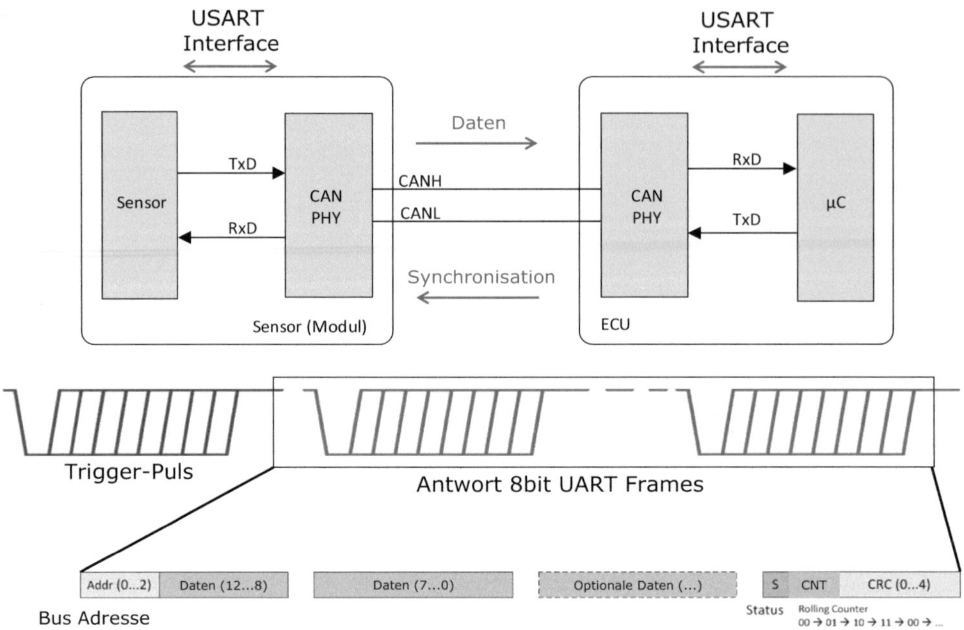

Bild 13: GP-HSSI für abgesetzte Sensoren.

Tabelle 5: GP-HSSI Aufbau der Datenframes.

Inhalt – Adresse	**Bit Anzahl**
Frame Aufbau	8 Bits + Start + Stop Bit
Trigger Frame	8 Bits + Start + Stop Bit (valid Frame)
Daten	16 Bit
Safety	8 Bits (Status, CRC-5, Rolling Counter)
Gesamt	4 * (8 + 2 Bits) = 40 Bits

7.2.2.4.2 Synchronisation

Eine besondere Bedeutung kommt der Synchronisation des Sensors auf die Takt-Domäne des Steuergeräts zu. Bei dem vorgeschlagenen Protokoll sendet das Steuergerät einen Trigger-Frame. Dadurch wird sowohl die Abtastung im Sensor, als auch die nachfolgende Übertragung der Daten durch den Sensor gesteuert. Um mit diesem Mechanismus eine hochgenaue Synchronisation mit minimaler zeitlicher Varianz sicherzustellen, ist es einerseits notwendig, dass der Mikrocontroller eine hochpräzise Generierung des Trigger-Frames unterstützt. Andererseits muss der Sensor befähigt werden, den Trigger-Frame mit minimaler zeitlicher Varianz zu empfangen und zu interpretieren.

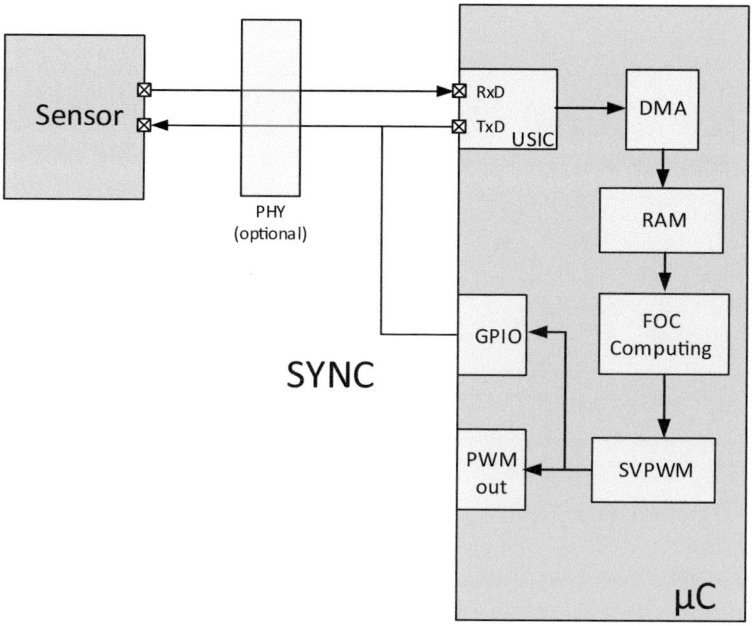

Bild 14: Mikrocontroller-Anbindung GP-HSSI, Basic und Advanced Trigger Frame.

Grundsätzlich kann der Trigger-Frame durch eine UART-Peripherieeinheit eines Mikrocontrollers sehr einfach und flexibel generiert werden. Allerdings verfügen nur wenige, hoch performante Controller über eine UART-Einheit, die den Start einer Übertragung mit extrem geringer und vor allem konstanter zeitlicher Verzögerung ermöglicht. Damit kommt es ggf. zu einer zeitlichen Varianz zwischen der internen Takt-Domäne und der Sensor-Synchronisation. Die dadurch entstehende Unsicherheit bei der Latenzzeit-Kompensation bewirkt bereits eine signifikante Verschlechterung der System-Genauigkeit. Deshalb bietet das vorgeschlagene Protokoll alternativ zur Generierung des Trigger-Frames über die UART Einheit auch die Möglichkeit, den Frame direkt über einen PWM-Ausgang des Mikrocontrollers zu generieren (vgl. Bild 14). In diesem Fall kommt es zu keinerlei zeitlichen Verzögerung, der Synchronisations-Puls ist per Hardware und damit intrinsisch hoch genau mit der relevanten Takteinheit im Controller synchronisiert. Durch die prinzipielle Funktionsweise des Sensorbusses wird der Trigger-Frame durch die Empfangseinheit aller Bus-Teilnehmer gelesen. Um diesen Frame analog zu den Datenframes gültig empfangen zu können, ist daher sinnvoll, diesen unabhängig von der verwendeten Signalquelle als gültigen UART-Frame mit einer Länge von 8 Bit auszuführen.

Die Verwendung einer einfachen PWM-Einheit zur Generierung des Trigger-Frames lässt bei einer Frame-Länge von 8 Bit aufgrund der Codierung der Sensor-Adresse nur acht mögliche Kombinationen zu (Basic Trigger). Der komplexe Trigger-Frame (Advanced Trigger) erlaubt durch die freie Bitfolge 256 verschiedene Kombinationen. Typische Verläufe für einen Basic und einen Advanced Trigger Frame sind im Bild 15 und Bild 16 dargestellt.

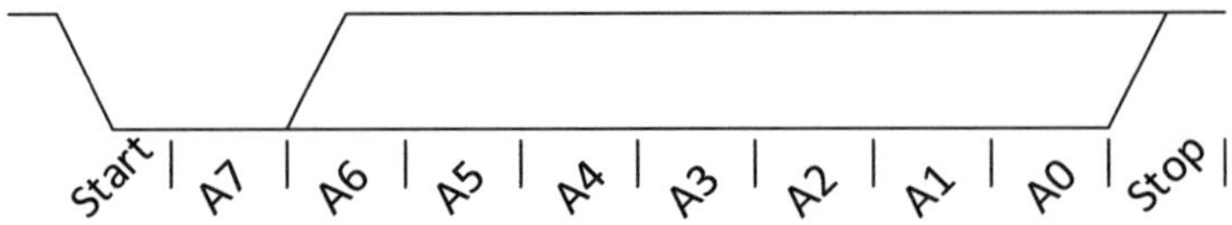

Bild 15: GP-HSSI Basic Trigger Frame.

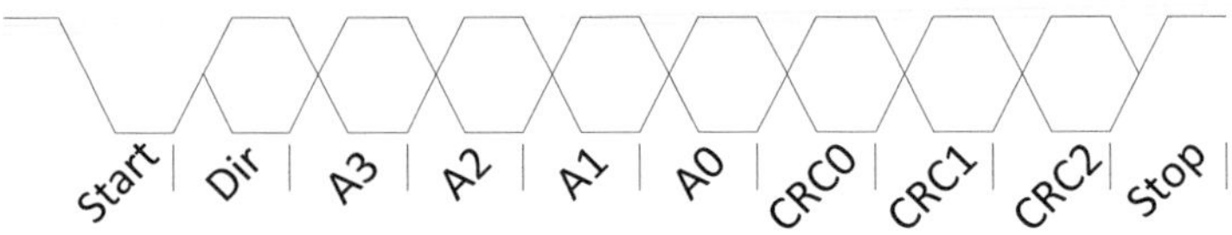

Bild 16: GP-HSSI Advanced Trigger Frame.

7.2.2.4.3 Datenübertragung

Nachdem der Sensor den Trigger-Frame erfolgreich empfangen hat, sendet er seine Informationen über den Sensorbus an das Steuergerät. Die Daten werden dabei byteweise übertragen. Im vorliegenden Fall genügt es, zwei Byte zu übertragen. Je nach Sensor-Anforderung können dabei entweder Winkeldaten, oder auch Diagnoseinformationen übertragen werden.

7.2.2.4.4 Sicherungs-Frame

Um eine Diagnoseabdeckung entsprechend ASIL-D zu erreichen, ist eine Fehler-Erkennung > 99 % erforderlich. Dazu ist es notwendig, einen entsprechenden Sicherungs-Frame im Sensor zu generieren und diesen zusammen mit den Nutzdaten zu übertragen. Anschließend wird eine Validierung der empfangenen Daten im Empfänger durchgeführt.

Im vorliegenden Fall erweist sich eine Kombination aus mehreren Schutzmechanismen als sehr zweckmäßig. So wird für den Sicherungs-Frame eine Kombination aus einem 5-Bit CRC in Kombination mit zwei Bit Rolling Counter übertragen. Ein weiteres Statusbit zeigt potentielle interne Fehler des Sensors und damit eine Invalidität der übertragenen Daten an. Der Aufbau des Sicherungs-Frames ist in Bild 17 dargestellt.

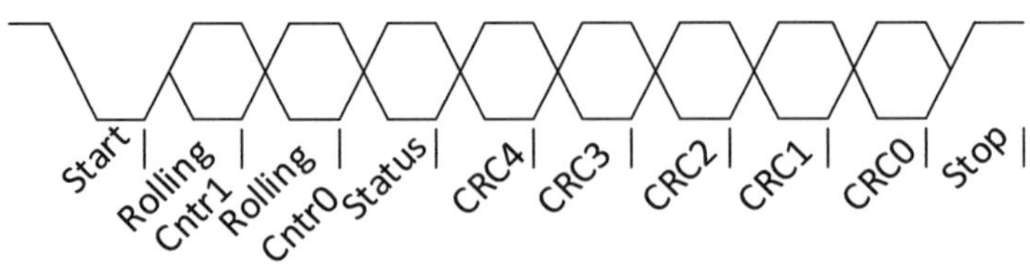

Bild 17: GP-HSSI: Aufbau des Sicherungsframes.

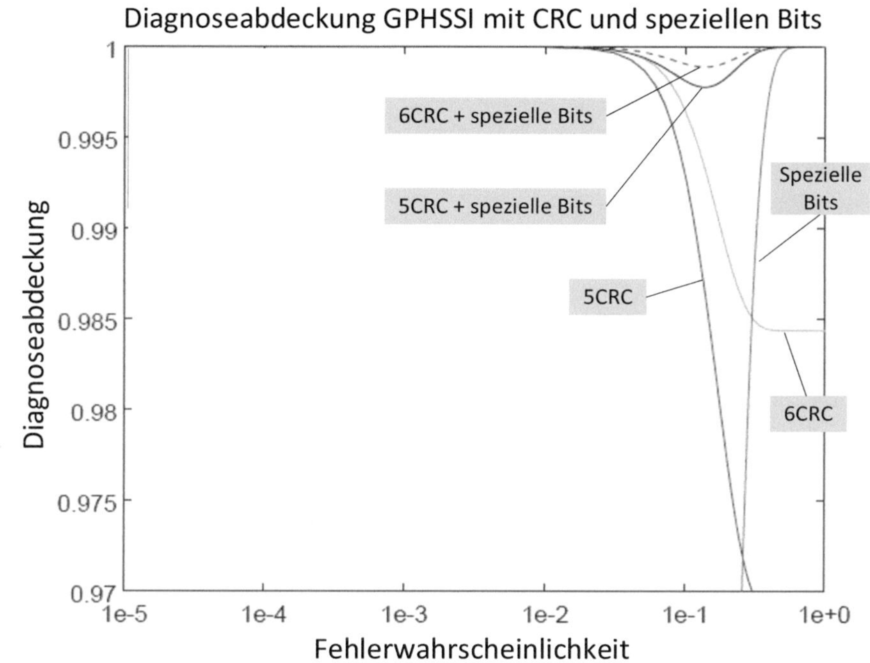

Bild 18: GP-HSSI: Bewertung der Diagnoseabdeckung in Abhängigkeit der CRC-Länge.

Eine Simulation der Fehlererkennungs-Rate (vgl. Bild 18) zeigt sehr anschaulich den Einbruch des CRC-Mechanismus bei sehr hohen Fehlerwahrscheinlichkeiten (Kurve „5CRC" und „6CRC"). In diesem Bereich erweisen sich allerdings die im UART-Protokoll beinhalteten dedizierten Bits (Start / Stoppbit), der Rolling Counter und das im Sicherungsframe enthaltene Statusflag als sehr hilfreich. Diese Informationen erzielen in diesem Bereich eine sehr hohe Detektionsrate (Kurve „spezielle Bits"). Aus der Überlagerung der diversen Sicherungs-Mechanismen ergibt sich eine resultierende Diagnoseabdeckung von größer als 99,7%. Somit ist eine Konformität für die Metriken entsprechend den Anforderungen für ASIL-D erreicht.

7.2.2.4.5 Anwendungsbeispiele

Durch die hohe Leistungsfähigkeit der vorgestellten Schnittstelle ergibt sich ein sehr breites Einsatzspektrum. Je nach Systempartitionierung und -anforderung können mehrere Sensoren zu einem Sensor-Cluster verbunden und über einen Interface-Baustein an den Sensorbus angekoppelt werden. Darüber hinaus können mehrere abgesetzte Sensormodule über den Sensorbus mit dem Steuergerät verbunden werden. Eine mögliche Konfiguration mit zwei dualen Sensoren ist in Bild 19 abgebildet.

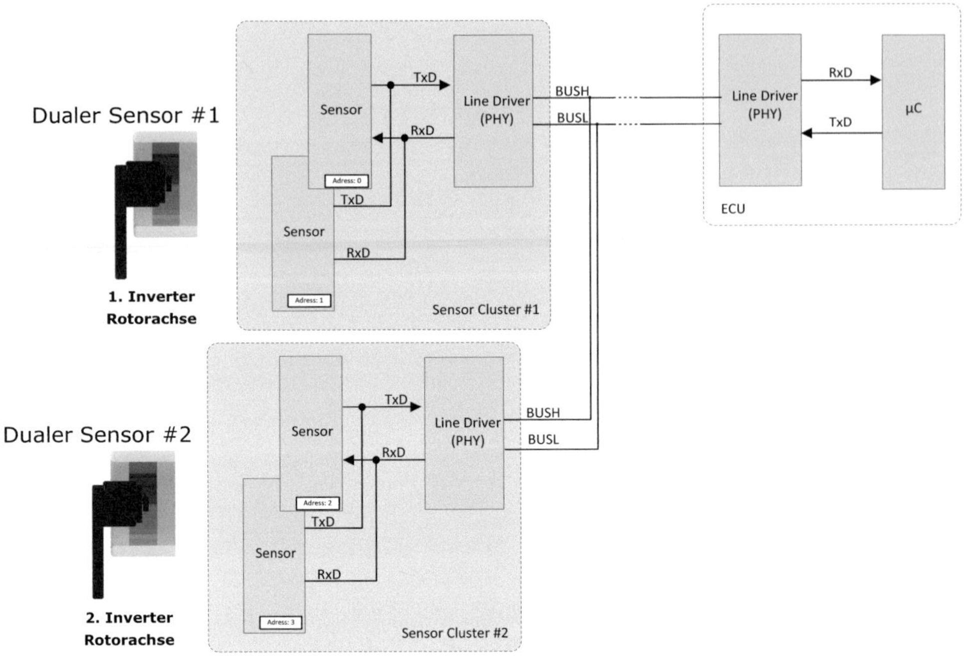

Bild 19: Abgesetzte Sensor-Cluster.

Die Verwendung der UART-Schnittstelle ist konsequenterweise nicht auf die Kombination mit einem CAN-Transceiver beschränkt, bei noch höheren Datenraten ist beispielsweise der Einsatz eines FlexRay-Transceivers denkbar. Des Weiteren kann das Interface auch für lokale (auf dem Steuergerät integrierte) Sensoren eingesetzt werden. In diesem Fall kann die Verwendung eines Transceiver-Bausteins gänzlich entfallen. Der Sensor wird mit ausgekreuzten RxD/TxD-Leitungen direkt mit der UART-Peripherie des Mikrocontrollers verbunden (vgl. Bild 20).

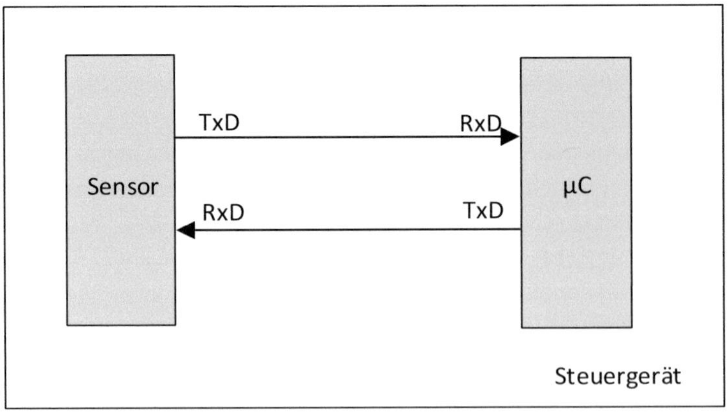

Bild 20: GP-HSSI, Applikation mit lokalem Sensor.

7.2.2.4.6 Ergebnisse

Die vorgeschlagene Schnittstelle wurde prototypisch implementiert und in verschiedenen Sensor-Konfigurationen getestet. Bei Verwendung eines Standard CAN-FD-Transceivers (TLE9250VLE [6]) konnte mit einem Sensor-Cluster eine Übertragungsgeschwindigkeit von 5 Mbit/s realisiert werden. Die Übertragungs-geschwindigkeit ist hier durch den Interface-Baustein limitiert. Bei einer Übertragungsgeschwindigkeit von 2 Mbit/s ergibt sich eine Frame-Dauer von 22 µs. Es ist somit möglich, ein Sensor-Cluster bestehend aus zwei Sensoren innerhalb einer Periodendauer von 50 µs (entspricht einer PWM-Frequenz von 20 kHz) auszulesen. Die Latenzzeit zwischen Abtastung des Sensorsignals und der Verfügbarkeit im Mikrocontroller beträgt 47 µs bei einer zeitlichen Varianz der Latenzzeit (Jitter) von 228 ns (4 Sigma). Der verwendete GMR-Sensor wurde über eine Kompensation erster Ordnung (Offset-, Amplituden- und Orthogonalitäts-Abgleich) kompensiert. Nach einer Latenzzeit-Kompensation erster Ordnung (lineare Extrapolation mit einer Bewertung von 16 Samples) ergibt sich bei einer Drehzahl von 18000 U min^{-1} ein maximaler verbleibender Latenzzeit-Fehler von 0,024°. Bei einer Beschleunigung von 110.000 U $min^{-1}s^{-1}$ beträgt der zusätzliche dynamische Winkelfehler ohne weitere Kompensation 0,0132°. Die Fehlerbeiträge durch die Sensorschnittstelle sind somit gegenüber dem gesamten Fehler des Rotorlagesensors vernachlässigbar.

7.3 Stromsensorik

7.3.1 Überblick Prinzipien zur Strommessung

Für eine effiziente und sichere Motorregelung ist (analog zur Bestimmung der Rotorlage) die hoch genaue Messung der Phasenströme unabdingbar. Bei Anwendungen mit geringeren Leistungen/Strömen ist die Messung des Stromes im Gleichstrom-Zwischenkreis (DC-Link) oder in den Source/Emitter-Pfaden der Low-Side-Schaltelemente gebräuchlich. Bei einer Hochstrom- bzw. Hochleistungsimplementierung wird die Sensorik jedoch in der Regel direkt in den Motorphasen appliziert. Dies hat (neben der Tatsache dass bei Messung in der Phase der Strom kontinuierlich gemessen werden kann) zusätzliche signifikante Vorteile in Bezug auf die Streuinduktivität der Inverter-Endstufen und die Aufbau-und Verbindungstechnik.

Zur Strommessung werden verschiedenste Sensorik-Prinzipien verwendet. In Bild 21 ist ein grober Überblick über die verschiedenen grundsätzlichen Messverfahren abgebildet.

Bei den Anforderungen an die Stromsensorik sind mehrere Aspekte wesentlich:

- Für die Regelung des Antriebs ist grundsätzlich sowohl die Amplitude, als auch die phasengetreue Messung des Stromes ausschlaggebend.
- Die Implementierung von Schutzfunktionen erfordert in der Regelung eine sehr schnelle Antwortzeit der Stromsensoren.

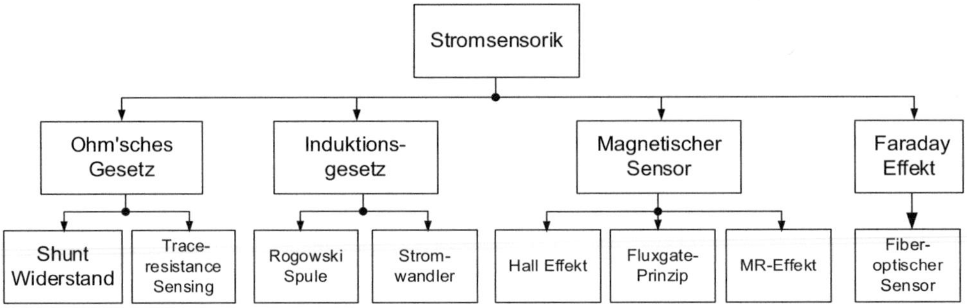

Bild 21: Überblick über Methoden zur Stromsensorik.

- Je nach Auslegung des Isolationskonzepts muss der Stromsensor eine Isolation zwischen der Hochvolt- (Leistungs-) Domäne und der Niederspannungsebene der Ansteuerelektronik herstellen. Neben den funktionalen Aspekten können hier je nach Partitionierung auch sicherheitstechnische Anforderungen relevant werden.
- Aspekte der funktionalen Sicherheit erfordern in der Regel ein durchgängiges Diagnosekonzept.
- Der Sensor muss schließlich in die Leistungselektronik integriert werden, daher sollte das gewählte Verfahren eine große Affinität zur gewählten Aufbau- und Verbindungstechnik und dem Isolations-, Zusammenbau- aber auch dem Wartungskonzept haben.

Während alle zuvor gelisteten Verfahren in diversen Applikationen Verwendung finden, haben sich magnetische Stromsensoren bei Hochleistungsantrieben als dominante Technologie etabliert.

7.3.2 Magnetische Stromsensoren

Gegenüber den resistiven oder induktiven Sensoren bieten magnetische Sensoren einige gravierende Vorteile:
- Intrinsische galvanische Trennung
- Minimal invasives Messverfahren (geringe Induktivität, minimaler Widerstand)
- Kompatibilität mit diversen Aufbau- und Verbindungstechniken.

Bei den magnetischen Stromsensoren wird zwischen Systemen mit und ohne Feldkonzentrator unterschieden.

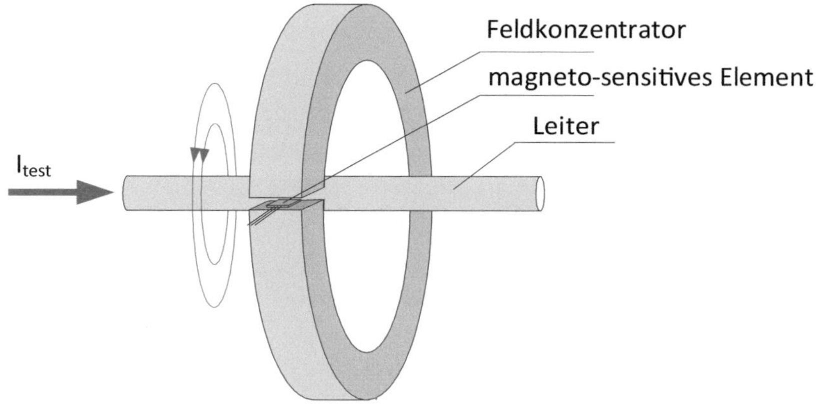

Bild 22: Stromsensorsystem mit Feldkonzentrator ohne Kompensationsspule.

7.3.2.1 Magnetische Stromsensorsysteme mit Feldkonzentrator

Magnetische Sensoren mit Feldkonzentrator verwenden einen Eisenkern, der das von einem stromführenden Leiter erzeugte Magnetfeld bündelt (vgl. Bild 22). In dem Luftspalt wird ein magneto-sensitives Element (z.B. Hall-Zelle) positioniert, um die induzierte Flussdichte zu messen. Das Magnetfeld und die damit erzeugte Hall-Spannung des Sensors sind proportional zum Strom I_{test}.

$$B_{Sensor} = \mu_0 \cdot \mu_r \cdot I_{test} \tag{2}$$

$$V_{out.Sensor} = k_{Sensor} \cdot B_{Sensor} = k_{Sensor} \cdot \mu_0 \cdot \mu_r \cdot I_{test} \tag{3}$$

Somit kann über einen linearen Magnetfeld-Sensor eine sehr einfache Strom-/Spannungswandlung durchgeführt werden. Durch den Faktor μ_r, der je nach Auslegung des Eisenkerns typischerweise einen Wert von 10 bis 1000 beträgt, steht für die Sensorik eine sehr relativ hohe Flussdichte zur Verfügung. So können Stromsensoren mit vergleichsweise geringem Aufwand für den Magnetfeld-Sensor aufgebaut werden. Der Eisenkern stellt allerdings auch den limitierenden Faktor bei einigen Schlüsselparametern des Sensors dar. Hysterese- und Wirbelstromeffekte erzeugen Offsetfehler und unerwünschte Nichtlinearitäten im Amplituden- und Phasengang, Sättigungseffekte führen zu Nichtlinearitäten. Die Temperaturabhängigkeit der relativen Permeabilität es Eisenkerns führt zu signifikanten und nur schwer kompensierbaren Messfehlern des Stromsensors über Temperatur.

Der Eisenkern ermöglicht durch seinen großen Abstand zum Leiter große Flexibilität beim Aufbau der Isolation. Jedoch ist die Tatsache, dass der Strom durch den Eisenkern geführt werden muss, bei der Integration und vor allem beim Zusammenbau des Umrichters ein entscheidender Nachteil.

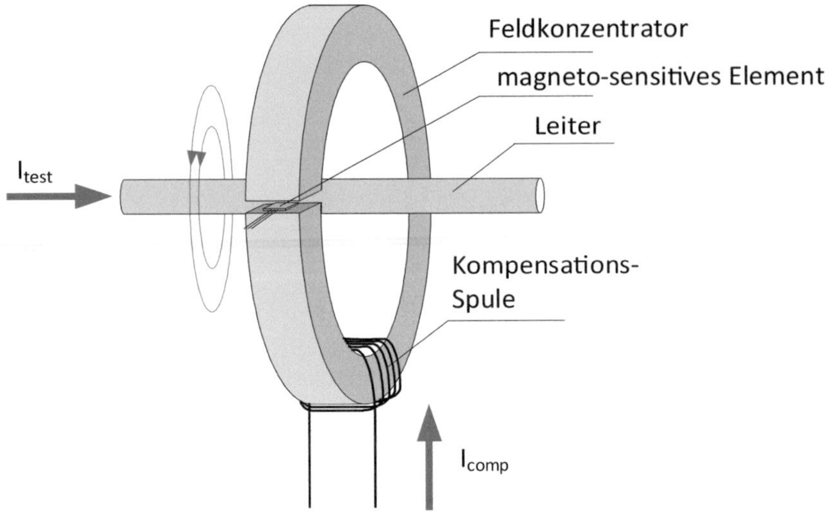

Bild 23: Stromsensorsystem mit Feldkonzentrator und Kompensation-Spule.

Um einige dieser gravierenden Fehlermechanismen zu beseitigen, kann das Prinzip mit einem Kompensationsverfahren erweitert werden. In diesem Fall wird über eine Kompensationswicklung und eine entsprechende Regler-Schaltung ein Gegenfeld erzeugt, das das resultierende Feld im Eisenkern zu Null kompensiert (vgl. Bild 23).

$$I_{test} \cdot \mu_0 \cdot \mu_r + N_{comp} \cdot I_{comp} \cdot \mu_0 \cdot \mu_r = 0 \tag{4}$$

$$I_{comp} = -\frac{1}{N_{comp}} \cdot I_{test} \tag{5}$$

Der erforderliche Kompensationsstrom ist somit direkt proportional zum Messstrom. Durch die nur sehr geringe Magnetisierung des Eisenkerns können die mit dem Kern assoziierten Effekte minimiert werden. Kompensierte Stromsensoren zeichnen sich in der Regel (verglichen mit nicht kompensierten Sensoren) durch eine deutlich bessere Performanz in den wesentlichen Schlüsselfaktoren aus.

Allerdings hat dieses Prinzip neben der Tatsache, dass die Komplexität und damit auch die Kosten für den Sensor durch die erforderliche Kompensationsschaltung deutlich erhöht werden, auch noch weitere Nachteile:

- Nachdem die Ausgangsgröße kompensierter Sensoren ein Strom ist, ist für die Analog- / Digitalwandlung ein weiteres hoch präzises Element (Widerstand, Verstärker zur Impedanz-Anpassung und Filterung) erforderlich. Diese zusätzliche Konversion verursacht nicht zur zusätzliche Kosten, sondern muss auch in der gesamtheitlichen Betrachtung der Fehlerkette mit einbezogen werden.
- Im mehreren Fehlerfällen (Ausfall der Sensorversorgung, sehr schnelle Stromtransienten, Überstrom, etc.) kann es zu einer unerwünschten Aufmagnetisierung des Eisenkerns kommen. Dies führt dann zu einer irreversiblen Degradation der Sensor-Performance.

7.3.2.2 Magnetische Stromsensorsysteme ohne Feldkonzentrator

Alternativ zur Sensorik mit Feldkonzentrator kann der Sensor auch ohne Eisenkern aufgebaut werden. Der Hauptvorteil dieser kernlosen Sensoren liegt darin, dass keine negativen Effekte durch den Eisenkern auftreten können. Die mit einem Eisenkern assoziierten Linearitäts-, Hysterese- und Temperatur-Effekte entfallen gänzlich. Der Sensor ist deutlich kompakter aufgebaut. Als Gehäuse für derartige kernlose Sensoren werden überwiegend Standard-Gehäuse aus der Halbleiterfertigung verwendet. Somit werden sowohl die direkten Kosten für das Bauteil, als auch die zusätzlichen Kosten bei der Assemblierung des Stromsensors reduziert.

Allerdings ist das für die Sensorik zur Verfügung stehende Signal aufgrund des nun fehlenden Verstärkungsfaktors μ_r gemäß Gleichung (2) deutlich geringer. Die sensitiven Elemente müssen möglichst nahe an den stromführenden Leiter herangeführt werden. Dies führt zu Herausforderungen bei der Implementierung von hoch isolierenden Stromsensoren (z.B. bei Hauptantrieben), darüber hinaus wird das System deutlich empfindlicher gegenüber Positioniertoleranzen. Da das zu messende Feld sehr klein ist, ist es unumgänglich, ein Sensor-Konzept zu wählen, das eine ausreichende Robustheit gegenüber Streufeldern erzielt. Die Superposition von Magnetfeldern aus benachbarten stromführenden Strukturen (Leiter, aktive Bauelemente, Spulen, Kondensatoren) würde sonst zu einer inakzeptablen Störempfindlichkeit des Sensorsystems führen. Differenzielle Sensoren (vgl. Bild 24) bieten dabei eine intrinsische Unterdrückung homogener Streufelder. Sensoren, die als Einzelzelle ausgeführt werden, können über externe Maßnahmen abgeschirmt werden.

Stromsensoren mit integrierter Stromschiene in Standard Halbleitergehäusen (z.B. PG-DSO, TISON; vgl. Bild 25) können als fertig kalibriertes Bauelement geliefert und mittels standardisierter Bestückungsprozesse auf Leiterplatten verbaut werden. Allerdings stellt bei derartigen Produkten die Stromtragfähigkeit der Leiterplatte vor allem an der Übergangsstelle zwischen der Leiterplatte und dem Sensor einen limitierenden Faktor dar. Je nach verwendeter Aufbautechnik, Temperaturbudget und Kühlkonzept können mit derartigen Lösungen Ströme bis 50 A, in Ausnahmefällen bis 100 A gemessen werden.

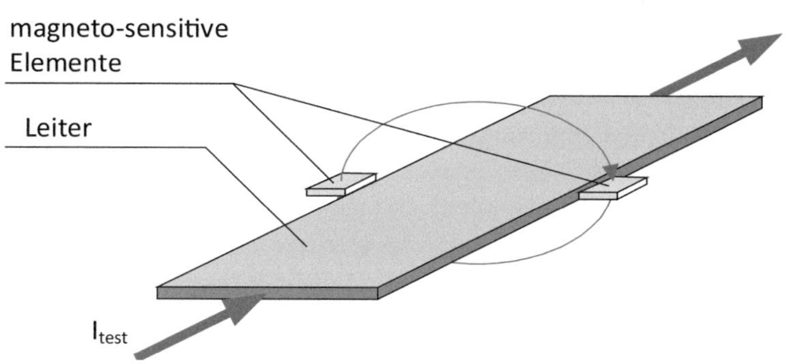

Bild 24: Differentieller, kernloser Stromsensor.

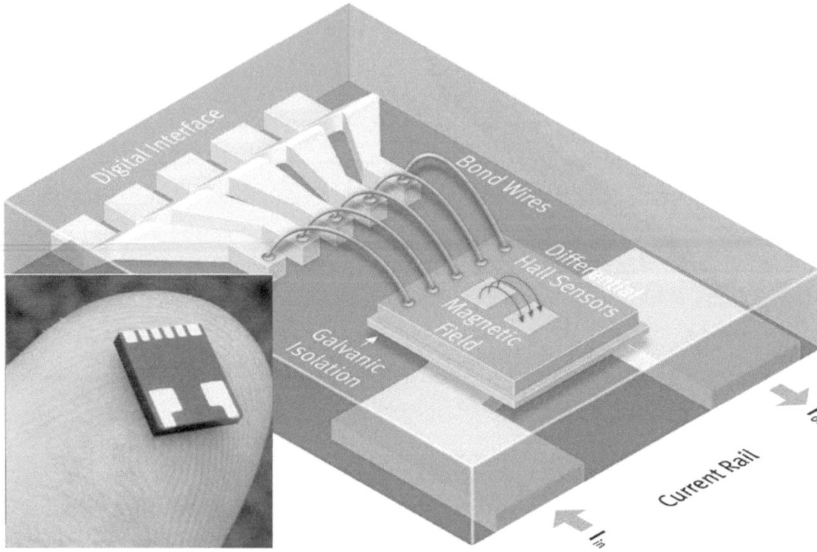

Bild 25: Infineon TLI4970 differentieller magnetischer Stromsensor mit integrierter Stromschiene [7].

Bei höheren Strömen ist es aufgrund der zuvor aufgelisteten Faktoren nicht mehr zweckmäßig, den Strom durch den Sensor zu führen. In diesem Fall ist es zweckmäßig, geeignete Sensing-Strukturen in der Hochstrom-Leiterstruktur zu implementieren, und das resultierende Feld dann über einen differenziellen Feldsensor zu messen.

Für Sensorlösungen mit externen Stromschienen gibt es eine Vielzahl an verschiedenen Implementierungsmöglichkeiten. Bei der Auslegung einer Sensing-Struktur muss eine Vielzahl an Parametern für eine Systembetrachtung herangezogen werden:

- Verfügbares Magnetfeld/Strom an der Sensorposition (Direkter Einfluss auf: Genauigkeit, Rauschen)
- Zusätzlich eingebrachte parasitäre Elemente (Widerstand, Induktivität)
- Verhalten über Temperatur
- Frequenzgang, vor allem unter Berücksichtigung von Stromverdrängungseffekten
- Sensitivität gegenüber Sensor-Positioniertoleranzen
- Störfeldrobustheit
- Anforderungen an die Verbindungstechnik (Strukturgrößen, Anbindung des Sensors an die Stromschiene, etc.)
- Isolations-Koordination

Die Freiheitsgrade beim Aufbau der Sensing-Struktur und die Bandbreite an zur Verfügung stehenden Leistungs-Technologien (Beispiele Bild 26, Bild 27 und Bild 28) sind sehr groß. Somit können mit vergleichsweise geringem Aufwand applikationsspezifische Sensorik-Lösungen zu hoch kompetitiven Kosten realisiert werden.

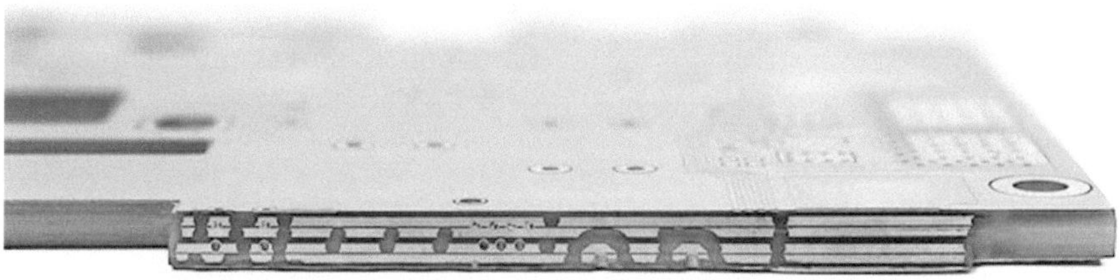

Bild 26: Dickkupfer-Leiterplatte [8].

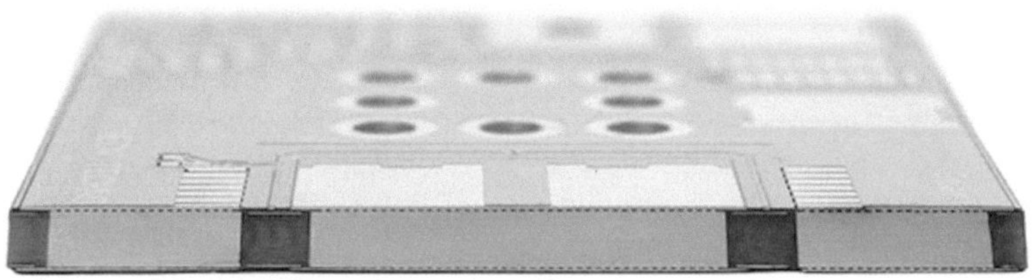

Bild 27: Inlay-Leiterplatte [8].

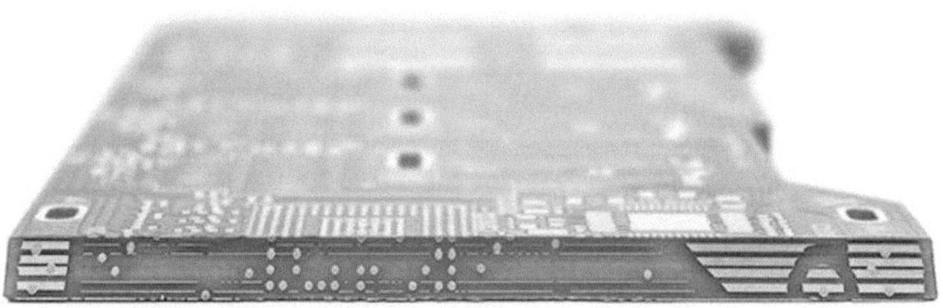

Bild 28: Power Combi Leiterplatte [8].

Gegenüber konventionellen (Shunt-basierten) Lösungen bietet die magnetische Messung den Haupt-Vorteil, Magnetfelder auch innerhalb der Leiterplatte erfassen. Dadurch ist es nicht zwingend erforderlich, den Strom auf die Außenlagen zu führen. Dies stellt einen wesentlichen Vorteil bei hoch integrierten Systemen mit Kombinationen aus Logik- und Leistungsbauteilen auf einer Leiterplatte dar. Neben der signifikanten Reduktion der durch die Stromführung verursachten parasitären Effekte (Widerstand, Induktivität) führt die optimierte Anbindung an ein vorhandenes Kühlkonzept zu einer sehr hohen Stromtragfähigkeit.

Bild 29 zeigt schematisch eine mögliche Implementierung einer Stromsensorik-Lösung mit einem differentiellen, kernlosen Stromsensor. Die Leiterplatte wird, um auch Logik-Komponenten mit feinem Pin-Abstand (0,4 mm) integrieren zu können, mit dünnen Kupfer-Außenlagen (35 µm oder 17,5 µm) ausgestattet. Die Innenlagen werden zur Erreichung der erforderlichen Stromtragfähigkeit mit 150 µm Kupferdicke realisiert. Die Sensor-Struktur wird in den Dickkupfer-Innenlagen implementiert. Daher ist es nicht erforderlich, den zu messenden Strom auf die Außenlagen zu führen.

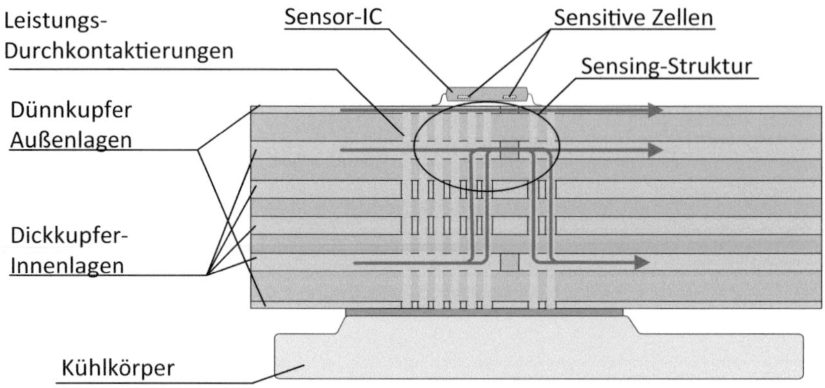

Bild 29: Differentieller magnetischer Stromsensor mit externer Stromschiene auf einer kombinierten Power-Logik Leiterplatte.

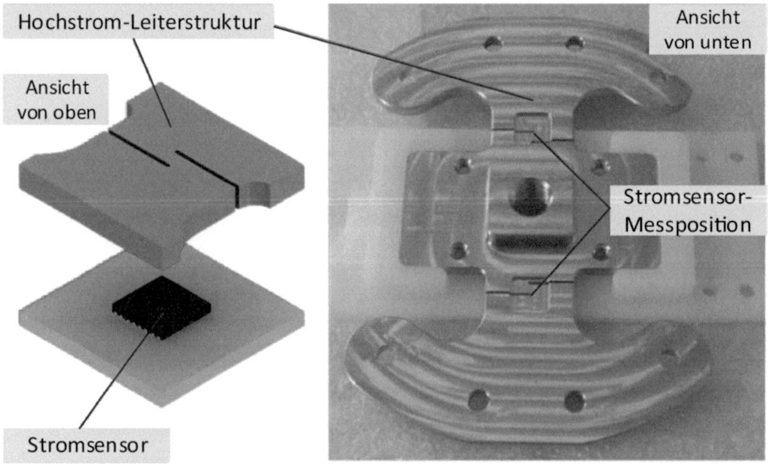

Bild 30: Differentieller Magnetfeldsensor mit Hochstrom-Leiterstruktur.

Die Applikation kernloser Stromsensoren ist dabei keineswegs auf Leiterplatten-basierte Implementierungen beschränkt. Durch die kleine Bauform eröffnet sich die Möglichkeit der Integration in Leistungsmodule. Darüber hinaus können die Sensoren auch direkt in Hochstrom-Leiterstrukturen eingebettet werden (vgl. Bild 30). Somit lassen sich über kernlose Konzepte auch hoch integrierte Sensorik-Lösungen bis zu sehr hohen Strömen (1200 A), wie beispielsweise für Umrichter für automotive Hauptantriebe realisieren.

7.4 Zusammenfassung

Ein intelligent in das mechanische System integrierter magnetischer Rotorpositionssensor führt in Verbindung mit einer geeigneten synchronisierbaren digitalen Schnittstelle zu entscheidenden Performance-Vorteilen bei der Regelung von elektrischen Antrieben. Zusätzlich werden alle Anforderungen bezüglich der EMV und funktionalen Sicherheit erfüllt. Eine äußerst wettbewerbsfähige Kostenposition dieser Lösung wird durch die Reduktion der Anzahl der erforderlichen Leitungen im Kabelbaum und in den Steckverbindungen sichergestellt.

Des Weiteren wurde in diesem Beitrag gezeigt, dass kernlose magnetische Stromsensoren in unterschiedlichsten Antriebs-Applikationen eingesetzt werden können. Durch die vielfältigen Ausführungen, speziell bei Verwendung externer Stromschienen, können entscheidende Vorteile bei der Sensor-Performance und -Systemintegration erzielt werden.

Literatur

[1] IHS Automotive, „Alternative Propulsion Forecast“, Infineon, January 2017.
[2] Deutsche Bank Market Research, May 2016.
[3] Slama, P., Aichriedler, L., „Hoch performante Rotorlage-Sensorik für bürstenlose E-Maschinen in Hybridantrieben”, in Tille, T. (Hrsg.) *Automobil-Sensorik*, Springer-Verlag, Berlin, Heidelberg, S. 233-250, 2016.
[4] ISO 26262 Road vehicles – Functional safety International Standard, 2011.
[5] Zimmermann, W., Schmidgall, R., „Bussysteme in der Fahrzeugtechnik”, Vieweg+Teubner Verlag, S. 35, 2007.
[6] https://www.infineon.com/cms/en/product/interface/automotive-transceiver/automotive-can-transceivers/tle9250vle/.
[7] https://www.infineon.com/cms/en/product/sensor/magnetic-current-sensor/.
[8] www.schweizer.ag.

Kapitel 8
GMR-basierter, störfeldrobuster Kurbelwellensensor für Hybridfahrzeuge

Klaus Grambichler[1], Gernot Binder[1], Simon Hainz[1], Helmut Köck[1]

Kurzfassung Die steigende Anzahl von Aktuatoren und Sensoren in modernen Verbrennungsmotoren, gepaart mit einer steigenden Anzahl von Hybridfahrzeugen, erfordern eine neue Generation von robusten Sensoren. Induktives Laden von Akkumulatoren aus Elektrofahrzeugen als auch hoch performante Elektroantriebe erzeugen magnetische Felder, welche magnetische Sensoren beeinflussen. Zusätzliche magnetisch sensitive Sonden sind notwendig, um das Nutzsignal vom Störsignal der benachbarten Applikation, zum Beispiel der elektrische Antrieb eines Nockenwellen-Phasenstellers, zu unterscheiden. Zur selben Zeit besteht die Notwendigkeit weiterer Verbesserungen am Sensorkonzept wie zum Beispiel Temperaturkompensation oder digitale Algorithmen. Die hohe Empfindlichkeit von xMR-Technologie[2] ermöglicht die Verwendung von billigen Ferritmagneten, um die Systemkosten zu reduzieren.

8.1 Einleitung

Die Winkelposition der Kurbelwelle wird typischerweise mit einem magnetisch empfindlichen Sensor und einem Zahnrad, welches auf der Kurbelwelle montiert ist, gewonnen. Das Zahnrad hat typischerweise 60 Zähne, wovon 2 aufeinanderfolgende Zähne nicht ausgeführt sind (60-2 Geberrad). Der Kurbelwellensensor ist fix verbaut und misst mit Hilfe eines Magneten auf der Rückseite (Backbiasmagnet) die Modulation der Feldlinien, wenn sich das Geberrad dreht. Je genauer die Position und die Geschwindigkeit der Kurbelwelle bestimmt werden, desto präziser kann das Motorsteuergerät den Zeitpunkt der Zündung steuern.

[1] Infineon Technologies Austria AG.

[2] Magneto-Resistance, x steht für die möglichen Ausprägungen A (Anisotrop), G (Giant) oder T (Tunnel)

T. Tille (Hrsg.), *Automobil-Sensorik 2*, DOI 10.1007/978-3-662-56310-6_8,

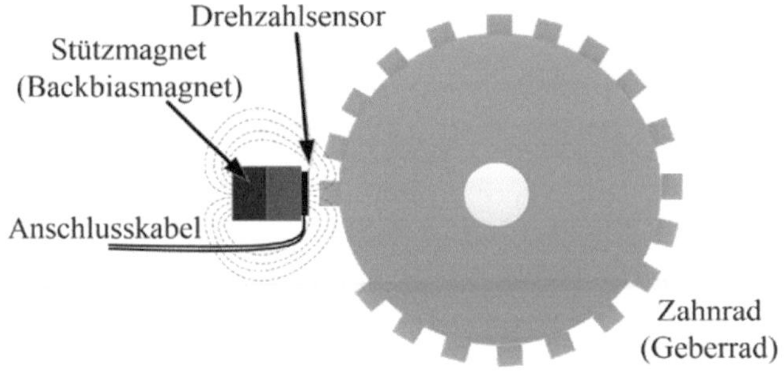

Bild 1: Darstellung eines magnetischen Geschwindigkeitssensors, des Backbiasmagneten und des Zahnrades.

8.2 Fehlzündungserkennung

Einfache und mehrfache Turboaufladung als auch verschieden Lastbedingungen und unterschiedliche Einspritzstrategien des Verbrennungsmotors benötigen den optimalen Zündzeitpunkt. Ein falscher Zündzeitpunkt geht zu Lasten von Standzeit oder verschlechtert die Verbrennungsqualität. Das Motorsteuergerät benötigt exaktes Feedback über den Verbrennungszyklus, die Drehzahl und Beschleunigung aus deren Ableitung. GMR (Giant Magneto Resistive) -Technologie ist um den Faktor 20 empfindlicher als herkömmliche Hall-Sensoren und ermöglicht Fehlzündungserkennung auch an Verbrennungsmotoren mit mehr als 4 Zylindern.

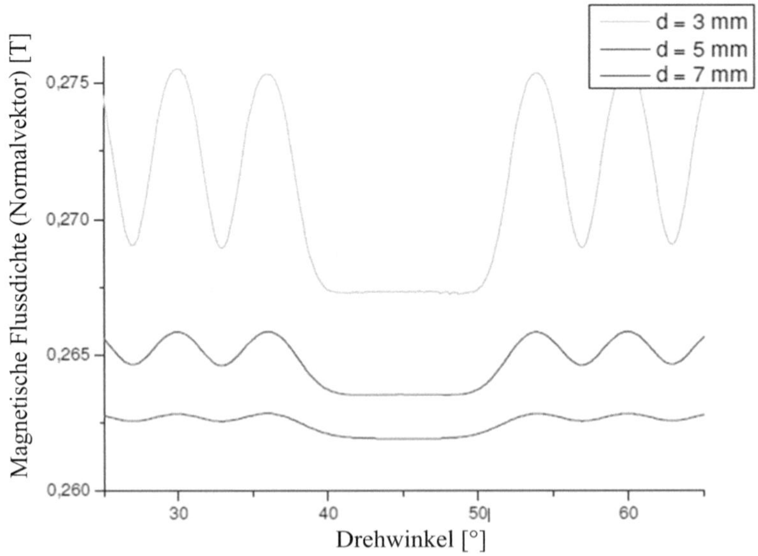

Bild 2: Modulation des magnetischen Feldes eines Backbiasmagneten vor einem rotierenden Geberrad. Der Abstand zwischen dem Magneten und dem Geberrad ist mit *d* gekennzeichnet.

8.2.1 Fehlzündungserkennung mit Klopfsensor

Stand der Technik ist, eine fehlerhafte Zündung mittels eines eigenen Klopfsensors zu erkennen, welcher auf einem akustischen Prinzip basiert. Der Sensor ist am Motorblock fixiert und beobachtet das Geräusch während einer Dauer, in der keine Zündung erfolgt. Anschließend wird ein Zeitfenster aufgenommen und verglichen, in der die Zündung und die Verbrennung stattfinden. Alleine vom Prinzip ist bereits ersichtlich, dass diese Methode nicht präzise ist, und lediglich der Indikation einer Fehlzündung dienen kann, jedoch nicht einen Messwert in die Regelschleife zur Optimierung des Zündzeitpunktes einbringen kann.

8.2.2 Fehlzündungserkennung mit Drucksensor, Gassensor oder Drehmomentsensor

Verschiedene Konzepte zur Erkennung der Verbrennungsgüte wurden in den letzten Jahrzehnten konzipiert und auch realisiert. Manchmal ist es möglich, die gewonnen Messdaten auch noch für die Regelung oder Steuerung von anderen Parametern zu verwenden. Alle haben gemein, einen erhöhten Aufwand am Verbrennungsmotor zu verursachen.

Im Abgasrohr kann man entweder mittels Drucksensor eine abnormale Verbrennung erkennen oder aber auch mit einem Gassensor. Der Drucksensor könnte auch im Verbrennungsraum den Druck überwachen.

Verschiedene Sensoren und Messprinzipien (Wirbelstrom, Piezosensoren, lineare magnetische Sensoren) können das Ausbleiben von Drehmoment am Kurbelwellenabgang erfassen.

8.2.3 Fehlzündungserkennung mit einem hoch wiederholgenauen Kurbelwellensensor

Der für das Bestimmen der Position und Geschwindigkeit vorhanden Kurbelwellensensor wird bereits heute für Motoren in der unteren und mittleren Leistungsklasse verwendet. Allerdings laufen Motoren mit mehr als 4 Zylindern bereits derart ruhig, dass es mit handelsüblichen Sensoren nicht mehr möglich ist, die Beschleunigung der Kurbelwelle beim Verbrennen als auch die Verzögerung der Kurbelwelle beim Verdichten zu bestimmen.

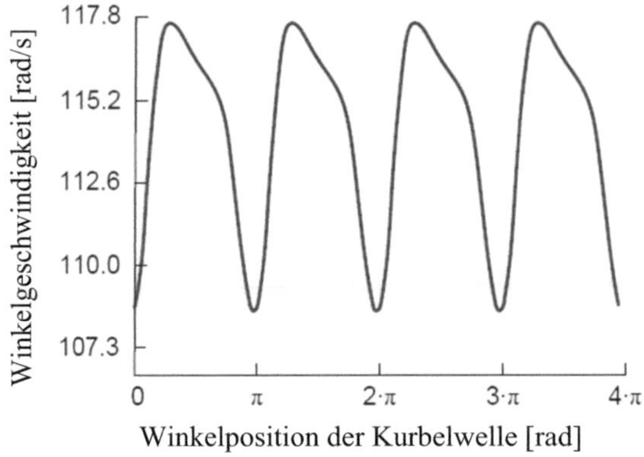

Bild 3: Verlauf der Winkelgeschwindigkeit eines 4 Zylinder Verbrennungsmotors über Winkelposition.

In Bild 3 sieht man den Verlauf der Winkelgeschwindigkeit der Kurbelwelle an einem 4 Zylinder Motor, welcher etwas über 1000 rpm läuft. Im Idealfall hat jeder einzelne Zylinder exakt dieselben Eigenschaften und der Signalverlauf sieht wie in Bild 3 aus. In der Realität gibt es aufgrund hauptsächlich mechanischer Toleranzen unterschiedliche Beschleunigungen für jeden einzelnen Zylinder, welche auch vom Motorsteuergerät berücksichtigt werden. Wird ein Zylinder zu spät oder zu früh gezündet, kann dieses abweichende Beschleunigungsprofil mit einem sehr präzisen Kurbelwellensensor bestimmt werden. Der Kurbelwellensensor gibt in einer Umdrehung 57 Pulse mit einem exakten Abstand von 6 Winkelgraden aus, der 58ste Puls wird von einer 18° Lücke gefolgt, welche das Motorsteuergerät für die Bestimmung der Nullposition verwendet wird. Das heißt mit anderen Worten: Das Motorsteuergerät erwartet alle 6° einen Puls, der zu einer vorhergesagten Zeit eintrifft. Mit der Präzision eines GMR-Sensors sprechen wir von einem zweistelligen Wert im Nanosekundenbereich bei 5000 rpm.

Weicht nun der tatsächliche gemessene Puls von der Extrapolation des Steuergerätes ab, wird innerhalb von 6 Winkelgraden, spätestens aber nach 12° ein Fehlverhalten des Zylinders und somit der Verbrennung erkannt. Die hohe Wiederholgenauigkeit des Kurbelwellensensors ist essentiell.

8.2.4 Wiederholgenauigkeit von Kurbelwellensensoren

Mechanische Toleranzen, elektrische und magnetische Störungen als auch Vibrationen können das Ausgangsschalten beeinflussen. Zusätzlich haben die Magnetfeldsonde als auch die Signalverarbeitung einen wesentlichen Einfluss auf den Zeitpunkt des Ausgangspulses.

Von den oben genannten Faktoren sind in den heute üblichen Kurbelwellensensoren hauptsächlich das magnetische Rauschen von Hall-Elementen als auch das etwas kleinere elektrische Rauschen des Signalpfades maßgebend.

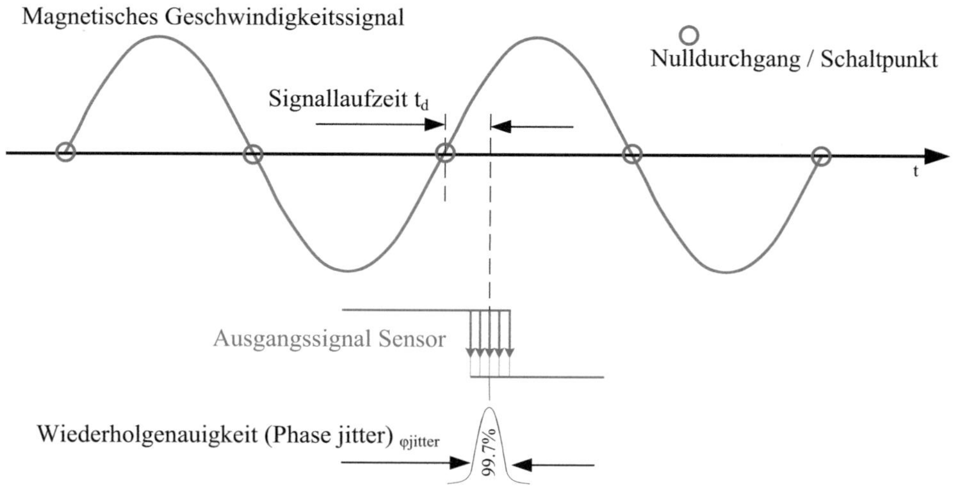

Bild 4: Darstellung der Parameter *Signallaufzeit* und *Wiederholgenauigkeit.*

Das $1/f$-Rauschen von Hall-Elementen kann durch schaltungstechnische Maßnahmen wie *Chopping Hall Probes* gemessen und subtrahiert werden. Diese Technik ist für Signalfrequenzen bis in den einstelligen Kiloherzbereich bekannt, hat aber ihre Grenzen gegen höhere Signalfrequenzen, da ja für jeden Messpunkt das Signal vier Mal gemessen werden muss. Effektiv ist der Störabstand (SNR) durch das Hall-Element begrenzt.

Der Hauptvorteil von GMR-Elementen ist die hohe Empfindlichkeit, welche in einen exzellenten Störabstand führt und damit ungeahnte Wiederholgenauigkeit bei Kurbelwellensensoren ermöglicht. In Bild 5 ist ein Vergleich zwischen verschiedenen Technologien und Schaltungstechniken dargestellt:

In Bild 5 zeigt die Kurve am oberen Rand einen Hall-basierten Sensor mit Chopping Technik. Die mittlere Kurve zeigt die erste Generation eines GMR-basierenden Kurbelwellensensors. Die Kurve am unteren Rand ist ebenfalls ein GMR-Sensor. Allerdings wurde auch der Signalpfad optimiert, sodass auch im hohen Frequenzbereich keine maßgebende Einschränkung tragend wird.

Wie die GMR-Technologie eine späte Zündung an einem 8-Zylinder Motor erkennt, ist in Bild 6 dargestellt.

In der Mitte des Diagramms befindet sich das gemessene Signal der Kurbelwellengeschwindigkeit. Die einzelnen vertikalen Markierungen zeigen die Abtastpunkte (Positionsinformation). In Graustufen sind die Fehlerbänder der verschiedenen Sensortechnologien dargestellt. Das späte Verbrennen im Zyklus $N+1$ kann nur von einem GMR-Sensor erfasst und auch entsprechend im nächsten Verbrennungszyklus dieses Zylinders nachgeregelt werden.

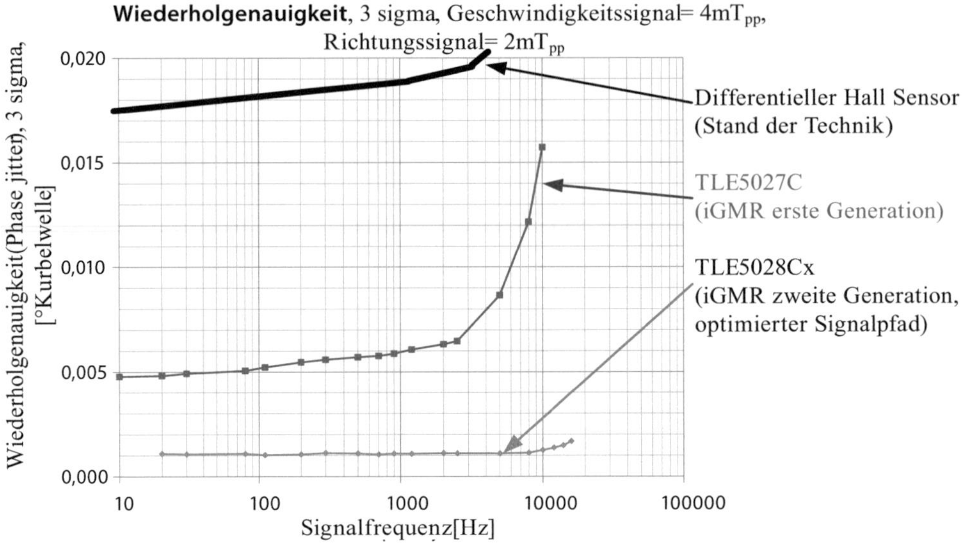

Bild 5: Vergleich von Magnetsonden-Technologien und Schaltungstechnik bezüglich Wiederholgenauigkeit über Frequenz.

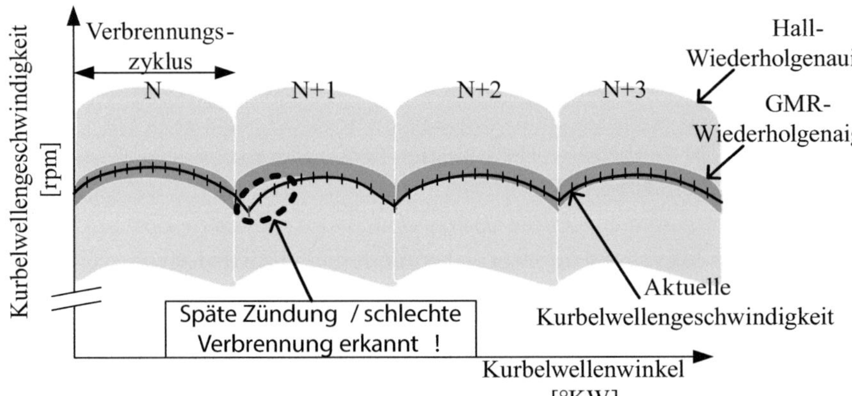

Bild 6: Kurbelwellengeschwindigkeit während einer späten Verbrennung wird von GMR-Sensor erkannt.

8.2.5 TLE5028C als Demonstrator für hohe Wiederholgenauigkeit

Die sehr hohe Wiederholgenauigkeit des Kurbelwellensensors TLE5028C ist nicht nur durch die GMR-Technologie ermöglicht, sondern basiert ebenso auf einer Reihe weiterer Maßnahmen: Gleich zu Beginn wurde eine GMR-Brücke verbaut, welche größeren Signalhub erreicht und auch in der Lage ist, homogene Störfelder auszublenden. Der rauscharme Signalpfad besteht aus einem differentiellen Verstärker, einem Tiefpassfilter und einem asynchronen Komparator. Der Spannungsregler für den analogen Signalpfad wurde optimiert, um das Einspeisen von Kopplungen zu vermeiden und ist ausschließlich für den Signalpfad gebaut. Um Quantisierungsrauschen bei hohen Signalfrequenzen von vornherein auszuschließen, wird das Ausgangschalten vom synchronen Digitalteil nur in Form von Freigabesignalen beeinflusst. Lediglich die steigende Signalflanke des Pulsweiten-modulierten- (PWM-) Ausgangs wird vom Digitalteil gesteuert, um die Richtungsinformation auszugeben. Als Summe aller Maßnahmen wurde der TLE5028C richtungsweisend für zukünftige Kurbelwellensensoren. Bei 1 kHz Signalfrequenz ist die Wiederholgenauigkeit 6 Mal besser als beim Vorgänger TLE5027C und 20 Mal besser als ein Hall-basierter Kurbelwellensensor.

8.3 Stopp-Start-Anwendung

Die vergangenen Jahre haben gezeigt, dass verschiedene Grade der Hybridisierung in allen modernen Autos zu finden sind. Die einfache Stopp-Start-Anwendung reduziert bereits den Energieverbrauch bis hin zu den Vollhybriden, welche selbstständig zwischen dem Verbrennungsmotor und dem elektrischen Antrieb wählen. Wichtig für die Kundenakzeptanz ist ein sanftes Ab- und Zuschalten des Verbrennungsmotors.

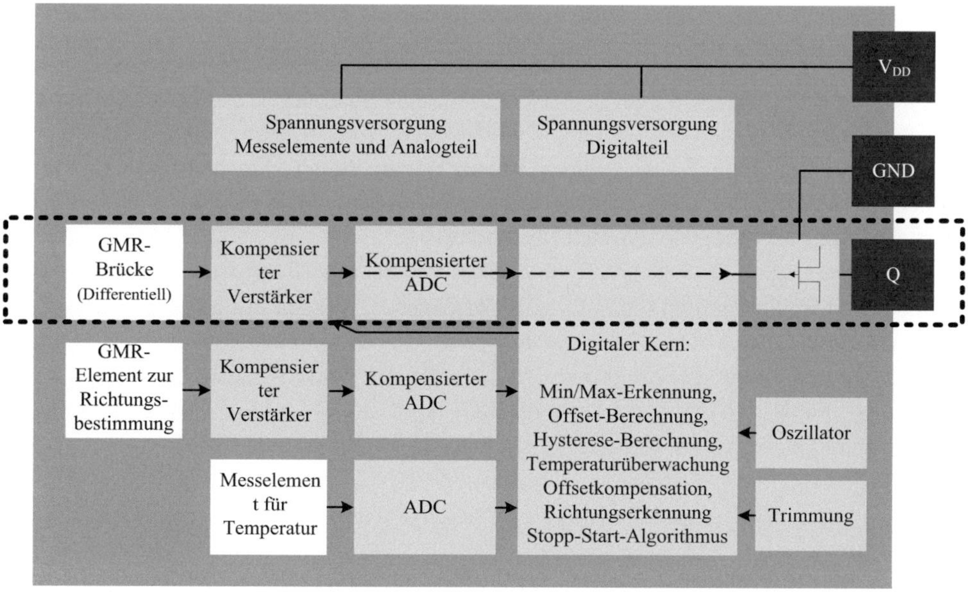

Bild 7: Blockschaltbild des TLE5028C mit Kennzeichnung des effizienten Signalwegs.

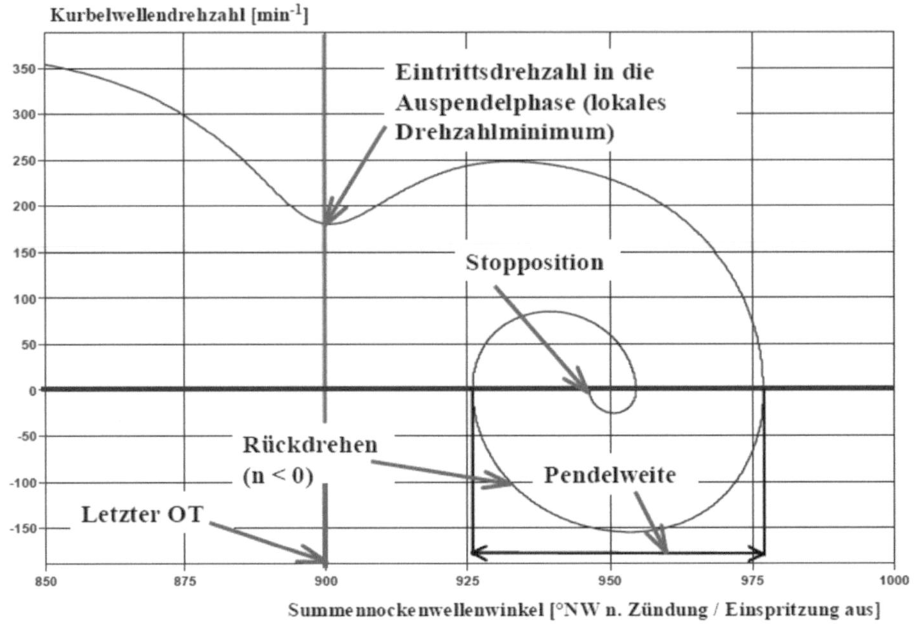

Bild 8: Auslaufverhalten: Kurbelwellendrehzahl der Kurbelwelle über Summennockenwinkel. OT: Oberer Totpunkt.

Bei der Stopp-Start-Anwendung wird der Verbrennungsmotor abgestellt, um Treibstoff zu sparen und keine Abgase auszustoßen. Beim Auslaufen des Verbrennungsmotors wird zu einem gewissen Zeitpunkt der obere Totpunkt nicht mehr überwunden und die Kurbelwelle pendelt aus, bis sich ein Gleichgewicht aus allen Zylinderdrücken einstellt.

Der Wiederanlauf der Kurbelwelle soll so sanft wie möglich sein, damit es vom Fahrer nicht bemerkt wird. Wiederum an der Ampel, die gerade auf grün geschaltet hat, muss der Start zugleich so schnell wie möglich stattfinden.

In der Vergangenheit wurden Kurbelwellensensoren ohne Richtungserkennung gebaut, sodass das Motorsteuergerät jeden Puls in Vorwärtsrichtung gezählt hat. Das war und ist für den Standardbetrieb ausreichend und effizient. Allerdings hat dies den großen Nachteil, dass beim Auslaufen und speziell beim Auspendeln die Kurbelwellenposition nicht mehr bekannt ist. Für den Wiederanlauf (Stopp-Start-Applikation) muss das Motorsteuergerät einen Kaltstart annehmen, wo zuerst die Kurbelwelle mit dem elektrischen Starter auf eine gewisse Drehzahl beschleunigt wird und anschließend der Kurbelwellensensor mittels Erkennung der Referenzzone die Grundlage bietet, den absoluten Winkel der Kurbelwelle zu bestimmen.

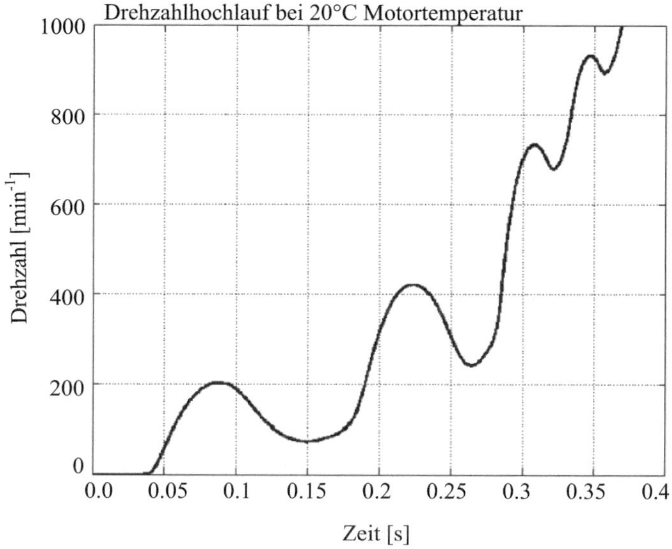

Bild 9: Wiederanlauf der Kurbelwelle: Abhängigkeit der Drehzahl von der Zeit.

Im Gegensatz zu diesem Verhalten können richtungsgebende Kurbelwellensensoren den Auslauf der Kurbelwelle genau verfolgen und während der Pendelbewegung entsprechende Vorwärts- und Rückwärtspulse liefern. Das Motorsteuergerät weiß zu jedem Zeitpunkt die absolute Position der Kurbelwelle und kann diese Information beim Wiederanlauf dafür nützen, die Verbrennung so sanft wie notwendig, aber auch so schnell wie möglich in Gang zu setzen. Die Zeit von Stillstand bis zur Nenndrehzahl kann somit von 500 ms auf 250 ms halbiert werden. Beim häufigen Wechsel vom Pkw (zum Beispiel bei der Verwendung von Mietfahrzeugen von verschiedenen Herstellern) kann dieser Unterschied im Wiederanlauf als störend oder auch als angenehm empfunden werden.

Um zu jedem Zeitpunkt die Position der Kurbelwelle zu kennen, ist es notwendig, die Kalibrierung während der gesamten Zeit des Stillstandes zu behalten. Hersteller von Kurbelwellensensoren müssen Temperaturdriften im Magnetkreis, welche 60 K betragen können, kompensieren. Die Automobilhersteller-Vorgabe lautet: Keine fehlenden oder falsche Pulse.

8.3.1 TLE5028C für fehlerfreie Stopp-Start-Applikation

Die Herausforderung für die fehlerfreie Bestimmung der Position der Kurbelwelle liegt nicht in der Richtungserkennung. Hierfür wurden bereits in ähnlichen Applikationen ähnliche Konzepte implementiert. Die wahre Herausforderung besteht darin, während der Stopp-Phase unter allen Umständen ausreichend kalibriert zu bleiben, damit keine fehlenden oder falschen Pulse ausgegeben werden. Im Speziellen ist der Temperaturdrift von 60 K zu berücksichtigen.

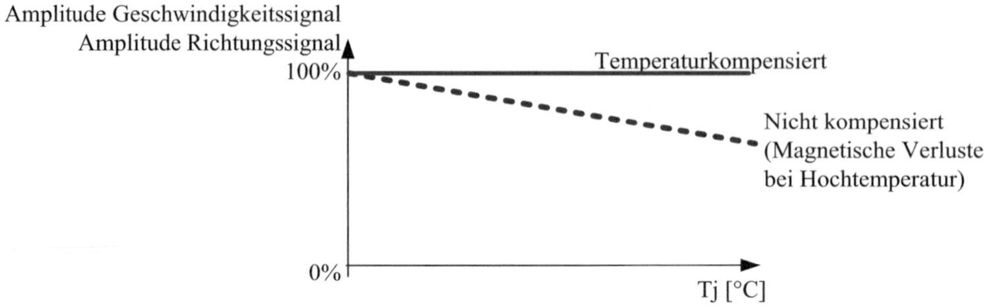

Bild 10: Reduzierung der Signalamplitude des Magnetkreises über Temperatur.

8.3.1.1 Temperaturkompensation der Signalamplitude durch magnetische Verluste

Wie bereits in der Einleitung beschrieben, ist der schematische Aufbau der Kurbelwellensensorapplikation von Innen nach Außen: Kurbelwelle, Geberrad, Luftspalt, Sensor, Backbias-Magnet. Der Magnet erzeugt das magnetische Feld, welches durch die Bewegung der Zähne des Zahnrades moduliert wird. Wird nun aufgrund von Temperatureinfluss das Magnetfeld schwächer, so wird proportional auch die Modulation schwächer und somit auch das gemessene Signal.

Um dieselbe Signalstärke bei 90 °C und 30 °C zu haben, wird eine Temperaturkompensation für das verwendete Magnetmaterial eingebaut. Übliche Werte für NdFeB-Magnete sind -1200 ppm/K. NdFeB steht für Neodym-Eisen-Bohr, welches eine übliche Materialmischung für einen Stützmagneten darstellt. Somit wird mit +1200 ppm/K im Sensor kompensiert. Als Ergebnis gibt es über den gesamten Temperaturbereich eine annähernd konstante Signalamplitude und die sensorinternen Signale für *letztes Minimum*, *letztes Maximum* und *aktuelle Signalamplitude* können bedenkenlos vom Algorithmus verwendet werden.

8.3.1.2 Temperaturkompensation des Schaltpunktes (Offset)

Das Prinzip eines magnetischen Geschwindigkeitssensors bedingt das Wissen um die aktuelle Signalamplitude und das Ausgeben einer Schaltflanke im Nulldurchgang des sinusförmigen Signales. Der Nulldurchgang wird somit als Schaltpunkt verwendet. Verschiedene Einflussfaktoren wie Exzentrizität des Geberrades, nicht symmetrische Positionierung des Magneten oder zufällige Temperaturkoeffizienten von Magnetsonde als auch bekannte Temperaturkoeffizienten vom Signalpfad sind auf das Nutzsignal aufzuaddieren. Bekannte Faktoren werden mittels fixer Kompensation eliminiert oder durch Algorithmen reduziert. Unbekannte Faktoren (wie zufälliger magnetischer Offset der magnetischen Sensorzelle) werden bauteilspezifisch bei mehreren Temperaturen gemessen und kompensiert.

Nachdem Temperatureinflüsse von Signalamplitude und Schaltpunkt kompensiert worden sind, bleibt der Kurbelwellensensor über Temperatur im Zustand kalibriert.

8.3.1.3 Überwachung der Temperaturveränderung

Nachdem der Signalpfad für die Geschwindigkeitsmessung vollständig kompensiert ist, muss nun auch der Signalpfad für die Bestimmung der Richtung betrachtet werden:

Die Rotationsrichtung wird von einem zusätzlichen magnetischen Element gemessen, welches einen bestimmten Phasenbezug zu den magnetischen Elementen des Geschwindigkeitssignales hat. Bei jedem Nulldurchgang des Geschwindigkeitssignales wird das Richtungssignal eingelesen. Somit entstehen zwei Werte pro Periode (Zahn und Lücke). Ist die Differenz dieser zwei Werte positiv, wird eine Drehrichtung *Vorwärts* angenommen, bei negativer Differenz entsprechend *Rückwärts*.

Temperatureinfluss auf den Richtungskanal kann nun ähnlich kompensiert werden wie beim Geschwindigkeitskanal. Da diese zweifache Kompensation aufwändig im Design, als auch im Trimmen ist, wurde eine alternative Lösung des Problems im TLE5028C implementiert: die Überwachung der Temperaturveränderung:

Mittels einer einfachen Temperaturmessung auf Siliziumebene kann eine Temperaturdrift seit dem letzten Ausgangspuls festgestellt werden. Überschreitet dieser Temperaturdrift einen definierten Wert, kann man nicht mehr von konstanter Amplitude und konstantem Offset ausgehen. Beim TLE5028C liegt dieser Grenzwert für den Temperaturdrift bei zirka 20 K. Sobald der Grenzwert überschritten ist, werden die gefundene Richtung und die Kalibrierung der Richtung als ungültig erklärt. Bei einer Signaländerung nach der großen Temperaturdrift wird die Richtung neu bestimmt, bevor ein Geschwindigkeitspuls mit Richtungsinformation ausgegeben wird.

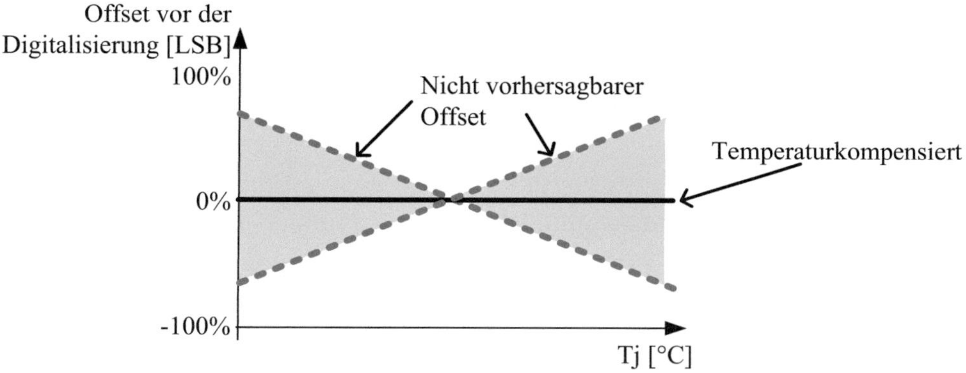

Bild 11: Bauteilspezifische Kompensation verhindert Temperatureinfluss auf den Schaltpunkt. LSB: Letztes Signifikantes Bit.

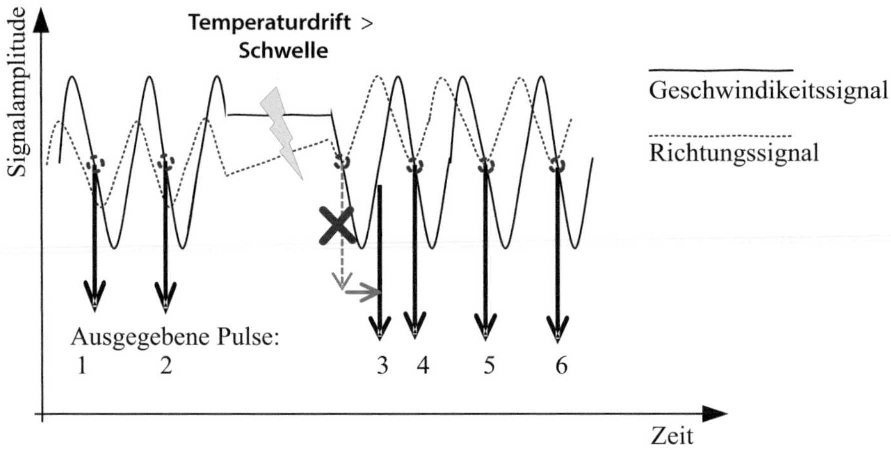

Bild 12: Überwachung der Temperaturveränderung vermeidet die Ausgabe einer falschen Richtungsinformation. Puls 3 wird nach Temperaturdrift versetzt ausgegeben.

Nach der Temperaturdrift bzw. beim Wiederanlaufen des Geberrades werden zwei Nulldurchgänge des Geschwindigkeitssignales benötigt, um die korrekte Drehrichtung des Geberrades zu bestimmen. Typischerweise wird der Geschwindigkeitspuls an der elektrisch fallenden Flanke des Geschwindigkeitssignales ausgegeben. In Bild 12 ist dargestellt, dass Puls 3 noch nicht ausgegeben werden kann, weil der zweite Nulldurchgang noch nicht gemessen wurde. Aus diesem Grund wurde Puls 3 um eine elektrische Flanke verschoben, damit die Drehrichtung korrekt bestimmt werden kann. Als Ergebnis wurde die korrekte Anzahl von Pulsen mit jeweils der korrekten Drehrichtung ausgegeben.

Bild 13 zeigt den Messaufbau des TLE5028Cx vor dem auf der Kurbelwelle/Prüfstand montierten Geberrad.

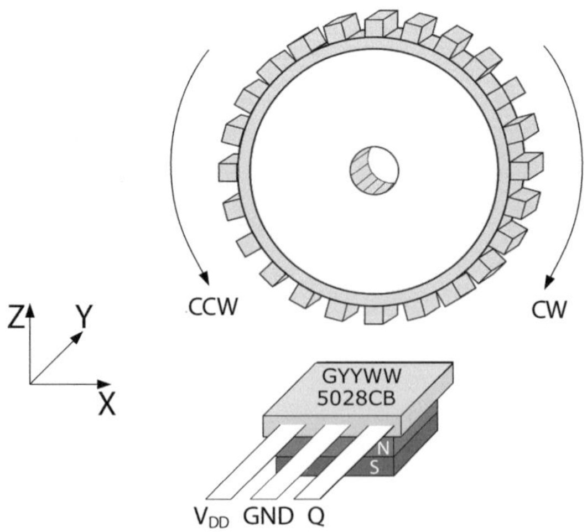

Bild 13: Messaufbau des TLE5028Cx vor dem auf der Kurbelwelle/Prüfstand montierten Geberrad.

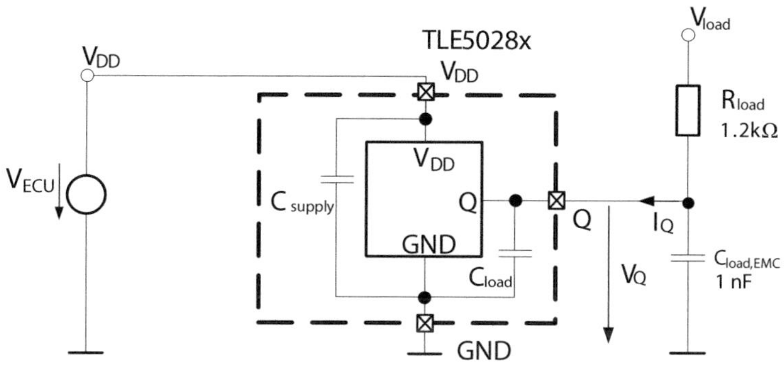

Bild 14: Ansteuer- und Auswerteschaltung des TLE5028Cx.

Die Schaltung zur Ansteuerung und Auswertung des TLE5028Cx ist in Bild 14 dargestellt. Der Widerstand R_{load} und der Kondensator $C_{load,EMC}$ im rechten Teil des Bildes sind Bestandteile des Motorsteuergerätes.

8.3.2 Verifikation der Stopp-Start Applikation am Prüfstand

Um die hohen Erwartungen zu prüfen, wurden Stopp-Start Messungen am Prüfstand an zwei Kurbelwellenrädern (vgl. Bild 15) und an 12 Stopppositionen (vgl. Bild 16) durchgeführt.

Folgende Messvorschrift wurde durchgeführt, um die Funktionalität zu prüfen:

- Der Sensor ist mit elektrischer Spannung zu versorgen.
- Das Geberrad ist 1 Umdrehung zu bewegen, damit der Sensor kalibriert ist.
- Das Geberrad gemäß der Pendelbewegung gemäß Bild 8 auspendeln lassen und an einer der 12 gewählten Positionen anhalten.
- Eine Temperaturdrift von 100 K ist zu applizieren (T_a = 125 °C → 25 °C).
- Das Geberrad 40° rückwärts und 1 Umdrehung vorwärts bewegen.
- Während der gesamten Messung die Ausgänge aufzeichnen und analog zum Motorsteuergerät den Winkel mitrechnen. Am Ende der Messung den errechneten Winkel mit dem tatsächlichen Winkel vergleichen.

Bild 15: Vermessene Kurbelwellengeberräder.

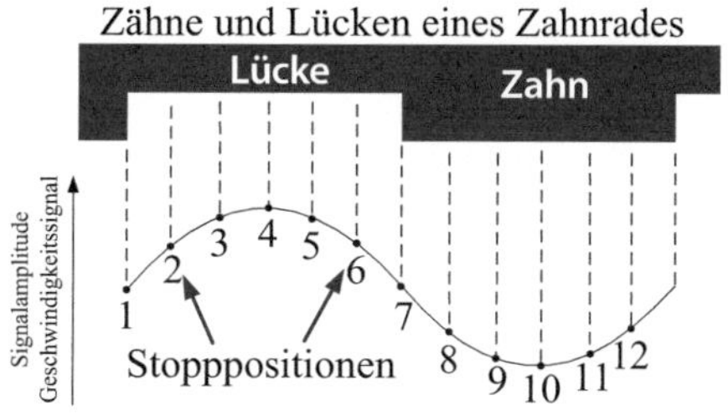

Bild 16: Startpositionen für die Applikationsmessung *Stopp-Start*.

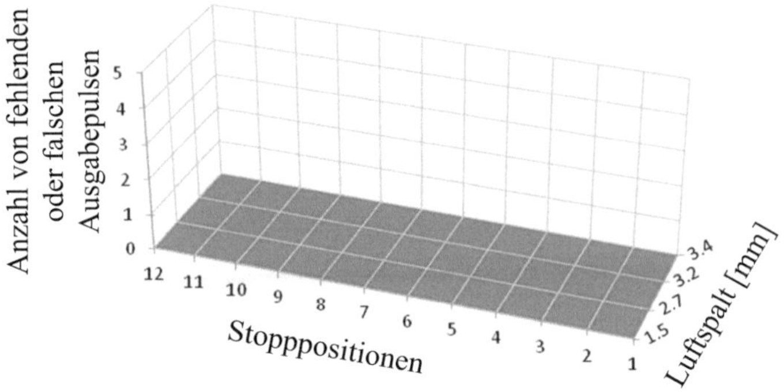

Bild 17: Ergebnis der Stopp-Start-Messung für 48 Positionen vor dem Kurbelwellen-Geberrad.

Das Ergebnis der Stopp-Start-Messung für 48 Positionen vor dem Kurbelwellen-Geberrad ist in Bild 17 zusammengefasst. Es existieren keine fehlenden und keine falschen Pulse.

8.4 Backbias-Magnetdesign für GMR-Sensoren

Aufgrund der geringeren Gesamtkosten wird an der Kurbelwelle typischerweise ein Zahnrad als Geberrad verbaut, obwohl dies zusätzlich einen Magneten am Rücken der Sensorelemente notwendig macht. Konventionelle Sensoren basieren auf Hallelementen und benötigen einen NdFeB (Neodym-Eisen-Bohr) oder SmCo (Samarium-Kobalt) Magneten, um alle Anforderungen wie Luftspalt oder Wiederholgenauigkeit ausreichend zu erfüllen.

8.4.1 Magnetkreisdesign als Herausforderung

Hallsensoren haben theoretisch einen unendlichen linearen Bereich und sind somit vergleichsweise einfach im Design des Magnetkreises handzuhaben. Der elektrische Aussteuerbereich des Sensors ist hier das limitierende Element.

Im Gegensatz zu den Hallsensoren, wo die Modulation der Feldlinien B_z sensiert werden, ist bei GMR-Sensoren die Modulation der Feldlinien B_x von Interesse. D.h. es wird nicht mehr der Hauptanteil des Magneten gemessen, sondern die Ablenkung in X-Richtung: Vor der Zahnmitte werden die Feldlinien gerade in den Zahn geführt währenddessen an der Zahnkante die Feldlinien schräg verlaufen. Hier entsteht der maximale Signalhub aus Sicht des GMR-Elementes. Zusätzlich ist der magnetisch empfindliche Bereich des GMR-Sensors auf einen kleinen Bereich limitiert, in dem die sinusförmige Modulation korrekt abgebildet wird (vgl. Bild 19).

Um die Vorteile von GMR auszunutzen, ist es essentiell, das Ausgangsschalten dann zu erhalten, wenn alle GMR-Elemente im steilen Bereich der Arbeitskurve sind.

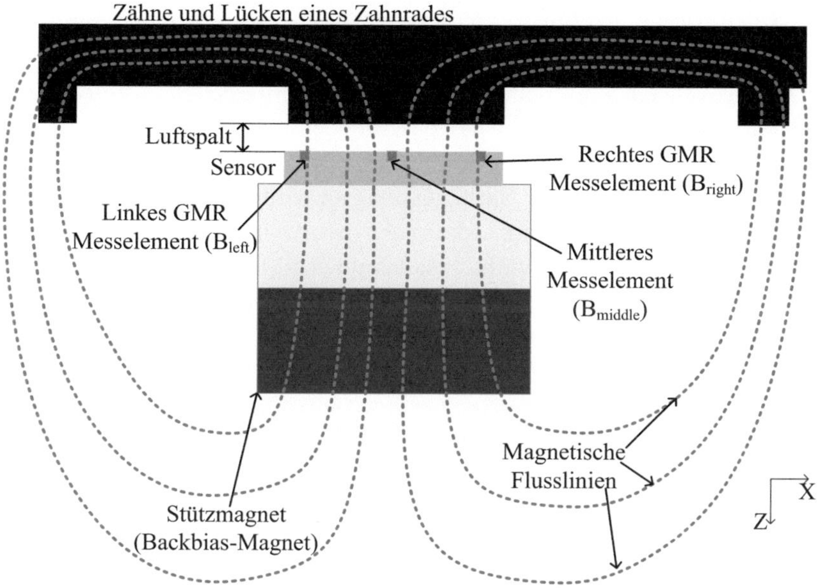

Bild 18: Magnetische Feldlinien in der Kurbelwellenapplikation bei lateraler Positionierung des Sensors.

Aus Bild 18 ist ersichtlich, dass der Arbeitspunkt beim GMR-Sensor sehr präzise eingestellt werden muss, damit man nicht in Sättigung kommt. Aus applikationsspezifischen Details (Lange Lücke der Referenzzone) ist es zu vermeiden, dass der Arbeitspunkt in der Mitte der Kurve liegt. Kleine Abweichungen in der Positionierung des Magneten oder in der Magnetisierungstoleranz des Magneten selbst könnten zu zusätzlichen Pulsen oder einer falschen Richtungserkennung führen. Diese Effekte wurden mit Prototypen von Magneten im Labor nachgewiesen.

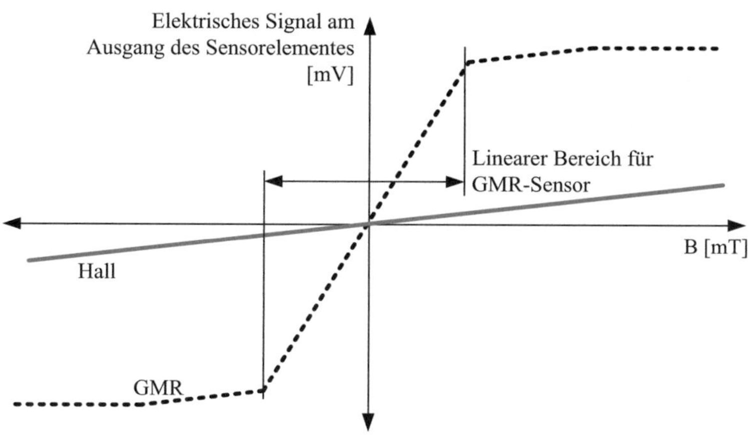

Bild 19: Vergleich der magnetischen Empfindlichkeit: Hall gegenüber GMR.

8.4.2 Magnetkreisauslegung für GMR-Kurbelwellensensoren

Aufgrund der genannten Einschränkungen wurde für differentielle GMR-Sensoren ein spezieller Magnet bereitgestellt, der das passende statische Feld an jeder Position der GMR-Elemente zur Verfügung stellt. Ein auf den Materialien Ferrit und PA6 (gängige Polyamidverbindung) basierender Spritzgussmagnet wird während der Herstellung mit einem inhomogenen Feld überlagert, sodass nach dem Abkühlen und Aushärten ein speziell für die Arbeitspunkte des TLE5028C zugeschnittener Magnet zur Verfügung steht. Der Magnet wurde definiert, simuliert und hergestellt. In den Bildern 19 und 20 sind die Simulationsergebnisse zu den Arbeitspunkten dargestellt:

Ein aus 15.000 Elementen bestehendes Modell beschreibt die magnetischen Eigenschaften, die für spätere Zahnradsimulationen herangezogen werden. Im sog. *Blumenfeld*-Plot kann man erkennen, dass die magnetischen Vektoren an den Positionen der GMR-Elemente (schwarze Fläche oben mittig) nach außen zeigen. Dies ist notwendig, um sowohl das linke als auch das rechte Sensorelement am passenden Arbeitspunkt (Offset) zu betreiben. In der Kurbelwellenanwendung ist es wichtig, auch während der langen Lücke, in der effektiv kein magnetischer Schluss durch das Geberrad hergestellt wird, einen definierten Zustand einzunehmen.

Eine mechanische Positionstoleranz zwischen dem Sensor und dem Backbiasmagneten von 250 μm in der Ebene wurde eingerechnet. In Bild 21 sieht man die Feldgröße von B_x, welche vom GMR-Sensor verwendet wird. Eine Verschiebung entlang der Y-Achse erzeugt keine Änderung. Eine Verschiebung entlang der X-Achse zeigt, dass die Arbeitspunkte beider Elemente in einer Richtung geschoben werden. Dies ist bis zu einer gewissen Feldstärke erlaubt, solange man ausreichend Abstand zum Sättigungsbereich hält.

Das Ziel ist an jedem äußeren Element eine Feldstärke von 1 mT bis 5 mT zu haben. Da der Sättigungsbereich erst bei 10 mT beginnt, darf der Sensor auch leicht gekippt oder verdreht werden, ohne eine Beeinflussung zu erhalten.

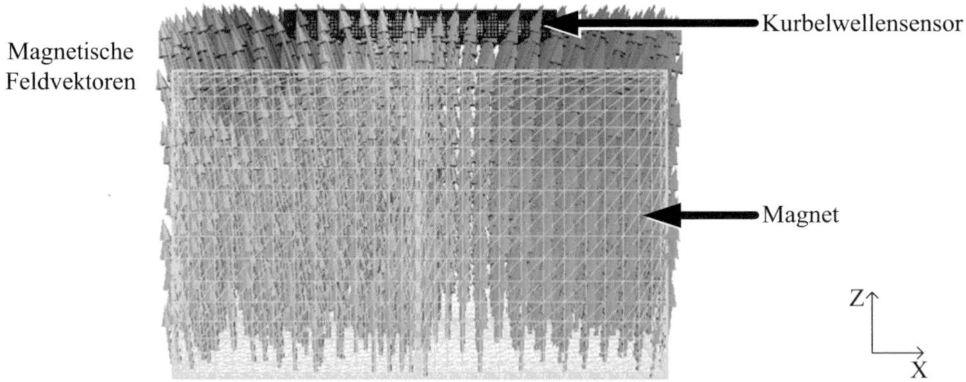

Bild 20: Ferritmagnetmodel mit nicht homogener Magnetisierung als Vektorplot dargestellt. Kurbelwellensensor mit GMR-Elementen am oberen Rand eingezeichnet.

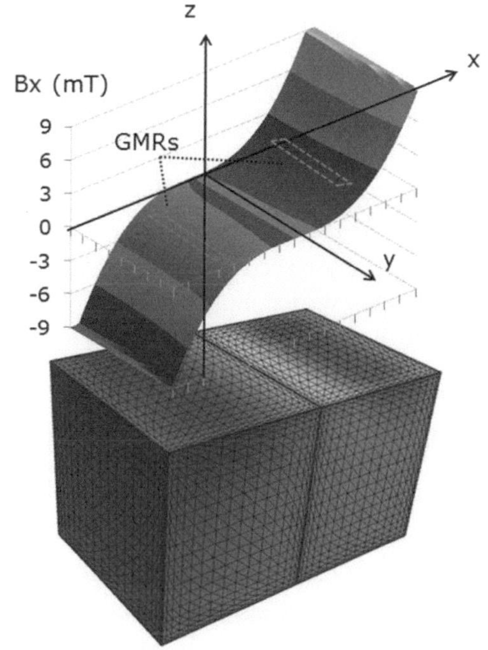

Bild 21: Inhomogener Magnet und magnetische Feldverteilung in der Ebene des Sensorelementes.

Als finaler Schritt wurde noch ein Geberrad in verschiedenen Rotationswinkeln in die Simulation eingefügt, um aus mehreren statischen Ergebnissen auch noch den dynamischen Verlauf zu errechnen (vgl. Bild 22).

Dieser dynamische Verlauf wurde für alle Eckpunkte berechnet und ist als Beispiel im folgenden Abschnitt als reales Messergebnis in Bild 24 dargestellt (dicke Kurve).

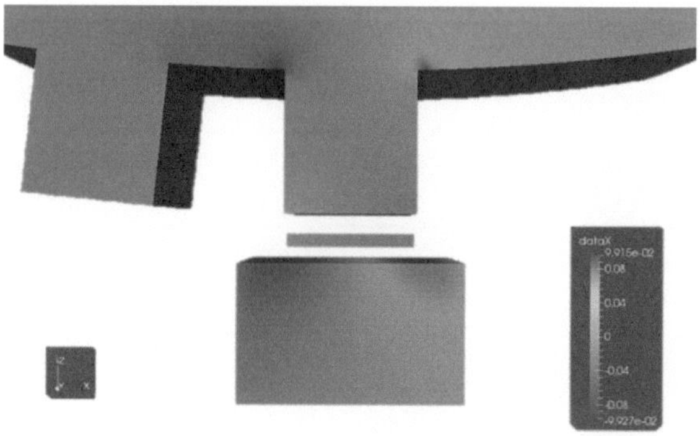

Bild 22: Simulation des nicht homogenen Magneten vor einem Zahnradausschnitt.

8.5 Robustheit gegen magnetisches Streufeld

8.5.1 Erzeugung von Streufeldern aufgrund Elektrifizierung

Ein immer öfter gewählter Weg, um konventionelle Verbrennungsmotoren effizienter zu gestalten, ist die zunehmende Elektrifizierung der einzelnen Hilfssysteme bzw. gleich der Antriebswelle, wie es im Hybridantrieb erfolgt. Zum Beispiel wird der Nockenwellensteller, welcher über viele Jahre hydraulisch betrieben wurde, durch einen elektrischen Antrieb ersetzt, der nicht erst auf Öldruck warten muss, sondern sofort zur Verfügung steht. Ein Strom von mehreren hundert Ampere kann fließen und ähnlich wie beim Elektromotor enorme magnetische Streufelder erzeugen.

Diese Maßnahmen erhöhen die Anforderungen an magnetische Sensoren. Im niederfrequenten Bereich wurden die Anforderungen bei vielen Automobilherstellern in 2016 von 1000 A/m auf bis zu 4000 A/m (5,3 mT) erhöht. Die Grenzen für elektromagnetische Tests wurden bis zu Frequenzen von 150 kHz angehoben. Da Kurbelwellensensoren im Bereich 0 Hz bis 10 kHz arbeiten, sind diese direkt betroffen.

Aktuelle Nutzfelder sind in der Größenordnung 1 mT bis 50 mT. Den Zusammenhang von Nutzfeld und Luftspalt in der Applikation ist in Bild 23 dargestellt.

Wenn das Streufeld exakt in der empfindlichen Richtung des Sensors auftritt, kann bei einem einfachen Sensor der erzielbare Luftspalt in der Applikation von 4mm auf 2mm zurückgehen (vgl. Bild 23). Kann die Luftspalttoleranz nicht nach kleinen Luftspalten nachjustiert werden, ist mit zusätzlichen, fehlenden oder fehlerhaften Schaltpulsen während der magnetischen Störung zu rechnen. Selbst differentielle Sensoren, welche zwar die Geschwindigkeit differentiell messen und deshalb per Definition nicht störanfällig sind, können in der Richtungserkennung Probleme haben, wenn diese mit einem einzelnen Sensorelement implementiert ist.

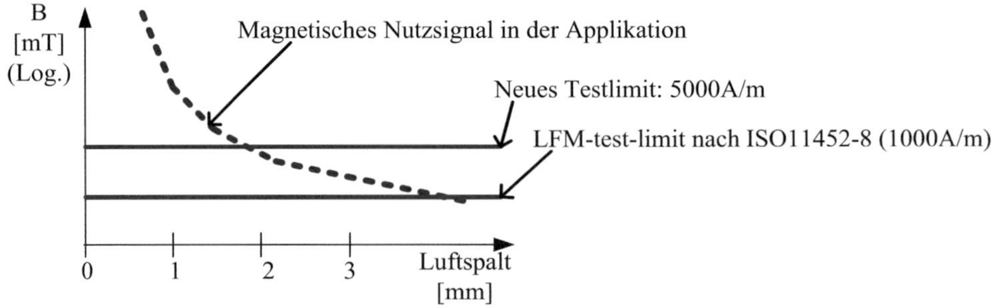

Bild 23: Darstellung verschiedener Streufeldstörungen über einen in der Applikation erreichbaren Luftspalt. LFM: Low Frequency Magnetic field.

8.5.2 Vermeidung von magnetischen Einflüssen auf das Sensornutzsignal

Effektiv bleiben zwei Lösungsansätze um magnetische Streufelder nicht im Ausgangsschalten zu sehen. Zum einen müsste man das Volumen um den Sensor magnetisch schirmen, was mit Kosten und vor allem Bauraum verbunden ist. Die technisch elegantere Lösung zum anderen ist eine verbesserte Anordnung der magnetisch empfindlichen Elemente als auch eine entsprechende Verschaltung der gemessenen Felder. Die Formeln (1) und (2) beschreiben, wie mit drei sensitiven Elementen zwei voll differentielle Signalpfade im dem TLE5028C implementiert wurden:

$$B(Geschwindigkeit) = B(rechts) - B(links) \tag{1}$$

$$Geschwindigkeit\,) = \frac{B(\,rechts\,) + B(\,links\,)}{2} - B(\,mitte\,) \tag{2}$$

Homogene Streufelder, die allen drei GMR-Streifen überlagert sind, werden mathematisch entfernt. Lediglich Streufelder, die in unmittelbarer Nähe zum Sensor sind (< 1 cm) können einen Einfluss auf das Schaltverhalten ausüben, weil diese Felder an einer Seite stärker sind, als an der anderen und sich somit durch das differentielle Prinzip nicht mehr aufheben. In den Bildern 24 und 25 wird dargestellt, wie sich Streufelder bei minimalem Luftspalt (0,5 mm) und bei maximalem Luftspalt (3m0mm) aufheben. In Bild 24 kann eine Asymmetrie in der Referenzzone beobachtet werden, wenn ein Streufeld von 5 mT anliegt. Die Asymmetrie kommt durch die Verschiebung der Arbeitspunkte zustande und lenkt eine Hälfte der GMR-Streifen in die Sättigung. Dies hat jedoch keinen Einfluss auf die Nulldurchgänge, welche für die Schaltpunkte (fallende Flanke des Ausgangssignales) verantwortlich sind.

Die Simulation zeigt deutlich, dass Streufelder bis 5 mT keinen Einfluss auf die Genauigkeit und Zuverlässigkeit von TLE5028Cx haben.

8.6 Zusammenfassung

Mit hohem Aufwand wurde der moderne Verbrennungsmotor zu einem Optimum an Leistung, Effizienz und Kosten entwickelt. Der weltweite Druck durch die Gesetzgebung, die Abgase zu reduzieren ist noch immer ein treibender Faktor und bringt den Verbrennungsmotor in Verbindung mit zahlreichen Zusatzsystemen weiter zu Höchstleistungen in Leistung und Effizienz.

TLE5028Cx ist die perfekte Antwort auf die Anforderungen an den Kurbelwellensensor im modernen Hybridautomobil und bedient alle relevanten Faktoren. Technisch kann durch die gute Wiederholbarkeit eine Klopferkennung durchgeführt werden und das Streufeld rechnerisch eliminiert werden. Die Verwendung eines Ferritmagneten als auch das Entfernen des Klopfsensors zeigen Potential für Kostensenkungen.

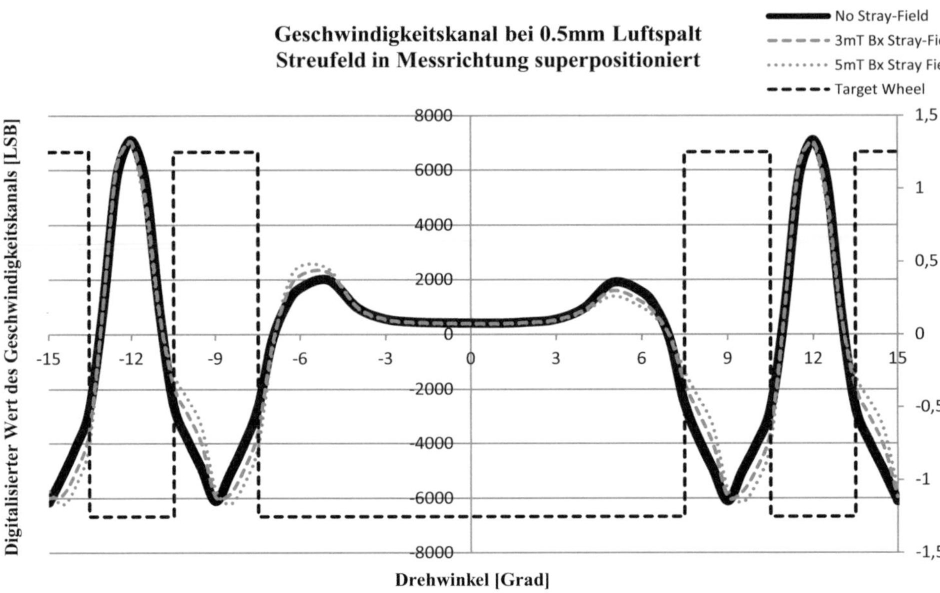

Bild 24: Magnetischer Geschwindigkeitsverlauf über Zahnradabwicklung. Beeinflussung durch Streufeld bei minimalem Luftspalt.

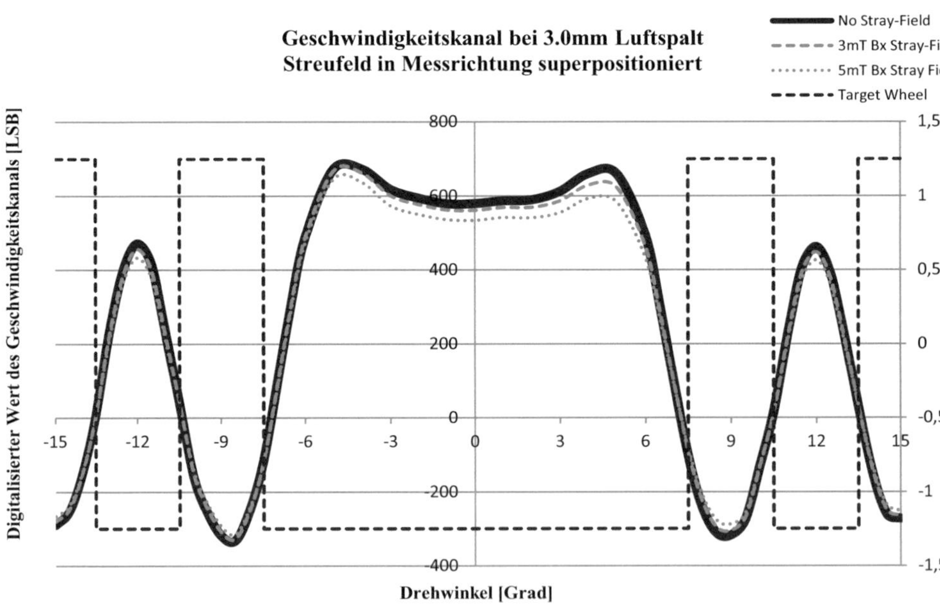

Bild 25: Magnetischer Geschwindigkeitsverlauf über Zahnradabwicklung. Beeinflussung durch Streufeld bei maximalem Luftspalt.

Tabelle 1: Technische Performance des Sensors.

Eigenschaft	**Wert**
Wiederholgenauigkeit (3 sigma)	0,015° Kurbelwelle
Genauigkeit	+/-0,3° Kurbelwelle
Umgebungstemperatur ϑ_A	$-40\ °C \leq \vartheta_A \leq 170\ °C$
Betriebsspannung V_B	$4{,}0\ V \leq V_B \leq 24{,}0\ V$
Stromaufnahme I_{DD}	7 mA
Ausgangsstrom $I_{OUT,LOW}$	15 mA
Maximale Drehzahl	10.000 min^{-1}
Interne Signalauflösung Geschwindigkeitspfad	14 bit
Steckerbelegung	Pin 1: Betriebsspannung Pin 2: Masse Pin 3: Open Drain Ausgang
Abmessungen Sensorkopf	5,3 x 4,5 mm
Abstand der äußeren Sensorelemente	2,5 mm
Lebensdauer	Min. 15 Jahre / 15.000 Betriebsstunden

Die zusätzliche Genauigkeit des Schaltpunktes kann durch eine Systembetrachtung des Magnetkreises erzielt werden, indem auch die Geometrie des Zahnrades in die Toleranzberechnung einbezogen und optimiert wird.

Eine Zusammenfassung der erzielten Eigenschaften des Sensors ist in Tabelle 1 dargestellt.

Literatur

[1] Merkiszt, J., Bogus, Z. P., Grzeszczyk, R., "Overview of engine misfire detection methods used in on board diagnostics", Journal of Kones. Combustion Engines, Vol. 8, No. 1-2, 2001.

[2] Kramer, U., "Potentialanalyse des Direktstarts für den Einsatz in einem Stopp-Start-System an einem Ottomotor mit strahlgeführter Benzin-Direkteinspritzung unter besonderer Berücksichtigung des Motorauslaufvorgangs", Dissertation Universität Duisburg, 21.02.2005.

[3] Ramsden, E., "Hall-Effect Sensors -Theory and Application", 2nd Edition, Elsevier, 2006.

[4] Hilzinger, R., Rodewald, W., “Magnetic Materials: Fundamentals, Products, Properties, Applications, Vacuumschmelze”, Publics Corporate Publishing, 2012.

[5] Krey, M., Riemschneider, K.-R., “Diagnose von magnetischen Drehzahlsensoren durch fortlaufende Harmonischen-Analyse mit minimaler Hardware, Internationales Forum Mechatronik“, Cham, 2011.

[6] Nishida, K., Kaneko, T., Takahashi, Y., and Aoki, K., “Estimation of Indicated Mean Effective Pressure Using Crankshaft Angular Velocity Variation”, Sapporo, SETC-2011: JSAE 20119510 / SAE 2011-32-0510, 2011-11-08.

[7] Ibata, R., Kawatsu, H., Kaneko, T., and Nishida, K., “Application of Engine Load Estimation Method Using Crank Angular Velocity Variation to Spark Advance Control“, SAE Int. J. Engines 8(1):2015.

[8] Solmaz, H., Karabulut, H., “A mathematical model to investigate the effects of misfire and cyclic variations on crankshaft speed fluctuations in internal combustion engines”, Automotive Engineering Department, Faculty of Technology, Gazi University, Ankara, Türkiye, 2014.

[9] Hainz, S., “Compensation of the Systematic Angle Error Caused by Air Gap Variations Using Decision Feedback Equalizer Approach”, Vienna University of Technology, 2008.

[10] Junker, C., Schmid, H., “Trigger wheel based misfire detection for sports cars with eight or more cylinders”, Bosch engineering GmbH, 2015.

[11] Yu-hai, H., Jian-guo, Y., Cheng’en, L., and Fu-song, D., “Experimental Research on Misfire Diagnosis Using the Instantaneous Angular Speed Signal for Diesel Engine”, School of Energy and Power Engineering, Wuhan University of Technology, 2015.

[12] Lo Bue, F., Di Stefano, A., Giaconia, C., Pipitone, E., “Misfire Detection System based on the Measure of Crankshaft Angular Velocity“, Università degli Studi di Palermo, 2007.

[13] Grambichler, K., “Infineon-TLE5028CB-DS-v01_00-EN“, www.infineon.com, 2017.

Kapitel 9
Dynamische magnetoelastische Drehmomentsensorik für zukünftige Antriebsstrangregelung

Johannes Gießibl[1]

Kurzfassung Magnetoelastische Drehmomentsensoren werden seit 20 Jahren in der Formel 1 im Antriebsstrang zur Regelung eingesetzt. Mittlerweile hat diese Technologie einen Reifegrad erreicht auch Großserienapplikationen zu ermöglichen. Die Applikationsbandbreite reicht von der Erkennung von Fehlzündungen des Motors bis hin zur Traktionskontrolle der Antriebsräder. Ermöglicht wird dies durch Verwendung schon vorhandener Wellen ohne geometrische Modifikationen an diesen vorzunehmen. Durch eine einmalige Magnetisierung unter Verwendung der magnetischen Eigenschaften des Materials wird eine lebenslange Drehmomentmessung ohne Alterungseffekte ermöglicht. Einzigartig an der Magnetoelastischen Technologie ist die Ausführung einer wirklich kontaktklosen Messmethode welche keinerlei Komponenten oder Modifikationen auf dem Bauteil selbst benötigt, welches für die Übertragung der Kräfte und Drehmomente verwendet wird. Die Magnetoelastik ermöglicht Messungen in Serienanwendungen die bis heute nur unter Laborbedingungen durchgeführt werden konnten da Sie bezüglich Leistungsfähigkeit und Kosten derzeit konkurrenzlos ist.

9.1 Einleitung

Der magnetoelastische Drehmomentsensor wird durch magnetische Kodierung eines Bereichs einer Mitnehmerscheibe, einer Getriebewelle oder anderer drehmomentübertragenden Bauteile erzeugt. Eine sekundäre Sensoreinheit wird mit einer Anzahl von mindestens zwei Magnetfeldsensorelementen bestückt. Das Drehmoment erzeugt eine spezifische Änderung der magnetischen Kodierung die durch die Magnetfeldsensoren erfasst wird. Externe magnetische Einflüsse zum Beispiel des Erdmagnetfeldes (EMF) oder anderer Störfelder werden durch die Verwendung von Sensorpaaren mit Differenzialmessung kompensiert.

[1] Methode Electronics International GmbH.

T. Tille (Hrsg.), *Automobil-Sensorik 2*, DOI 10.1007/978-3-662-56310-6_9,

Wenn ein Motor eine Last auf das Getriebe überträgt, erzeugt er ein einzigartiges Drehmomentsignal welches beispielsweise durch eine Mitnehmerscheibe übertragen wird. Das sich ergebende Magnetfeld wird gemessen und konditioniert an die ECU (Electronic Control Unit) als ein lineares Signal übertragen, das für das angelegte Drehmoment repräsentativ ist. Aktuelle elektronisch gesteuerte Getriebe beruhen auf empirisch ermittelten Werten aus Nachschlagtabellen, um das Motordrehmoment auf der Grundlage der Drosselklappenstellung und der Drehzahl abzuschätzen. Die Getriebesteuerung (TCU: Transmission Control Unit) nutzt diese Informationen, um Gänge, Schaltpunkte und Schaltgeschwindigkeit auszuwählen. Allerdings ist es oft schwierig, alle relevanten Faktoren zu erfassen, die den effizienten Betrieb des Antriebsstrangs beeinflussen können.

Der Bedarf an komplexen Regelalgorithmen, Testauswertungen und Qualifikationen kann mit einer Echtzeit-Drehmomentmessung deutlich reduziert werden. Die Technologie hat sich bewährt, die Gangwechselzeiten auf 200 ms durch die Verbesserung der Signalbandbreite zu reduzieren, was den Gangwechsel doppelt so schnell ermöglicht wie bei aktuellen hydraulischen Getrieben. Der Sensor liefert ein Signal für die Gesamtleistungsabgabe des Systems, welches verwendet werden kann, um die Schaltqualität zwischen verschiedenen Antriebsmodi zu überwachen und die Schaltleistung zu regeln. Es unterstützt eine größere Bandbreite von Übersetzungsverhältnissen, welche die Motorverkleinerung und Zylinderreduzierung erleichtern. Durch das Hinzufügen von weiteren Gängen kann die Motordrehzahl auf die Last optimiert und dadurch Kraftstoff eingespart werden.

Der dynamische Drehmomentsensor ist seit 2008 in der Serienproduktion in OEM-Anwendungen (OEM bedeutet Original Equipment Manufacturer zu deutsch der Erstausrüster). Ein Sensor, der an einer Mitnehmerscheibe montiert ist wird derzeit in Fahrzeugversuchen eingesetzt. Ein Getriebedrehmomentsensor hat mit über 480.000 Meilen im Einsatz ohne Ausfall oder Änderung seiner Kalibrierung die Langzeitstabilität der Technologie nachgewiesen. Ein wesentlicher Vorteil der magnetoelastischen Getriebedrehmomentsensorik ist, dass keine Veränderung der bestehenden Mechanik oder eine wiederkehrende Kalibrierung notwendig ist. Im Gegensatz zu herkömmlichen Dehnungsmessstreifen basierten Drehmomentsensoren welche regelmäßig einer Nachkalibrierung unterzogen werden müssen. Weitere Einsatzmöglichkeiten für das Drehmomentsensorsignal sind:

- Anpassung des Kupplungs-Kiss-Punktes
- Anpassung der Beziehung zwischen Kupplungsmoment und Position des Kupplungsbetätigers
- Anpassung des sicheren Öffnungspunktes der Kupplung
- Drehmomentregelung beim Schlupfstart des Verbrennungsmotors aus rein elektrischem Fahren
- Drehmomentregelung bei Gangwechsel mit elektrischer Drehmomentunterstützung
- Regelung der Motorsteuerung
- Synchronisation Verbrennungsmotor mit Elektromotor

In den letzten Jahren haben wir die Entwicklung von Motorsteuerungsfunktionen wie Drucksensor-Glühkerzen, spritzgeführte Direkteinspritzung und vorgemischte Ladungskompressionszündung erlebt. Um jedoch im *WLTP-Test* (Worldwide Harmonized Light Vehicles Test Procedure) nach dessen Einführung zu bestehen und ein CO_2-Ziel von 95 g / km bis 2020 zu erreichen, sind zusätzliche Innovationen erforderlich. Eine dieser Innovationen (die oft als der „heilige Gral" der Motor- und Getriebesteuerung bezeichnet wird [1]) ist die Fähigkeit, das vom Motor erzeugte dynamische Drehmoment zu messen und das am besten geeigneten Übersetzungsverhältnis zu verwenden. Diese Messung ist mit der magnetoelastischen Drehmomentsensortechnologie erstmals auch in Serie möglich.

9.2 Grundlagen der Magnetoelastik

Traditionell werden dynamische Drehmomentsensoren innerhalb der Automobilwelt vor allem für die Laboruntersuchung und Auswertung von Motor- und Getriebesystemen und deren zugehörigen Regelalgorithmen eingesetzt. Die magnetoelastische Technologie wurde in Motorsportapplikationen angewendet, wo die Voraussetzung für eine längere Lebensdauer und niedrige Kosten weniger wichtig waren als Genauigkeit und Zuverlässigkeit. In den vergangenen Jahren wurden Forschungs- und Entwicklungsaktivitäten zur Bereitstellung geeigneter Drehmomentsensoren für Automobil-Anwendungen betrieben. Eines der Hauptprobleme war die Schwierigkeit, das Drehmoment auf einer rotierenden oder bewegten Anwendung zu messen und eine elektrische Verbindung zum Sensor herzustellen.

Berührungslose Lösungen wurden entworfen, aber diese haben entweder Änderungen oder Befestigungen an der Kurbelwelle (oder alternativ an einem Antriebsteil, Mitnehmerscheibe, Kupplung, Schwungrad oder Getriebewelle) erforderlich gemacht, die ihre eigenen Probleme hinsichtlich der Haltbarkeit und Einflüsse auf das Drehmoment darstellen. Der dynamische magentoelastische Drehmomentsensor verfügt über keine Komponenten die sich über Lebensdauer verschlechtern oder verändern und dadurch ist sichergestellt, dass die Drehmomentmessungen über die Lebensdauer des Motors genau bleibt (vgl. Bild 1).

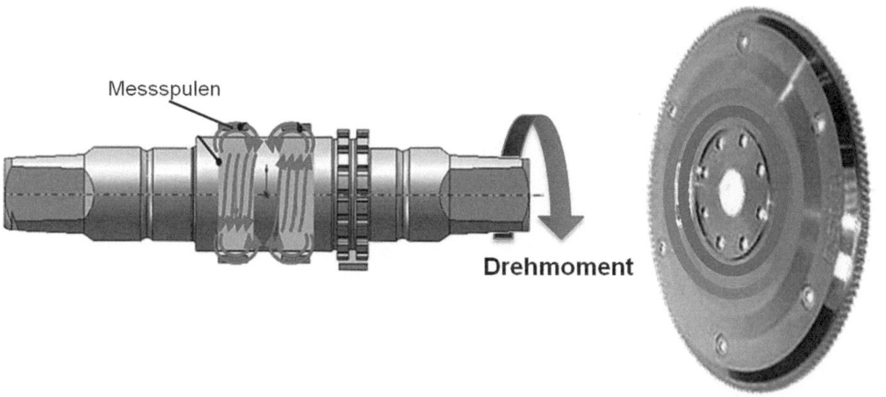

Bild 1: Drehmomentmessung auf einer Welle und Mitnehmerscheibe.

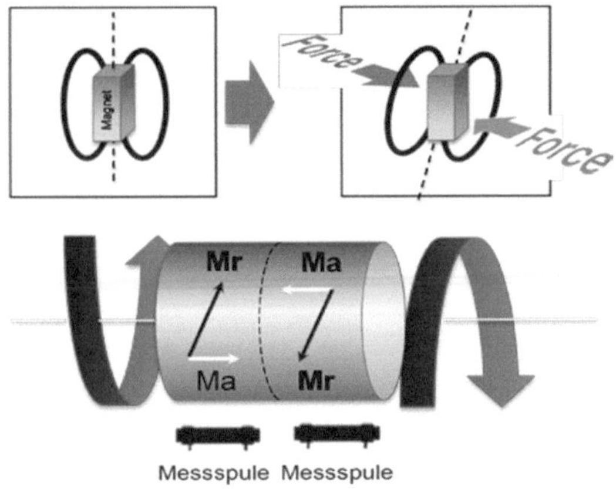

Bild 2: Villari-Effekt und Dualband-Anordnung [6].

Der dynamische magnetoelastische Drehmomentsensor behebt die vorhandenen Probleme, welche es anderen Technologien unmöglich gemacht haben in die Massenproduktion zu skalieren. Der Drehmomentsensor basiert auf der magnetoelastischen Technologie und die Prinzipien des *Villari-Effekts*, um Drehmomente hochdynamisch in Echtzeit zu messen (vgl. Bild 2). Der *Villari-Effekt* besagt, dass wenn eine Kraft auf ein ferromagnetisches Objekt angewendet wird, die Magnetfelder die Richtung in einer definierten und reproduzierbaren Weise ändern.

Für Motoranwendungen hat es sich als vorteilhaft erwiesen das Drehmoment auf der Mitnehmerscheibe zu messen. Eine Position des Sensors auf der Mitnehmerscheibe ermöglicht nicht nur die Messung des Motordrehmoments, sondern auch die Drehmomentübertragung vom Motor zum Getriebe wird dadurchrealisiert. Das System besteht aus einer primären Sensorquelle, die standardmäßig eine herkömmliche Mitnehmerscheibe PSU (Primary Sensor Unit) ist, die aus einem ferromagnetischen Material hergestellt ist, einer SSU (Secondary Sensor Unit), welche auf der Motorrückwand montiert ist und einer ECU (Electronic Control Unit). Der Aufbau dieser Anordnung ist in Bild 3 dargestellt.

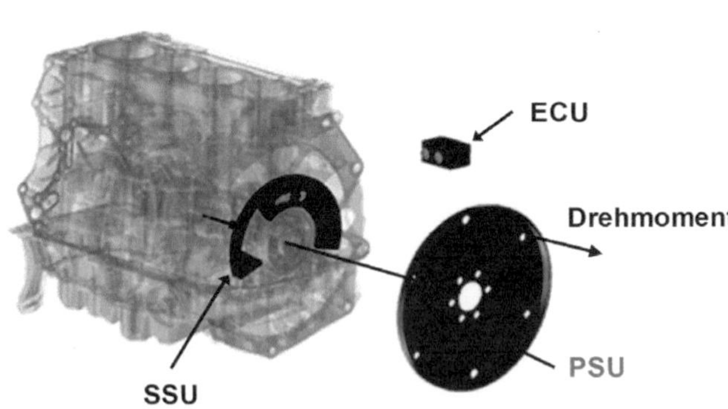

Bild 3: Sensor-Anordnung mit Mitnehmerscheibe (PSU), SSU und ECU.

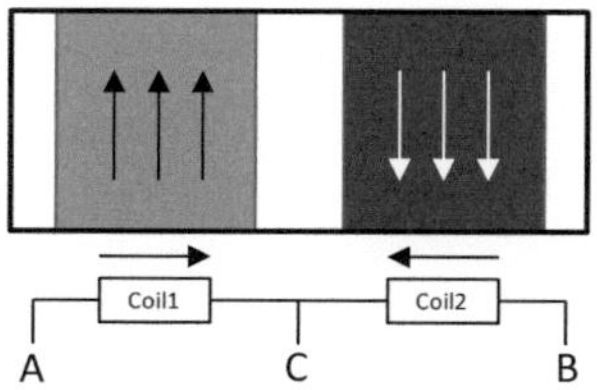

Bild 4: Differentialmessprinzipund Anschlußpunkte an Messspulen.

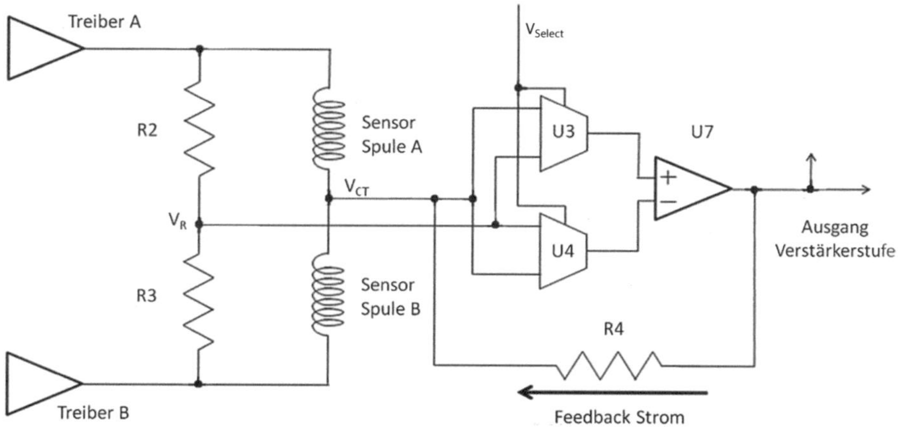

Bild 5: Blockschaltbild Sensorelektronik.

9.2.1 Messprinzip

Der grundsätzliche Sensoraufbau (vgl. Bild 4) für Drehmomentsensorik sind zwei zueinander gegenläufig verlaufende Magnetisierungen auf dem zu sensierenden Bauteil in der Abbildung dargestellt durch die vertikalen Pfeile welche auf den beiden Spuren gegenläufig zueinander verlaufen. Unter Belastung mit Drehmoment oder Scheerung entsteht ein Magnetfeld außerhalb des Bauteils in axialer und radialer Richtung welches durch die Messspulen sensiert wird. Für die Schubspannung im Bauteil ist nur die axiale Komponente des Magnetfeldes ausschlaggebend und aus diesem Grund sind die Messelemente nur in dieser Richtung sensitiv was durch die horizontalen Pfeile dargestellt ist. Das durch die gegenläufigen Magnetisierungen enstehende Differenzsignal ermöglicht es externe magnetische Einflüße zu unterdrücken was durch die zueinander entgegengerichteten Pfeile dargestellt ist.

9.2.2 Sensorelektronik

Eine vereinfachte Version der Schaltungs- und Sensorspulenanordnung ist in Bild 5 gezeigt. Das von der Schaltung verarbeitete Signal ist die Mittenabgriffsspannung V_{CT}. Sie wird mit einem Referenzsignal V_R verglichen, das am Mittelpunkt der Referenzwiderstände an der Verbindung zwischen R_2 und R_3 erzeugt wird. Da sowohl V_{CT} als auch V_R zwischen zwei nahezu übereinstimmenden Komponenten liegen, wobei ein Schaltungsteil bei ungefähr null Volt betrieben wird und der andere ungefähr bei der Versorgungsspannung angesteuert wird, liegen ihre Werte normalerweise nahe der Hälfte des Versorgungsspannungswerts ohne ein extern anliegendes Magnetfeld. Durch Kräfte erzeugte Magnetfelder führen zu einer Verscheibung des Verhälntnisses des Sättigungsverhaltens der Einzelspulen und ergeben ein lineares Ausgangssignal.

Tabelle 1: Typische Spezifikation Magnetoelastischer Drehmomentsensor.

Eigenschaft	**Wert**
Messbereich (abhängig vom Durchmesser)	Bis zu ±50.000 Nm
Linearität	±0,25% FS
Hysterese	±0,5% FS
Wiederholbarkeit	±0,1% FS
RSU (rotational signal uniformity – Drehunförmigkeit ohne Drehmoment)	±0,5% FS
RSE (rotational signal error – Drehunförmigkeit mit Drehmoment)	±0,1% FS
Compassing (Einfluß des Erdmagnetfeldes)	±0,5% FS
Axiale Bewegung zwischen Sensor und Welle	±0,5 mm
Radiale Bewegung zwischen Sensor und Welle	±0,5 mm
Temperaturabweichung Sensitivität	±0,5% über Temperaturbereich
Temperaturabweichung Nullpunkt	±0,5% FS über Temperaturbereich
Temperaturbereich Elektronik	-55 °C bis +150 °C
Temperaturbereich Sensor	-55 °C bis +180 °C (210°C kurzzeitig)
Temperaturbereich Welle	-55 °C bis +300 °C (max. Anlasstemp.)
Spannungsversorgung (reguliert)	5V ±1%
Spannungsversorgung (unreguliert)	6,5 V bis18 V
Ausgangssignal analog	0 V bis 5 V
Ausgangssignal digital	CAN, PWM, LIN, SENT, etc.
IP-Schutzklasse	Bis zu IP6k9k [4]

9.2.3 *Sensorparameter*

In Tabelle 1 sind typische Performance-Parameter eines magnetoelastischen Drehmomentsensors dargestellt.

9.2.3.1 Messbereich

Der Messbereich des Sensors ist direkt von der Bauteilauslegung abhängig. Idealerweise entsteht beim Messbereichsendwert eine Spannung im Bauteil von 100 N/mm². *Full Scale* (FS) ist der Abstand zwischen dem höchsten und niedrigsten Messpunkt des Sensors. Bei einer Welle mit 25 mm Durchmesser wurde dies einem Drehmoment-Messbereich von ±306,8 Nm (713,6 Nm FS) entsprechen. Im Normalfall sind die Bauteile um Lebensdauertests zu bestehen in ihrer ursprünglichen Form für die Sensorik verwendbar. Sollte dies nicht der Fall sein ist eine Aufdickung im Messbereich eine Möglichkeit lokal die entstehenden Spannungen zu reduzieren. Eine Belastung über 300 N/mm² sollte vermieden werden um Alterungseffekte auszuschließen.

9.2.3.2 Linearität und Hysterese

Linearität und Hysterese werden bei Drehmomentsensoren typischerweise gemeinsam dargestellt. In Bild 6 ist in den beiden oberen Graphen das Sensorausgangssignal über das angelegte Drehmoment dargestellt.

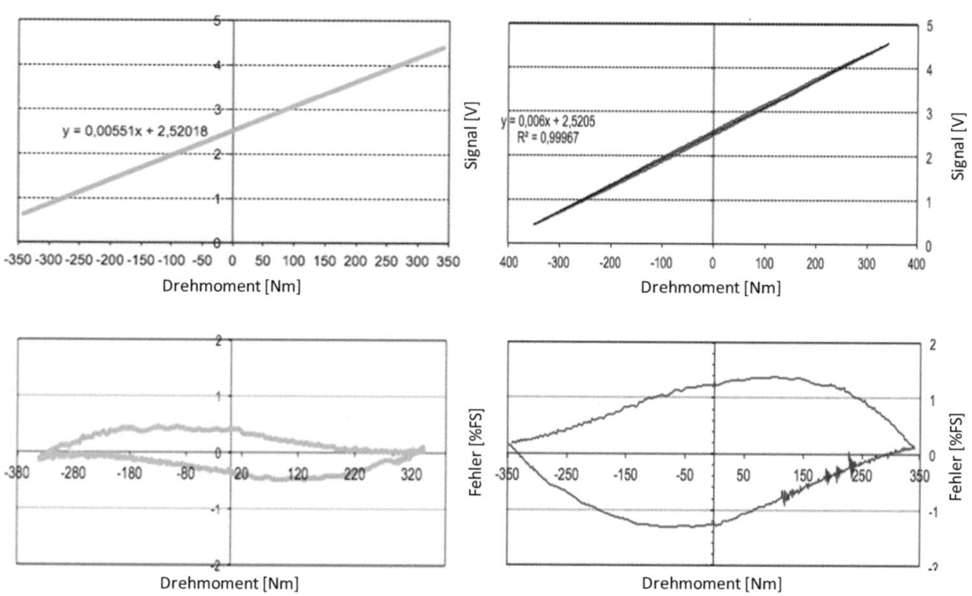

Bild 6: Sensorausgangssignal und Abweichungskurve.

Die Abweichungskurven bestehen aus der Kombination der Linearitätsabweichung und der Hysterese. Der einzige Unterschied zwischen den beiden Testergebnissen ist die Wärmebehandlung des Bauteils. Um eine konstante Qualität der Sensorik in der Produktion zu gewährleisten ist eine sehr detaillierte Prozesskontrolle der Herstellung und Behandlung der Bauteile notwendig.

9.2.3.3 RSU

Die *RSU* (Rotational Signal Uniformity) beschreibt die Drehunförmigkeit bzw. den Drehfehler. Das magnetische Feld, welches im Bauteil gespeichert ist, schließt sich über die Luft nicht als perfekter Kreis. Ursachen hierfür sind für gewöhnlich Materialinhomogenitäten in der Gitterstruktur des Bauteils aus welchen Magnetisierungsdefekte resultieren. Die RSU besteht üblicherweise aus sog. *Rippel* und *Wobbel*. Rippel verhalten sich ähnlich wie das Signalrauschen und sind für gewöhnlich über den gesamten Bauteilumfang vorhanden. Währenddessen verhalten sich Wobbel ähnlich einem exzentrischen Kreis. In Bild 7 sind Signalverläufe über 360° dargestellt mit ansteigender Anzahl von Messpunkten, welche üblicherweise in gleichen Abständen um das Bauteil verteilt angeordnet werden, um eine möglichst gute Mittelwertbildung zu erreichen. Pro Messpunkt wird ein Spulenpaar verbaut, das in sich differential verbunden ist. Für weitere Messpunkte ist keine zusätzliche Elektronik notwendig, da diese einfach in Serie mit verbunden werden und sich dadurch die Messergebnisse der unterschiedlichen Messpunkte automatisch ausmitteln. Der signifikane Anstieg bei 6 Messpunkten begründet sich durch die Quelle der Störung welche hauptsächlich durch die 6 Bohrungen der Anschraubpunkte im Inneren der Mitnehmerscheibe begründet sind.

Die Parameter-Sensitivität, Hysterese und RSU stehen miteinander in Verbindung. Für jede Applikation muss bezüglich der Balance zwischen diesen Parametern während der Entwicklung die bauteilrelevanten Prozesse analysiert und angepasst werden. Für Anwendungen welche sich zwischen Sensor und Welle statisch verhalten kann der Prozess dahingehend optimiert werden, dass man eine möglichst geringe Hysterese erhält da man auf RSU keine Rücksicht nehmen muss. Bei rotierenden Anwendungen ist es sehr wichtig die Parameter aufeinander abzustimmen da zwischen den drei Parametern ein Zielkonflikt existiert. Eine hohe Sensitivität bedeutet hohe Hysterese und geringe RSU und niedrige Sensitivität führt zu geringer Hysterese und hoher RSU.

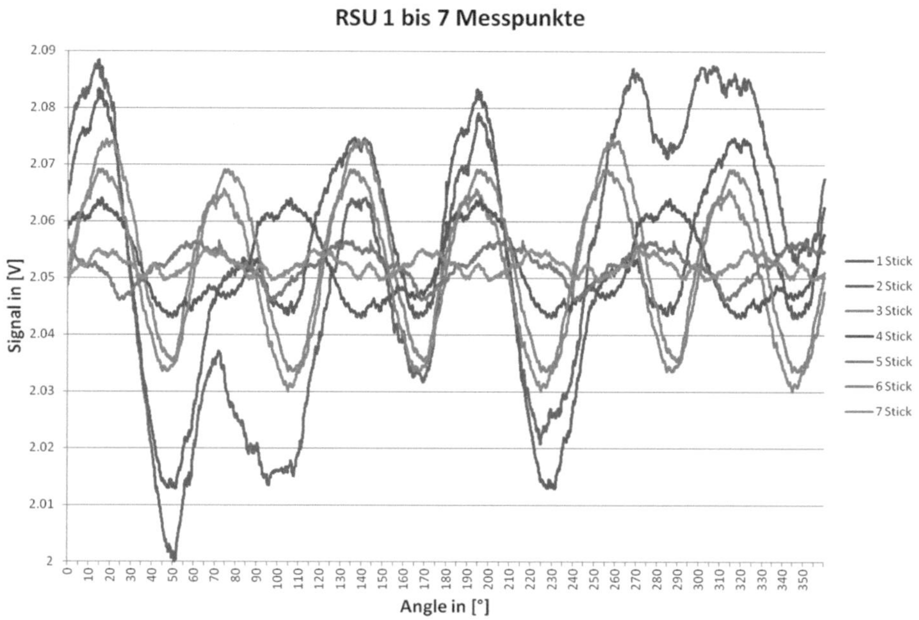

Bild 7: RSU über 360° mit 1 bis 7 Messpunkten.

Tabelle 2: RSU Amplitude vs. Anzahl Messpunkte.

Eigenschaft	Wert
1 Stick	88 mV
2 Stick	70 mV
3 Stick	44 mV
4 Stick	21 mV
5 Stick	10 mV
6 Stick	36 mV
7 Stick	6 mV

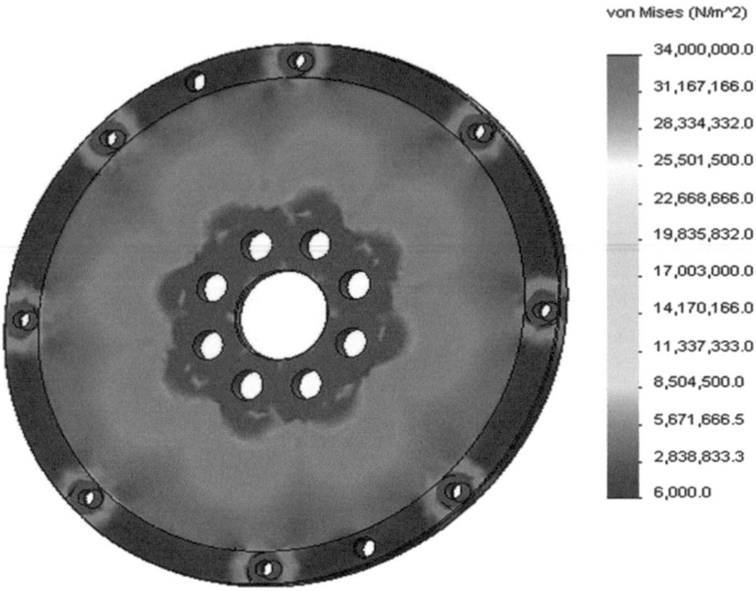

Bild 8: Mechanische Spannungsverteilung der Mitnehmerscheibe unter Drehmoment.

9.2.3.4 RSE

Der *RSE* (Rotational Signal Error) hat für normale (auf Wellen basierte Anwendungen) keine Relevanz, da der Spannungverlauf unter Drehmoment auf einer Welle an der Oberfläche konstant ist. Auf Mitnehmerscheiben ergibt sich jedoch aufgrund der Art und Weise der mechanischen Anbindung ein inhomogener Spannungsverlauf, welcher in Bild 8 exemplarisch dargestellt ist. Zusätzlich nimmt die mechanische Spannung im Material vom Zentrum nach außen hin exponentiell ab. Die Darstellung ist in der Einheit *von Mises* angegeben, was eine fiktive einachsige Spannung darstellt, die dieselbe Materialbeanspruchung darstellt, wie ein realer mehrachsiger Spannungszustand.

9.2.3.5 Compassing

Der Effekt *Compassing* beschreibt den Einfluß des Erdmagnetfeldes auf das Sensorsignal wenn das Gesamtsystem sich frei im Raum bewegt. Bild 9 zeigt das Verhalten eines Systems in den 3 möglichen Rotationsachsen. Der Messbereich beträgt ±500 Nm und die sich daraus ergebende Abweichung ±0,3%. Bei der Auslegung eines magnetoelastischen Sensorsystems ist es sehr wichtig die magnetische Umgebung des Sensors in das Design einfließen zu lassen damit weitere magnetische Einflüße welche die Sensorperformance negativ beeinflussen könnten ausgeschlosen werden.

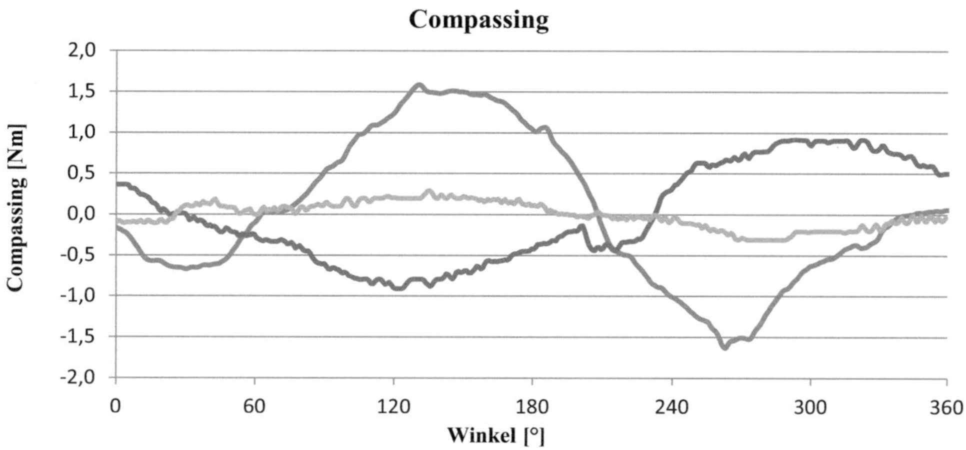

Bild 9: Compassingverhalten bei Rotation über 3 Achsen.

9.2.3.6 Bewegung und Temperatur

Bezüglich relativer axialer und radialer Bewegungen der Sensorik zu den drehmomentübertragenden Bauteilen gibt es die Möglichkeit diese über eine spezifische Anordnung der Messspulen um das Bauteil zu kompensieren oder über ein entsprechendes Magnetisierungsprofil sicherzustellen, dass mögliche Bewegungen keinen Einfluss auf das Sensorsignal haben.

Die Technologie ermöglicht eine auf Algorithmen basierte Temperaturkompensation da jedes Design ein für sich typisches Temperaturverhalten aufweist und dies dadurch sehr leicht zu kompensieren ist. In einer Umgebung bis zu 150 °C ist es möglich den kompletten Sensor inklusive der Elektronik zu installieren. Die Messspulen sind bis 180 °C im Dauerbetrieb und kurzzeitig bis 210 °C einsetzbar. Für das Drehmoment übertragende Bauteil ist die verwendete Anlasstemperatur relevant, da sollte diese in der Applikation überschritten werden sich die Gefügestruktur weiter verändern würde und dies einen Einfluß auf die Sensorperformance hat.

Sollte keine regulierte Versorgungsspannung von 5 V ±1% vorhanden sein, wird ein Spannungsregler auf der Sensorelektronik verbaut, der 6,5 V bis 18 V Eingangsspannung benötigt. Aufgrund der berührungslosen Messung können die Messpulen und die Elektronik hermetisch verschlossen werden, sodass eine Schutzklasse bis zu IP6k9k [4] realisierbar ist.

9.2.3.7 Risikofaktoren

Wie jede andere Technologie ist die magnetoelastische Drehmomentsensorik nicht komplett resistent gegen externe Einflüße und Faktoren. Nachfolgend sind diesbezüglich vier

Kriterien aufgeführt, die bei Nichtbeachtung zu einer dauerhaften Beeinflussung der Performance oder Beschädigung des Sensors führen können.

- Temperatur: Nicht höher als die Kurietemperatur des Materials (typ. > 769 °C)
- Strom > 2 A/mm² kann die magnetische Kodierung beschädigen
- Kein direkter Kontakt mit magnetischen Teilen, die einen *Hotspot* zurücklassen (welcher die Sensorperformance beeinflusst)
- Das Bauteil sollte nicht mit Kräften oder Drehmomenten beaufschlagt werden, die eine plastische Deformation oder eine Änderung der Materialstruktur verursachen.

9.2.3.8 Designparameter

Jede Applikation hat ihre eigenen spezifischen Anforderungen, welche direkte Auswirkungen auf das Sensordesign und die mögliche Materialauswahl hat. Das Rohmaterial und die Wärmebehandlung sind die Haupteinflußfaktoren für die erreichbare Sensor-Performance. Folgende Parameter sind bei der Auslegung eines magnetoelastischen Sensorsystems zu beachten:

- Bauteilgeometrie
- Mechanische Spannung im Sensorbereich
- Materialauswahl
- Wärmebehandlung
- Axialer Bauraum
- Radialer Bauraum
- Sensorumgebung (Temperatur, Magnetfelder)
- IP-Schutzklasse [4]

Materialbeispiele sind AISI9310, 14NiCr14, 45NICrMo16, 300M, X46Cr13, die aufgrund ihrer Legierungsbestandteile Nickel, Chrom oder Cobalt grundsätzlich für die magnetoelastische Technologie geeignet sind. Ein vollständiges Fehlen einer dieser Bestandteile ist grundsätzlich ein Indikator, dass das Material für die Magnetoelastik nicht geeinget ist.

9.2.4 Langzeitstabilität

An einem Getriebesensor auf Basis der magnetoelastischen Drehmomentsensortechnologie wurde eine Langzeitstabilität von 480.000 Meilen ohne Ausfall und ohne Änderung seiner Charakteristik nachgewiesen. In diesem spezifischen Fall hat ein (nicht Sensor relevanter) Bereich des Bauteils dazu geführt, dass das Gesamtsystem sein Lebensende erreicht hat: Die Verzahnung der Getriebeeingangswelle wurde vollständig abgenutzt bis keine Drehmomentübertragung mehr möglich war. Der Vorteil der Anordnung des Drehmomentsensors auf der Mitnehmerscheibe ist, dass es keine Veränderung des vorhandenen Motors erfordert, die Schlüssellebensdauerprüfung nachgewiesen wurde, keine spezifischen Prozesse oder

Nachbehandlung der Antriebsstrangkomponenten erfordert und Temperaturen von bis zu 180 °C standhalten kann eignet sich die Magenetoelastik hervorragend für raue Umgebungen. In Bild 10 bis Bild 12 sind entsprechende Testergebnisse hinsichtlich Sensitivität (+/- 0,5%), Nullpunkt (+/- 0,05%) und Hysterese (+/- 0,1%) des Sensorsystems, welches 480.000 Meilen absolviert hat, dargestellt. Die festgestellten Sensitivitätsänderungen sind innerhalb der Wiederholgenauigkeit des verwendeten Referenzprüfstandes. Bezüglich des Nullpunktes und der Hysterese sind keine signifikanten Veränderungen erkennbar.

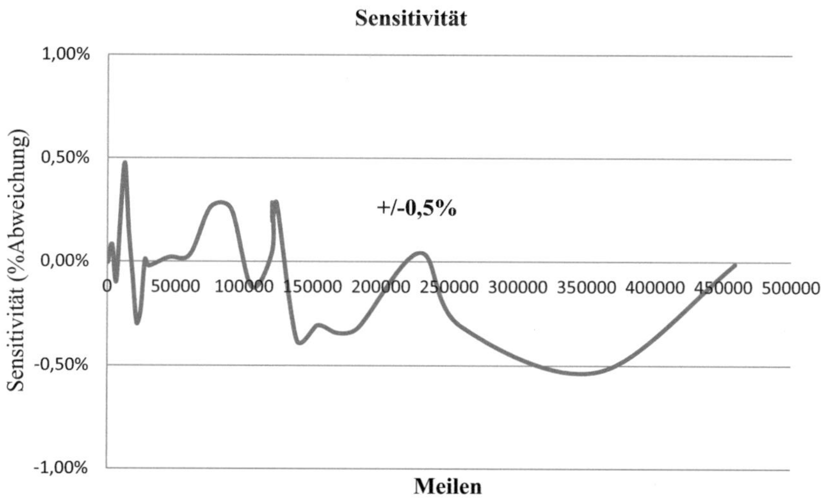

Bild 10: Sensitivitätsvariation über 480.000 Meilen.

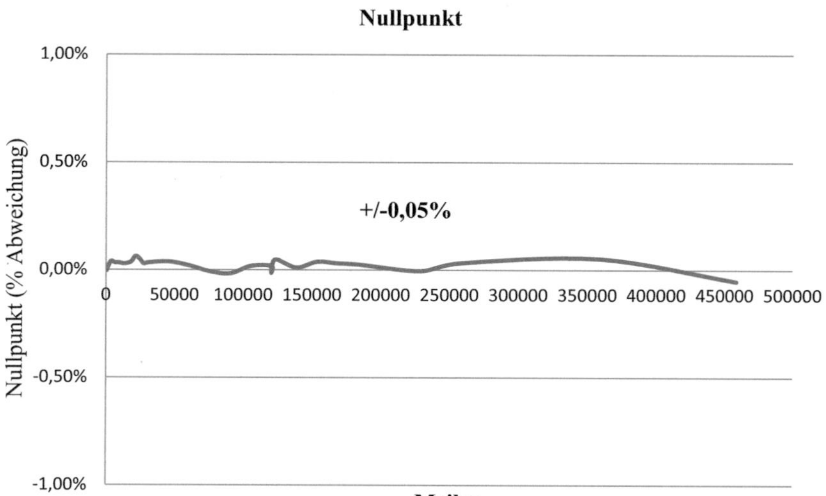

Bild 11: Nullpunktvariation über 480.000 Meilen.

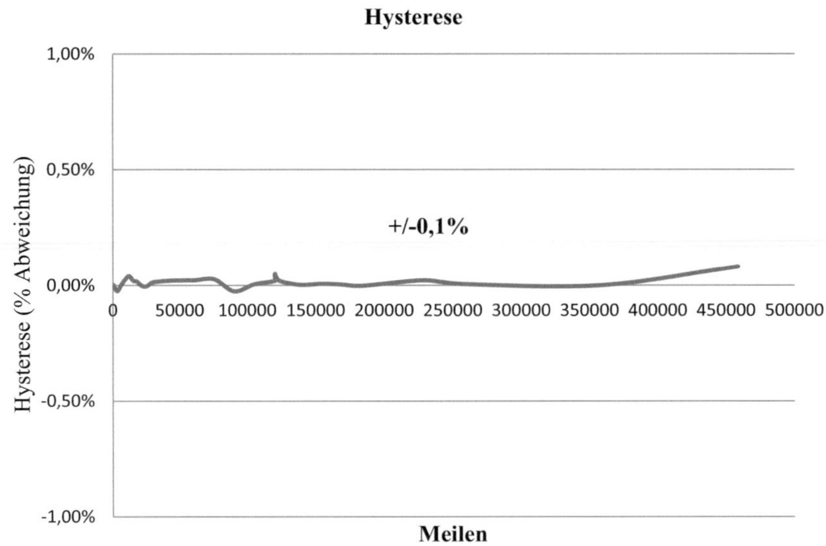

Bild 12: Nullpunktvariation über 480.000 Meilen.

9.3 Applikationsbeispiel Mitnehmerscheibe

Die Notwendigkeit von Verbesserungen in der Schätzung beziehungsweise Echtzeitmessung der Motorleistungsvariablen wird heute infolge einer strengeren Emissionskontrolle und Kraftstoffverbrauchsgesetzgebung immer größer. Es gibt auch paralell eine Veränderung der Ansprüche für eine verbesserte Onboard-Diagnose, um verschiedene Arten von Fehlfunktionen zu erkennen. Zum Beispiel fordern Vorschriften der *CARB* (California Air Resources Board) eine kontinuierliche Überwachung von Fehlzündungen. Bei der Zielsetzung einer höheren Genauigkeit ist ein Bereich, der mehr Aufmerksamkeit erlangt, die dynamische Echtzeitmessung des Motorausgangsdrehmoments (vgl. Bild 13) zusammen mit dem Getriebe-Eingangsdrehmoment mit Sensorik.

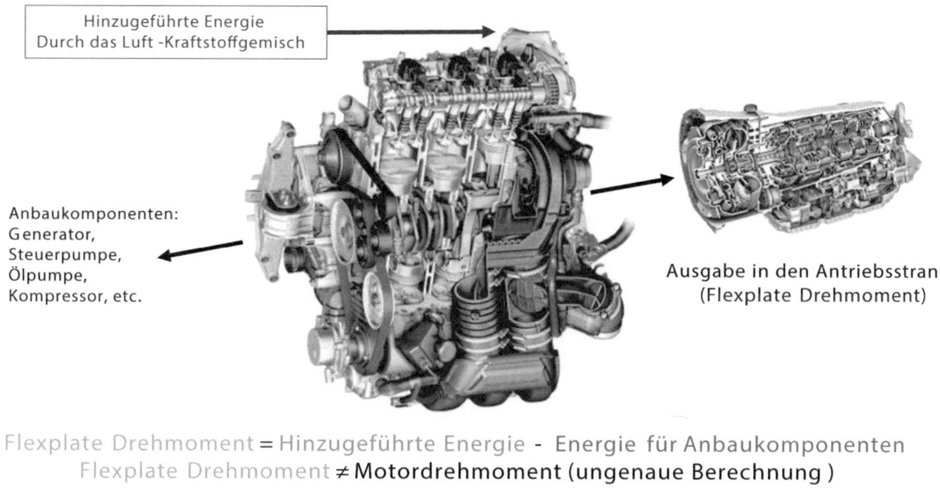

Bild 13: Drehmomentverteilung an einem Verbrennungsmotor.

9.3.1 Sensorinstallation

In einer typischen modernen Fahrzeug-Motorsteuereinheit (ECU) wird ein Drehmoment von fahrzeugseitigen Sensoren, die Luft, Drehzahl, Kraftstoffdurchfluss, Temperatur und Zündzeitpunkt in Verbindung mit Nachschlagetabellen aus Dynamometerprüfungen von Testmotoren durch die Fahrzeughersteller berechnet. Es gibt zwei Probleme mit diesem Ansatz: die Daten müssen jedes Mal berechnet werden und aufgrund von Fertigungstoleranzen sind nicht alle Motoren identisch. Einzelne Motoren sind daher niemals so optimiert, dass sie auf ihrem individuell besten Betriebspunkt betrieben werden, noch können Strategien entwickelt werden, um Veränderungen über die Lebensdauer zu berücksichtigen. Eine genaue Echtzeit-Drehmomentmessung ermöglicht den direkten, sofortigen Aufschluß über die tatsächliche mechanische Leistung des Motors, die zur kontinuierlichen Verbesserung und Beibehaltung von Aspekten wie Fahrbarkeit, Tip-in / Tip-Out und Start / Stop-Effizienz genutzt werden kann. Tip-in ist der Moment in dem der Fahrer das Gaspedal betätigt und Tip-out ist der Zeitpunkt bei welchem das Gas weggenommen wird.

In Bild 14 ist eine Installation eines Mitnehmerscheibendrehmomentsensors dargestellt. Idealerweise sollte der Sensor über die kompletten 360° angordnet werden können, was aber nicht immer möglich ist. In der dargestellten Installation ist der Bereich der Ölwanne aus montagetechnischen Gründen nicht für eine komplett umlaufende Sensorinstallation verfügbar.

Bild 14: Sensorinstallation an Motorrückwand.

9.3.2 Sensoraufbau

Im Sensor selbst (vgl. Bild 15) sind an mehreren Positionen Messpulen verbaut welche während der Entwicklung auf Basis von Simulationen so angeordnet werden, dass bezüglich RSU und RSE der kleinstmögliche Fehlereinfluß auf die Sensorgenauigkeit entsteht. Darüber hinaus ist für eine eventuelle Temperaturkompensation ein Messelement im Sensor notwendig welches üblicherweise mit einem Platin-Messwiderstand *PT1000* realisiert wird. Platin-Messwiderstände sind Temperatur-Sensoren, die als Messeffekt die Abhängigkeit des elektrischen Widerstands von der Temperatur bei Platin nutzen. Sie sind ausgelegt zum Einbau in industrielle Widerstandsthermometer oder in eine integrierte Schaltung. Für eine verbesserte Sensorgenauigkeit kann zusätzlich ein Abstandssensor integriert werden, der sowohl Einbautoleranzen als auch Bewegungen im laufenden Betrieb kompensierbar macht. Abhängig von der Umgebungstemperatur (kleiner 150 °C) am Einbauort ist eine Integration der Sensorelektronik möglich, wobei dies nicht bei allen Motoren machbar ist, da hier Temperaturen bis zu 180 °C auftreten können.

Neue Verbrennungskonzepte wie *LTC* (Low Temperature Combustion), *PPC* (Partial Premixed Combustion) oder *HCCI* (Homogenous Charge Compression Ignition) haben einen erhöhten Bedarf an dynamischer Rückkopplungssteuerung. Ein Echtzeit-Drehmomentsensor ermöglicht eine Verbrennungoptimierung in jedem Betriebsmodus und liefert für jeden Verbrennungszyklus eine Rückmeldung über den Verbrennungswirkungsgrad (sowohl bei statischem, als auch bei dynamischem Betrieb).

In Bild 16 ist eine mögliche Sensorinstallation dargestellt welche einen umlaufenden Bauraum erlaubt. Zu Evaluationszwecken wurden 3 Abstandssensoren und 6 Messpunkte mit insgesamt 12 Messspulen installiert.

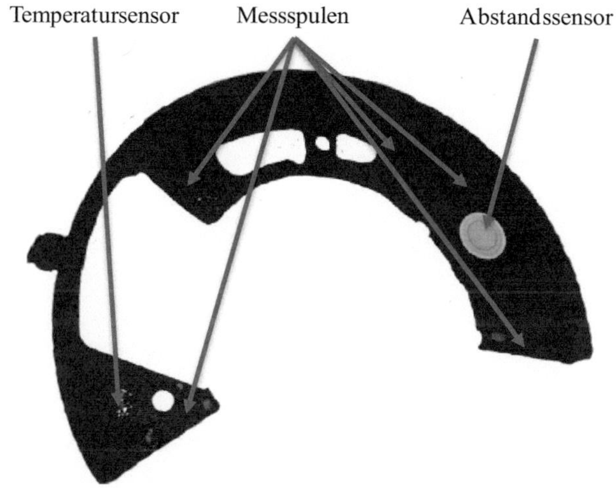

Bild 15: Sensorbestandteile eines Mitnehmerscheiben Drehmomentsensors

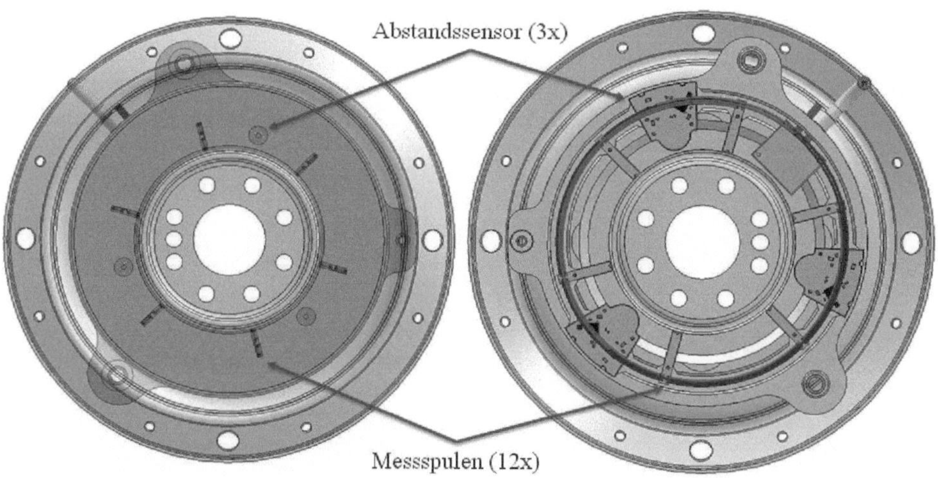

Bild 16: Umlaufende Sensorinstallation.

In Bild 17 ist ein entsprechender Schnitt dargestellt, aus dem die Anordnung der Messspulen gegenüber dem magnetisierten Bauteil ersichtlich wird.

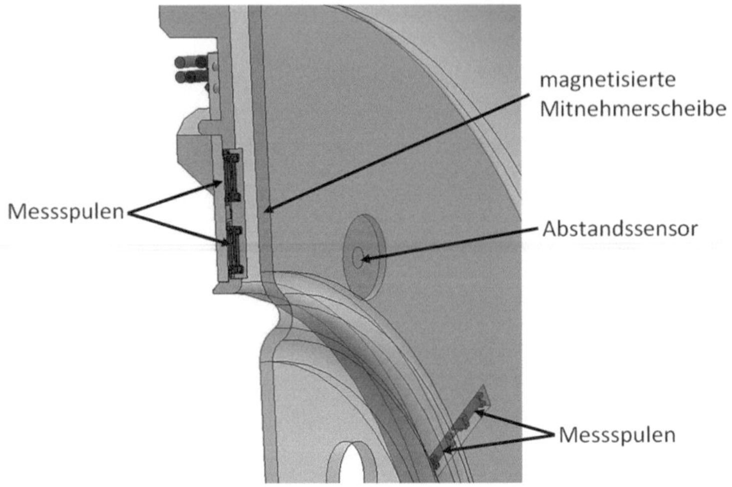

Bild 17: Schnittbild Sensoranordnung.

9.3.3 *Krafstoffqualität*

Durch die Überwachung der Drehmomentcharakteristik vor und nach der Betankung können Treibstoffqualitätsunterschiede identifiziert und zur Vermeidung von Gewährleistungsansprüchen verwendet werden (vgl. Bild 18).

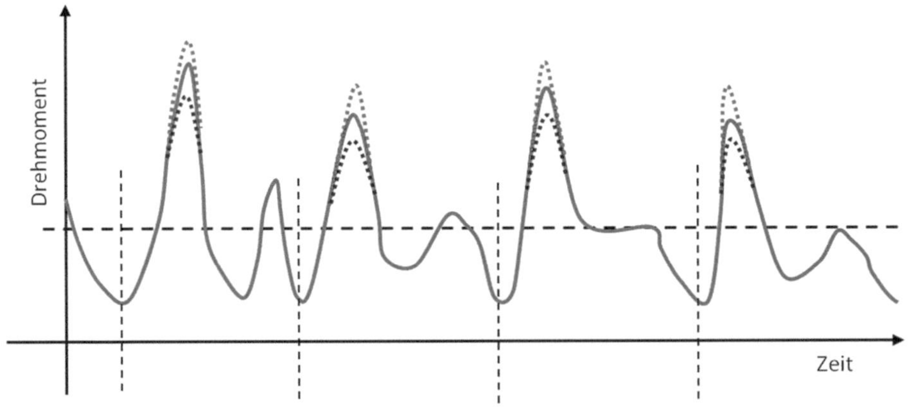

Bild 18: Kraftstoffqualität Auswirkung auf Drehmomentverlauf.

9.3.4 Motorsteuerung

Diagnosefunktionen, die mit Kraftfahrzeugmotoren verbunden sind, beinhalten periodische Prozesse aufgrund der Funktionsweise von Mehrzylindermotoren. Der Echtzeit-Drehmomentsensor nutzt die inhärente Periodizität der Verbrennung aus, um ein mittleres Drehmoment zu erhalten, das von jedem Zylinder während jedes Hubs erzeugt wird. In Bild 19 ist ein beispielhafter Drehmomentverlauf indiduellller Zylinder eines Reihen-4-Zylinder-Motors dargestellt.

Nicht nur das durchschnittlich abgegebene Drehmoment wird gemessen, sondern erstmals werden volatile Änderungen des Drehmoments, die durch jeden einzelnen Zylinder erzeugt werden, direkt messbar. Dies ist eine sehr nützliche Eigenschaft für den Drehmomentausgleich von Direkteinspritzungsmotoren mit dem Ziel, Vibrationen zu beseitigen und die Emissionen zu verringern, die durch Störungen verursacht werden, wie etwa die Variabilität der Injektorwirksamkeit, der Trägheit und der Geometrie zwischen den Zylindern. Es eignet sich auch zum Erfassen von Zylindern, die variable Drehmomentausgänge erzeugen oder Anzeichen von Fehlzündungen aufweisen (vgl. Bild 20) oder das sog. Klopfen (vgl. Bild 21).

Die Signalauflösung des Sensors ermöglicht, dass die Fehlzündung unmittelbar nach dem ersten Auftreten erkannt wird. Die aktuelle Erfassungszeit einer ECU beträgt zwischen ein und zwei Sekunden, wobei sogar bei einer sehr niedrigen Drehzahl von 2.000 Umdrehungen pro Minute bis zu 30 Kraftstoffgemisch-Zylinderfüllungen unverbrannt ins Abgassystem ausgestoßen werden. Dies führt zu einem massiven Anstieg des Schadstoffausstoßes und kann sogar zur Beschädigung der Abgasreinungssysteme führen. Der Echtzeit-Drehmomentsensor ist darüber hinaus auch ein guter Indikator für Motoranomalien, die zur Vorhersage von notwendigen Reparaturen genutzt werden können.

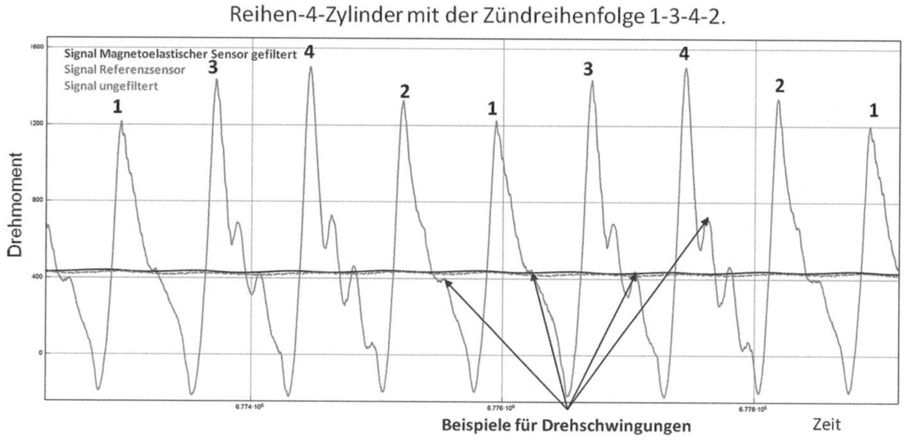

Bild 19: Drehmomentverlauf individueller Zylinder.

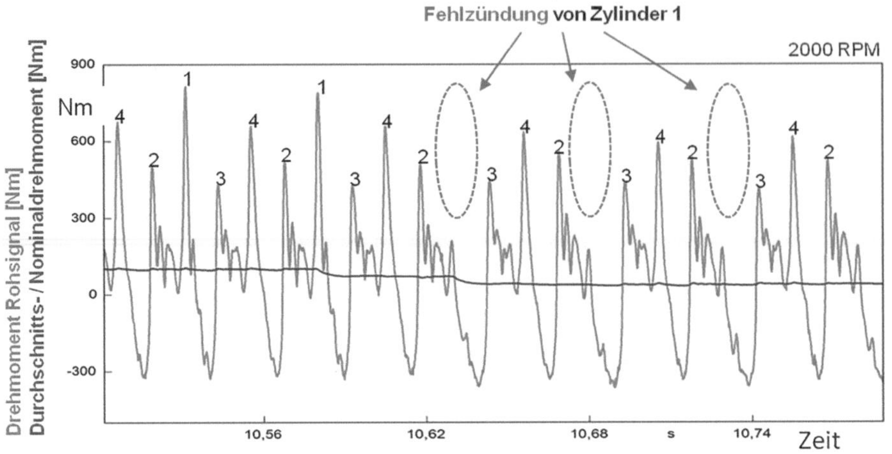

Bild 20: Fehlzündungen durch Abschalten von Zylinder 1.

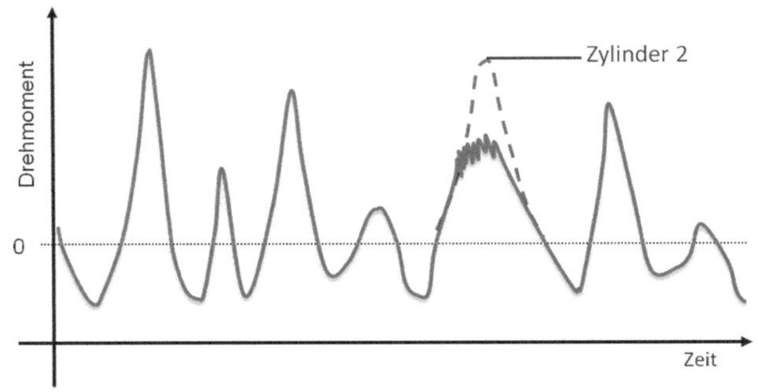

Bild 21: Motor-Klopferkennung am Ausgangsdrehmoment.

Für die Sensorherstellung wird ein ein patentiertes Verfahren verwendet [5], um einen Bereich der Mitnehmerscheibe magnetisch zu kodieren. Es gibt keine Magnete oder anderen Elemente, die an der Mitnehmerscheibe angebracht werden müssen. Eine sekundäre Sensoreinheit, die hinter der Mitnehmerscheibe platziert ist, verfügt über mehrere Magnetfeldsensoren. Jedes Mal, wenn ein Zylinder zündet, entsteht ein spezifisches Drehmomentsignal, das durch die Mitnehmerscheibenanordnung übertragen wird. Dieses Drehmoment, das auf die Mitnehmerscheibe aufgebracht wird, erzeugt eine spezifische Änderung der magnetischen Kodierung, die wiederum durch die Sensoren gemessen wird. Die resultierende Messung wird konditioniert und an die ECU als lineares Signal übertragen, das für das angelegte Drehmoment repräsentativ ist.

9.3.5 Getriebesteuerung

Der auf der Mitnehmerscheibe montierte Drehmomentsensor ist auch in der Lage, das auf das Getriebe übertragene Drehmoment zu messen (vgl. Bild 22). Aktuelle elektronisch gesteuerte Getriebe beruhen auf empirisch basierten Nachschlagtabellen, um das Motordrehmoment auf der Grundlage der Drosselklappenstellung und der Umdrehungen pro Minute (RPM: Revolutions per Minute) abzuschätzen. Die Getriebesteuerung (TCU) nutzt diese Informationen, um den Gang, den Schaltpunkt und Schaltgeschwindigkeit zu wählen. Allerdings ist es oft schwierig, alle relevanten Faktoren aufzunehmen, die den effizienten Betrieb des Antriebsstrangs beeinflussen können. Neue Motorentechnologien wie z. B. Zylinder-Deaktivierung, variable Ventilsteuerung, Start-Stopp-Sequenzierung und verschiedene Abgasnachbehandlungen tragen alle zu dieser Komplexität bei sowie auch Service und Verschleiß, der die Antriebsstrang-Eigenschaften im Laufe der Zeit beeinträchtigt oder verändern kann. In Bild 23 ist ersichtlich, dass die Charaktersitik jedes einzelnen Zylinders gemessen und ausgewertet werden kann. Komplexe Regelalgorithmen, Testauswertungen und Qualifikationszeiten können durch die Echtzeit-Drehmomentsensorik deutlich reduziert werden oder sogar vollständig entfallen.

Die Echtzeit-Drehmomentmessung hat sich bewährt, um die Gangwechselzeiten auf 200 Millisekunden zu reduzieren [1]. Dies entspricht einem Gangwechsel doppelt so schnell wie bei aktuellen hydraulischen Automatikgetrieben. Da der Sensor ein Signal für die Gesamtleistung des Systems liefert, kann es verwendet werden, um die Schaltqualität zwischen verschiedenen Antriebsmodi zu überwachen und die Schaltleistung zu steuern (vgl. Bild 24). Es bedeutet, dass Schaltvorgänge realisiert werden können, die glatter sind und die Auswahl des richtigen Gangs auf die richtige Motordrehzahl exact ermöglichen. Eine größere Bandbreite von Übersetzungsverhältnissen welche an die Motorleistung angepasst ist, erleichtert auch die Motorverkleinerung und die Zylinderreduktion. Hinzufügen von mehr Gängen bedeutet, dass die Motordrehzahl auf die Last optimiert werden kann, wodurch Kraftstoff eingespart wird.

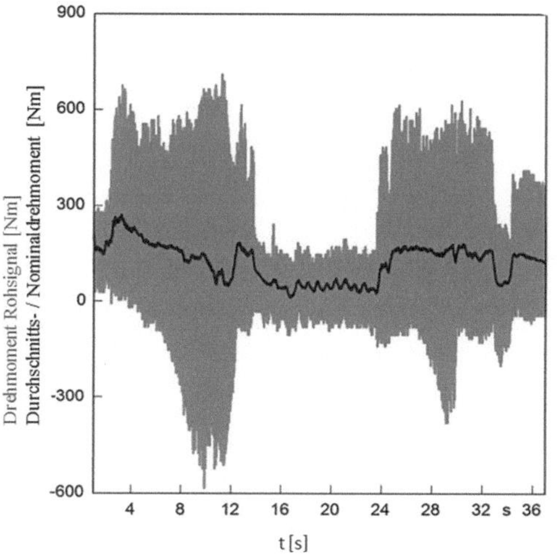

Bild 22: Motorsteuerung vs. Getriebesteuerung.

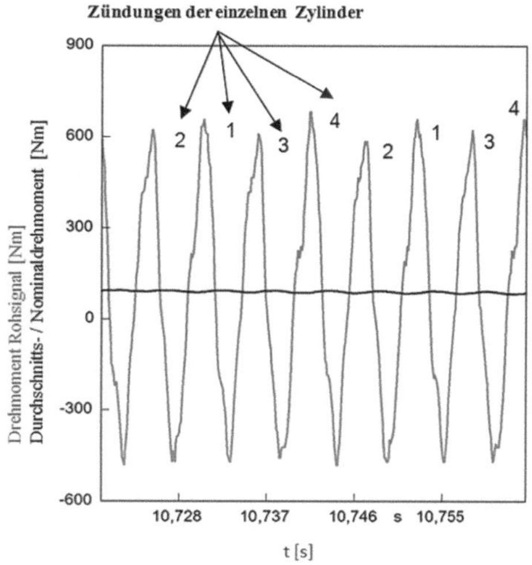

Bild 23: Eindeutiges und wiederholbares Spitzenmoment der einzelnen Zylinder.

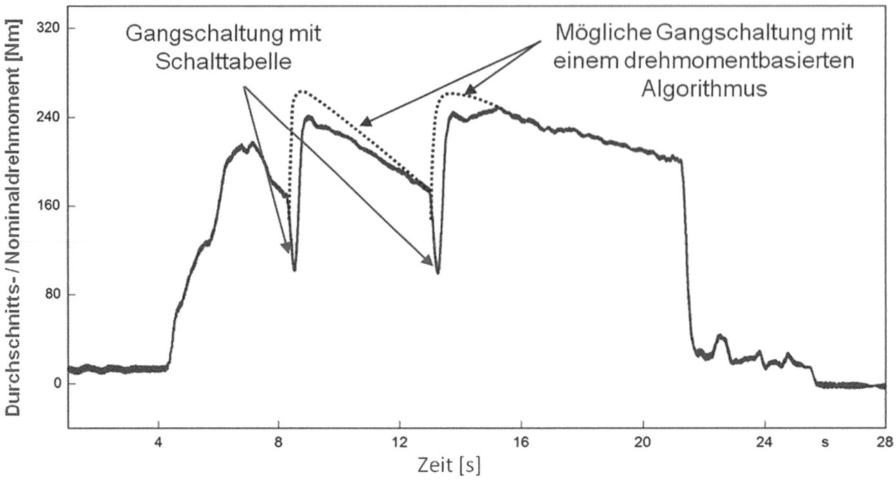

Bild 24: Drehmomentverlauf während eines Schaltvorgangs.

9.4 Applikationsbeispiel Hybridgetriebe

Es wurde eine Studie mit einem 7H-AMT Hybrid-Getriebe [2] durchgeführt. Die Installation des magnetoelastischen Drehmomentsensors ist in Bild 25 dargestellt.

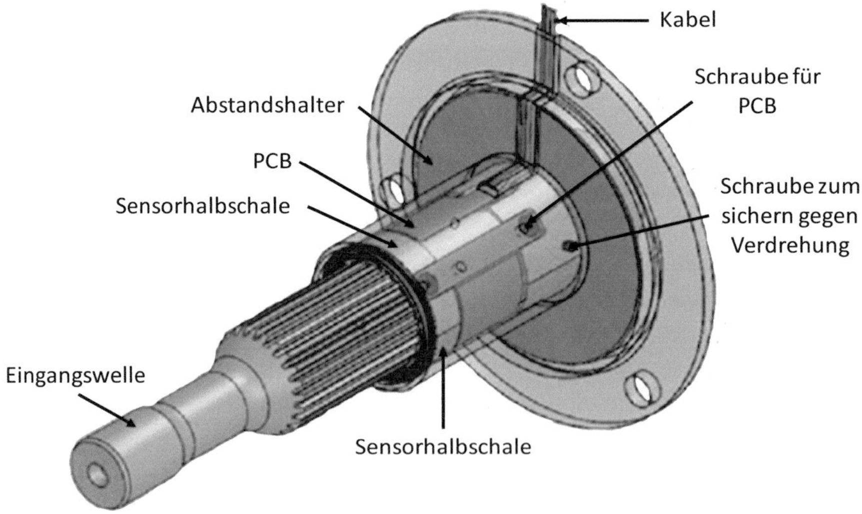

Bild 25: Installation des Drehmomentsensors. [2]

Der Drehmomentsensor wird zur Verbesserung der Schaltqualität, Leistung und Robustheit genutzt. In zukünftigen Anwendungen wird das Drehmomentsignal für mehrere verschiedene Funktionen verwendet, wie zum Beispiel:

- Anpassung des Kupplung Kiss-Punktes
- Anpassung der Beziehung zwischen Kupplungsmoment und Position des Kupplungsbetätigers
- Anpassung des sicheren Öffnungspunktes der Kupplung
- Drehmomentregelung beim Schlupfstart des Verbrennungsmotors aus rein elektrischem Fahren
- Drehmomentregelung bei Gangwechsel mit elektrischer Drehmomentunterstützung

Der Vorteil eines direkt von einem Sensor kommenden Drehmomentsignals ist die Zuverlässigkeit einer Messung im Gegensatz zur Verwendung von modellbasierten Drehmomentsignalen von Motor und Kupplung. Daher wird bei zukünftigen Untersuchungen eine verbesserte Qualität, Leistung und Robustheit von Schaltereignissen erwartet. Die folgenden Beschreibungen verdeutlichen einen Teil der Ziele, die mit der Sensorik erreicht wurden.

9.4.1 Anpassung des Kupplungs-Kiss-Punktes

Die Kiss-Point-Adaptionsfunktion verwendet das Drehmomentsignal, um genau zu erkennen, wo sich die Kupplung befindet, wenn sie die Drehmomentübertragung beginnt. Wenn der Kiss-Punkt angefordert wird, bewegt sich die Kupplung in die Nähe eines zuvor gespeicherten Kiss-Punktes um sie langsam weiter zu schließen bis diese anfängt Drehmoment zu übertragen und speichert den neuen Kiss-Punkt.

9.4.2 Anpassung des Kupplungsmoments an Position

Die Drehmoment- und Positionsanpassung basiert auf dem Signal des Drehmomentsensors und der Position vom Positionssensor, wenn die Kupplung rutscht. Die Messungen werden verwendet, um die charakteristische Drehmoment-Positionskurve geringfügig zu modifizieren. Die adaptierte Kurve wird dann als Vorsteuerung für die Positionsregelung verwendet, indem die Zielposition aus dem Soll-Drehmoment interpoliert wird.

9.4.3 Drehmomentregelung beim Schlupfstart des Verbrennungsmotors

Während eines Schlupfstarts des Verbrennungsmotors aus dem elektrischen Fahren wird das Drehmomentsignal des Sensors verwendet, um zu bestimmen, wieviel zusätzliches

Drehmoment von dem Elektromotor geliefert werden muß, um den Verbrennungsmotor zu starten, während das Ausgangsdrehmoment konstant gehalten wird. Die Verwendung des Sensors ersetzt das Drehmomentmodell des Motors, das bei niedriger Geschwindigkeit normalerweise sehr schlecht ist und einen weicheren Start des Verbrennungsmotors ermöglicht [2].

9.5 Zusammenfassung

Unter den verschiedenen Drehmoment-Erfassungsverfahren ist die magnetoelastische Drehmoment-Erkennungstechnik für die Automobil-Anwendung besonders vorteilhaft. In Bild 26 sind die wesentlichen Verfahren in Bezug auf Leistung und Herstellkosten gegenübergestellt.

Im Vergleich zu allen anderen Verfahren benötigt die magnetoelastische Drehmomentsensorik keine extra Komponenten welche auf dem Bauteil angebracht werden müssen (z.B. Dehnungsmessstreifen) und keine extra Installation für die Engergie- und Datenübertragung (Telemetrie). Magnetoelastische Drehmoment-Sensoren, die als Prototypen für Getriebe-Ausgangsdrehmomentmessungen realisiert wurden, zeigen in Labor- und Praxistest sehr gute Ergebnisse. Es gibt sehr positive Vergleiche zwischen produktionsreifen magnetoelastischen Drehmomentsensoren und DMS-Drehmomentsensoren unter stationären und dynamischen Bedingungen [3]. Nachfolgend sind nochmals alle signifikanten Parameter der magnetoelastischen Kraft- und Drehmomentsensorik zusammengefasst.

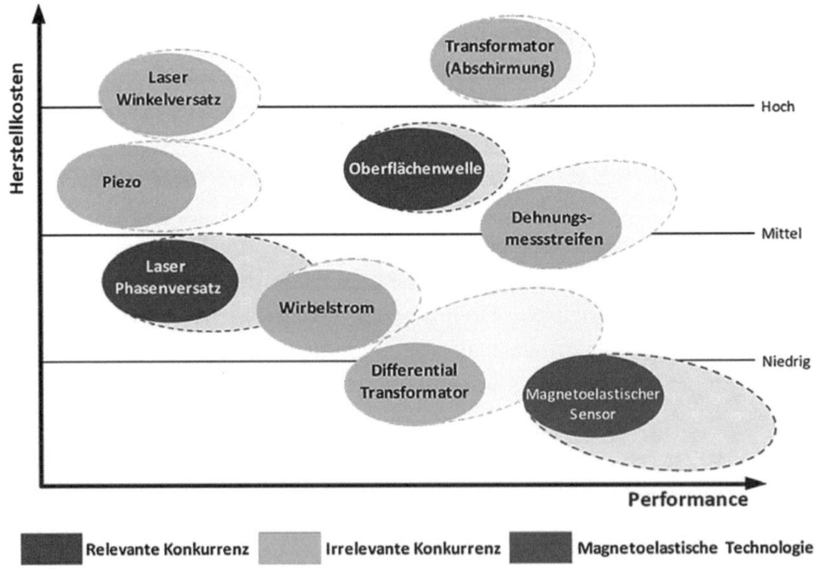

Bild 26: Verfahren zur Drehmomentmessung im Vergleich von Performance zu Herstellkosten.

Die Robustheit der magnetoelastischen Drehmomentsensorik zeichnet sich dadurch aus, dass diese in sehr rauhen Umgebungsbedingungen verwendet werden kann. Temperaturbereiche bis zu 210 °C sind mit dem passiven Sensorteil bedenkenlos möglich. Auch eine Messung in ätzenden Flüssigkeiten wie Getriebeölen sind durch die Möglichkeit der hermetischen Abkapselung der Sensorik möglich.

Die Technologie zeichnet sich durch eine sehr einfache Integrierbarkeit aus begründet auf dem sehr kompakten Design und dem geringen Platzbedarf. Darüber hinaus ist auch eine innenliegende (wenn die Welle als Rohr ausgeführt ist) Integration der Technologie möglich.

Die Haltbarkeit wurde durch Key-Life Tests mit Produktionsteilen schon mehrfach nachgewiesen und auch eine Bauteilprüfung über 480.000 Meilen ist erfolgt ohne nennenswerte Abweichungen feststellen zu können. Die Zuverlässigkeit der Technologie ist durch keinen Genauigkeitsverlust über Lebenszeit nachgewiesen. Auch ist das echt berührungslose Sensorkonzept dafür verantwortlich, dass es zu keinerlei Verschleiß kommen kann. Neben der Messung des Drehmoments kann die magnetoelastische Technologie auch zur Messung von Kraft, linearer Position, Winkel, Geschwindigkeit und Richtung verwendet werden. Magnetoelastische Drehmoment-Sensoren ermöglichen ein echt berührungsloses Messen, wobei erheblich bessere Eigenschaften gegenüber konventionellen Drehmoment-Sensoren erreicht werden.

Literatur

[1] Wojdyla, B.: „The Clever New Transmission That Could Improve Performance in Ford's Small Cars", unter: http://www.popularmechanics.com/cars/a6676/clever-new-transmission-could-improve-performance-in-fords-small-cars/ (Zugriff: 26.11.2017).

[2] Kirschenstein, S., Hellenbroich, G. Duuindam, C.: „First Driving Test Results of FEV's 7H-AMT Hybrid Transmission", unter: http://www.fev.com/fileadmin/ uer_upload/Media/TechnicalPublications/Transmission/_IV_01_First_Driving_Test_Results_of_FEV_s_7H-AMT_Hybrid_Transmission.pdf (Zugriff: 26.11.2017).

[3] Fuji, Y., Greene, T.: "MDI Magneto-Elastic Torque Sensor for Automatic Transmissions" 4th CTI-Symposium Automotive Transmissions, North America, 2010.

[4] ISO 20653: 2013-02, Straßenfahrzeuge - Schutzarten (IP-Code) - Schutz gegen fremde Objekte, Wasser und Kontakt - Elektrische Ausrüstungen, 2013.

[5] Lee, S.-J., Methode Electronics, Inc., "Magnetic torque sensor for transmission converter drive plate", Europäische Patentanmeldung, EP2626678A3, 07.02.2013.

[6] Garshelis, I. J., Magna-Lastic Devices Inc., "Collarless circularly magnetized torque transducer and method for measuring torque using the same", United States Patent, No. US 6553847 B2, 02.07.2001.

Kapitel 10
Beladungsregelung eines NH_3-SCR-Katalysator-Systems auf minimale NO_x-Emissionen mittels Hochfrequenzsensorik

Ralf Moos[1], **Markus Dietrich**[2]

Kurzfassung Die hochfrequenz- oder mikrowellenbasierte Katalysatorzustandsbestimmung bietet die Möglichkeit, einen Fahrzeugkatalysator an seinem optimalen Punkt zu betreiben. Dies wurde bereits bei der Bestimmung der Sauerstoffbeladung von Dreiwegekatalysatoren, der Rußbeladung von DPFs/GPFs und der Ammoniakbeladung von SCR-Katalysatoren auf Vanadium- und Zeolithbasis nachgewiesen. Letzteres jedoch nur im Labormaßstab in synthetischem Abgas und mit gasförmigem Ammoniak als Reduktionsmedium.

Nun werden Ergebnisse zusammengefasst, die auf einem Motorprüfstand mit in Serie befindlichen Fe- oder Cu-Zeolith-SCR-Katalysatoren gewonnen wurden. Dabei wurde eine Harnstoffwasserlösung als Reduktionsmedium verwendet. Die aktuelle Ammoniakbelastung wird mit dem Hochfrequenz-Messsystem ohne zusätzliche Sensoren direkt in Echtzeit erfasst und die Dosierung der Harnstoffwasserlösung wird gemäß einer neuartigen Zielbeladungsmethodik geregelt.

Die Beladungsregelung eines NH_3-SCR-Katalysator-Systems auf minimale NO_x-Emissionen mittels Hochfrequenzsensorik war sowohl im stationären als auch im transienten Betrieb erfolgreich.

10.1 Einleitung

Der Druck auf die Automobilhersteller, die CO_2-Emissionen der von ihnen produzierten Kraftfahrzeuge zu verringern, führte zu hohen Marktanteilen von Dieselmotoren. Aufgrund der mageren Betriebsweise können die im Abgas vorhandenen Stickoxide (NO_x) jedoch nicht mit herkömmlichen Dreiwegekatalysatoren (TWC) entfernt werden, da im Mageren

[1] Bayreuth Engine Research Center (BERC), Lehrstuhl für Funktionsmaterialien, Universität Bayreuth.

[2] Continental Automotive GmbH.

T. Tille (Hrsg.), *Automobil-Sensorik 2*, DOI 10.1007/978-3-662-56310-6_10,

Stickoxide nur sehr schwer mit den zur Verfügung stehenden Reduktionsmitteln chemisch zu Stickstoff reduziert werden können [1]. Deshalb wurden neuartige Abgasnachbehandlungskonzepte zur Stickoxidemissionsminderung entwickelt. Sowohl für Nutzfahrzeuge als auch für zumindest größere Personenkraftwagen haben sich NO_x-Reduktionssysteme nach dem Prinzip der selektiven katalytischen Reduktion (SCR) in den letzten Jahren durchgesetzt [2-4]. In NH_3-SCR-Systemen wird eine Harnstoffwasserlösung, die als separates Betriebsmittel mitgeführt wird, in den Abgasstrang eingespritzt (Handelsname in Europa AdBlue, in den USA ist auch die Bezeichnung Diesel Exhaust Fluid, abgekürzt DEF üblich). Durch Thermo- und Hydrolyse bildet sich daraus Ammoniak (NH_3), der als selektives Reduktionsmittel für NO_x dient. Die selektive katalytische Reduktion (SCR) findet dann in einem speziellen Katalysator, dem sog. SCR-Katalysator, statt. Im Nutzfahrzeug werden häufig die aus der Kraftwerksentstickung bekannten TiO_2-(Anatase)-Katalysatoren, die mit V_2O_5-WO_3 als aktiven Komponenten versetzt sind (abgekürzt VWT) eingesetzt, wohingegen beim Pkw, einerseits aufgrund des heißeren Abgases und der daraus resultierenden Langzeitstabilitätsproblematik und andererseits aufgrund des besseren Katstartverhaltens nahezu ausschließlich Zeolithe eingesetzt werden. Diese extrem porösen Materialien können entweder Fe- oder Cu-Kationen enthalten, an denen die SCR-Reaktion abläuft. Cu-Zeolithe sind aktiver im Tieftemperaturbereich und sind daher derzeit bevorzugt.

Völlig unabhängig vom Katalysatorwerkstoff laufen aber die gleichen SCR-Reaktionen ab. Das sind vor allem die sogenannte Standard-SCR-Reaktion gemäß Gleichung (1) und die schnelle SCR-Reaktion gemäß Gleichung (2).

$$2NH_3 + 2NO + \tfrac{1}{2}O_2 \rightarrow 2N_2 + 3H_2O \qquad (1)$$

$$2NH_3 + NO + NO_2 \rightarrow 2N_2 + 3H_2O \qquad (2)$$

Wichtig ist, dass die relevanten NH_3-SCR-Reaktionen (1) und (2) nur dann im SCR-Katalysator vonstattengehen können, wenn zuvor NH_3 adsorbiert wurde. Erst dann kann die Reduktion von NO oder NO_2 stattfinden [5]. Daher hängt die NO_x-Konversion zuallererst von der gespeicherten NH_3-Menge im SCR-Katalysator ab [6], insbesondere bei niedrigen Temperatur [3,4]. Derzeit wird die NH_3-Beladung modellbasiert ermittelt und dann auf eine bestimmte Beladung geregelt [7]. Dabei stützen Daten von Ammoniak-Sensoren oder sehr viel häufiger Daten von auf NH_3 querempfindlichen NO_x-Sensoren die Modelle [8]. Das hier vorgestellte Prinzip hingegen vermag die NH_3-Beladung eines SCR-Katalysators direkt während des Fahrbetriebs mittels eines hochfrequenzbasierten Verfahrens zu messen und daraus die einzuspritzende Menge an Harnstoffwasserlösung abzuleiten.

10.2 Grundlagen und Stand der Technik

10.2.1 Grundlagen des hochfrequenzbasierten Verfahrens

Grundprinzip des Hochfrequenz-Ansatzes ist die sogenannte Hohlraumstörungsmethode (Cavity Perturbation Method). Diese Technik basiert auf der Anregung stehender elektromagnetischer Wellen (Resonanzen) in einem elektrisch leitfähig abgeschlossenen Hohlraum. Das metallische Katalysator-Canning definiert also die Resonatorabmessungen. Neben der Grundgeometrie der Kavität beeinflusst ihre Füllung (Katalysator oder Filter) das elektromagnetische Feld und beeinflusst daher auch die Resonanzeigenschaften. Jede Resonanz kann durch zwei Resonanzparameter vollständig beschrieben werden: die Resonanzfrequenz f_{res} und den unbelasteten Gütefaktor Q_0. Diese beiden Parameter beschreiben zwei verschiedene Eigenschaften des Katalysatormaterials. Die Änderung der Resonanzfrequenz $\Delta f_{res}/f_0$ entsteht durch Polarisationseffekte, die sich in der Änderung des Realteils der Dielektrizitätskonstante ε' gemäß Gleichung (3) widerspiegeln. Der Imaginärteil der Permittivität ε'' beschreibt den Einfluss von Leitfähigkeit und dielektrischen Verlusten. Sie lassen sich auch als Änderung der reziproken, unbelasteten Güte ΔQ_0^{-1} gemäß Gleichung (4) ausdrücken.

$$\Delta f_{res}/f_0 \propto \Delta\varepsilon' \tag{3}$$

$$\Delta Q_0^{-1} \propto \Delta\varepsilon'' \tag{4}$$

Eine genauere Beschreibung der Messtechnik, der verwendeten Annahmen und des theoretischen Hintergrunds, wie man die Resonanzparameter extrahieren kann, finden sich in den vorangegangenen Arbeiten [9-12].

Die Anregung von Resonanzen und die Extraktion ihrer Resonanzparameter erfordern Koppelelemente, die in diesem Fall koaxiale Stiftkoppler sind. Verwendet man nur eine einzige Antenne beschränkt sich die Messung an einem Port auf die Analyse eines Reflexionsparameters. Mit einer zweiten Antenne erhöht sich die Anzahl der analysierbaren Signale auf zwei Reflexions- und zwei Transmissionsparameter.

10.2.2 Prüfstandsuntersuchungen am SCR-Katalysator mit der Hochfrequenzmethode

Für die NH_3-SCR-Katalysatoren wurde die hochfrequenzbasierte Technik bereits grundlegend im Laborprüfstand erfolgreich bei sowohl bei Fe- als auch bei Cu-haltigen Zeolithen untersucht. Auch mit kommerziellen VWT-Katalysatoren erzielte man positive Ergebnisse. Darüber wurde bereits in [13] ausführlich zusammenfassend berichtet. Die untersuchten Katalysatoren waren Monolithen mit Wabenstruktur, die entweder als Vollextrudat (VWT) vorlagen oder es handelte sich um mit Zeolithen beschichtete Kordierit-Substrate, die in

Form von sog. Bohrkernen vorlagen. Deren Abmessungen betrugen immer ∅ = 6,0 cm (2 3/8") und ℓ = 7,6 cm (3"). Die Tests wurden in einem Laborgasprüfstand mit einem Gesamtgasfluss von 40 l/min (entsprechend einer Raumgeschwindigkeit von etwa 11 000 h^{-1}) durchgeführt. Die Konzentrationen stromabwärts der SCR-Katalysatoren wurden mit einem FTIR-Analysator bestimmt. Ausgewertet wurden die Resonanzfrequenzen f_{res} der niedrigsten TE-Mode (TE_{111}), bestimmt aus den $|S_{11}|$-Spektren.

Der Messeffekt bei den Zeolithen wird der erhöhten Protonenleitfähigkeit aufgrund der NH_3-Adsorption an sauren Zeolith-Zentren [14-16] zugeschrieben. Getestet wurden Zeolithe der Chabasit-Form des Typs Cu-SSZ-13. Die Zeolithen wurden zunächst mit NH_3 beladen. Die Messungen fanden nacheinander bei Einlasskonzentrationen zwischen 25 und 500 ppm NH_3 im Bereich von 200 bis 350 °C (Grundgas 5% H_2O und 7% O_2 in N_2) statt. Sobald NH_3-Sättigung auftrat, wurden die Katalysatoren mit dem Grundgas gespült, damit schwach gebundener NH_3 aus dem Katalysator desorbieren konnte. Danach wurden 500 ppm NO (Cu-SSZ-13) zugegeben, um den verbliebenen stark gebundenen NH_3 zu N_2 und H_2O zu konvertieren. Die gespeicherte NH_3-Menge auf dem Katalysator (m_{NH3} in Gramm pro Liter Katalysatorvolumen) wurde aus der Bilanzierung der Einlass- und der Auslasskonzentrationen berechnet.

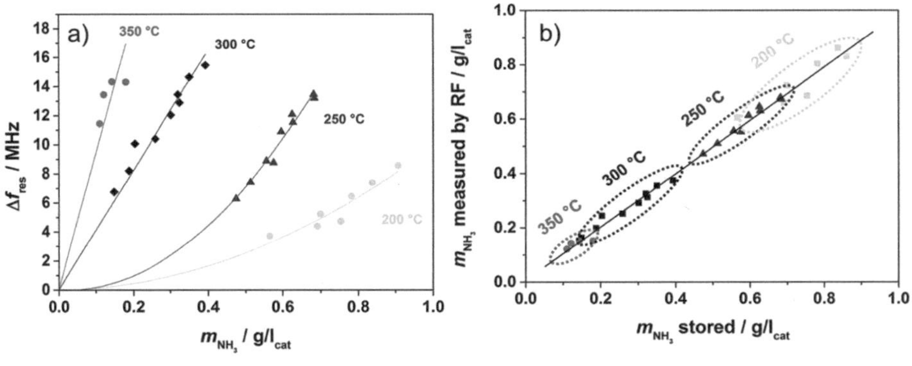

Bild 1: Labormessung zur prinzipiellen Eignung des Verfahrens. a) Resonanzfrequenzverschiebung Δf_{res} über der gespeicherten NH_3-Menge an einem Cu-SSZ-13-Katalysator. Die NH_3-Konzentration am Einlass wurde von 25 bis 500 ppm variiert. b) Vergleich der NH_3-Beladung, ermittelt mit dem Hochfrequenzmessverfahren und aus der NH_3-Bilanzierung. Die Linie kennzeichnet den 1:1-Zusammenhang. Die bei den verschiedenen Temperaturen ermittelten Werte sind jeweils unterschiedlich dargestellt. Abgeändert nach [18].

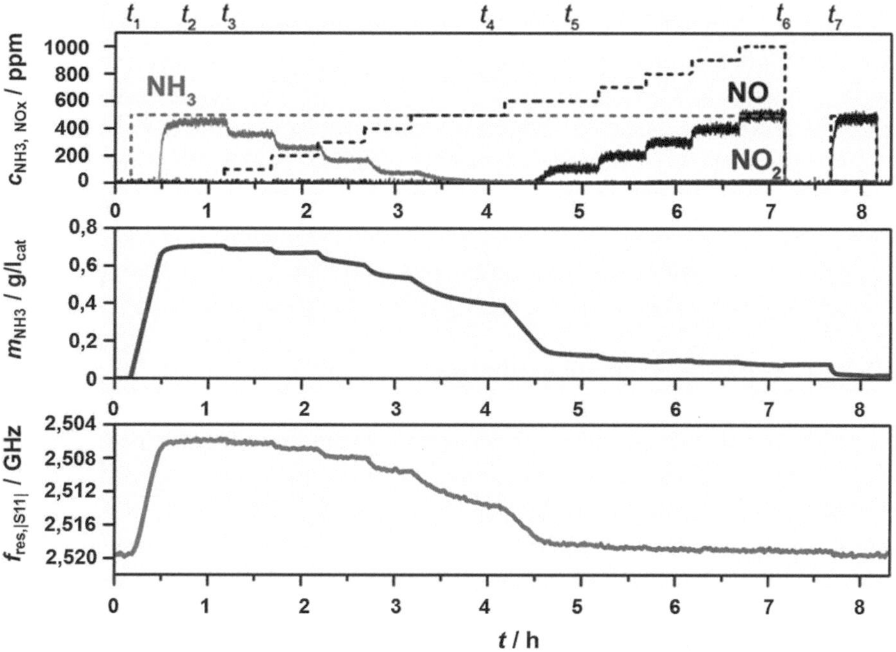

Bild 2: Labormessung zur prinzipiellen Eignung des Verfahrens unter typischen SCR-Bedingungen. Variation des Feedverhältnisses α an einem Cu-SSZ-13-Zeolithen bei 250 °C. a) Eingangskonzentration (gestrichelt) und Auslasskonzentrationen (durchgezogen); b) NH_3-Beladung aus der Bilanzierung; c) Resonanzfrequenz in umgekehrter Darstellung. Bild abgeändert aus [19] mit freundlicher Genehmigung von Elsevier.

Bild 1a zeigt die Resonanzfrequenz-Verschiebung Δf_{res} gegenüber dem NH_3-freien Katalysator in Abhängigkeit der gespeicherten NH_3-Menge für verschiedene Temperaturen. Mit zunehmender NH_3-Konzentration nimmt auch die Speicherfähigkeit und so m_{NH3} zu. Dies entspricht den Beobachtungen aus der Literatur, denn die NH_3-Beladung hängt vom NH_3-Partialdruck ab [17]. Wie man sieht, nimmt auch die Resonanzfrequenzverschiebung monoton mit der gespeicherten NH_3-Menge zu. Mit zunehmender Temperatur nimmt zwar die Massenbeladung m_{NH3} ab, aber die Resonanzfrequenzverschiebung nimmt aufgrund der thermischen Aktivierung der Protonenleitfähigkeit zu, d.h. die Empfindlichkeit nimmt mit der Temperatur zu. Legt man für jede Temperatur eine quadratische Näherungsfunktion an und errechnet daraus die NH_3-Beladung, so ergibt sich die Darstellung in Bild 1b. Die gute Übereinstimmung der aus der Bilanz bestimmten NH_3-Beladung und der mittels des hochfrequenzbasierten Verfahrens erhaltenen NH_3-Beladung ist augenfällig.

Die Hochfrequenzmessungen eignen sich auch zur NH_3-Beladungsbestimmung unter SCR-Bedingungen [19]. Dies ist in Bild 2 gezeigt. In einem für SCR-Katalysatoren typischen Versuch wurde bei einem Cu-SSZ-13-Katalysator das Feedverhältnis α ($\alpha = c_{NH3,ein}/c_{NOx,ein}$) stufenweise geändert. Gestrichelt sind die Eingangs- und durchgezogen die gemessenen Ausgangskonzentrationen in Bild 2a eingezeichnet. Bild 2 zeigt die aus der Bilanz berechnete NH_3-Beladung (m_{NH_3}) und Bild 2c die Resonanzfrequenz f_{res}. Der SCR-Katalysator wurde anfangs (ab t_1) mit 500 ppm NH_3 beladen. f_{res} nahm solange zu, bis der Katalysator gesättigt war, wie man der NH_3-Konzentration am Auslass, die dann den Einlasswert annahm, entnehmen kann (t_2). Nun wurde die NO-Konzentration schrittweise erhöht (ab t_3). Aufgrund des NO-Umsatzes mit NH_3 (gemäß der „Standard" SCR-Reaktion (1) sinkt der NH_3-Partialdruck und somit die NH_3-Beladung des Zeolithen. Die Resonanzfrequenz zeigt das gleiche Verhalten. Mit jeder NO-Erhöhung nimmt f_{res} zu. Die gute Korrelation zwischen Resonanzfrequenz und Ammoniakbeladung ist wiederum augenfällig.

10.3 Umsetzung am Motorprüfstand

Für diesen Beitrag werden zuerst Untersuchungen zusammengefasst, die einen serienmäßig eingesetzten Fe-Zeolithen verwenden. Darin wird grundsätzlich die Funktionsfähigkeit der Hochfrequenzmethode an Motorprüfstand in stationären Betriebszustand demonstriert. Später wird dann gezeigt werden, dass das Verfahren auch auf Cu-Zeolithen als SCR-Katalysatoren im transienten Betrieb übertragen werden kann.

10.3.1 Versuchsaufbau

Der Fe-Zeolith wurde einer neuen serienmäßigen Abgasanlage (PSA) entnommen, wohingegen der Cu-Zeolith von der Ford Motor Company zur Verfügung gestellt wurde. Bei beiden SCR-Katalysatoren handelte es sich um beschichtete Typen, mit einem keramischen Kordierit-Monolithen als Substrat. Der in beiden Fällen verwendete Versuchsaufbau ist Bild 3 dargestellt und wird im Folgenden beschrieben.

Der Prüfstand ist mit einem turboaufgeladenen 4-Zylinder- und 2,1-Liter-Dieselmotor (Daimler OM 651, 150 kW) ausgestattet, gefolgt von dem serienmäßigen Diesel-Oxidationskatalysator (DOC) und dem Diesel-Partikelfilter (DPF). Danach kommen das Dosiermodul für die AdBlue-Zudosierung (Bosch Denoxtronic 3.2), ein unbeschichtetes Kordieritsubstrat zur Unterstützung der NH_3-Bildung [20] und ein Mischer. Einer der beiden ausgebauten SCR-Katalysator-Monolithen (Länge 10,5 cm, Volumen 1,7 ltr) wurde in der Mitte des Cannings (Ø 5,66", Länge 40 cm) mit je einem Stiftkoppler vor und nach dem Katalysator angeordnet. Die hochfrequenzrelevante Canning-Geometrie (Resonator-Größe) wurde durch die beiden Lochbleche definiert. Die Katalysatortemperatur wurde mittels Thermoelementen gemessen. Zwei Continental-NO_x-Sensoren wurden als schnelle Alternative für einen Abgasanalysator eingesetzt. Aus der Bilanzierung der Signale wurde der aktuelle Katalysatorzustand ermittelt. Für die Steuerung der Dosierung wurde kein NO_x-Sensor verwendet. Zusätzlich wurde über zwei 50 Ω-Koaxialkabel ein Netzwerkanalysator (MS46322A, Anritsu) mit den Antenne verbunden (nicht in Bild 3 dargestellt).

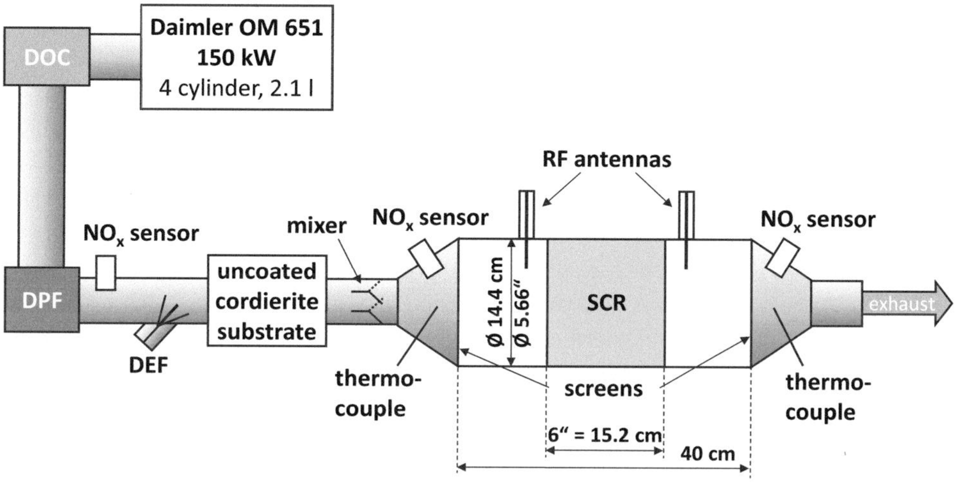

Bild 3: Skizze des Versuchsaufbaus am Motorprüfstand: 2,1-Liter-Dieselmotor mit Diesel-Oxidationskatalysator (DOC) und Partikelfilter (DPF), AdBlue-Zudosierung (DEF), unbeschichtetem Kordieritsubstrat und Mischer, SCR-Katalysator mit durch zwei Lochbleche geometrisch definiertem Hohlraum (Resonatorgröße), zwei koaxialen Stiftkopplern als Antennen, Thermoelementen vor und hinter dem SCR-Katalysator und drei NO_x-Sensoren vor und hinter dem SCR-Katalysator und vor der AdBlue-Zudosierung. Aus [22].

Für die Messungen in einem stationären Betriebszustand wurde der Motor in verschiedenen Drehzahl-/Lastpunkten betrieben. Die Katalysatortemperatur lag dabei in den Versuchen zwischen 280 und 300 °C und aufgrund des reduzierten Katalysatorvolumens wurden extrem hohe Raumgeschwindigkeiten zwischen 85.000 h^{-1} und 185.000 h^{-1} erreicht. Die NO_x-Konzentrationen in den einzelnen Betriebspunkten lagen zwischen 160 und 1.000 ppm. Ein zusätzlicher Betriebspunkt mit ständig wechselnder Abgasrückführrate wurde gewählt, damit ein dynamischer Zustand mit starken Änderungen der Raumgeschwindigkeit und der NO_x-Emissionen nachgebildet werden konnte.

Für den Instationärbetrieb wurde einerseits ein eigener kleiner Test entwickelt, der angelehnt an den WHSC (World Harmonized Stationary Cycle) für LKWs Sprünge zwischen verschiedenen stationären Betriebspunkten enthielt und andererseits wurden Kalt- und Warmstarts gefahren. Dabei wurden dann die Katalysatortemperaturen zwischen Raumtemperatur und 350 °C variiert und es wurde auch der Unterschied zwischen beim Stillstand im Katalysator eingelagertem Wasser und dem Temperatureinfluss herausgearbeitet.

In allen Fällen wurden die Katalysatoren zunächst ausführlich „degreened", bevor die unten beschriebenen Versuche durchgeführt wurden. Weitere Details findet man in [21-23].

10.3.2 Stationärbetrieb mit einem Fe-Zeolithen als SCR-Katalysator

Ein typisches Experiment mit einer Raumgeschwindigkeit von 85.000 h^{-1} und niedrigen NO_x-Rohemissionen von 160 ppm bei 280 °C ist in Bild 4 dargestellt: Darin sind eingezeichnet: a) die Signale des NO_x-Sensors vor dem SCR-Katalysator (vor Dosierung) und des Sensors nach SCR-Katalysator, b) die berechnete NH_3-Konzentration vor Katalysator, c) die berechnete auf das Katalysatorvolumen bezogene gespeicherte NH_3-Masse in g/ltr. Die gemessenen Hochfrequenzsignale relative Resonanzfrequenzänderung $\Delta f_{res}/f_0$ und Änderung der reziproken unbelasteten Güte ΔQ_0^{-1} sind in d) und e) dargestellt. Gezeigt ist ein typischer Versuch einer automatischen Zweipunktregelung mit Hysterese unter Verwendung von $1.000\times\Delta Q_0^{-1} = 3{,}5$ als unterer und $1.000\times\Delta Q_0^{-1} = 5{,}0$ als oberer Schranke. Man erkennt sehr gut, dass beide Hochfrequenzsignale die Speichermenge widerspiegeln. Zudem erkennt man, wie trotz der hohen Raumgeschwindigkeit praktisch Vollumsatz erzielt wird.

Bedenkt man, dass der Katalysator nur die Hälfte seines üblichen Volumens hat, zeigt dies, dass die Hochfrequenztechnik den Einsatz kleinerer Katalysatoren ermöglichen könnte oder zu einer höheren Genauigkeit bei der Regelung von NH_3-Katalysatoren im Hinblick auf die RDE-Gesetzgebung führen kann.

Im Folgenden wurde ein Betriebspunkt mit einer Raumgeschwindigkeit von 120.000 h^{-1} und einer NO_x-Rohemission von ca. 1000 ppm gewählt (Abgastemperatur 300 °C). Die Regelgrenzen wurden sukzessive variiert und optimiert. Als sehr günstig hat sich für diese Versuchsreihe eine hysteresefreie Zweipunktregelung auf $1.000\times\Delta Q_0^{-1} = 4{,}0$ erwiesen, was einem NH_3-Beladungspegel von 0,6 g/ltr entspricht. Mit diesen Einstellungen kam es zu keinem NH_3-Schlupf. Dies zeigt zunächst, dass man mit der Hochfrequenz-Methode in der Lage ist, einen SCR-Katalysator auf einem Motorenprüfstand automatisch in einem idealen NH_3-Beladungspegel zu betreiben und NH_3-Schlupf zu verhindern. Selbst unter diesen extremen Bedingungen mit hohen Raumgeschwindigkeiten über 100.000 h^{-1} und NO_x-Rohemissionen um 1.000 ppm konnten über 90 % Umsatz erzielt werden. Hätte man einen doppelt so großen SCR-Katalysator, so wie er eigentlich vom Bauraum her vorgesehen ist, eingebaut, hätte man sogar 99% Umsatz erwarten dürfen. In [21] wurde auch noch gezeigt, wie gut das Verfahren in einem pseudo-transienten Betrieb funktioniert. Bei konstanter Drehzahl und konstanter Last wurde die AGR-Rate schnell und mehr oder minder stochastisch variiert. Dadurch stellten sich Raumgeschwindigkeiten zwischen 120.000 h^{-1} und 185.000 h^{-1} ein. Trotz dieser schnellen Änderungen, die auch zu Schwankungen in der NO_x-Rohemission von 200 ppm bis 700 ppm führten, konnte ein durchschnittlicher Umsatz von 95% erzielt werden, ohne dass dabei ein NH_3-Schlupf zu verzeichnen war. Diese vielversprechenden Ergebnisse sollten nun auf einen Cu-Zeolithen, wie er aktuell und auch in der näheren Zukunft Serienstandard ist, übertragen werden. Zudem sollte ein echter Instationärbetrieb durchgeführt werden.

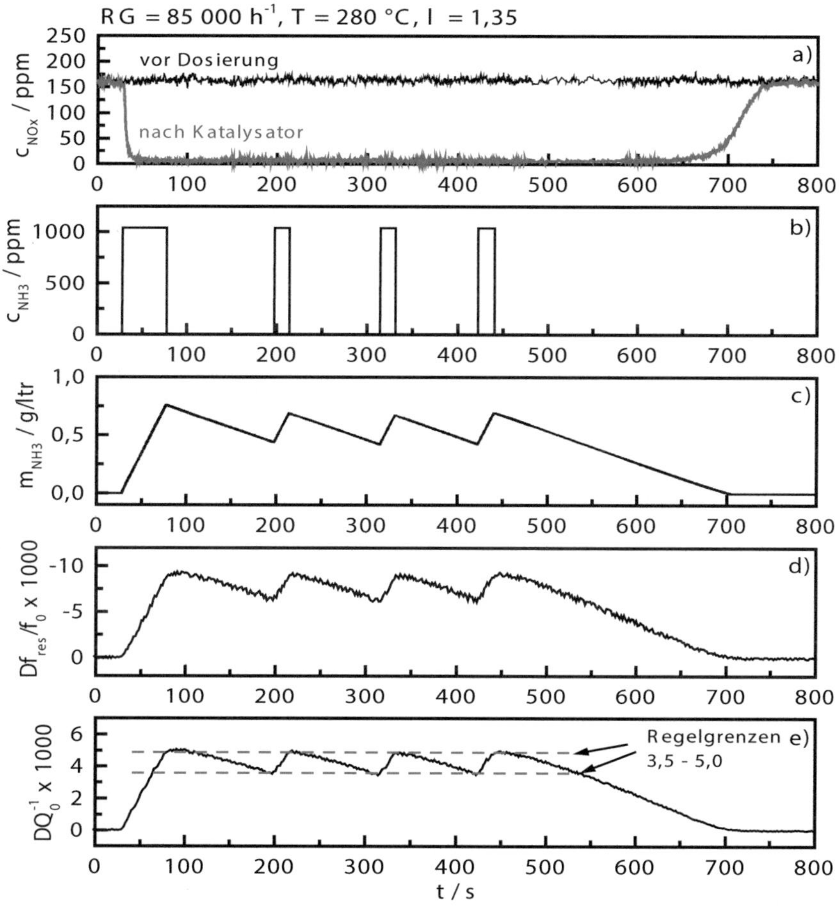

Bild 4: Typischer Messablauf einer Zweipunktregelung am SCR-Katalysator auf die reziproke unbelastete Güte ΔQ_0^{-1}. Weitere Details kann man den Text entnehmen. Man beachte die gute Übereinstimmung zwischen gespeicherter Ammoniakmenge m_{NH_3} und ΔQ_0^{-1}. Abgeändert nach [21].

10.3.3 Transienter Betrieb mit einem Cu-Zeolithen als SCR-Katalysator

Hier wurde zunächst ein optimaler Beladungszustand gesucht, bei dem gerade noch kein NH_3-Schlupf auftrat maximaler NO_x-Umsatz zu verzeichnen war.

Bild 5 zeigt ein Beispiel für ein Experiment, das mit einer Raumgeschwindigkeit von 105.000 h^{-1} und einer Katalysatortemperatur von 290 °C durchgeführt wurde. Es zeigt die gleichen Signale wie in Bild 4, zusätzlich (f) ist aber noch die scheinbar NO_x-Konvertierungsrate dargestellt, wie sie aus den Signalen der NO_x-Sensoren von (a) berechnet werden kann. In diesem Versuch erfolgte die AdBlue-Zudosierung in Form einer Regelung auf konstante ΔQ_0^{-1}, d.h. es wurden konstante NH_3-Beladungspegel eingeregelt.

Diese Versuche wurden zusätzlich auch mit einer Regelung auf f_{res} durchgeführt, was zu gleichen Ergebnissen führte. Von einem NH_3-freien Katalysator ausgehend wurde der NH_3-Beladungspegel schrittweise erhöht. Schon bei der niedrigsten beobachteten NH_3-Beladung von 0,2 g/ltr ($1.000 \times \Delta Q_0^{-1}$ = 3,42) stellt sich bereits ein hoher NO_x-Umsatz von über 90% ein. Dieser nimmt mit der schrittweisen Erhöhung der Speichermenge weiter zu. Vollumsatz wird bei einem NH_3-Beladungspegel von 1,0 g/ltr ($1.000 \times \Delta Q_0^{-1}$ = 4,97) erzielt.

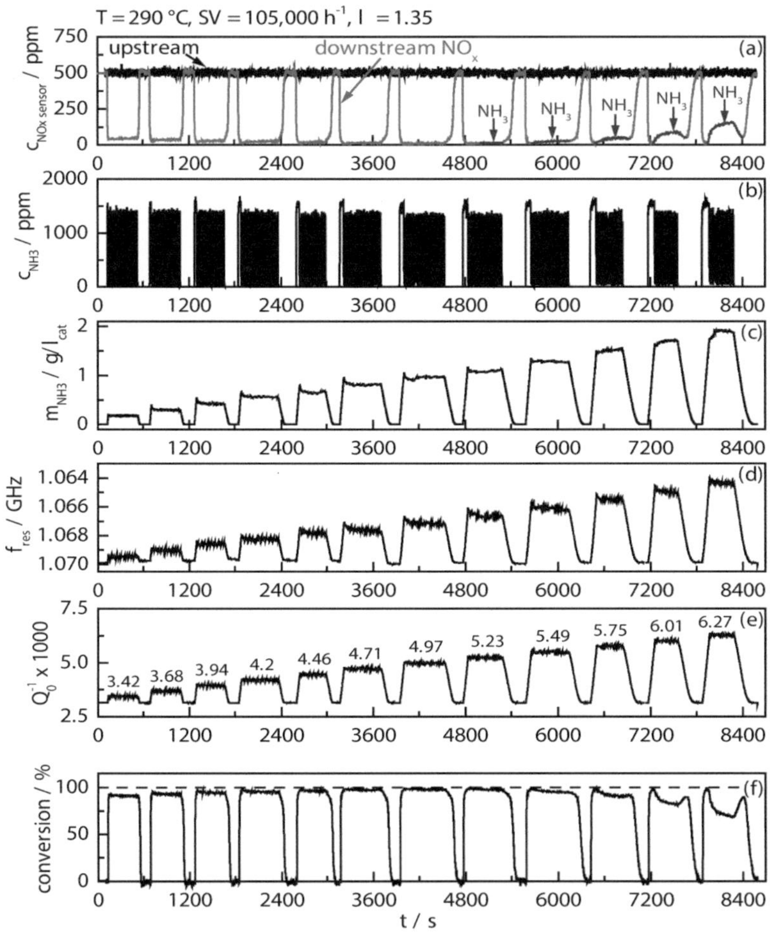

Bild 5: Versuch zur Untersuchung des Einflusses des NH_3-Beladungspegels auf den Umsatz eines SCR-Katalysators bei 290 °C und einer Raumgeschwindigkeit von 105.000 h^{-1}. (a) zeigt das NO_x-Sensorsignal vor der AdBlue-Zudosierung (upstream) und hinter dem SCR-Katalysator (downstream), wobei der Fall, dass vom NO_x-Sensor NH_3 gemessen wird, markiert ist. (b) ist die dosierte NH_3-Konzentration und (c) die berechnete Menge an auf dem Katalysator gespeichertem NH_3. (d) die Resonanzfrequenz f_{res} ist in umgekehrter Skala dargestellt. (e) ist die reziproke unbelastete Güte ΔQ_0^{-1} und (f) die scheinbare NO_x-Konvertierung basierend auf den Sensorsignalen von (a).

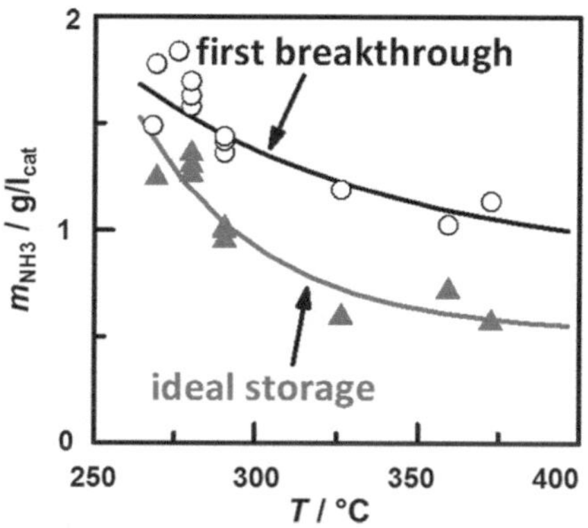

Bild 6: NH_3-Speicherverhalten des Cu-Zeolithen mit dem idealen Speichergrad (niedrigster NH_3-Beladungspegel für maximale Konversion, Dreiecke) und mit der Kurve, wenn der erste NH_3-Durchbruch bei kontinuierlicher Harnstoffdosierung auftritt (offen Kreise) in Abhängigkeit von der Katalysatortemperatur. Aus [22].

Steigt der NH_3-Beladungspegel weiter an, zeigt der dem Katalysator nachgeschaltete NO_x-Sensor einen langsamen Signalanstieg, der auf einen allmählich zunehmenden NH_3-Schlupf hinweist. Dies könnte dadurch erklärt werden, dass NH_3 langsam von der Vorderseite des SCR-Katalysators zum Katalysatorende wandert, wenn eine konstante NH_3-Beladung für einen längeren Zeitraum beibehalten wird. Dieser Effekt verstärkt sich mit zunehmendem NH_3-Beladungspegel, bis bei 1,9 g/ltr ($1.000 \times \Delta Q_0^{-1} = 6{,}27$) der nachgeschaltete NO_x-Sensor fast 200 ppm NH_3-Signal anzeigt. Dieses Experiment zeigt, dass mit genauer Kenntnis des aktuellen NH_3-Beladungspegels der Katalysator in einem Zustand mit maximalem NO_x-Umsatz betrieben werden kann, ohne die kritische Grenze für NH_3-Schlupf zu überschreiten. Bei der beobachteten Temperatur von 290 °C und einer Raumgeschwindigkeit von 105.000 h^{-1} scheint der NH_3-Beladungspegel von 1,0 g/ltr der ideale Betriebspunkt zu sein.

Der oben beschriebene Versuch wurde bei verschiedenen Betriebspunkten im Temperaturbereich von 250 bis 400 °C durchgeführt. Dabei wurde für alle beobachteten Temperaturen der ideale NH_3-Beladungspegel, d.h. der niedrigste NH_3-Beladungsgrad bei Erreichen der maximalen NO_x-Konversion, ermittelt. Zusätzlich wurde der NH_3-Beladungspegel beim Auftreten des ersten NH_3-Schupfes analysiert. Dieser Pegel führt erstmalig zum Schlupf, wenn der zuvor NH_3-freie Katalysator mit einer konstanten Harnstoff-Dosierrate beladen wird.

Bild 6 zeigt nun wie groß der ideale NH_3-Beladungspegel (Dreiecke) und die Beladung bei auftretendem NH_3-Schlupf jeweils als Funktion der Temperatur ist (Kreise). Dabei bleibt der NO_x-Umsatz trotz der hohen Raumgeschwindigkeit bei allen Temperaturen über 95%, über 280 °C werden sogar mindestens 98% erreicht. Beide NH_3-Beladungspegel nehmen mit der Temperatur ab, da die NH_3-Desorption mit der Temperatur zunimmt. Ein solches Temperaturverhalten passt gut zu den Ergebnissen früherer Arbeiten am Laborprüfstand (s. oben) [11, 18] und den aktuellen Regelmodellen für SCR-Systeme [24].

Beide Kurven liegen bei den niedrigen Temperaturen dicht beieinander, während die ideale Speicherkurve einen steileren Verlauf mit der Temperatur aufweist als die Kurve des ersten Durchbruchs. Dies könnte mit der schnelleren Reaktionskinetik bei höheren Temperaturen zusammenhängen, die keine hohe NH_3-Oberflächenbeladung mehr erfordert. Diese Ergebnisse sind besonders positiv zu bewerten, wenn man bedenkt, dass der Katalysator mit ungewöhnlich hohen Raumgeschwindigkeiten betrieben wurde. Bei typischen Raumgeschwindigkeiten wäre eine noch bessere Performance zu erwarten.

Im Weiteren soll nun der Einfluss von adsorbiertem Wasser untersucht werden, wie es typischerweise bei Kaltstarts auftritt. Dies wurde bereits bei einem mit einer Dreiwegekatalysatorbeschichtung versehenen Benzinpartikelfilter in [9] beobachtet. Daher wurde das Startverhalten des Hochfrequenz-SCR-Systems unter verschiedenen Startbedingungen analysiert. Die Ergebnisse sind in Bild 7 mit (a) f_{res} in umgekehrter Skala und (b) ΔQ_0^{-1} in Abhängigkeit von der Temperatur dargestellt. Der Startvorgang an sich und die Umgebungstemperatur waren bei jedem Lauf identisch. Jeder durchgeführte Kalt- oder Warmstart ist durch eine andere Farbe gekennzeichnet. Zusätzlich sind die Werte des stationären Betriebspunktes mit NH_3 aus Bild 6 eingetragen (weiße Karos). Die Kaltstarts wurden mit einer Katalysator-Starttemperatur von 25 °C, die Warmstarts mit 120 °C durchgeführt. Die Basiskurve der beiden Hochfrequenz-Signale für einen Kaltstart lässt sich wie folgt beschreiben. Zum einen verschieben sich die Signale in die gleiche Richtung wie bei der NH_3-Beladung, bis sie ihr Maximum bei etwa 75 °C erreichen. Mit weiter steigender Temperatur verschieben sie sich wieder in die entgegengesetzte Richtung zurück, bis sie oberhalb von ca. 250 °C mit den Werten der stationären Betriebspunkte identisch sind. Der allererste Kaltstart zeigt die größte Verschiebung. Alle folgenden Kaltstarts begannen bei gleichen Werten unabhängig davon, ob der Motor 12 h oder 72 h lang ausgeschaltet war. Jeder Kaltstart zeigte oberhalb von 100 °C ein nahezu identisches Verhalten, was die hohe Reproduzierbarkeit des Kaltstarteinflusses auf die Ergebnisse der Hochfrequenz-Messungen am SCR-System belegt. Eine mögliche Erklärung für den unterschiedlichen ersten Kaltstart könnte die Tatsache sein, dass der Katalysator vorher nicht erhitzt wurde und lange Zeit der Raumfeuchtigkeit ausgesetzt war. Zwischen den verschiedenen Kaltstarts war der Katalysator nicht in der Lage, die gleiche Menge Wasser zu adsorbieren wie zuvor. Alle durchgeführten Warmstarts passen aber nach kurzer Zeit nach dem Motorstart, etwa wenn die Abgastemperatur über 180 °C beträgt, sehr gut zu den Kaltstartkurven.

Der beobachtete maximale Effekt in Bezug auf Kaltstartwasser war für die Resonanzfrequenz 14-mal und für die reziproke Güte dreimal höher als die maximale NH_3-Antwort. Dies zeigt, dass die Resonanzfrequenz (f_{res}) wesentlich stärker von Wasser beeinflusst wird als der von dielektrischen Verlusten herrührende Wert von Q_0^{-1}. Eine mögliche Erklärung dafür könnte sein, dass f_{res} aufgrund des hohen Dipolmoments des H_2O-Moleküls hauptsächlich von Polarisationseffekten beeinflusst wird, wohingegen die dielektrischen Verluste wesentlich geringere Einflüsse zeigen.

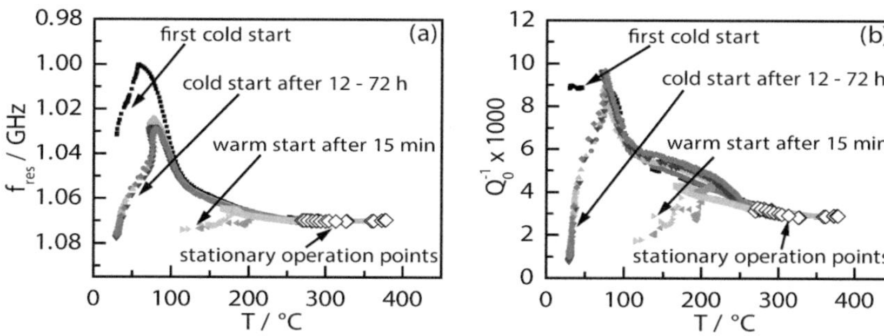

Bild 7: Die Hochfrequenz-Signale Resonanzfrequenz f_{res} (a) und unbelastete reziproke Güte Q_0^{-1} (b) als Funktion der Katalysatortemperatur für Kalt- und Warmstarts unter verschiedenen Startbedingungen und unter stationären Bedingungen (Karos). Aus [22].

Für das Hochfrequenz-Messverfahren an sich muss der Effekt, den Kaltstartwasser ausübt, beachtet werden, allerdings tritt er nur bei so niedrigen Temperaturen auf, bei denen die SCR-Systeme typischerweise nicht betrieben werden. Wenn der Katalysator seine normalen Betriebsbedingungen erreicht hat, ist auf dem SCR-Katalysator kein Kaltstartwasser mehr gespeichert und die NH_3-Beladungserkennung wird nicht beeinträchtigt.

Im Folgenden sollte noch ein typischer Testzyklus am Motorprüfstand durchgefahren werden. Da der vorhandene Prüfstand aber keinen Schleppbetrieb ermöglichte (Fuel Cut) und die Abgasanlage aufgrund der vielen Einbauten zu niedrige Abgastemperaturen bei einem typischen neuen europäischen Fahrzyklus (NEFZ) oder FTP75-Test ergeben hätte, musste ein Test, der einen höheren Drehzahl-/Lastbereich erforderte, gefahren werden. Daher wurde ein selbstdefinierter Testzyklus, der dem WHSC (World Harmonized Stationary Cycle) für LKWs mit mehreren Sprüngen zwischen verschiedenen stationären Betriebspunkten ähnelt, verwendet. Der Ablauf des 1.320 s dauernden Testzyklus ist in Bild 8 dargestellt, mit (a) dem Abgasmassenstrom $\dot{m}_{exhaust}$, (b) der Katalysatortemperatur, (c) der NO_x-Rohemission des Motors, (d) dem Lambda-Signal, (e) der kumulierten emittierten NO_x-Masse und (f) der aufintegrierten Motorleistung.

Innerhalb des Testzyklus variieren die Katalysatortemperatur zwischen 275 und 375 °C und der Abgasmassenstrom von 150 bis 250 kgh^{-1}. Die NO_x-Rohemissionen nehmen Werte zwischen 120 und 1.500 ppm ein. Auch der bereits oben erwähnte Betriebspunkt mit ständig wechselnden AGR-Raten war Teil des Testzyklus. Man erkennt diesen in Bild 8 auch an den schnell wechselnden NO_x-Rohemissionen und Luftzahl-Werten (λ), d.h. auch die Abgasfeuchte schwankt stark. Das Prüfverfahren beginnt und endet mit einer Katalysatortemperatur von ca. 280 °C. Nach einem Sprung in die Volllast heizt sich der Katalysator innerhalb von 300 s auf die Maximaltemperatur von ca. 375 °C auf, gefolgt von einem Betrieb mit mittlerer Belastung und einer langsamen Abkühlung auf ca. 275 °C. Nach einer weiteren Aufheizphase unter Volllast auf ca. 350 °C erreicht der Katalysator wieder seine Starttemperatur. Innerhalb des Testzyklus emittiert der Motor insgesamt ca. 60 g NO_x und gibt eine Energie von ca. 14,8 kWh ab, was zu einer normierten NO_x-Emission von ca. 4 g/kWh führt.

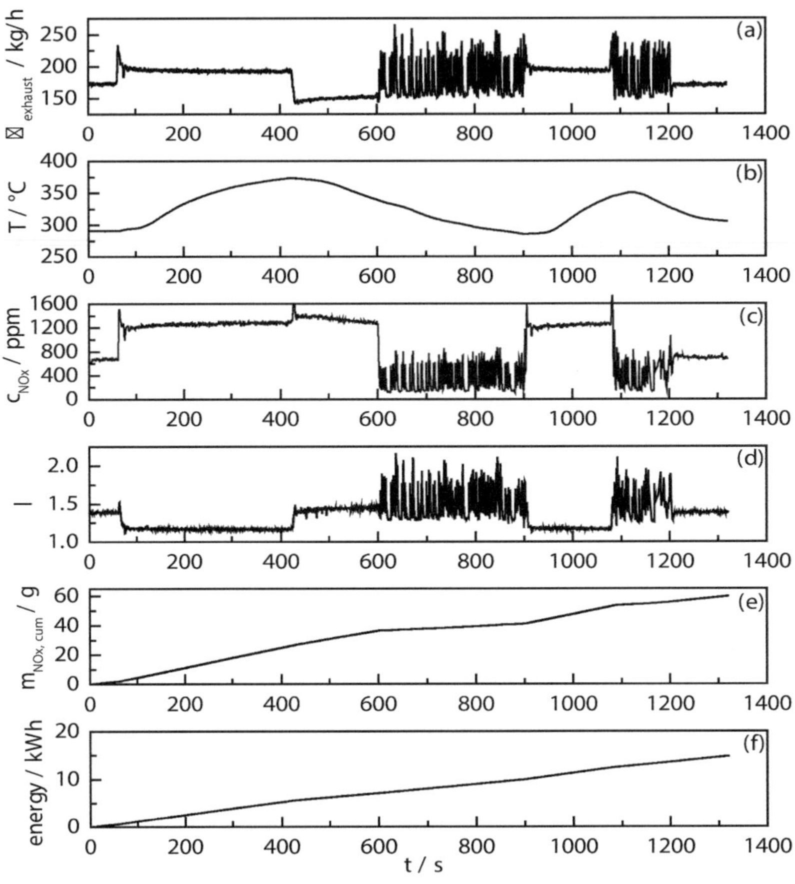

Bild 8: Testprozedur des durchgeführten Tests. Details siehe Text. Aus [23].

Es wurden nun zwei verschiedene Strategien gefahren. Einerseits wurde auf einen bestimmten Prozentteil der Kurve des ersten Durchbruchs (first breakthrough) und andererseits auf einen bestimmten Prozentsatz der idealen Beladungskurve (ideal storage, niedrigster NH_3-Beladungspegel für maximale Konversion, Dreiecke) wie in Bild 6 gezeigt, geregelt.

Die Ergebnisse der Regelung auf einen bestimmten Prozentteil der Kurve des ersten Durchbruchs sind in Bild 9 dargestellt. Dabei wurde der Prozentteil jeweils in 10%-Schritten erhöht. Dabei wurde für jeden Prozentteil der Zyklus zwei Mal gefahren: Einmal wurde die Resonanzfrequenz f_{res} und einmal auf die reziproke unbelastete Güte Q_0^{-1} geregelt. In Bild 9 (a) ist die scheinbaren emittierte normierte NO_x-Masse in mg/kWh, wie sie aus den Daten des NO_x-Sensors nach Katalysator errechnet werden kann, dargestellt. Bild 9 (b) zeigt den damit berechneten scheinbaren NO_x-Umsatz. Alle Versuche, bei denen NH_3-Schlupf festgestellt wurde, sind grau markiert und befinden rechts von der der gestrichelten Linie.

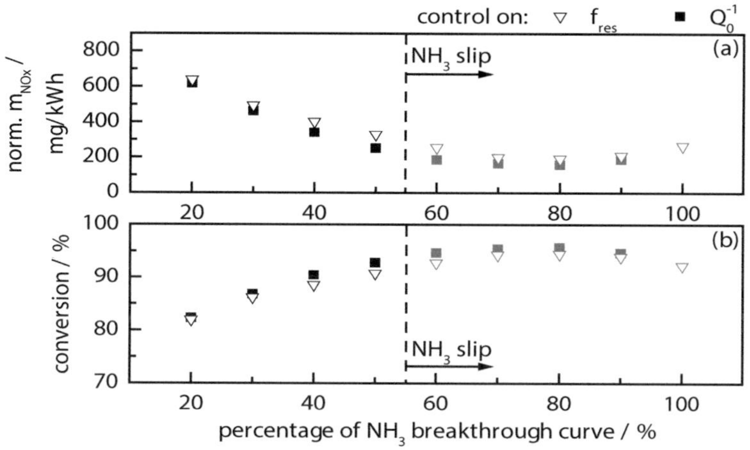

Bild 9: Ergebnisse der Versuchsreihe zur Regelung auf einen bestimmten Prozentteil der Kurve des ersten NH_3-Durchbruchs mit der Resonanzfrequenz f_{res} (offene Dreiecke) und der reziproken unbelasteten Güte Q_0^{-1} (ausgefüllte Quadrate) als Regelgröße. Die scheinbar emittierte normierte NO_x-Masse in mg/kWh (a) und der scheinbare NO_x-Umsatz (b) basieren auf den NO_x-Sensor-Daten. Oberhalb der gestrichelten Linie (grau markiert) trat NH_3-Schlupf auf. Aus [23].

Man kann deutlich erkennen, dass eine Regelung auf beide aus Hochfrequenzsignalen abgeleitete Größen fast identische Ergebnisse liefert. Eine Regelung auf 20% der NH_3-Durchbruchskurve führt bereits zu einer Abnahme der NO_x-Emission von 600 mg/kWh, was einem NO_x-Gesamtumsatz von über 80% entspricht. Mit zunehmendem NH_3-Beladungspegel nimmt die NO_x-Emission kontinuierlich ab, bis bei 80% der NH_3-Durchbruchskurve die niedrigste scheinbare NO_x-Emission von 200 mg/kWh bzw. die höchste scheinbare NO_x-Konversion von 95% erreicht wird. Mit weiter zunehmender NH_3-Dosierung nimmt die scheinbare NO_x-Konvertierung wieder ab, da immer mehr NH_3-Schlupf auftritt, der am NO_x-Sensor zu einem scheinbaren NO_x-Signal führt. Die genaue Analyse der charakteristischen Punkte innerhalb des Zyklus zeigt, dass bereits bei 60% der Durchbruchskurve erster NH_3-Schlupf auftritt. Dies lässt sich damit erklären, dass die Durchbruchskurve nur dann den NH_3-Beladungspegel abbildet, bei dem der erste Durchbruch erfolgt, wenn der Katalysator (der vorher leer war) mit einer konstanten NH_3-Dosierrate befüllt wurde. Im transienten Betrieb wird hingegen bei kontinuierlicher Dosierung ein bestimmter Speicherwert über einen längeren Zeitraum einzuregeln versucht. Dadurch kann NH_3 bis zum Ende des Katalysators wandern. Dies führt schon viel früher zu einem NH_3-Schlupf als man es bei Anwendung der 100%-Kurve erwartet hätte. Daher betrug der maximal erreichte NO_x-Umsatz, bei dem noch kein NH_3-Schlupf messbar war, nur 90% und zwar für eine Regelung auf 50% der Durchbruchskurve. Diesem Regelungsansatz scheint das volle Potential des SCR-Katalysators nicht auszuschöpfen.

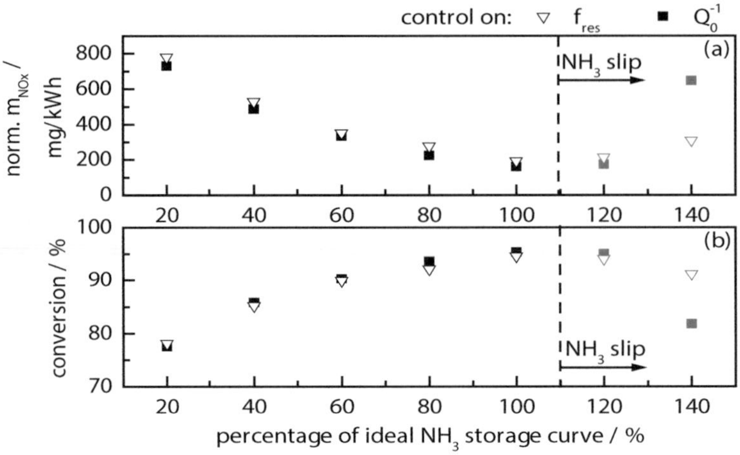

Bild 10: Ergebnisse der Versuchsreihe zur Regelung auf einen bestimmten Prozentteil der idealen NH_3-Beladungskurve. Alle weiteren Daten sind analog zu Bild 9. Aus [23].

Die Regelung auf einen bestimmten Prozentsatz der idealen Beladungskurve wurde in 20%-Schritten durchgeführt, allerdings von 20% bis 140%. Die Ergebnisse sind in Bild 10 gezeigt, wieder mit f_{res} und Q_0^{-1} als Regelgröße. Die weitere Darstellung in Bild 10 ist analog zu Bild 9.

Auch hier wurden mit beiden Regelgrößen nahezu identische Ergebnissen erhalten. Der niedrigste eingeregelte von 20% der idealen Beladungskurve führte zu einem NO_x-Umsatz von unter 80%. An dieser Stelle ist es wichtig zu erwähnen, dass die ideale NH_3-Beladungskurve immer unterhalb der NH_3-Durchbruchskurve liegt (vgl. Bild 6), die einen niedrigeren NH_3-Beladungspegel für den gleichen Prozentwert darstellt. Dies führt bei gleichem Prozentwert zu einem geringeren NO_x-Umsatz aufgrund der geringeren NH_3-Oberflächenbedeckung. Wie bei der Regelung auf einen bestimmten Prozentteil der Kurve des ersten NH_3-Durchbruchs steigt der NO_x-Umsatz mit der NH_3-Beladung an, bis ein Maximum bei 100 und 120% der idealen Beladungskurve sichtbar wird. Bei einer weiteren Steigerung auf 140% ist ein Rückgang des scheinbaren NO_x-Umsatzes zu beobachten. Der maximal erreichte scheinbare NO_x-Umsatz liegt bei ca. 95%, was ca. 200 mg/kWh entspricht. Das Auftreten eines des ersten NH_3-Schlupfes bei 120% und bestätigt die oben in Bild 6 unter stationären Bedingungen ermittelte ideale NH_3-Beladungskurve auch unter transienten Bedingungen.

Dass die Regelung auf einen bestimmten Prozentsatz der idealen NH_3-Beladungskurve bessere Ergebnisse als die Regelung auf die NH_3-Durchbruchskurve liefert, könnte durch die verringerte NH_3-Beladung bei höheren Temperaturen erklärt werden (vgl. Bild 1 oder [18]). Aufgrund der schnelleren Kinetik der SCR-Reaktionen im oberen Temperaturbereich ist nur eine geringere NH_3-Oberflächenbedeckung erforderlich und zu hohe NH_3-Beladungspegel können insbesondere bei variablen Drehzahlen und Lasten sowie bei nicht konstanten NO_x-Rohemissionen und Raumgeschwindigkeiten leicht zu NH_3-Schlupf führen.

Diese Versuche zeigen, dass die auf Hochfrequenzdaten basierende Regelung des SCR-System zusammen mit der richtigen NH_3-Beladungserzielkurve in der Lage ist, den Katalysator mit maximalem NO_x-Umsatz zu betreiben, ohne dass NH_3-Schlupf auftritt. Ein größeres Katalysatorvolumen in Verbindung mit Testzyklen unter realistischeren Bedingungen (z.B. niedrigere Motorlasten, niedrigere NO_x-Rohemissionen und vor allem realistische Raumgeschwindigkeiten) würde höchstwahrscheinlich zu noch besseren Ergebnissen führen.

10.4 Zusammenfassung

Obgleich das Verfahren der hochfrequenzbasierten Zustandsüberwachung der NH_3-Beladung an SCR-Katalysatoren bereits seit einigen Jahren im Labor als machbar nachgewiesen wurde, hat man erst in letzter Zeit Schritte hin zu einer Anwendung unternommen. Während in den vorangegangenen Arbeiten die Tests an kleinen Bohrkernen von Katalysatoren in Laborprüfständen unter Beaufschlagung von synthetischem Abgas erfolgten, wurden die jüngsten Ergebnisse auf einem Motorprüfstand mit Katalysatoren in Abmessungen wie sie typisch für den Realeinsatz im Fahrzeug sind, gewonnen. Zudem wurde wie im Fahrzeug eine Harnstoffwasserlösung und nicht gasförmiger NH_3 zudosiert.

Zunächst wurde die grundsätzliche Eignung dieser Technik im Realabgas nachgewiesen und eine erste automatische Dosierung dargestellt, die auf Hochfrequenz-Messungen basiert. Im nächsten Schritt wurden temperaturabhängige Messungen durchgeführt und Kalibrierfunktionen am Beispiel eines im Serieneinsatz befindlichen Cu-Zeolith-Katalysators entwickelt. Das temperaturkalibrierte hochfrequenzbasierte Systeme wurde danach unter transienten Bedingungen mit besonderem Augenmerk auf den Einfluss der NH_3-Zielbeladungskurve auf den NO_x-Umsatz und einen möglichen NH_3-Schlupf untersucht.

Die Ergebnisse belegen, dass ein direkt gesteuertes SCR-System, das auf den Hochfrequenzsignalen Resonanzfrequenz oder reziproker unbelasteter Güte basiert, in der Lage ist, den SCR-Katalysator sehr nahe an der NH_3-Schlupfgrenze mit maximal möglichem NO_x-Umsatz zu betreiben. In einer realitätsnahen Anwendung wird das System jedoch möglicherweise nicht als kontinuierliches Steuersignal verwendet, sondern es unterstützt die bestehenden modellbasierten Regelstrategien. Zu diesem Zweck könnte ein mittels Hochfrequenz bestimmter NH_3-Beladungspegel von Zeit zu Zeit unter definierten Bedingungen, wie z.B. an einem Konstantfahrtpunkt, ausreichend sein, um damit das aktuelle Modell neu zu justieren. Der Nutzen davon für den Anwender hinsichtlich einer NO_x-Emissionsminderung und einer Verringerung der Baugröße des SCR-Systems wurden kürzlich bereits in [25] eindrucksvoll bestätigt.

Hinsichtlich einer Serienentwicklung müssen die nächsten Schritte Feldexperimente auf der Straße umfassen. Darüber hinaus müssen die Auswirkungen von produktionsbedingten Streuungen der Katalysatorsubstrate auf die Genauigkeit der Beladungsmessung noch untersucht werden. Ein weiterer Schwerpunkt des Interesses liegt auf möglichen Auswirkungen von Alterungs- und/oder Vergiftungseffekten auf das Hochfrequenzsignal. Ob das

Messsystem an sich über ein gesamtes Fahrzeugleben stabil ist, ist ebenfalls noch zu untersuchen.

Zusammenfassend lässt sich aber sagen, dass die hier vorgestellten Arbeiten einen weiteren großen Schritt in Richtung Anwendung bedeuten, dem jedoch noch einige weitere folgen müssen und werden.

Literatur

[1] Shelef, M., McCabe, R.W., "Twenty-five years after introduction of automotive catalysts: what next?", Catalysis Today, Vol. 62, S. 35-50, 2000.

[2] Koebel, M., Elsener, M., Kröcher, O., Schär, C., Röthlisberger, R., Jaussi, F., Mangold, M., "NO_x Reduction in the Exhaust of Mobile Heavy-Duty Diesel Engines by Urea-SCR", Topics in Catalysis, Vol. 43, S. 43-48, 2004.

[3] Johnson, T., "Vehicle Emissions Review – 2012", Directions in Engine-Efficiency and Emissions Research (DEER) Conference, Dearborn, Michigan, Oct. 16-19, 2012. Letzter Zugriff am 27.12.2017 auf https://www1.eere.energy.gov/vehiclesandfuels/pdfs/deer_2012/wednesday/presentations/deer12_johnson.pdf

[4] Kröcher, O., Devadas, M., Elsener, M., Wokaun, A., Söger, N., Pfeifer, M., Mussmann, L., "Investigation of the selective catalytic reduction of NO by NH_3 on Fe-ZSM5 monolith catalysts", Applied Catalysis B: Environmental, Vol. 66, S. 208-216, 2006.

[5] Balland, J., Parmentier, M., Schmitt, J., "Control of a Combined SCR on Filter and Under-Floor SCR System for Low Emission Passenger Cars", SAE International Journal of Engines Vol., 7, S. 1252-1261, 2014.

[6] Ciardelli, C., Nova, I., Tronconi, E., Chatterjee, D., Bandl-Konrad, B., Weibel, M., Krutzsch, B., "Reactivity of NO/NO_2-NH_3 SCR system for diesel exhaust aftertreatment: Identification of the reaction network as a function of temperature and NO_2 feed content", Applied Catalysis B: Environmental, Vol. 70, S. 80-90, 2007.

[7] Schuler, A., Votsmeier, M., Kiwic, P., Gieshoff, J., Hautpmann, W., Drochner, A., Vogel, H., "NH_3-SCR on Fe zeolite catalysts – From model setup to NH_3 dosing", Chemical Engineering Journal, Vol. 154, S. 333-340, 2009.

[8] Herman, A., Wu, M., Cabush, D., Shost, M., "Model Based Control of SCR Dosing and OBD Strategies with Feedback from NH_3 Sensors", SAE International Journal of Fuels and Lubricants, Vol. 2, S. 375-385, 2009.

[9] Dietrich, M., Jahn, C., Lanzerath, P., Moos, R., "Microwave-Based Oxidation State and Soot Loading Determination on Gasoline Particulate Filters with Three-Way Catalyst Coating for Homogenously Operated Gasoline Engines", Sensors, Vol. 15, S. 21971-21988, 2015.

[10] Dietrich, M., Rauch, D., Porch, A., Moos, R., "A laboratory test setup for in situ measurements of the dielectric properties of catalyst powder samples under reaction

conditions by microwave cavity perturbation: set up and initial tests", Sensors, Vol. 14, S.16856-16868, 2014.

[11] Dietrich, M., Rauch, D., Simon, U., Porch, A., Moos, R., "Ammonia storage studies on H-ZSM-5 zeolites by microwave cavity perturbation: correlation of dielectric properties with ammonia storage," Journal of Sensors and Sensor Systems, Vol. 4, S. 263-269, 2015.

[12] Chen, P., Schönebaum, S., Simons, T., Rauch, D., Dietrich, M. , Moos, R., Simon, U., "Correlating the Integral Sensing Properties of Zeolites with Molecular Processes by Combining Broadband Impedance and DRIFT Spectroscopy - A New Approach for Bridging the Scales", Sensors, Vol. 15, S. 28915-28941, 2015.

[13] Moos, R., "Mikrowellengestützte Systeme zur Zustandserkennung von Abgaskatalysatoren und Abgasfiltern im Überblick", in Tille, T., (Hrsg.), „Automobil-Sensorik - Ausgewählte Sensorprinzipien und deren automobile Anwendung", Springer-Verlag, Heidelberg, S. 115-132, 2016.

[14] Simons, T., Simon, U., "Zeolites as nanoporous, gas-sensitive materials for in situ monitoring of DeNOx-SCR", Beilstein Journal of Nanotechnology, Vol. 3, S. 667-673, 2012.

[15] Simon, U., Franke, M.E., "Electrical properties of nanoscaled host/guest compounds", Microporous Mesoporous Materials, Vol. 41, S. 1-36, 2000.

[16] Franke, M.E., Simon, U., "Solvate-supported proton transport in zeolites", ChemPhysChem, Vol. 5, S. 465-472, 2004.

[17] Pihl, J., Daw, S., "NH_3 storage isotherms: a path toward better models of NH_3 storage on zeolite SCR catalysts", 2014 DOE Crosscut Workshop on Lean Emissions Reduction Simulation, 29.4.-1.5.2014, Dearborn, MI, USA, 2014.

[18] Rauch, D., Kubinski, D., Cavataio, G., Upadhyay, D., Moos, R., "Ammonia Loading Detection of Zeolite SCR Catalysts using a Radio Frequency based Method", SAE International Journal of Engines, Vol. 8, S. 1126-1135, 2015.

[19] Rauch, D., Kubinski, D., Simon, U., Moos, R., "Detection of the ammonia loading of a Cu Chabazite SCR catalyst by a radio frequency-based method", Sensors and Actuators B: Chemical, Vol. 205, S. 88-93, 2014.

[20] Lockyer, T., Reid, B., Hargrave, G., Gaynor, P., Wilson, J., "Optical Investigation on the Ability of a Cordierite Substrate Mixing Device to Combat Deposits in SCR Dosing Systems", SAE Technical Paper 2015-01-1039, 2015.

[21] Dietrich, M., Steiner, C., Hagen, G., Moos, R., "Radio-Frequency-Based Urea Dosing Control for Diesel Engines with Ammonia SCR Catalysts", SAE International Journal of Engines, Vol. 10, S. 1638-1645, 2017.

[22] Dietrich, M., Hagen, G., Reitmeier, W., Burger, K., Hien, M., Grass, P., Kubinski, D., Visser, J., Moos, R., "Radio-Frequency-Based NH_3-Selective Catalytic Reduction Catalyst Control: Studies on Temperature Dependency and Humidity Influences", Sensors, Vol. 17, S. 1615, 2017.

[23] Dietrich, M., Hagen, G., Reitmeier, W., Burger, K., Hien, M., Grass, P., Kubinski, D., Visser, J., Moos, R., "Radio-Frequency-Controlled Urea Dosing for NH_3-SCR Cata-

lysts: NH_3 Storage Influence to Catalyst Performance under Transient Conditions", Sensors, Vol. 17, S. 2746, 2017.

[24] Seibel, M., Hofmann, F., Christner, B., Kaiser, A., Fekete, N., Weibel, M., "Development and Integration Process of Control-Oriented Catalyst Models", 6th IAV MinNOx Conference, 22.06.2016, Berlin, Germany, 2016.

[25] Moser M., Leimkühler, L., "Simulative Assessment of Tolerance Limits of new Sensor Concepts for Controls and OBD", in "Proceedings of the 4. Int. Specialist Conference: Sensors for Exhaust Gas Aftertreatment and CO_2 Reduction", 27–29 June 2017, Augsburg, Germany, 2017.

Kapitel 11
Miniaturisierter, thermisch gepulster VOC/CO_2-Sensor zur Luftgütedetektion

Olaf Kiesewetter[1], Alexander Kraußer[1], Nils Kiesewetter[1], Jürgen Müller[1], Marcus Bose[1], Stefan Schenk[1], Matthias May[1]

Kurzfassung Der vorgestellte VOC/CO_2-Sensor für die Detektion der Innenluftqualität integriert einen photoakustischen CO_2-Detektor und einen keramischen Membran-Metalloxid-Halbleitergassensor für VOCs und andere Gase, der gleichzeitig als IR-Strahler für das photoakustische CO_2-Detektionsprinzip genutzt wird. Bisher realisierte photoakustische VOC/CO_2-Sensoren arbeiten mit mechanisch gechopperten IR-Strahlern, die ein nahezu ideales Sinussignal der emittierten IR-Strahlung ermöglichen. Durch den zuverlässigkeitsbedingt notwendigen Verzicht auf bewegliche mechanische Komponenten im Luftgütesensor, wurde ein neues Verfahren implementiert, das die elektrisch-thermische Pulsung der IR-Strahlung mit einer geeigneten „Signalformung" kombiniert. Der Beitrag erläutert Aufbau und Funktion des Sensors. Des Weiteren werden Ergebnisse aus Praxistests des VOC/CO_2-Sensors im Labor und im PKW-Innenraum vorgestellt.

11.1 Einleitung

Die Innenluftqualität ist für Wohlbefinden, Aufmerksamkeit sowie Leistungsfähigkeit des Menschen von wesentlicher Bedeutung. Klima und Luftqualität in Gebäuden und im Fahrzeuginnenraum beeinflussen auch Konzentrations- und Urteilsvermögen, Reaktionszeit und Kondition des Menschen. Die Ist-Konzentrationen von sog. *VOCs* (Volatile Organic Compounds) und von CO_2 (Kohlendioxid) in der Innenraumluft bestimmen wesentlich die Luftqualität bzw. Luftgüte.

Geruch ist die olfaktorische Wahrnehmung und Interpretation der von den Chemorezeptoren der menschlichen Nase an das Gehirn weitergeleiteten Signale. Die Art der Gerüche hat großen Einfluss auf das menschliche Wohlbefinden. Daher ist es wichtig, nicht nur vorhandene VOCs in der Innenraumluft zu detektieren oder zu messen, sondern auch deren Art zu ermitteln, um auf die auslösenden Ereignisse zu schließen.

[1] UST Umweltsensortechnik GmbH.

T. Tille (Hrsg.), *Automobil-Sensorik 2*, DOI 10.1007/978-3-662-56310-6_11,

Der vorgestellte VOC/CO_2-Sensor für die Detektion der Innenluftqualität integriert einen photoakustischen Detektor für CO_2 und einen keramischen Membran-Metalloxid (MOX)-Halbleitergassensor für VOCs und andere Gase.

11.2 Sensorprinzipien zur Detektion von CO_2 und VOC

11.2.1 Photoakustisches Messprinzip zur CO_2-Detektion

Das für den nachfolgend vorgestellten VOC/CO_2-Detektor umgesetzte, photoakustische Messverfahren basiert auf dem URAS (Ultra-Rot-Absorptions-Schreiber)-Verfahren, das von E. Lehrer und K. F. Luft im Jahr 1938 zum Patent angemeldet wurde. Beim URAS-Verfahren wird die ausgesendete Infrarot-Strahlung von zwei IR-Strahlern durch mechanische Chopper moduliert. Das Signal wird über eine Vergleichs- und eine Messküvette als Differenzsignal in einem Membrankondensator gebildet. Dieses Verfahren bedingt, dass in beiden Kanälen die gleiche Temperatur- und Druckbedingungen vorhanden sein müssen, um Fehlsignale zu vermeiden.

Das hier eingesetzte photoakustische Messprinzip nutzt im Vergleich dazu, einen Halbleitergassensor als IR-Strahler und einen Empfänger und ist daher in weiten Bereichen unempfindlicher gegen Druck- sowie thermische Schwankungen [1, 2, 3, 4, 5]. Bild 1 zeigt das realisierte photoakustische Messprinzip zur CO_2-Detektion.

Die Detektion erfolgt durch die Erfassung und Auswertung der Änderung der vom Infrarot-Emitter ausgesendeten Strahlung, die durch die vorhandene CO_2-Konzentration im Gas gedämpft wird. Durch Referenzmessungen mit einem optionalen Bolometer erfolgt eine stetige Strahlungsmessung, um Veränderungen im Signalzweig zu erkennen. Vorteile dieses Verfahrens sind die hohe Selektivität, die Erfassung nahezu aller Energiebanden der Messgaskomponente, ein sehr schnelles Ansprech- und Abklingverhalten sowie geringste Drift- und Alterungserscheinungen des Sensors [1, 2, 3, 4, 5]. Bei diesem Aufbau ist von Nachteil, dass bei sich überlagernden IR-Banden (CO_2 vs. Wasserdampf) Querempfindlichkeiten des Detektionssystems entstehen können. Das spektrale Absorptionsverhalten durch Wasserdampf und CO_2 gemäß [6] ist in Bild 2 dargestellt.

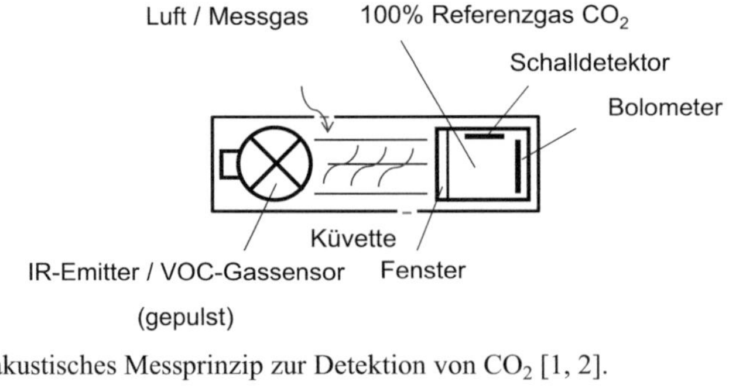

Bild 1: Photoakustisches Messprinzip zur Detektion von CO_2 [1, 2].

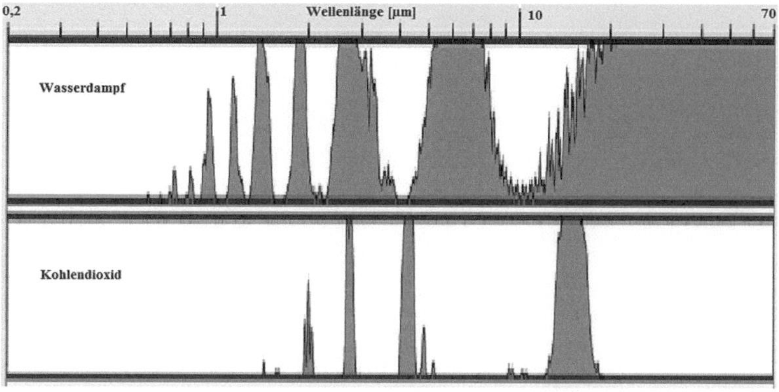

Bild 2: Spektrale Absorption durch Wasserdampf und Kohlendioxid (CO_2) [6].

Durch den Einsatz geeigneter Fenstermaterialien mit optimierten Durchlasscharakteristika im Sender und/oder im Empfänger kann man überlagernde Banden ausblenden.

Beim Aufbau entsprechend Bild 1 kommt ein keramisches MOX-Halbleiter-Gassensorelement [8] als breitbandiger IR-Strahler zum Einsatz. Im Gegensatz zur mechanischen Chopperung erfolgt hier die elektrische Pulsung der ausgesendeten IR-Strahlung. Der Gassensor ist als Membranelement mit abgedünnter Sensorfläche (Höhe ca. 100 µm) ausgelegt, wodurch gegenüber herkömmlichen Aufbauten ein vergleichsweise schnelles Aufheizen und Abkühlen für die Modulation der IR-Strahlung erreicht wird. Der im Sensorelement befindliche Platin-Heizer ist mit einem keramisierenden Glas abgedeckt um den Emissionsgrad ε auf einen Wert > 0,9 anzuheben (vgl. Bild 3 und Bild 4).

Nach dem Planck'schen Strahlungsgesetz ist es sinnvoll, für die Detektion von CO_2 die Oberflächentemperatur des Strahlers auf ca. 700 K, also ca. 400 °C einzustellen. Die Hauptdämpfungsbanden für CO_2 liegen bei ca. 4 µm (vgl. Bild 5). Damit man einen energiesparenden Sensor mit einem optimalen Signal-/Rauschverhältnis erhält, sollte so viel Strahlung wie möglich bei dieser Wellenlänge emittiert werden [4].

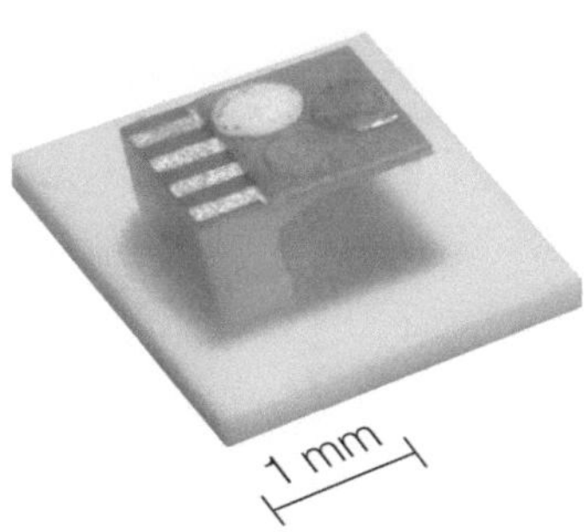

Bild 3: Membran-Dreifach-MOX-Gassensorelement (B x L x H: ca. 1,5 x 2 x 0,1/0,65 mm) auf keramischem Träger (B x L x H: ca. 3,5 x 2,5 x 0,2 mm).

Bild 4: Membran-Dreifach-MOX-Gassensorelement im isothermischen SMD-Gehäuse offen (Gehäuse B x L x H: ca. 6,8 x 6,8 x 2,1 mm).

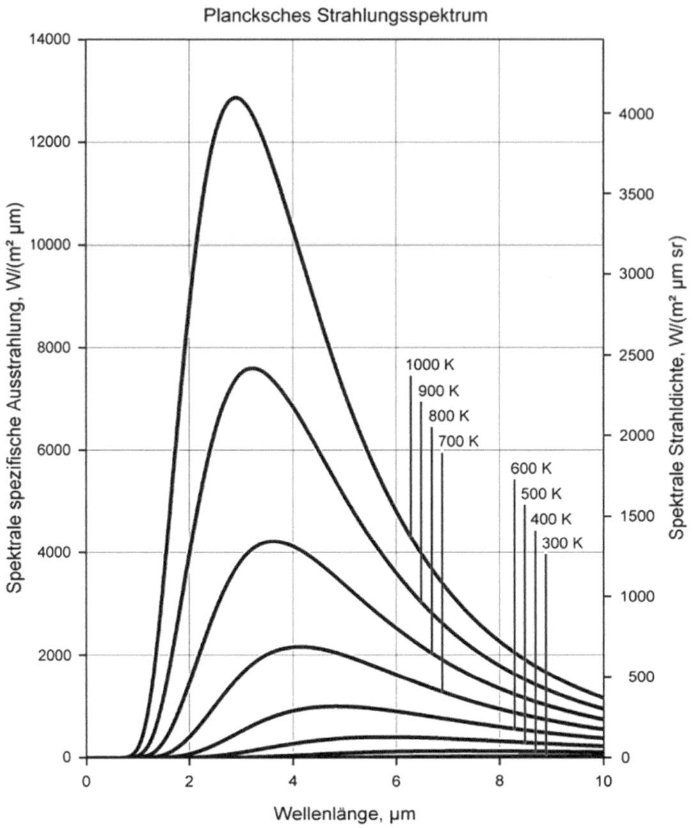

Bild 5: Planck'sches Strahlungsspektrum [7].

Durch eine geeignete Steuerung des Heizers des MOX-Gassensorelements wird gleichzeitig die für die photoakustische Detektion benötigte gepulste IR-Strahlung erzeugt. Bild 6 zeigt den Signalverlauf. Dieses zunächst sägezahnförmige IR-Signal wird in der nachfolgenden Signaldetektion und -verarbeitung zu einem sinusähnlichen Signal am photoakustischen Empfänger verarbeitet.

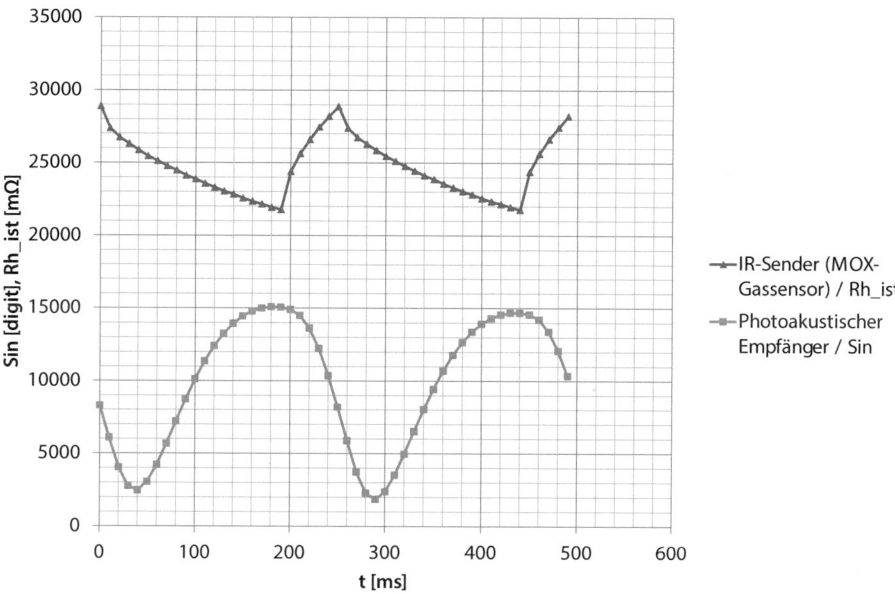

Bild 6: Miniaturisierter VOC/CO_2-Sensor, Signalverlauf IR-Sender und photoakustischer Empfänger.

11.2.2 Metalloxid(MOX)-Gassensorelement zur Detektion von VOCs

Wie bereits dargestellt, kommt als IR-Strahler ein keramisches Membran-Dreifach- MOX-Halbleitergassensorelement auf Basis der UST Triplesensor®-Technologie zum Einsatz (vgl. Bild 3 und Bild 4). Der Sensor besteht aus einem MOX-Halbleitergassensorelement mit drei unterschiedlichen gassensitiven Schichten auf der Basis von WO_3, SnO_2 und Pd-dotierten SnO_2 für reduzierbare, leicht und schwer oxidierbare Gase auf einem mikrostrukturierten Keramiksubstrat mit 4 Anschlüssen und kann verschiedene Gase und Gasgemische vom unteren ppm- bis in den Vol%-Bereich detektieren [3, 4, 5, 10, 11, 12]. Das MOX-Gassensorelement wird im beschriebenen VOC/CO_2-Sensor zur Detektion von ausgewählten luftqualitätsrelevanten VOCs, z.B. Ethanol, m-Xylol, n-Oktan und Toluol [13], des Weiteren von Diethylcarbonat (DEC), Ethylmethylcarbonat (EMC) sowie z.B. von Methan, Kohlenmonoxid, Wasserstoff und Stickstoffdioxid genutzt.

11.3 Miniaturisierter VOC/CO_2-Sensor

11.3.1 Aufbau und Funktionsweise

Bild 7 zeigt das Blockschaltbild des miniaturisierten aktiven VOC/CO_2-Sensors zur Detektion von Luftqualitätskomponenten in Innenräumen. Wie bereits erwähnt, kombiniert der Sensor folgende Bestandteile:

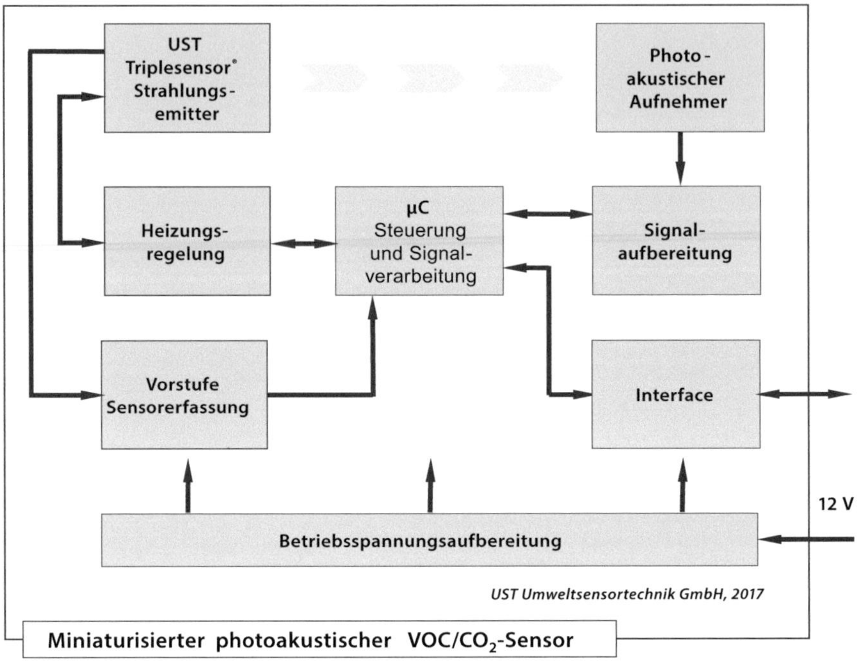

Bild 7: Miniaturisierter VOC/CO_2-Sensor, Blockschaltbild.

- Ein photoakustischer Gassensor zur Detektion von CO_2
- Ein keramischer Membran-MOX-Gassensor (basierend auf der UST Triplesensor®-Technologie) zur Detektion von ausgewählten luftqualitätsrelevanten VOCs, wie z.B. m-Xylol, n-Oktan und Toluol [13] sowie Gase und Substanzen, wie z.B. Methan (CH_4), Kohlenmonoxid (CO), Wasserstoff (H_2), Stickstoffdioxid (NO_2), Ammoniak (NH_3), Alkohol (C_2H_5OH) und Benzol (C_6H_6) sowie
- Alle notwendigen Elektronikkomponenten zur Sensorsteuerung, -signalverarbeitung und -kommunikation.

Entsprechend Bild 1 sind das MOX-Gassensorelement (UST-Triplesensor®), das gleichzeitig auch als gepulster IR-Strahlungsemitter (vgl. Bild 4) genutzt wird und der photoakustische Aufnehmer in einem Gehäuse integriert, das eine speziell geformte Küvette enthält, um ein Maximum an Strahlung im Messgas zu absorbieren. Die Länge der Küvette beträgt in diesem Aufbau ca. 15 mm, der Gasaustausch in der Küvette erfolgt über Diffusion durch eine poröse PTFE-Membran. Für die Detektion der IR-Strahlung kommt eine mit CO_2 als Referenzgas gefüllte Kammer (hermetisch verschlossenes TO39-Gehäuse) zum Einsatz, in die ein oder zwei *MEMS* (Microelectromechanical Systems)-Mikrofone als Schalldetektoren integriert sind (vgl. Bild 8).

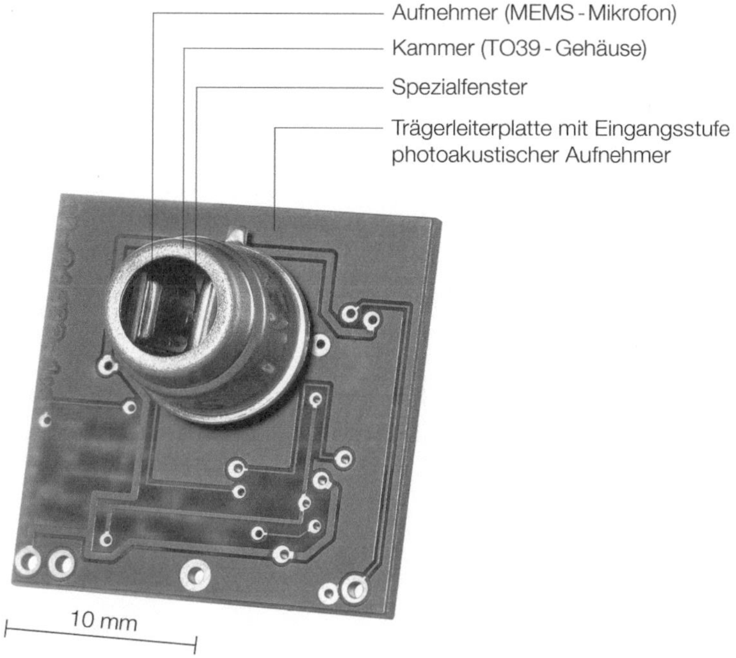

Bild 8: Empfängermodul, Kammer (TO39) mit Referenzgas (CO_2) und MEMS-Mikrofon.

In diesem Modul wird das breitbandig eintretende Infrarotlicht durch das enthaltene CO_2 selektiv absorbiert und im Bereich einiger Hertz in eine Druckschwankung umgewandelt. Es ergibt sich hierdurch das größte Signal am Ausgang, wenn kein CO_2 in der Küvette vorhanden ist.

Das Software-Struktogramm in Bild 9 veranschaulicht die Funktionalität des realisierten VOC/CO_2-Sensors. Nach Einschalten der Betriebsspannung erfolgt die Initialisierung des Sensorsystems. In dieser Phase werden die Ein- und Ausgänge des Mikrocontrollers konfiguriert und der Systemtakt initialisiert. Im weiteren Verlauf erfolgen das Einlesen der Kalibrierdaten und die Initialisierung der Mikrocontrollerperipherie (UART, A/D-Wandler, Timer, etc.). Pro Messzyklus (1 ms) werden die Sensorrohdaten (Spannungen, Temperatur) erfasst, die Sensortemperatur geregelt und die entsprechenden Temperaturwechselsteuerflags (Temperatur-Step oder Temperatur-Zyklus beendet) für die State-Machine gesetzt. In der State-Machine werden in Abhängigkeit der gesetzten Flags die Sensorwiderstände und daraus nachfolgend die detektierten Gaskonzentrationswerte berechnet und letztere über ein UART-Interface ausgeben.

Das technische Konzept, die Komponenten und der Aufbau des VOC/CO_2-Sensors sind auf hohe Langzeitstabilität und Zuverlässigkeit ausgelegt. Des Weiteren sind kundenspezifische Konfigurationen des Sensors ab Werk möglich, so dass der Sensor, z.B. auch zur Detektion von Gefahren, wie z.B. Brände (Schwel-, Kabelbrände etc.) und chemische Grenzsituationen, eingesetzt werden kann.

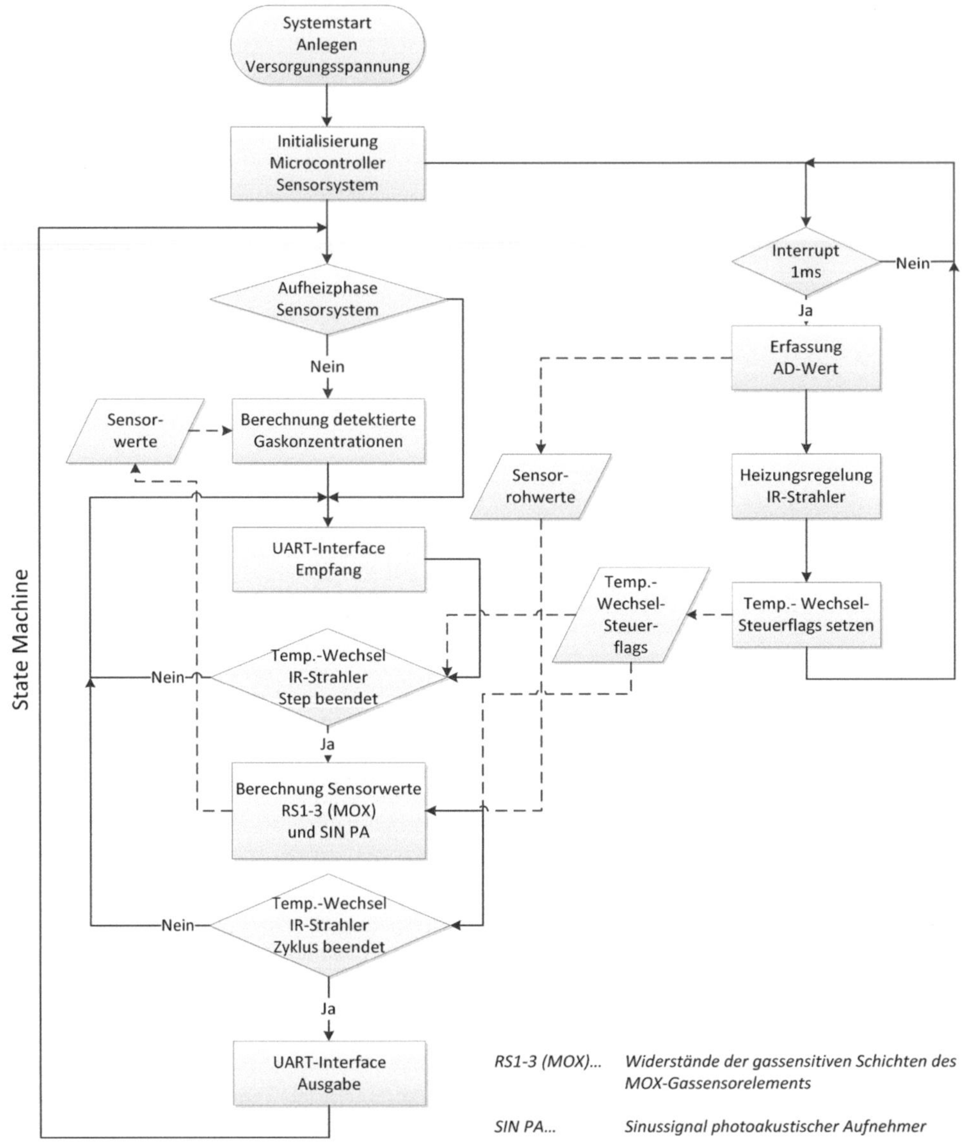

Bild 9: Miniaturisierter VOC/CO_2-Sensor, Software-Struktogramm.

Die Abmessungen des Sensors betragen aktuell (L x B x H) ca. 30 mm x 20 mm x 25 mm (vgl. Bild 10). Das Konzept bietet das Potential für eine perspektivische Serienumsetzung die Außenabmessungen auf ca. 15 mm x 10 mm x 10 mm zu verringern.

Bild 10: Miniaturisierter VOC/CO_2-Sensor, Demonstrator.

11.3.2 Technische Performance

Für den hier vorgestellten Mustersensor werden die in Tabelle 1 dargestellten, technischen Parameter erreicht. In Abhängigkeit von der Konfiguration des eingesetzten MOX-Triplegas-Sensorelements können mit VOC/CO_2-Sensor, parallel zur photoakustischen Detektion von CO_2, z.B. die folgenden Substanzen detektiert werden:

- VOCs, CO, NO_2
- CO, CH_4, H_2
- C_2H_5OH, CO, NO_2
- C_XH_Y, H_2

Die Konfiguration des Sensors auf die Detektion weiterer spezifischer Zielsubstanzen wie z:B. Diethylcarbonat (DEC) und Ethylmethylcarbonat (EMC) ist möglich.

Durch Einsatz eines spezifischen ASICs für die Sensorelektronik können z.B. die Leistungsaufnahme und die Abmessungen des VOC/CO_2-Sensors weiter reduziert werden, wodurch sich eine erhöhte Zuverlässigkeit und erweiterte Applikationsmöglichkeiten ergeben. Die Erweiterung des Einsatztemperaturbereiches ist ebenfalls Gegenstand weiterer Entwicklungsarbeiten.

Tabelle 1: Miniaturisierter VOC/CO_2-Sensor, Übersicht der technischen Performance.

Eigenschaft	**Wert**
Mess-/Detektionsbereiche, Sensitivitäten für ausgewählte Zielgase	CO_2: bis 5 Vol%, optional bis 100 Vol%; CH_4: 10 ppm bis 1 Vol% ± 20 %; CO: 10 pm bis 5000 ppm ± 20 %; H_2: 5 ppm bis 5000 ppm ± 20 %; NO_2: 0,1 ppm bis 50 ppm ± 20 %; VOCs, C_2H_5OH, m-Xylol, n-Oktan, Toluol: 50 ppb bis 100 ppm
Gaszufuhr	passiv (Diffusion)
Ansprechzeiten	≤ 1 s, $t_{60} \leq 6$ s, $t_{90} \leq 9$ s
Interface	UART
Zulässige Einsatztemperatur/-feuchte	0 °C bis + 40 °C / 0 bis 95% rel. F.
Zulässige Temperatur/-feuchte für Transport und Lagerung	-40 °C bis + 80 °C / 0 bis 95% rel. F.
Betriebsspannung	7,5 V bis 12 V DC (extern)
Leistungsaufnahme	ca. 0,3 W
Abmessungen (Länge x Breite x Höhe)	ca. 30 mm x 20 mm x 25 mm
Nettogewicht	ca. 25 g (ohne Anschlusskabel)
Konformität	2011/65/EU: Restriction of the use of Hazardous Substances Directive (RoHS) [14]

11.4 Messergebnisse

11.4.1 Labortests

Die VOC/CO_2-Sensormuster wurden umfangreichen Gastests hinsichtlich Zielsubstanzen und Querempfindlichkeiten in der Labortestumgebung unterzogen. Raumtemperatur und relative Luftfeuchte betrugen ca. 22 °C und 40% rel.F. Bild 11 und Bild 12 zeigen beispielhaft die CO_2-Kennlinie sowie das photoakustische CO_2-Rohsignal (relativ) bei Beaufschlagung von CO_2 in Konzentrationsstufen bis 100 Vol% bzw. 1 Vol%.

Bild 13 zeigt die Beaufschlagung mit verschiedenen luftqualitätsrelevanten Substanzen (Atemluft, Toluol, Lösungsmittel, Ethanol/C_2H_5OH, Ammoniak/NH_3) sowie Butan (Labortestumgebung bei ca. 22 °C und 40% rel.F.). Die hier gemessenen Stoffe sind im Gegensatz zu CO_2 als Vertreter von geruchstragenden Stoffen durch den Sensor detektierbar.

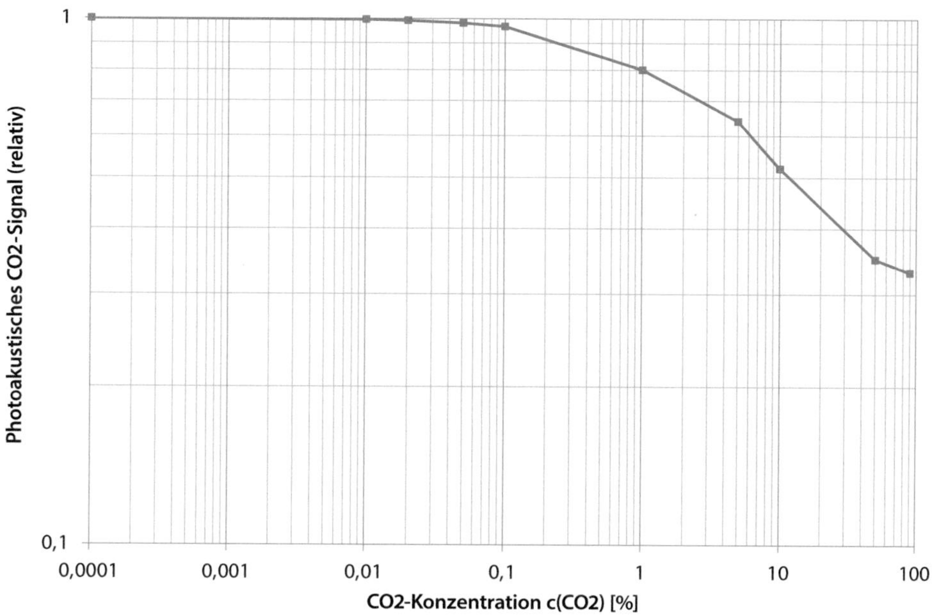

Bild 11: Messergebnisse eines miniaturisierten VOC/CO_2-Sensors, CO_2-Kennlinie bis 1 Vol% (Labortestumgebung bei ca. 22 °C und 40% rel.F.).

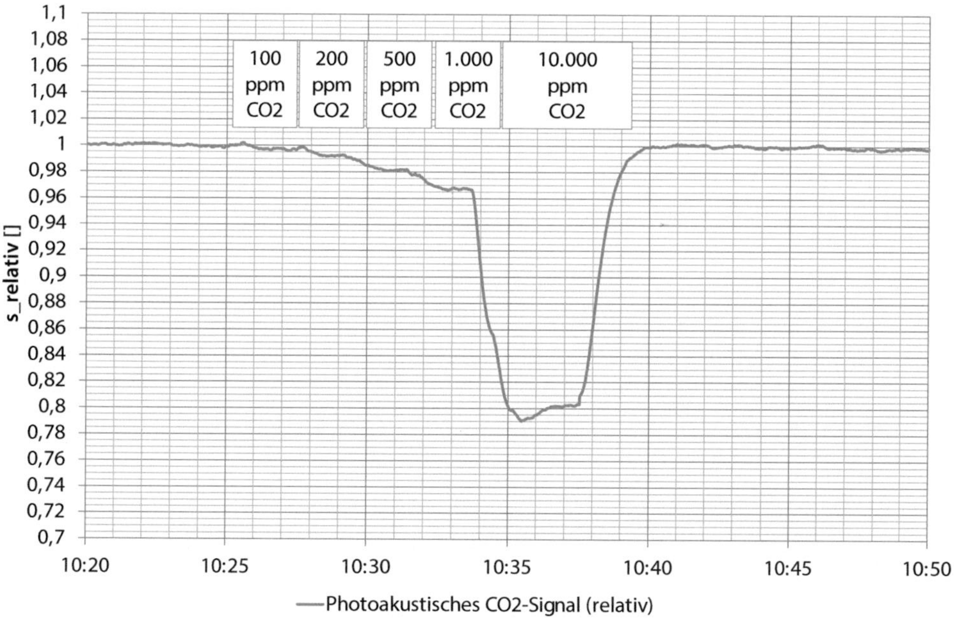

Bild 12: Messergebnisse eines miniaturisierten VOC/CO_2-Sensors, CO_2-Rohsignal (relativ) bei Beaufschlagung von CO_2 in Konzentrationsstufen bis 1 Vol% (Labortestumgebung bei ca. 22 °C und 40% rel.F.).

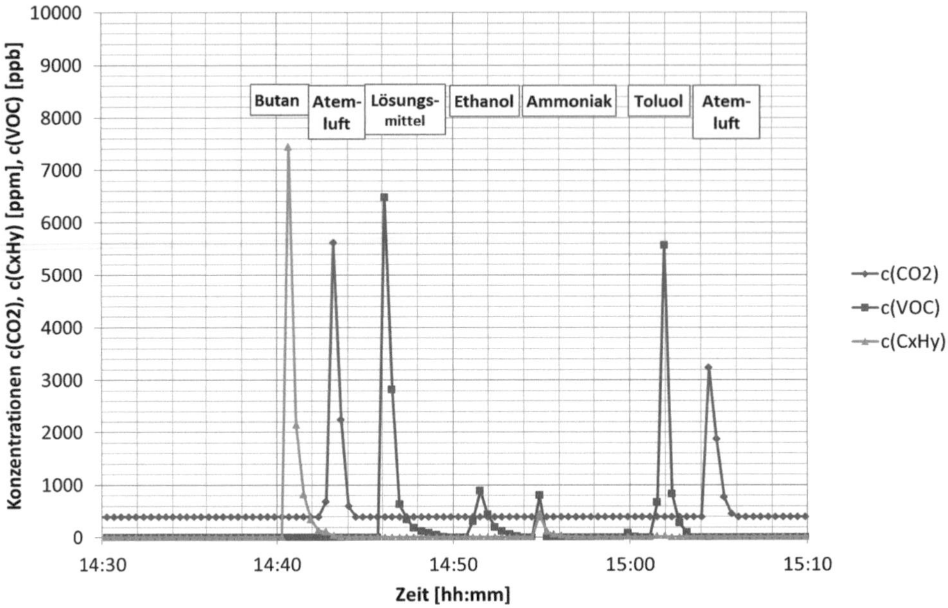

Bild 13: Messergebnisse eines miniaturisierten VOC/CO_2-Sensors, Quantitative Messung der Konzentrationen verschiedener luftqualitätsrelevanter Substanzen (Labortestumgebung bei ca. 22 °C und 40% rel.F.).

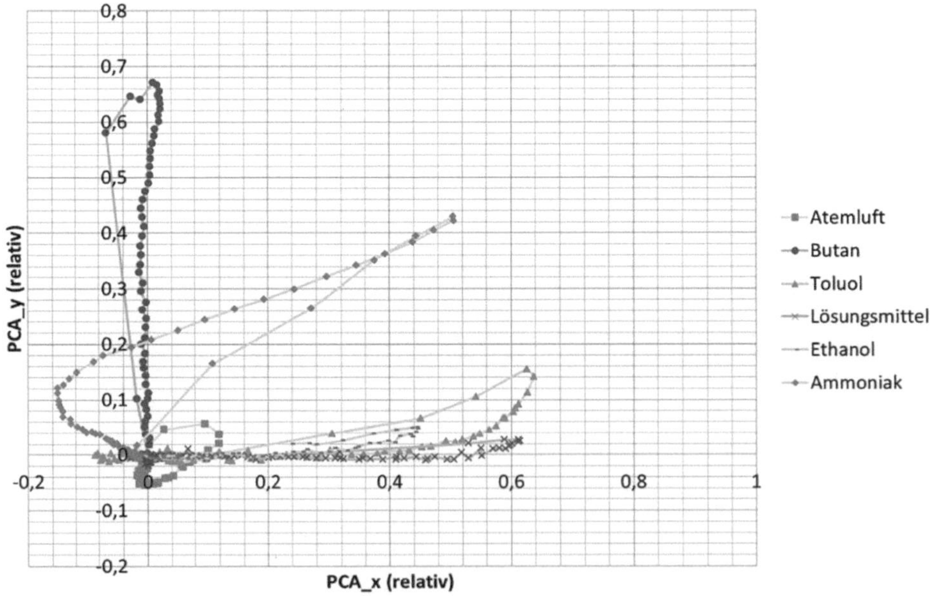

Bild 14: Miniaturisierter VOC/CO_2-Sensor, Eindeutige Trennung und Unterscheidung der detektierten Substanzen mittels PCA.

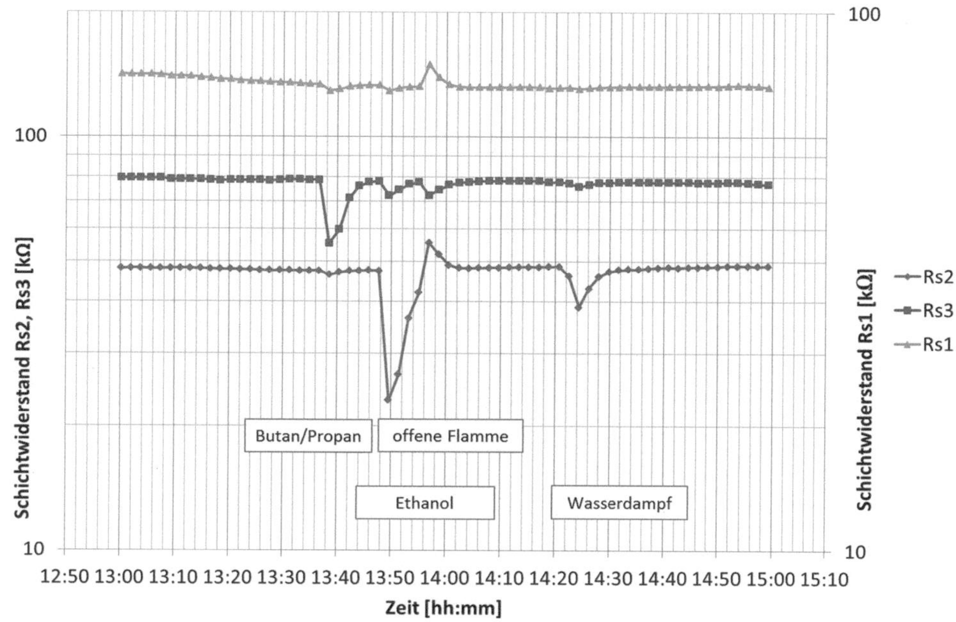

Bild 15: Miniaturisierter VOC/CO_2-Sensor, Dreifach-MOX-Gassensorelement, Schichtwiderstände R_{s1} bis R_{s3} bei verschiedenen Ereignissen.

Die Signalverarbeitung zur eindeutigen Trennung bzw. Unterscheidung der detektierten Substanzen aus den Signalen der 3 Wirkschichten erfolgte hier mittels *PCA* (Principal Component Analysis) gemäß Bild 14. Weitere Analysevarianten sind z.B. die *Support Vector Machine* und die *Diskriminanzanalyse.*

Über einen längeren Zeitraum wurden weitere Versuche mit der Beaufschlagung von entsprechenden Gasen und Wasserdampf durchgeführt. Damit wurden die Reproduzierbarkeit der Ergebnisse und die Stabilität des Sensors nachgewiesen. Bilde15 bis Bild 20 stellen die prinzipielle Auswertemethode der PCA dar.

Aus den aufgezeichneten Rohsignalen (vgl. Bild 15) wird das Summensignal generiert (vgl. Bild 16) und der erzeugte Winkel aus dem 3-dimensionalen Raum im 2-dimensionalen Diagramm abgebildet (vgl. Bild 17). Das Signal jeder Substanz unterscheidet sich im Winkel im Raum und im Betrag entsprechend der Konzentration. Nach optimaler Projektion des 3-dimensionalen Raumes in die Ebene wird ein Verhalten gemäß Bild 17 erzeugt. Damit wird die Trennung verschiedener Substanzen mit dem UST Triplesensor® möglich, wenn man die Signale in PCA-Darstellung in der für jede Substanz charakteristischen Winkelrichtung bewertet (vgl. Bild 18 bis Bild 20). Im angeführten Beispiel erfolgt eine eindeutige Trennung von Butan (vgl. Bild 18), Ethanol (vgl. Bild 19) und offener Verbrennung (vgl. Bild 20).

Des Weiteren wurden für ausgewählte Materialien (Holz, PVC) Schwelbrandtests durchgeführt sowie unverbranntes Butan zum Vergleich zugeführt. Auch diese detektierten Substanzen sind mittels nachfolgender Signalverarbeitung (PCA) trenn- und unterscheidbar (vgl. Bild 21).

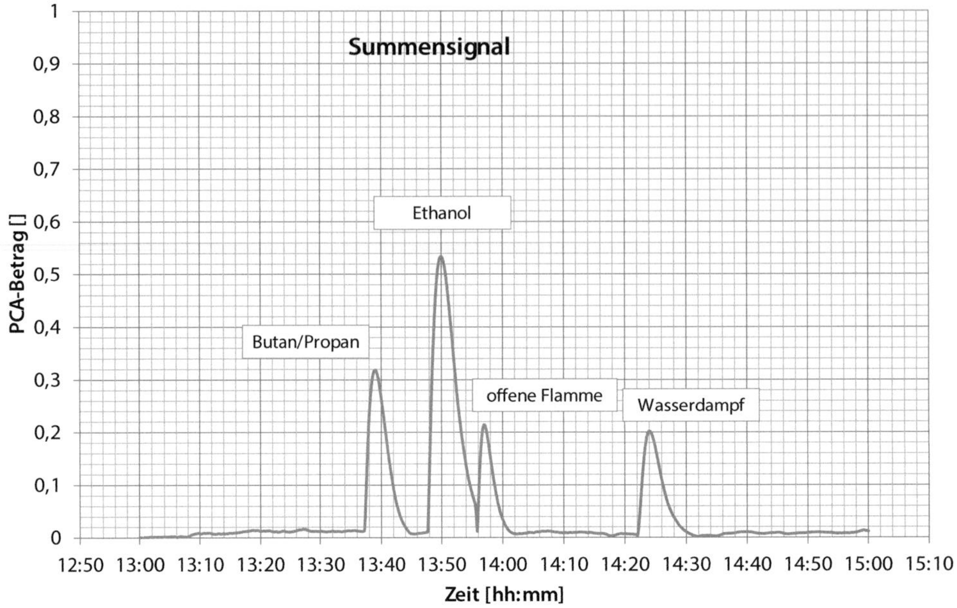

Bild 16: Miniaturisierter VOC/CO_2-Sensor, Dreifach-MOX-Gassensorelement, Summensignal bei verschiedenen Ereignissen.

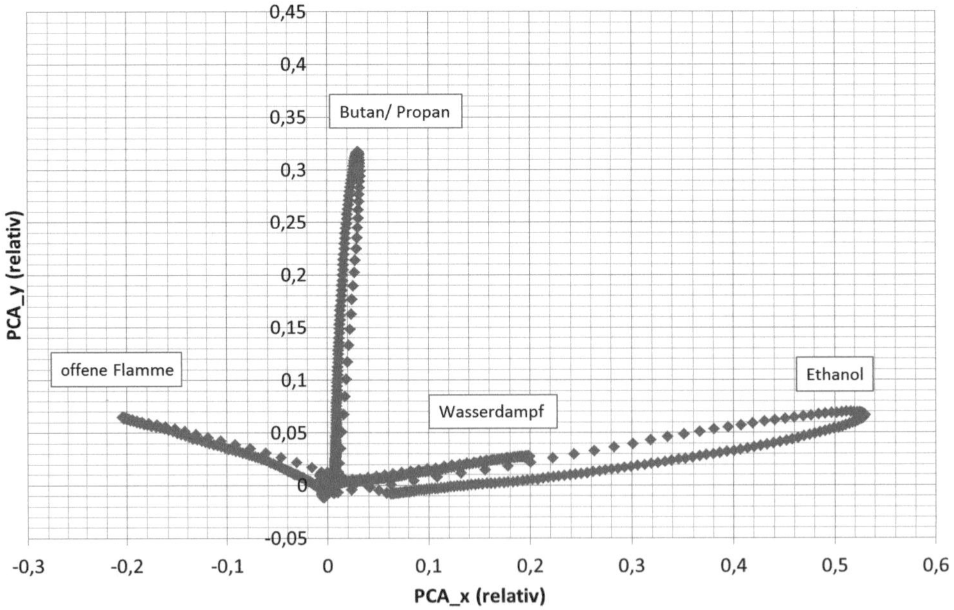

Bild 17: Miniaturisierter VOC/CO_2-Sensor, Dreifach-MOX-Gassensorelement, Trennung Ereignisse über PCA.

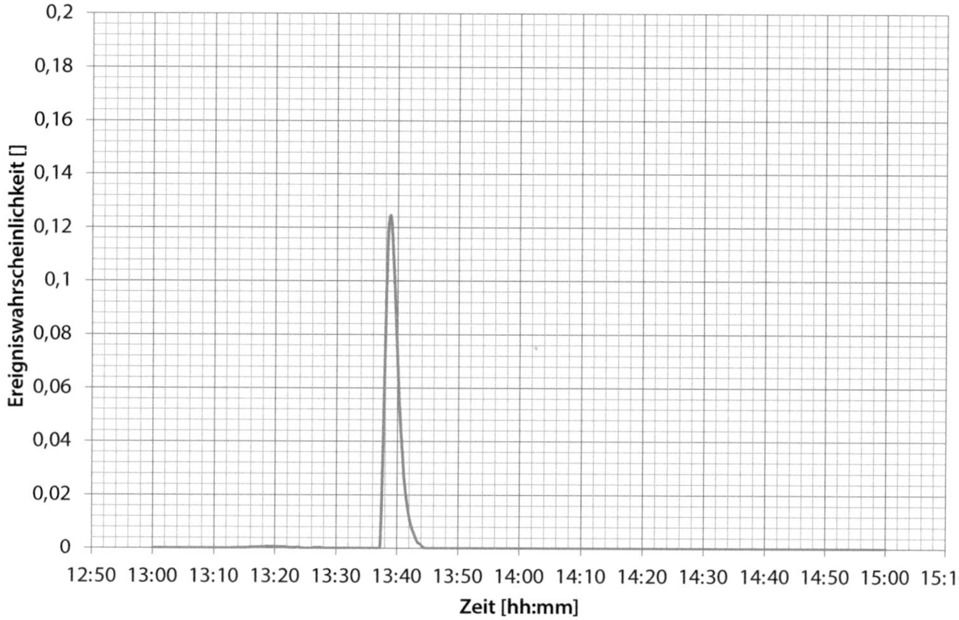

Bild 18: Miniaturisierter VOC/CO_2-Sensor, Dreifach-MOX-Gassensorelement, Trennung Ereignisse über PCA, Einzelereignis: Butan/Propan-Beaufschlagung.

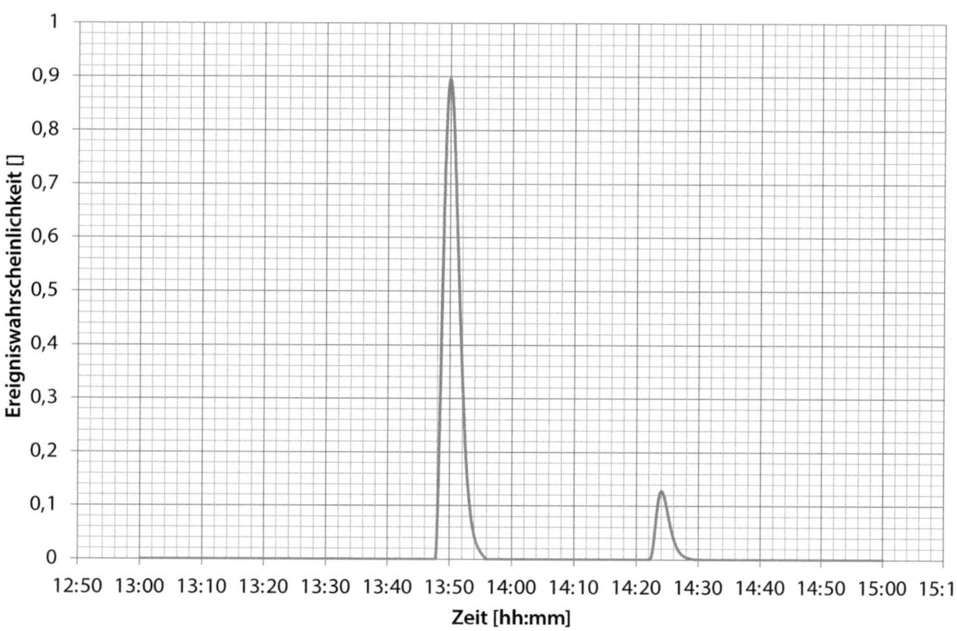

Bild 19: Miniaturisierter VOC/CO_2-Sensor, Dreifach-MOX-Gassensorelement, Trennung Ereignisse über PCA, Einzelereignis: Ethanol-Beaufschlagung.

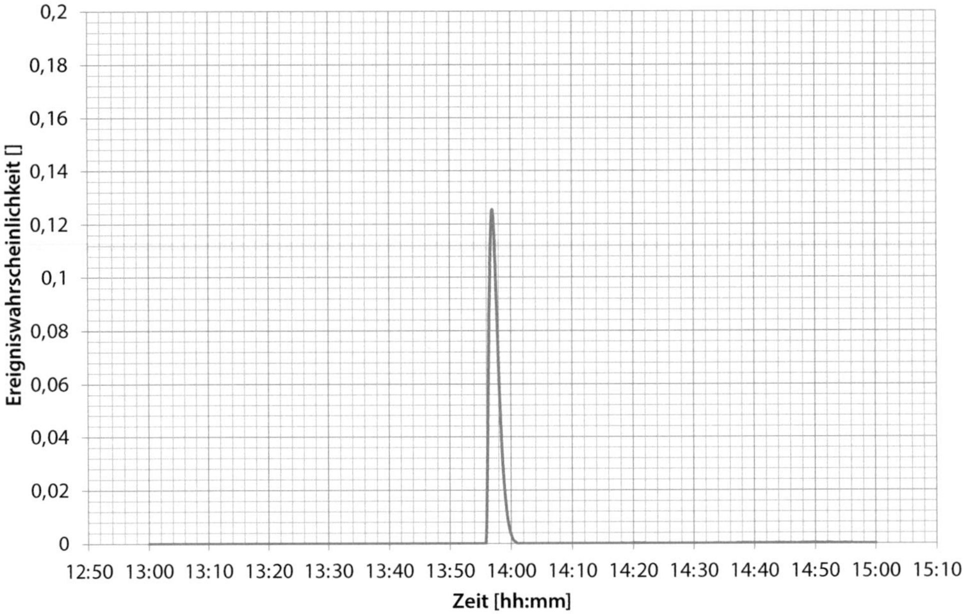

Bild 20: Miniaturisierter VOC/CO_2-Sensor, Dreifach-MOX-Gassensorelement, Trennung Ereignisse über PCA, Einzelereignis: Offene Flamme.

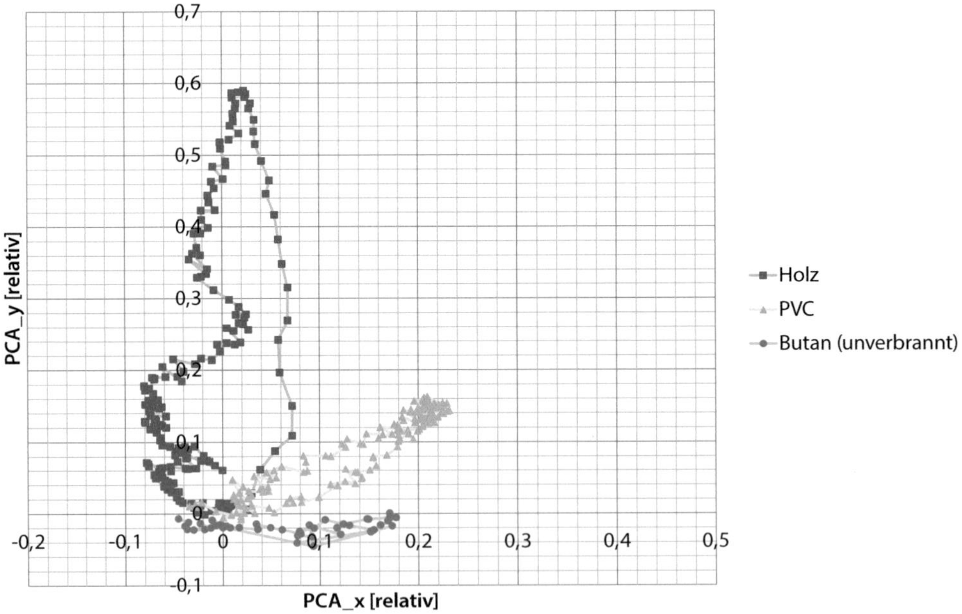

Bild 21: Miniaturisierter VOC/CO_2-Sensor, Schwelbrandtests verschiedener Materialien und Substanzen (Labortestumgebung bei ca. 22 °C und 40% rel.F.).

11.4.2 Praxistests: Luftqualitätsmessungen im Fahrzeuginnenraum

Für die Luftqualitätsmessungen im Fahrzeuginnenraum verschiedener PKWs wurde das VOC/CO_2-Sensorsystem in einer Strömungsschutzkappe im Armaturenbrettbereich eines PKWs installiert. Die Datenaufzeichnung erfolgte per Notebook mit entsprechender Software (vgl. Bild 22 und Bild 23).

Es wurden verschiedene Testfahrten mit folgenden Szenarien durchgeführt:

- Variable Anzahl von Fahrzeuginsassen (1, 2 und 4),
- Fahrten auf der Autobahn, im Tunnel und auf der Landstraße,
- Erkennung und Unterscheidung von den Ereignissen: Rauchen (Zigarettenrauch) und Benutzung der Scheibenwaschanlage mit Winterwischwasser (Wasser mit Reinigungs- und Frostschutzmittel),
- Manuelle/automatische Lüftung und Umluftbetrieb.

Alle luftqualitätsrelevanten Ereignisse wurden protokolliert. Die Signalauswertung erfolgte bei diesen Messreihen mittels PCA. Der Betrag der Ereignisse entspricht der Summe der detektierten Kohlenwasserstoffe (vgl. Bild 24). Über den Winkel in der Ebene wird eine Trennung der und somit eine diesbezügliche Aussage über die Stoffgruppen möglich (vgl. Bild 25). Bewertet man die Signale in PCA-Darstellung mit ihrer charakteristischen Winkelrichtung, können die Ereignisse eindeutig quantitativ getrennt und simultan dargestellt werden (vgl. Bild 26 bis Bild 28).

In der weiteren Auswertung der PCA können mit einer selektiven Winkelbetrachtung der Signale die Einzelereignisse erkannt und den Signalen zugeordnet werden (vgl. Bild 26 bis Bild 28).

Bild 22: Miniaturisierter VOC/CO_2-Sensor, Testaufbau im Fahrzeuginnenraum.

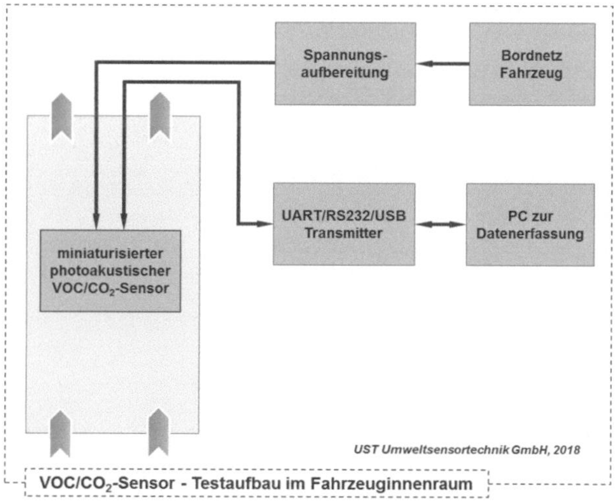

Bild 23: Miniaturisierter VOC/CO_2-Sensor, Blockschaltbild zum Testaufbau im Fahrzeuginnenraum.

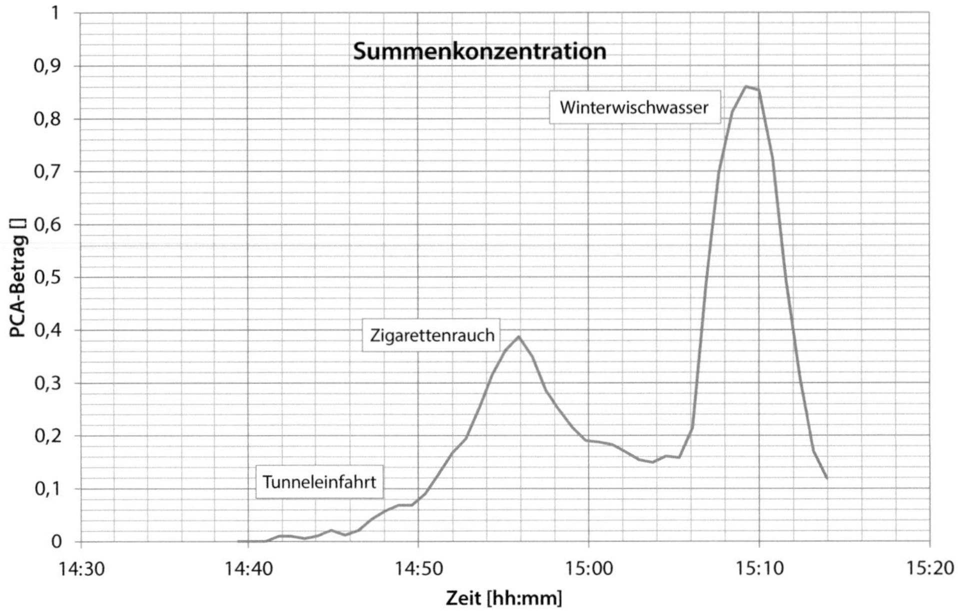

Bild 24: Miniaturisierter VOC/CO_2-Sensor, Test im Fahrzeuginnenraum, Tunnelfahrt; VOC-Summenkonzentration und Ereignisse, PCA (Betrag).

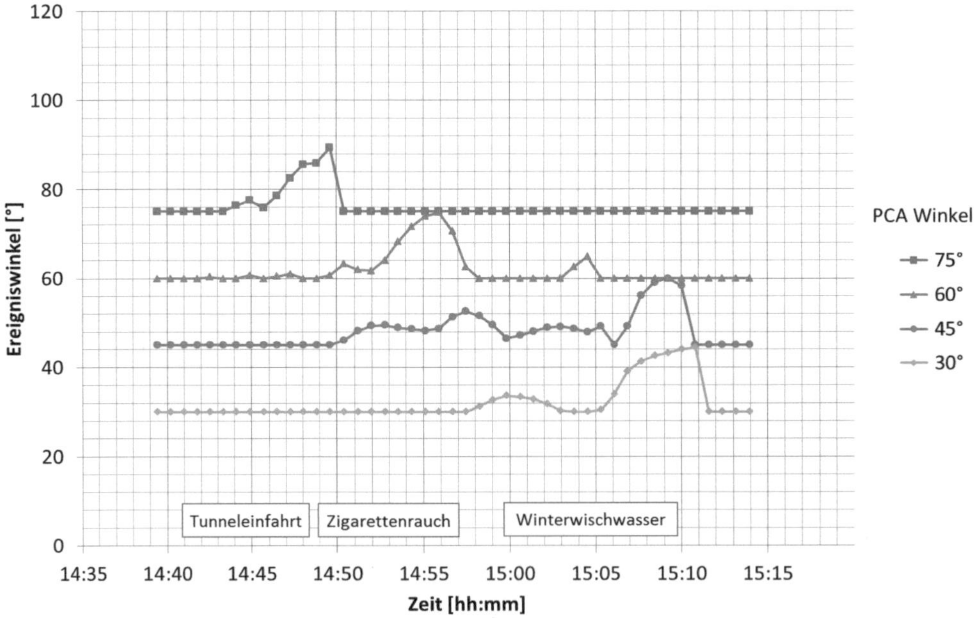

Bild 25: Miniaturisierter VOC/CO_2-Sensor, Test im PKW-Fahrzeuginnenraum, Tunnelfahrt; Ereignistrennung über PCA (Winkel).

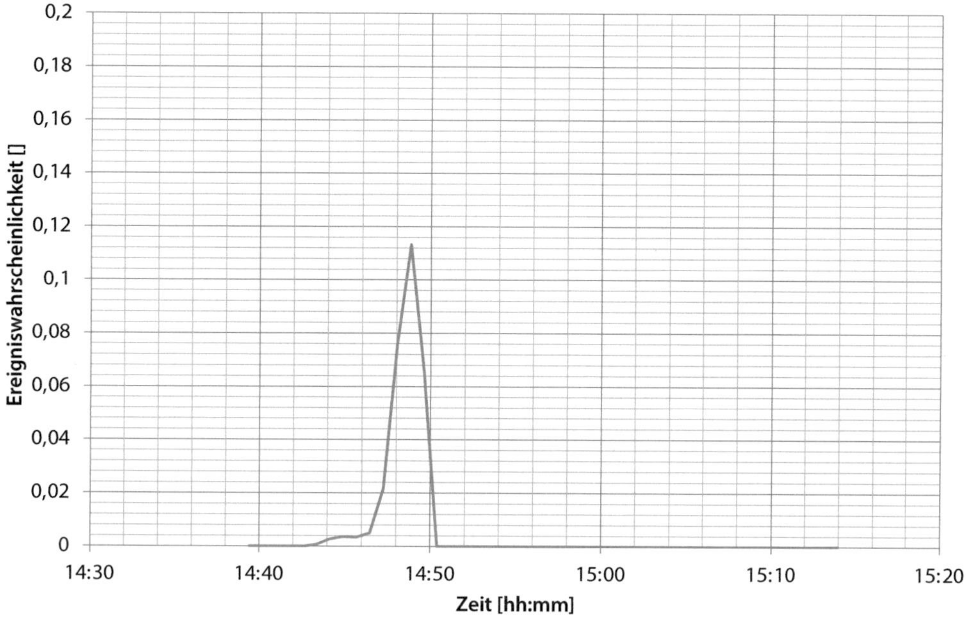

Bild 26: Miniaturisierter VOC/CO_2-Sensor, Test im Fahrzeuginnenraum, Tunnelfahrt; Trennung Ereignisse über PCA, Einzelereignis: Tunneleinfahrt.

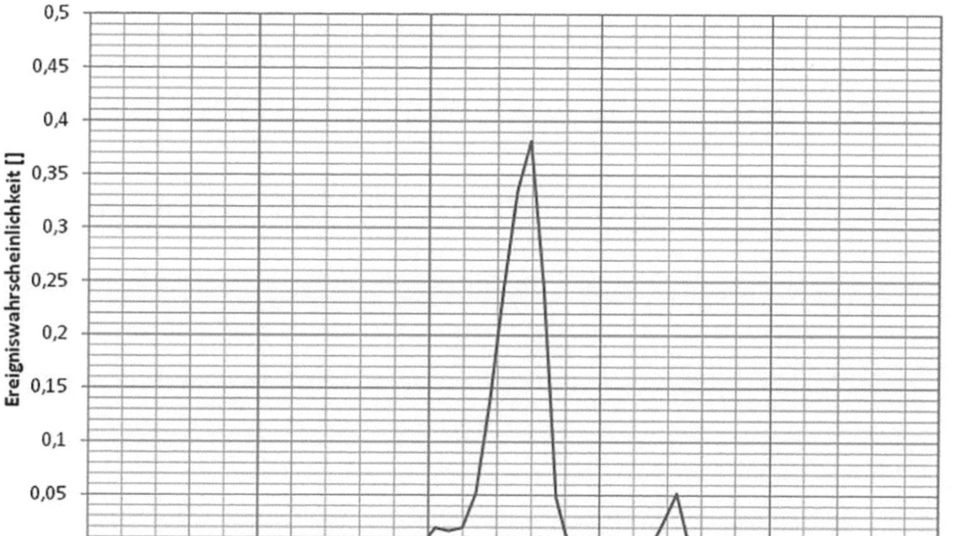

Bild 27: Miniaturisierter VOC/CO_2-Sensor, Test im Fahrzeuginnenraum, Tunnelfahrt; Trennung Ereignisse über PCA, Einzelereignis: Zigarettenrauch.

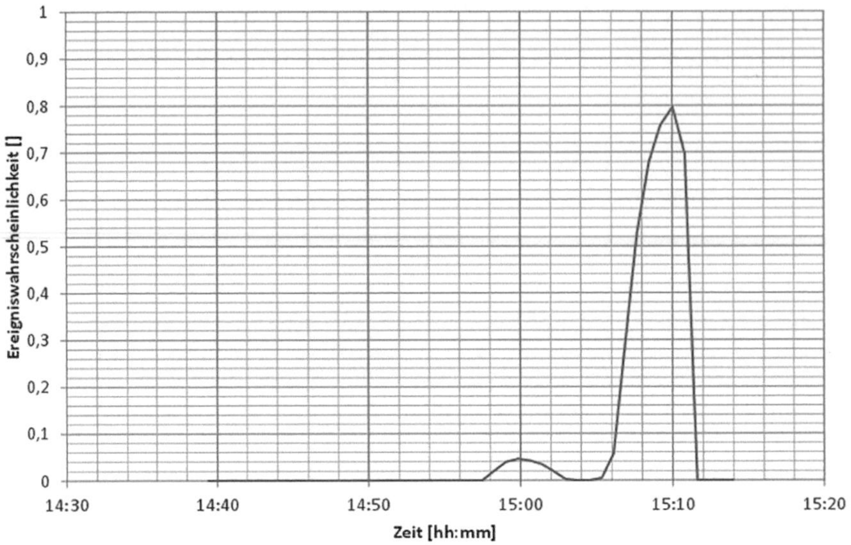

Bild 28: Miniaturisierter VOC/CO_2-Sensor, Test im Fahrzeuginnenraum, Tunnelfahrt; Trennung Ereignisse über PCA, Einzelereignis: Winterwischwasser.

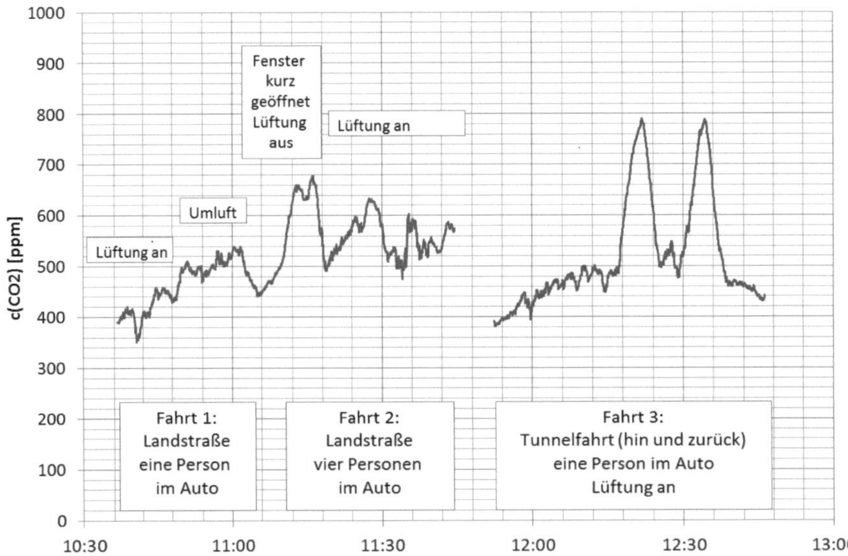

Bild 29: Miniaturisierter VOC/CO_2-Sensor, Test im Fahrzeuginnenraum, Fahrt auf Landstraße; CO_2-Konzentrationen bei 1 und 4 Insassen sowie manuellem und automatischem Lüftungs- und Umluftbetrieb.

Bild 29 zeigt, dass der hier vorgestellte Sensor in der Lage ist, die durch die Anzahl der Personen hervorgerufenen CO_2-Konzentrationsänderungen ereigniskonform zu messen. Somit ist der Sensor ein geeigneter Detektor für CO_2 und VOCs zur optimalen Belüftung.

11.5 Zusammenfassung

Es konnte gezeigt werden, dass mit dem vorliegenden VOC/CO_2-Sensor Luftqualitätsparameter, wie CO_2- und VOC-Konzentrationen in Bereichen gemessen werden können, die für die Steuerung von Klima- und Lüftungsanlagen relevant sind. Mit dem Sensor können sowohl die CO_2-Konzentration im menschlichen-Wohlbefindlichkeitsbereich als auch Ereignisse, die durch spezifische Gerüche charakterisierbar sind, detektiert werden. Es wird daher eingeschätzt, dass mit solch einem Sensor die Anforderungen für die bedarfsgerechte Lüftung im Fahrzeuginnenraum erfüllt werden.

Das mit dem Sensor neben der CO_2-Konzentration, vergleichsweise breite Spektrum detektierbarer Gase und Substanzen, wie z:B. ausgewählte VOCs, Ammoniak, Schwefelverbindungen, Stickoxiden, Rauch- und Brandgase, etc. ermöglicht, bei entsprechender kunden- bzw. applikationsspezifischer Konfiguration, neben den Innenluftqualitätsanwendungen im Automobil eine Vielzahl weiterer Applikationen, z.B. in der Verfahrens- und Sicherheitstechnik sowie in der Logistik.

Künftige Entwicklungsansätze sind u.a. auch auf die Realisierung und Integration eines spezifischen ICs für die Steuerung, Signalverarbeitung und Kommunikationen des Sensors gerichtet. Neben der Validierung von Langzeitstabilität und Zuverlässigkeit des Sensors anhand potenzieller Spezifikationen sind insbesondere auch Kunden- und Applikationsanforderungen aus der Automobilindustrie, wie z.B. Austauschbarkeit, Validierbarkeit von Sensordesign und Herstellungsprozess, Großserientauglichkeit, Kostengünstigkeit für die weiteren Aktivitäten von Bedeutung.

Literatur

[1] Kiesewetter, O., Riesenberg, R. (Erfinder), UST Umweltsensortechnik GmbH, Geschwenda (Inhaber), „Verfahren und Vorrichtung zur Ermittlung der Konzentration von Gasen“, Deutsches Patent, Nr. DE 19957364 B4, 29.11.1999.

[2] Kiesewetter, O. (Erfinder), UST Umweltsensortechnik GmbH, Geschwenda (Inhaber), „Sensoranordnung“, Deutsches Patent, Nr. DE 102010003966 B3, 02.01.2010.

[3] Kiesewetter, O., Kiesewetter, N., Kraußer, A., Müller, J., May, M., „Innovative CO_2-/VOC-Sensorelemente zur Detektion der Luftqualität in Fahrzeuginnenräumen“, in Tille, T., et al., Sensoren im Automobil V, pp. 77-91, Haus der Technik Fachbuch Band 132, ISBN 978-3-8169-3207-9 , Expert-Verlag, 2014.

[4] Kiesewetter, O., Kraußer, A., Kiesewetter, N., Müller, J., Ludewig, A., May, M.: „NDIR- und photoakustische VOC/CO_2-Sensoren zur Detektion der Luftqualität“, T. Tille u.a., Automobil-Sensorik, pp. 97-114, ISBN 978-3-662-48943-7, Springer-Vieweg, Springer Verlag Berlin Heidelberg, 2016.

[5] Kiesewetter, O., Müller, J., May, M., „Kombinierte Luftgütemessung mit IR- und Halbleitergassensoren“, in Wiegleb, G., et al., Gasmesstechnik in Theorie und Praxis, pp. 1121-1135, ISBN 978-3-658-10686-7, Springer-Vieweg, Springer Fachmedien Wiesbaden, 2016.

[6] Robert A. Rohde for the Global Warming Art project, https://upload.wikimedia.org/wikipedia/commons/7/7c/Atmospheric_Transmission.png, Zugriff: 20.01.2018.

[7] https://commons.wikimedia.org/wiki/File:BlackbodySpectrum_lin_150dpi_de.png Zugriff: 20.01.2018.

[8] Kiesewetter, O., Kiesewetter, N., Bose, M., Witz, E. (Erfinder), UST Umweltsensortechnik GmbH, Geschwenda (Anmelder), „Keramisches Gas- und Temperatursensorelement“, Deutsche Patentanmeldung, Nr. DE 102015213270 A1, 15.07.2015.

[9] Kiesewetter, O., Kohl, C.-D., Melchert, V., Bauersfeld, D., May, M., „Innovative Plattform für keramische Sensoren als Basis für automotive Applikationen“, in Tille, T. , et al., Sensoren im Automobil IV, S. 236-259, Haus der Technik Fachbuch Band 119, ISBN 978-3-8169-3066-2 , Expert-Verlag, 2011.

[10] Kiesewetter, O., Ewert, A., Melchert, V., Kittelmann, S. (Erfinder), UST Umweltsensortechnik GmbH, Geschwenda (Anmelder/Inhaber), „Anordnung zur Detektion von Luftinhaltsstoffen und Verfahren zum Betreiben der Anordnung“, Deutsches Patent, Nr. DE102004060101 B4, 13.12.2004.

[11] Kiesewetter, O., Ewert, A., Melchert, V., Kittelmann, S. (Erfinder), UST Umweltsensortechnik GmbH, Geschwenda (Anmelder/Inhaber), „Assembly for detecting air components“, European Patent, No. EP 1602924 B1, 02.06.2005.

[12] Kittelmann, S., Ewert, A., Kiesewetter, O. (Erfinder), UST Umweltsensortechnik GmbH, Geschwenda (Anmelder/Inhaber), „Anordnung zur Detektion von Luftinhaltsstoffen“, Deutsches Patent, Nr. DE 102006033528 B3, 20.07.2006.

[13] DIN ISO 16000-29: Innenraumluftverunreinigungen - Teil 29: Prüfverfahren für VOC-Detektoren (ISO 16000-29:2014), DIN Deutsches Institut für Normung e.V., Beuth Verlag GmbH, 2014.

[14] Richtlinie 2011/65/EU des europäischen Parlaments und des Rates vom 8. Juni 2011 zur Beschränkung der Verwendung bestimmter gefährlicher Stoffe in Elektro- und Elektronikgeräten (Neufassung), Amtsblatt der Europäischen Union, L174/88-L174/100, 01.07.2011.

Kapitel 12
Intelligente Innenraum-Temperatursensorik im Automobil

R. Trapp[1], D. Nagel[1], E. Pankratz[1]

Kurzfassung Klimaanlagen mit vollautomatischer Temperaturregelung sind heutzutage in der Automobilindustrie weit verbreitet. Durch den hierdurch gewonnenen Komfort tragen solche Systeme zusätzlich zur Verkehrssicherheit bei. Eine der zentralen Regelgrößen stellt in der Fahrzeugklimatisierung die Kabinentemperatur dar. Diese muss nicht nur bekannt sein, sondern sie muss auch das Komfortempfinden der Insassen widerspiegeln. In diesem Beitrag werden der Aufbau und die Wirkungsweise des Sensorprinzips ITOS® (Integrated-Thermal-Optical-Sensor) [13] zur Erfassung der Kabinentemperatur beschrieben.

12.1 Einleitung

Für die vollautomatische Fahrzeugklimatisierung ist die sensorische Erfassung der unterschiedlichsten Regelgrößen sowie der Störeinflüsse von entscheidender Bedeutung. Das Klimasystem im Fahrzeug besteht aus zahlreichen Regelkreisen, die von der untersten Ebene, in der zum Beispiel die Lage von Luftführungsklappen geregelt wird, bis hin zur Regelung der Kabinentemperatur und der in die Kabine eintretenden Luftmenge reicht. Letztere sind vom Insassen unmittelbar wahrnehmbar und beeinflussen im Wesentlichen das Komfortempfinden. Da die einzelnen Regelkreise in der Klimaanlage diversen Störeinflüssen sowie Toleranzen in den verwendeten Komponenten unterliegen, spielen intelligente Sensoren eine wichtige Rolle. Bild 1 zeigt beispielhaft die verschiedenen unterlagerten Regelkreise mit den korrespondierenden Sensoren. Die Sensorsignale werden hierbei entweder analog in Form von Spannungen oder auch zunehmend über Busprotokolle an das Klimasteuergerät übermittelt, das wiederum über die Aktoren, wie Gebläse, Klappen oder Kältemittelverdichter das Klima im Fahrzeug beeinflusst. Beispiele für die Sensorsignale sind hierbei die Verdampfertemperatur, die Klappenpositionen im Klimaaggregat oder die Ausblastemperaturen.

[1] BHTC GmbH.

T. Tille (Hrsg.), *Automobil-Sensorik 2*, DOI 10.1007/978-3-662-56310-6_12,

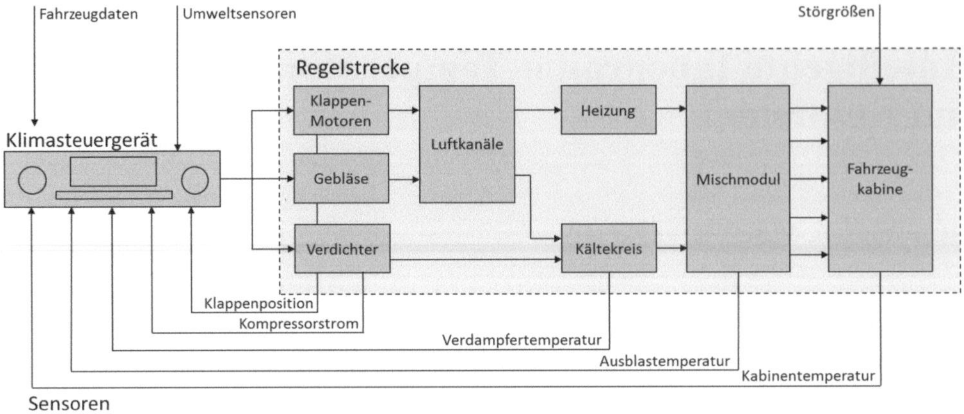

Bild 1: Regelkreise der Klimaanlage mit Steuergerät und den wesentlichen Komponenten der Regelstrecke.

Für die thermische Behaglichkeit müssen die Wärmestrahlung, Luftfeuchte, Luftbewegung und die Lufttemperatur im Fahrzeug über die Regler passend eingestellt werden. Einige dieser Größen lassen sich nur bedingt beeinflussen. So lässt sich beispielsweise die Strahlung der Sonne in dem Fahrzeuginnenraum kaum verändern, sie beeinflusst aber maßgeblich das Komfortempfinden und muss über eine geeignete Sensorik [4] gemessen werden, um kompensiert werden zu können. Die Luftfeuchtigkeit ist ebenfalls nur in gewissen Bereichen regelbar. Es bleiben die zwei wichtigsten Größen für die Regelung, die Menge der ins Fahrzeug einströmenden Luft und die Lufttemperatur. Die Luftmenge kann über die Klappenpositionen und das Gebläse gesteuert werden. Bei komplexeren Klimaaggregaten kann es sinnvoll sein, den Luftmassenstrom modellbasiert zu regeln [5].

Die Kabinentemperatur wird über die einströmende Luft beeinflusst, deren Temperatur über Heizelemente, Kältekreislauf und Mischmodul geregelt wird (vgl. Bild 1). Die Kabinentemperatur zu messen, stellt allerdings eine gewisse Herausforderung dar, da in der Kabine sehr unterschiedliche Temperaturniveaus herrschen können. Als gute Referenz in Bezug auf die Behaglichkeit und das Komfortempfinden hat sich die Temperatur in Kopfhöhe der Insassen herausgestellt. Da in dieser Position die Anbringung eines Sensors eher schwierig und aufwendig ist, werden die Temperatursensoren üblicherweise in der Instrumententafel an Positionen verbaut, die eine gute Korrelation in allen Fahrsituationen zur Temperatur im Kopfraum aufweisen.

12.2 Messverfahren zur Ermittlung der Kabinentemperatur

In der Automobilindustrie existieren unterschiedliche Methoden, die Lufttemperatur in der Fahrzeugkabine zu messen. Die einzelnen Methoden haben unterschiedlichen Verbreitungsgrad und verschiedene Eigenschaften. Im Nachfolgenden werden die wesentlichen Verfahren erläutert und gegenübergestellt.

12.2.1 Zwangsbelüftete Temperaturmessung

Eine Möglichkeit die Lufttemperatur im Fahrzeuginneren zu messen, stellt die zwangsbelüftete Messmethode dar. Hierbei wird die Luft aus dem Fahrzeuginneren über einen kleinen Lüfter in das Klimasteuergerät gesaugt und passiert dabei einen temperatursensitives elektrisches Bauelement, üblicherweise einen NTC-Widerstand (NTC: Negative Temperature Coefficient), der die Lufttemperatur annimmt, sofern er adäquat vom Rest des Steuergerätes thermisch entkoppelt ist (vgl. Bild 2). Über den Widerstand wird dann im Klimasteuergerät direkt auf die Temperatur geschlossen.

Durch diese Methode wird die Luft am Messort in einem Radius von einigen Zentimetern erfasst. Durch die Zwangskonvektion, die sich durch den Belüftungsmotor ergibt, reagiert das Sensorprinzip sehr schnell auf sich verändernde Temperaturen. Nachteile dieser Messmethode sind allerdings die Geräuschentwicklung des Lüftermotors, die Neigung zur Verschmutzung, der Verschleiß der beweglichen Bauteile sowie die Sensitivität gegenüber direkter Solareinstrahlung. Diese Art der Temperaturmessung war in der Fahrzeugklimatisierung eine weit verbreitete Methode, sie wurde allerdings aufgrund der beschriebenen Nachteile durch andere Messverfahren weitestgehend verdrängt.

12.2.2 Messung der Infrarotstrahlung

Die Messung der Kabinentemperatur über die Wärmestrahlung ist eine indirekte Methode. Dabei wird ein Thermopile für die Messung der Wärmestrahlung einer Oberfläche verwendet.

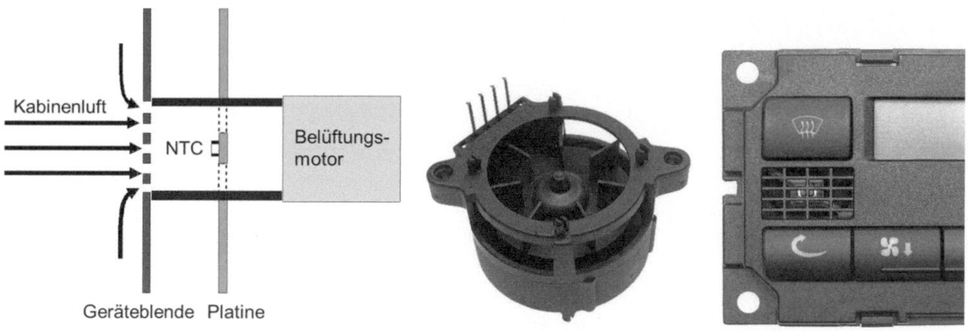

a) **b)** **c)**

Bild 2: a) Prinzip Darstellung b) Belüftungsmotor [14] c) Blendenausschnitt mit Lufteinlass und thermisch entkoppeltem NTC [15].

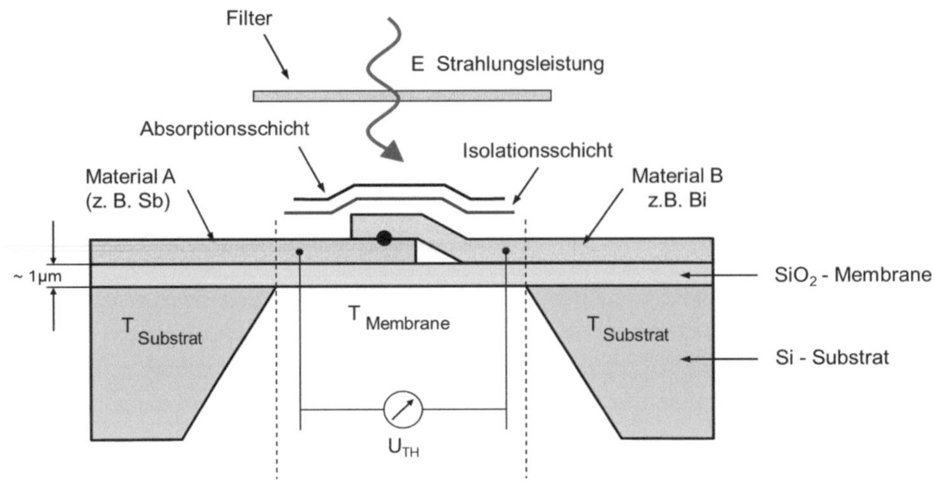

Bild 3: Aufbau eines Thermopile-Elementes aus zwei Materialen mit unterschiedlichen Seebeckkoeffizienten [6].

Ein Thermopile ist ein thermoelektrischer Strahlungssensor [7], der die IR-Strahlung im Wellenlängenbereich von ca. 10 µm misst. Die Strahlungsleistung, die jedes Objekt abhängig von seiner Temperatur abgibt, trifft auf eine Absorptionsschicht, idealer Weise einen schwarzen Körper, und erwärmt diese. Mit Thermoelementen wird die Temperatur der Absorptionsschicht bezogen auf die Substrattemperatur gemessen. Das Funktionsprinzip ist demnach das eines Thermoelementes, das auf dem Seebeck-Effekt beruht. Ein solches Thermoelement ist aus zwei homogenen Drähten mit Materialien verschiedener Seebeckkoeffizienten e aufgebaut. Ein Temperaturunterschied zwischen den beiden Enden des Drahtes bewirkt ein Absenken des Fermi-Niveaus, das im Metall ein Elektronenfluss zum kalten Ende hin (Volumendiffusionseffekt) bewirkt. Da die beiden Drähte des Thermoelementes aus verschiedenen Materialien a und b mit den Seebeckkoeffizienten e_a und e_b sind, entstehen an deren Enden unterschiedliche Thermospannungen. Somit kann die Differenz der beiden Spannungen U_{TH}, die relativ gering ausfallen (µV/K), über einen Signalverstärker erfasst werden. Das Thermoelement misst also immer die Temperaturdifferenz ΔT.

$$U_{TH} = (e_a - e_b)\Delta T \tag{1}$$

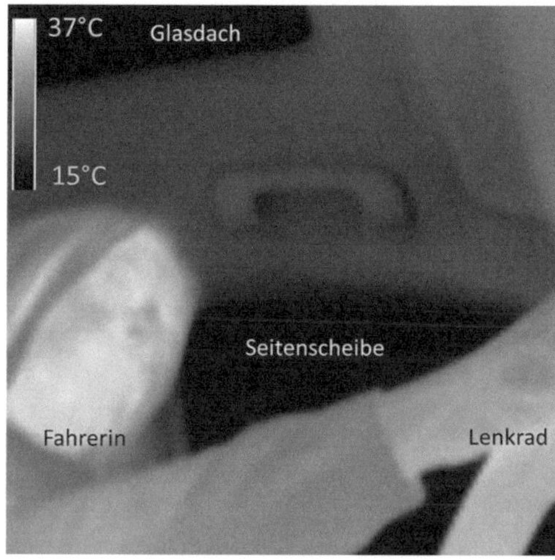

Bild 4: Thermographie der Fahrzeugkabine mit Fahrerin und Teilen des Dachhimmels.

Thermoelektrische Strahlungssensoren sind aus mehreren in Reihe geschalteten Thermoelementen aufgebaut, um die Empfindlichkeit linear zu der Anzahl der Elemente zu steigern. Durch geeignete Wahl der Materialien kann die Differenz der Seebeckkoeffizienten vergrößert und damit die Empfindlichkeit zusätzlich erhöht werden. Die Thermopile-Sensoreinheiten gibt es in verschiedenen Ausführungen und Größen sowie mit und ohne integrierter Auswertelogik. Es sind Einzel-Element Thermopiles oder auch Zwei- oder Mehr-Element Zeilensensoren bis hin zu Matrix-Array Thermopiles verfügbar. Abhängig von dem Einsatzgebiet variieren auch die Sichtwinkel der einzelnen Elemente. Mittels optischer Linsen kann das Thermopile eine räumlich gemittelte Oberflächentemperatur der Objekte in dem Winkel bis zu 160° erfassen.

Dieses Messverfahren hat den Vorteil, dass es völlig verschleißfrei arbeitet. Allerdings ist eine direkte Korrelation zwischen dem Messsignal und dem thermischen Empfinden nicht immer unbedingt gegeben. Außerdem hat die direkte Sonneneinstrahlung auf Flächen, die im Sichtbereich des Sensors liegen, einen sehr starken Einfluss, der zudem von der Farbe der bestrahlten Flächen abhängt. Auch Personen im Fahrzeuginneren, deren Köpertemperatur nahezu konstant ist und Glasflächen, die auf der Innenfläche eher mit der Außentemperatur korrelieren als mit der Lufttemperatur im Fahrzeuginneren, verfälschen das Messergebnis (vgl. Bild 4). Diese Schwierigkeiten sind unter anderem ein Grund dafür, dass diese Messmethode wenig Verbreitung in der Fahrzeugklimatisierung findet.

12.2.3 Simulation der Kabinentemperatur

Eine weitere Methode ohne einen separaten Innentemperatursensor das Fahrzeug zu klimatisieren, besteht darin, die Lufttemperatur im Fahrzeuginneren anhand von verfügbaren Daten zu errechnen. Dazu wird ein thermodynamisches Modell der Fahrzeugkabine erstellt. Dieses Modell wird mit den verfügbaren Sensor- oder Modellgrößen versorgt, die den thermischen Zustand der Fahrzeugkabine beeinflussen. Hierzu zählen die Außentemperatur, die Sonneneinstrahlung, die Fahrgeschwindigkeit, der Temperatur- und der Feuchteeintrag der Fahrzeuginsassen sowie der Energieeintrag durch die Klimaanlage.

Die Fahrzeugkabine wird für eine physikalische Modellierung in einzelne Elemente unterteilt. Unterschieden wird dabei zwischen Karosserie- und Glasflächen sowie den Einbauten in der Kabine (vgl. Bild 5). Zu den modellierten Einbauten zählen beispielsweise die Instrumententafel und die Sitze. Die physikalische und diskrete Modellierung erlaubt eine Parametrisierung der einzelnen Teilmodelle und ermöglicht zugleich eine einfache Anpassung. Die Beschreibung der Wärmeübertragung an den einzelnen Elementen erfolgt unter Berücksichtigung der Wärmeübertragungsmechanismen wie Konvektion, Wärmeleitung und Strahlung. Die über die Karosserie und Klimaanlage zu- und abgeführten Wärmeströme erwärmen oder kühlen die Luft in der Fahrzeugkabine. Die Temperaturänderung in der Kabine kann mithilfe der allgemeinen Energiebilanz, die sich nach Gleichung (2) ergibt, berechnet werden.

$$\frac{dh_{1+x}}{dt} m_{L,Kabine} + h_{1+x} \frac{dm_{L,Kabine}}{dt} = \dot{Q}_K + \dot{Q}_G + \dot{Q}_I + \dot{Q}_{AC} \tag{2}$$

Dabei ist $m_{L,Kabine}$ die Masse und h_{I+X} die spezifische Enthalpie der Kabinenluft. Die Summe der vorzeichenbehafteten Wärmeströme gibt dabei die zu- und abgeführten Wärmeströme an. Die einzelnen Wärmeströme $\dot{Q}_X$ erklären sich in der nachfolgenden Abbildung.

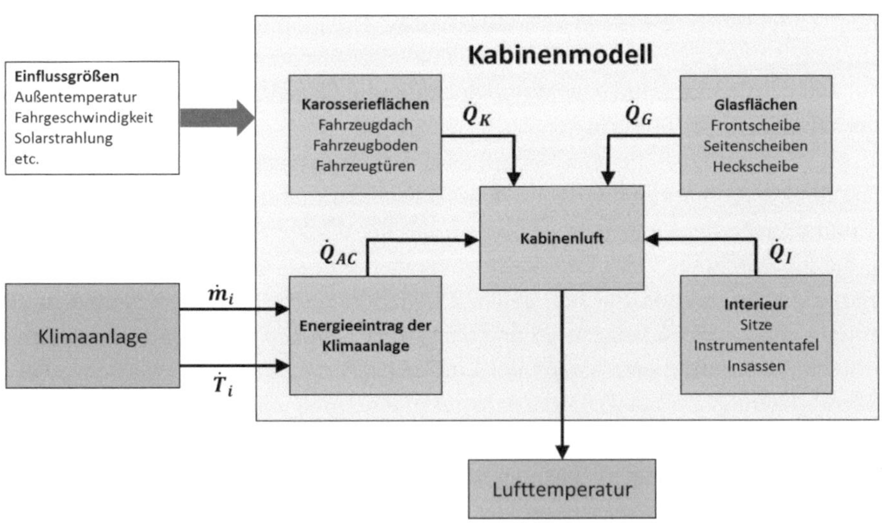

Bild 5: Kabinenmodell, eingeteilt in die einzelnen Komponenten und seine externen Einflussgrößen.

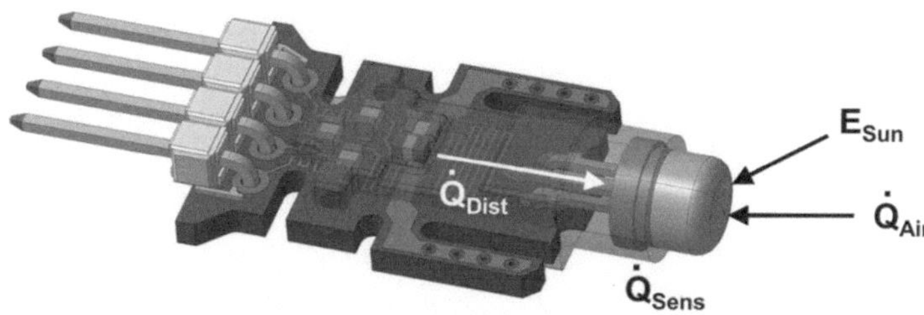

Bild 6: Wärmeströme im ITOS®.

Aufwendig gestaltet sich die Modellierung der Glasflächen. Neben den konvektiven und wärmeleitenden Eigenschaften ist eine Berücksichtigung der Sonneneinstrahlung auf diese Flächen notwendig. Dabei fließen das verwendete Glasmaterial, der Schichtaufbau, die Geometrie der Glasflächen, die Sonnenintensität sowie der Winkel der auftreffenden Sonneneinstrahlung mit in die Berechnung ein.

Besondere Anforderung an das Modell stellt die Echtzeitfähigkeit dar, da das Modell meist auf Standard-Mikrocontrollern berechnet werden muss. Hierbei muss stets ein Kompromiss zwischen Genauigkeit und benötigter Rechenleistung gefunden werden. Ferner ist die Parametrierung des Modells je nach Detailtreue sehr aufwendig. Insbesondere wenn dies Derivate einer Fahrzeugplattform unterschiedliche Kabinen mit unterschiedlichen Ausstattungen betrifft. Aufgrund des Kostenvorteils, der sich durch den Entfall eines Sensors ergibt, erfreuen sich Kabinenmodelle einer gewissen Verbreitung. Da aber ein Kabinenmodell nicht alle Einflüsse in jeder Fahrsituation erfassen kann, werden diese Ansätze die Genauigkeit eines sensorischen Prinzips selten erreichen [8].

12.3 ITOS®-Sensorsystem

Das ITOS®-Prinzip (Integrated-Thermal-Optical-Sensor) ist eine Methode, um völlig verschleiß- und geräuschfrei die Kabinentemperatur zu messen [2]. Dieses Sensorprinzip ist seit einigen Jahren im Großserieneinsatz und hat sich in der Automobilindustrie etabliert. Es handelt sich hierbei nicht um einen einzelnen Sensor, der direkt die Lufttemperatur misst sondern vielmehr um eine Sensorkombination, die über die Prinzipien der Wärmeleitung und der Wärmestrahlung die Temperatur der Luft am Sensorkopf errechnet. Nachfolgend wird der Aufbau und die Funktionsweise von ITOS®-Sensoren beschrieben.

12.3.1 Sensorprinzip

Der ITOS®-Sensor besteht aus einem Sensorkopf, der durch eine Geräteoberfläche taucht und zu einem bestimmten Maß über die Oberfläche hinaus in den Innenraum des Fahrzeuges ragt. Dieser Sensorkopf weist einen im nahen Infrarotbereich sensitiven Solarsensor und einen Temperatursensor auf. Der Sensorkopf ist auf einer Platine bestückt, auf der sich ein weiterer Temperatursensor befindet. Das Gesamtsystem hat eine Steckverbindung, mit der es elektrisch mit einer Platine eines Steuergerätes verbunden ist. Auf den Sensorkopf wirken nun folgende Wärmeströme: Zum einen trifft von der Rückseite der Gerätewärmestrom $\dot{Q}_{Dist}$, der durch verschiedenste Wärmequellen, wie Prozessoren oder Beleuchtungselemente, erzeugt wird, auf den Temperatursensor auf der Platine und verfälscht über die Wärmeleitung die Temperaturmessung im Sensorkopf. Zum anderen umgibt auf der Frontseite die Kabinenluft den Sensorkopf, die einen Wärmestrom $\dot{Q}_{Air}$ in das Sensorelement einprägt. Hinzu kommt noch mögliche direkte Solarstrahlung, die den Sensorkopf treffen kann und ebenfalls zur Erwärmung des Sensors beitragen kann.

Als Wärmestrombilanz ergibt sich hieraus folgender Zusammenhang:

$$\dot{Q}_{Sens} = E_{Sun} + \dot{Q}_{Dist} + \dot{Q}_{Air} \tag{3}$$

Der Wärmestrom $\dot{Q}_{Dist}$ wird durch die Wärmeleitungsgleichung beschrieben, die durch

$$\dot{Q}_{Dist} = pc\frac{\partial T}{\partial t} = \lambda \nabla^2 T \tag{4}$$

gegeben ist. Diese Gleichung beschreibt sowohl den zeitlichen, als auch den örtlichen Verlauf der Temperatur T. Dabei ist ρ die Dichte, c die spezifische Wärmekapazität und λ die Wärmeleitfähigkeit des verwendeten Materials. Mathematisch handelt es sich um eine homogene, partielle Differentialgleichung, zu deren Lösung z.B. die Methode mittels Greenscher Funktion angewandt werden kann [11]. Unter der Annahme, dass sich die Wärme nur entlang der Längsrichtung x des Temperatursensors ausbreitet, lautet die Greensche Funktion für dieses Problem [12]:

$$\phi(x,t) = \frac{1}{\sqrt{4\pi\alpha t}} e^{-\frac{x^2}{4\alpha t}} \tag{5}$$

Darin ist $\alpha = \frac{\lambda}{\varrho c}$ die Temperaturleitfähigkeit. Unter der Annahme einer konstanten Anfangsbedingung $T(x,0) = T_0$ und dem Randwert $T(x = 0,t) = T_{Dist}(t)$ ergibt sich durch Faltung mit $\frac{\partial \Phi(x,t)}{\partial x}$ folgender Temperaturverlauf:

$$T(x,t) = \int_0^t \frac{x}{\sqrt{4\pi\alpha(t-t')^3}} e^{\frac{x^2}{4\alpha(t-t')}} T_{Dist}(t')\,dt' + T_0 \tag{6}$$

Das gleiche Vorgehen wird mit angepasster Geometrie für den zweiten Randwert am Temperatursensor im Sensorkopf an der Stelle $x = L$ ($T(x = L,t) = T_{Sens}(t)$) gemäß Bild 7 wiederholt und mit Gleichung (6) überlagert. Der entstehende Integralausdruck wird mittels numerischer Verfahren gelöst.

Da der Greenschen Funktion $\varphi(x, t)$ konstante Materialparameter zugrunde liegen, muss für die Berechnung des Temperaturverlaufs in der Praxis der Sensor zudem in Segmente unterteilt werden, denen stückweise konstante, effektive Materialparameter zugeordnet werden. Die Lösungen der einzelnen Raumbereiche werden dann mittels Stetigkeitsbedingungen untereinander verkoppelt. Anhand der im ITOS® verwendeten Materialien bietet sich folgendes Ersatzmaterialmodell an:

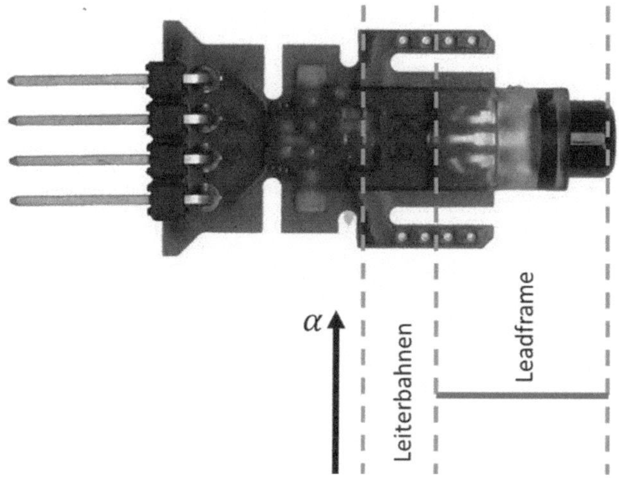

Bild 7: Segmente des Materialmodells.

Basierend auf diesem Modell ergibt sich das in Bild 8 dargestellte, beispielhaftes Temperaturverhalten. Werden am linken und rechten Ende der Strecken zeitlich langsam verändernde Randwerte $T_{Dist}(t)$ und $T_{Sens}(t)$ und nach dem in Bild 8 dargestellten Verlauf eingeprägt, ergibt sich bei einer Ausgangstemperatur von 40 °C auf der Strecke zwischen den beiden Temperatursensoren der in Bild 9 dargestellten Orts-/Zeitverlauf.

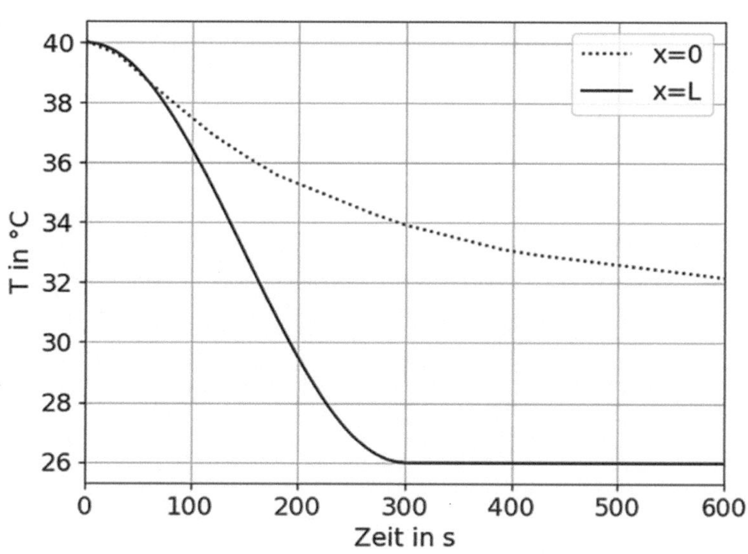

Bild 8: Beispielhafter Temperaturverlauf der Temperaturen $T_{Dist}(t)$ bei $x = 0$ und $T_{Sens}(t)$ bei $x = L$.

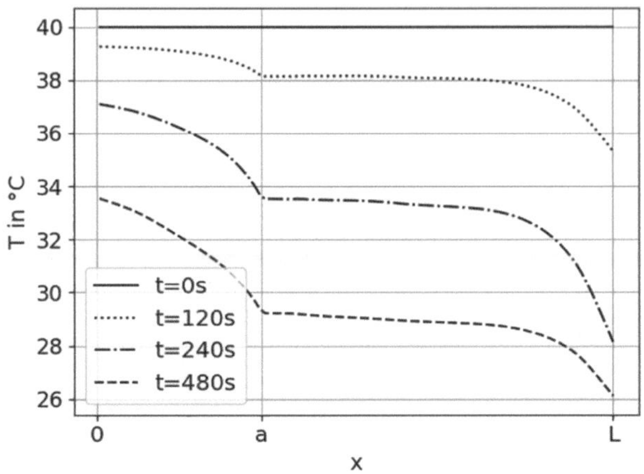

Bild 9: Räumlicher und zeitlicher Temperaturverlauf auf dem Sensor bei in Bild 8 gezeigten Randwerten.

Die Materialauswahl, die geometrische Ausführung, sowie die Leiterbahnenführung wurden derart gewählt, dass sich möglichst große Nutz-Störsignalverhältnisse bei der Messung der Temperaturen auf dem Sensor in Form der an den Sensorelementen abfallenden Spannungen ergeben. Unter anderem wird hierdurch verhindert, dass bei der numerischen Implementierung des ITOS®-Algorithmus Quantisierungseffekte die Auflösung der errechneten Temperaturgröße nachteilig reduziert und zu sprunghaftem Ausgangssignal führt.

Der Temperatursensor, der sich auf der Platine im mittleren Teil befindet, ist geometrisch so angeordnet, dass er die Störwärme, die über die Kontaktierung und die mechanische Befestigung das Temperaturelement im Sensorkopf mit der Temperatur T_{Sens} verfälscht, vollständig in Form der Temperatur T_{Dist} erfassen kann. Damit lässt sich der Wärmestrom $\dot{Q}_{Dist}$ entlang der x-Achse erfassen [9,10].

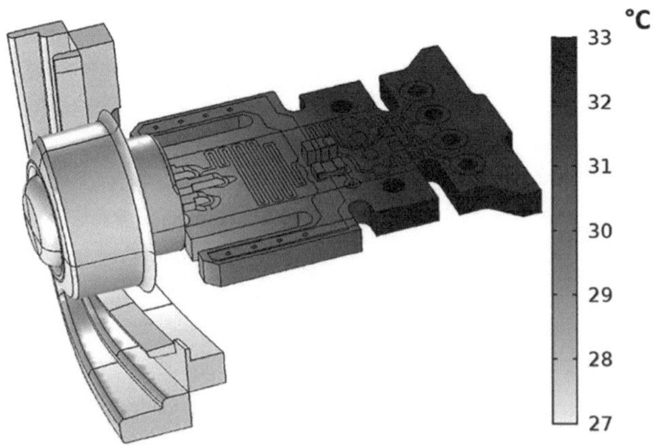

Bild 10: Temperaturverlauf im ITOS® bei einer Wärmeeinprägung auf der Steckerseite.

Der Wärmestrom $\dot{Q}_{Air}$ aus Gleichung (3), der den Einfluss der Lufttemperatur auf den Sensorkopf darstellt, kann durch einen Wärmeübergang zwischen der den Sensorkopf umgebenden Luft und dem Sensorkopf selbst durch

$$\dot{Q}_{Air} = hA(T_{Air} - T_{Sens}) \quad (7)$$

beschrieben werden, wobei h den Wärmeübergangskoeffizient und A die Fläche des Sensorkopfes darstellen.

12.3.2 Kompensation direkter Solarstrahlung

Für die Erfassung der Sonnenstrahlung ist im ITOS® ein strahlungssensitives Element verbaut, das einen bestimmten Wellenlängenbereich im Infrarotspektrum abdeckt. Durch dieses Element kann der Wärmestrom E_{Sun}, der durch die direkte Bestrahlung des ITOS®-Sensorkopfes durch die Sonne, bestimmt werden. Entscheidend für die Funktion des Sensors bei der direkten Bestrahlung ist der Zusammenhang des Sensorsignals und der Eigenerwärmung des Sensors. Hierzu ist es notwendig, dass unabhängig vom Einfallswinkel das Sensorsignal stets in den gleichen Erwärmungsgrad des Sensorkopfes widerspiegelt. Erreicht wurde dies durch eine gezielte Auslegung der Geometrie des Sensorkopfes der im vorderen Bereich als Linse wirkt (vgl. Bild 11) [3].

Das Stefan-Boltzmann Gesetz und das Wien'sche Verschiebungsgesetz beschreiben mit,

$$T = \sqrt[4]{T_0^4 + \frac{\alpha \cdot M}{\beta \cdot \sigma}} \quad (8)$$

einen Zusammenhang zwischen der einfallende Strahlungsenergie M, und der Temperatur T eines von der Sonne bestrahlten Körpers [1]. Hierbei kennzeichnen, α den Absorptionsfaktor und β Emissionsfaktor des Oberflächentemperatursensors und σ die Stefan-Boltzmann-Konstante.

Bild 11: Optischer Strahlenverlauf im Sensorkopf.

Näherungsweise erlaubt dieser Zusammenhang einen direkten Rückschluss von der Infrarotstrahlung, die durch den Sensor in Form einer Spannung u_{Sun} detektiert wird, auf die Temperaturdifferenz, die durch die direkte Solarstrahlung hervorgerufen wird.

$$E_{Sun} = f(u_{Sun}) \tag{9}$$

12.3.3 ITOS®-Algorithmus

Nähert man den Sensorkopf als homogene Masse an, die eine Wärmekapazität C aufweist, so lässt sich die linke Seite von Gleichung (3) zu

$$\dot{Q}_{Sens} = C\frac{\partial T_{Sens}}{\partial t} \tag{10}$$

formulieren. Gleichung (6) lässt sich durch Einsetzen der beiden Randwerte in Form der Temperaturen T_{Dist} und T_{Sens}, die sich über die beiden Temperatursensoren ergeben, entweder numerisch lösen bzw. annähern. Der Wärmestrom E_{Sun} lässt sich über Gleichung (9) aus der Spannung des Infrarotsensors errechnen. Somit lassen sich die Gleichungen (3), (4), (7), (9) und (10) in eine Differentialgleichung der Form

$$\frac{\partial T_{Sens}}{\partial T} = f\left(T_{Sens}, T_{Dist}, T_{Air}, u_{Sun}\right) \tag{11}$$

überführen. Aus der Lösung von Gleichung (11), die sich zum Beispiel durch numerische Integration ergibt, errechnet sich die gesuchte Lufttemperatur T_{Air} am Sensorkopf. In der Praxis muss dieser Algorithmus üblicherweise zeit- und wertdiskret in Echtzeit auf einem Embedded Mikrocontroller umgesetzt werden.

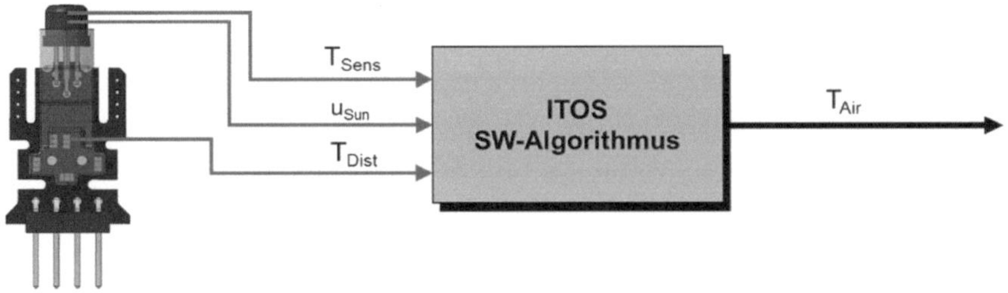

Bild 12: Ein- und Ausgangsgrößen des ITOS®-Algorithmus.

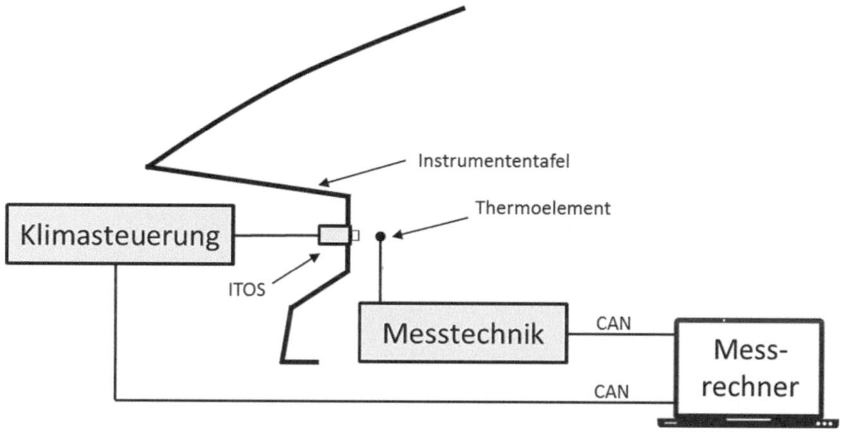

Bild 13: Schematischer Messaufbau im Fahrzeug mit ITOS® und Referenzmesssystem.

12.3.4 Experimentelle Ergebnisse

12.3.4.1 Messaufbau

Bild 13 zeigt den Messaufbau, mit dem die Genauigkeit und das Antwortverhalten des ITOS®-Messprinzips verifiziert wurden. Als Referenzsensor wurde ein Thermoelement vom Typ T mit einer Absolut-Toleranz von ±0,5 K verwendet. Dieses Thermoelement weist eine sehr geringe Masse auf, wodurch ein hochdynamisches Antwortverhalten auf Temperaturänderungen gegeben ist. Der Referenzsensor ist in unmittelbarer Nähe vor dem ITOS®-Sensorkopf im Fahrzeug angebracht. Die Daten des ITOS® werden über ein CAN-Bussystem vom Klimasteuergerät an einen Messrechner gesendet, der diese während der Messung aufzeichnet. Das Thermoelement ist an eine spezielle Auswerteeinheit angeschlossen, die die Referenztemperatur ebenfalls über ein CAN-Bus an den Messrechner sendet, wodurch eine zeitsynchrone Aufzeichnung von ITOS®- und Referenztemperatur möglich ist.

12.3.4.2 Messergebnisse

Die nachfolgenden Grafiken zeigen den Verlauf der errechneten Temperatur T_{Air} und auch die Temperaturen der beiden Temperatursensoren im ITOS® bei unterschiedlichen Fahrsituationen im Vergleich zu einem Referenzsensor, der die Lufttemperatur im Fahrzeuginneren vor dem Sensorkopf misst.

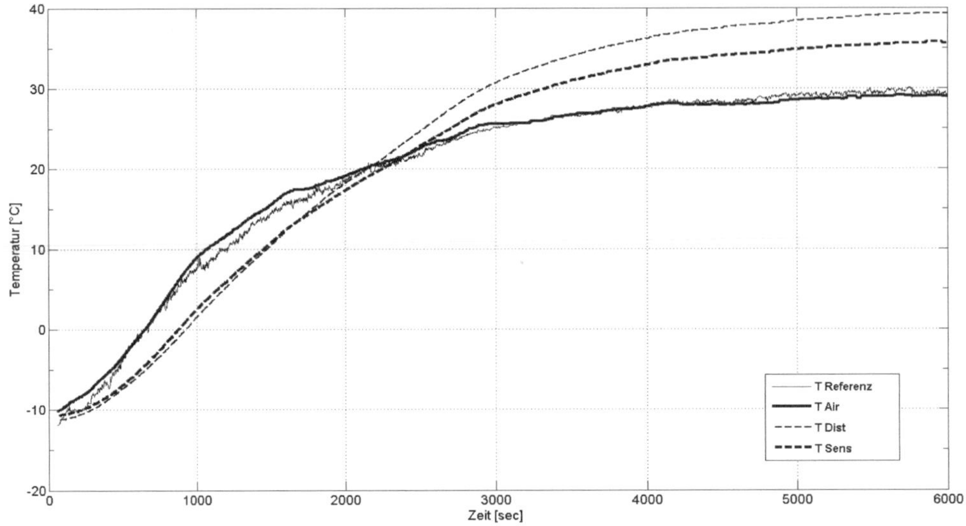

Bild 14: ITOS®- und Referenzmesssignale im Aufheizfall.

Bild 14 zeigt das Verhalten des ITOS® im Aufheizfall bei einer Außentemperatur von ca. -10 °C. Der Aufheizfall ist üblicherweise bei Fahrzeugen, die die Heizleistung aus dem Motorkühlmittel beziehen, ein vergleichsweise langsamer Vorgang, da sich zunächst der Fahrzeugmotor und das Kühlmittel aufheizen müssen. In diesem Fall kann die ITOS®-Temperatur der Referenztemperatur sehr gut folgen. Auch im quasistationären Zustand gegen Ende der Messung nach 100 min zeigen sich keine erheblichen Abweichungen zum Referenzsensor.

In Bild 15 ist das Verhalten des Sensors im Abkühlfall zu sehen. Der Abkühlfall ist im Vergleich zum Aufheizfall ein deutlich dynamischerer Vorgang, da die Kühlleistung über den Kältekreislauf quasi sofort zu Verfügung steht. Die ITOS®-Temperatur zeigt bei diesem Vorgang eine geringfügige Phasenverschiebung zum Referenzsensor, die sich aber bei entsprechend ausgelegter Innentemperaturregelung nicht negativ auf die Klimatisierung auswirkt. Das dynamische Verhalten des Sensors kann in gewissen Grenzen über Parameter angepasst werden. Die hier eingestellte Dynamik zeigt einen Kompromiss, der für alle Fahrsituationen eine adäquate Regelung der Innenraumtemperatur ermöglicht.

Bild 16 zeigt eine Messung, bei der sowohl der Sensorkopf als auch der Referenzsensor durch direkte Sonnenstrahlung getroffen werden. Für die Klimatisierung des Fahrzeuges ist es von Vorteil, wenn sich hierdurch keine Verfälschung der Regelmessgröße einstellt. Dieses wird durch die Messung der Solarstrahlung im Sensorkopf nahezu vollständig erreicht.

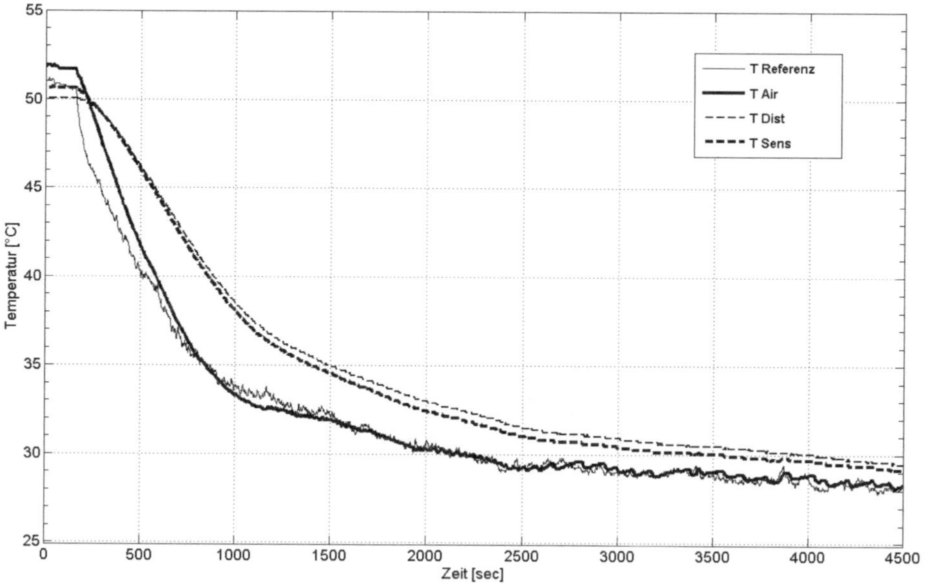

Bild 15: ITOS®-und Referenzmesssignale im Abkühlfall.

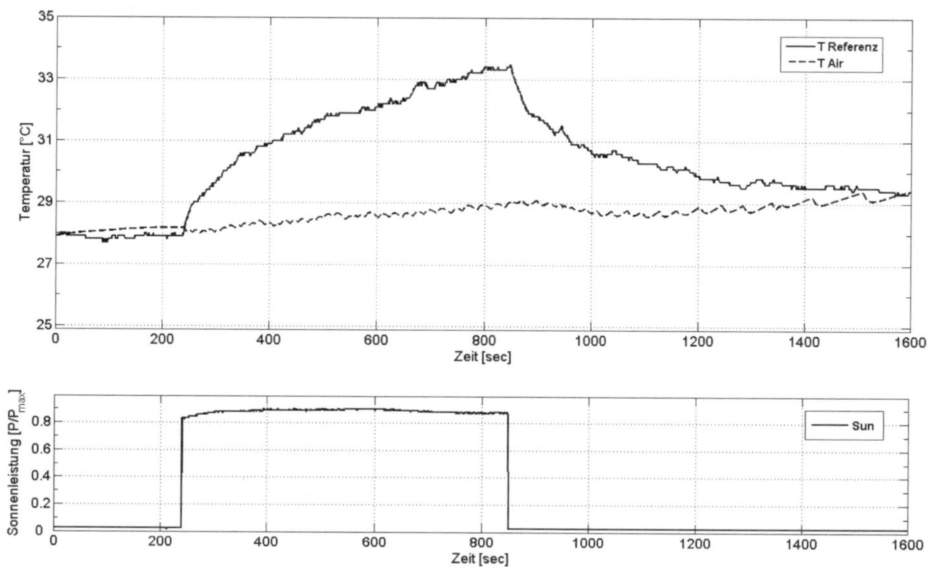

Bild 16: Kompensation direkter Sonnenbestrahlung.

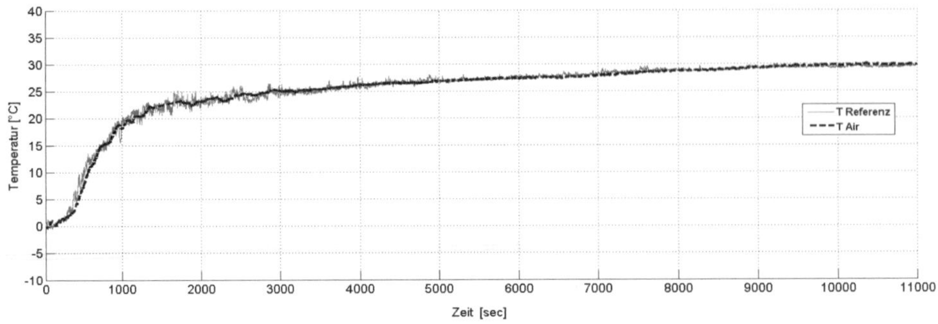

Bild 17: Langzeitverhalten des ITOS®-Systems.

Ein weiteres Kriterium für die Güte des Sensors ist die Langzeitstabilität. Je nach Berechnungsverfahren kann es durch die integrativen Anteile im Softwarealgorithmus oder parasitäre Wärmeeinträge in den Sensor zu einer Drift der Ausgangsgröße über längere Zeit kommen. Bild 17 zeigt jedoch, dass der Sensor auch nach 3 Stunden noch ohne nennenswerte Abweichungen dem Referenzsystem folgt. Die gemeinsame Drift der Temperaturen des ITOS® und des Referenzsystems sind fahrzeugspezifisch und hängen vom Einbauort ab. Damit die Kopfraumtemperatur konstant bleibt, muss diese Drift in der Temperaturregelung entsprechend berücksichtigt werden.

12.3.5 Einbaulage und Bewertung

Ein gut geeigneter Einbauort für den ITOS® ist die Geräteblende eines Steuergerätes. Hier ist die Sensor-Schnittstelle in Form der analogen Spannungen ausgeführt, die idealerweise direkt vom Mikrocontroller des Steuergerätes eingelesen werden. Der ITOS®-Algorithmus wird in dieser Anwendung üblicherweise direkt auf dem Klimasteuergerät implementiert.

Das ITOS®-Sensorkonzept weist eine Reihe von Vorteilen gegenüber den zuvor beschriebenen Methoden auf. So arbeitet dieses Prinzip absolut verschleiß- und geräuschfrei. Ferner wird die Solarstrahlung, die den Sensorort direkt trifft, gemessen und kompensiert, wodurch eine hohe Flexibilität im Montageort gegeben ist, da die Sonne den Messwert im Gegensatz zu den zuvor beschriebenen Verfahren nicht verfälscht. Der benötigte Bauraum ist im Vergleich zu anderen Konzepten minimal. Ein weiterer Vorteil ist das optische Erscheinungsbild. Da nur ein etwa 5mm im Durchmesser messender Sensorkopf in der Instrumententafel bzw. in der Geräteblende zu sehen ist, ist der Einfluss auf das Design minimal. Die hier beschriebene Version des ITOS® lässt sich auch als externer Sensor im Fahrzeug implementieren. In diesem Fall wird der Sensor über eine Analogschnittstelle mit dem Steuergerät verbunden, auf dem der Berechnungsalgorithmus implementiert ist. Für den Einbauort des Sensors im Fahrzeug sind generell Positionen geeignet, die in allen Fahrsituationen eine gute Korrelation zwischen der Temperatur am Einbauort und der Temperatur im Kopfraum aufweisen.

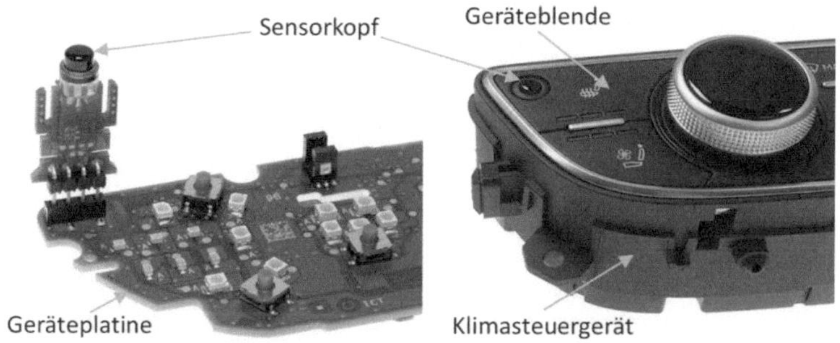

Bild 18: Links: Kontaktierung des ITOS® Bausteins an die Klimasteuergeräteplatine. Rechts: Integration in eine Geräteblende [16].

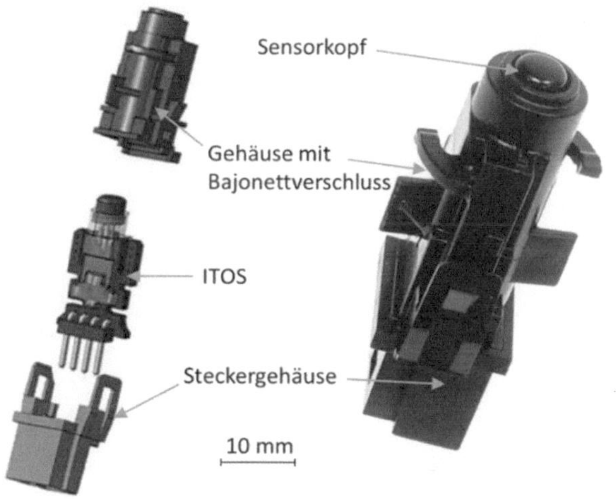

Bild 19: Externe Version mit Analog-Schnittstelle. Links: Einzelkomponenten. Rechts: Kompletter Sensor mit Gehäuse.

12.3.6 ITOS® mit LIN-Bus Interface

Das ITOS®-Sensorkonzept besteht aus dem eigentlichen Sensor und einem Algorithmus, der zur Laufzeit berechnet wird. Hierzu dient üblicherweise ein Mikrocontroller in einem Steuergerät. In einigen Anwendungen, insbesondere bei der externen Version des Sensors (vgl. Bild 19), kommen Steuergerät und Sensor jedoch nicht vom selben Lieferanten. Die Implementierung der Software, sowie die elektrische Anbindung stellen hierbei eine Herausforderung bezüglich der Software-Integration und der Verantwortlichkeiten dar. Ferner ist durch vier Anschlussleitungen und Steckerkontakte, von denen drei Analogsignale übertragen, ein gewisser Komplexitätsgrad gegeben. Aus diesen Gründen wurde eine Sensorvariante entwickelt, die sich durch einen integrierten Mikrocontroller mit einem LIN-Bus-Interface auszeichnet [17]. Der ITOS®-Algorithmus ist in dieser Variante auf dem integrierten Mikrocontroller implementiert. Dieser liest über Analog-Digital-Converter-Schnittstellen die Signale des Sensors ein, berechnet die Fahrzeugkabinentemperatur und stellt das Berechnungsergebnis über ein Bussignal der Klimaregelung zur Verfügung.

Auf diese Weise kann der ITOS® über einen bestehenden oder separaten LIN-Bus in die elektrische Fahrzeugtopologie eingebunden werden. Der Sensor stellt in der LIN-Version ein völlig autarkes System mit einer genormten Busschnittstelle dar. Der Sensorbereich selbst ist in der Geometrie und dem thermischen Verhalten identisch mit der analogen Version (vgl. Bild 19 und 21).

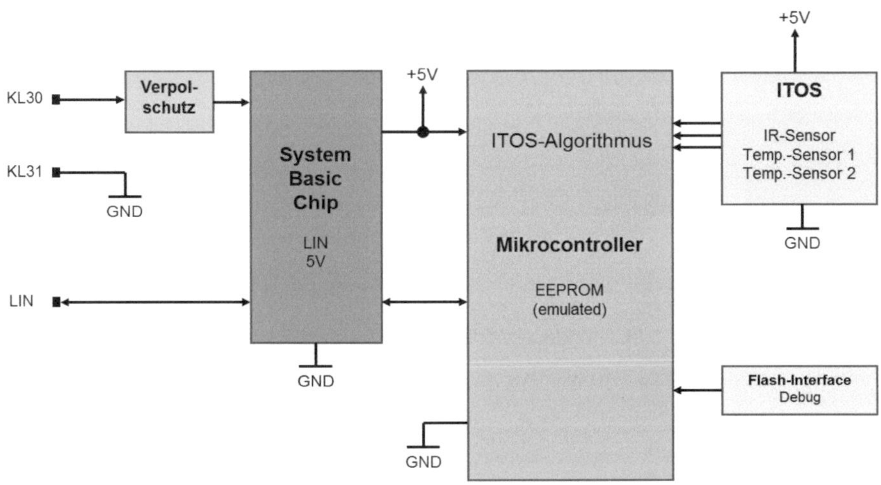

Bild 20: Elektrische Komponenten der LIN-Version des ITOS® mit Mikrocontroller, Sensor und Systemchip für Spannungsversorgung und Buskommunikation.

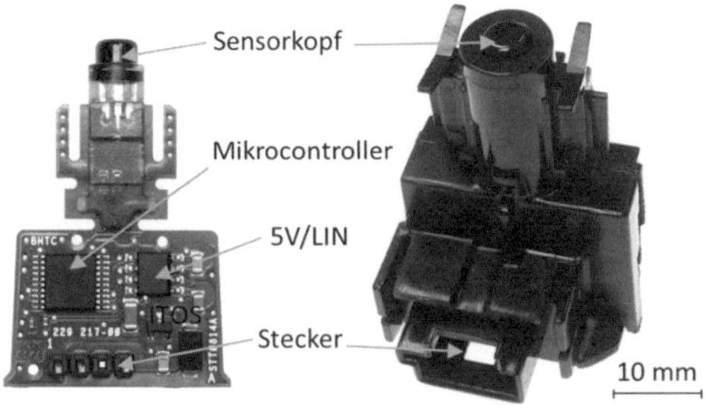

Bild 21: LIN-Version des ITOS®. Links: Platine mit Sensorkopf und Mikrocontroller etc. Rechts: Kompletter Sensor mit Gehäuse.

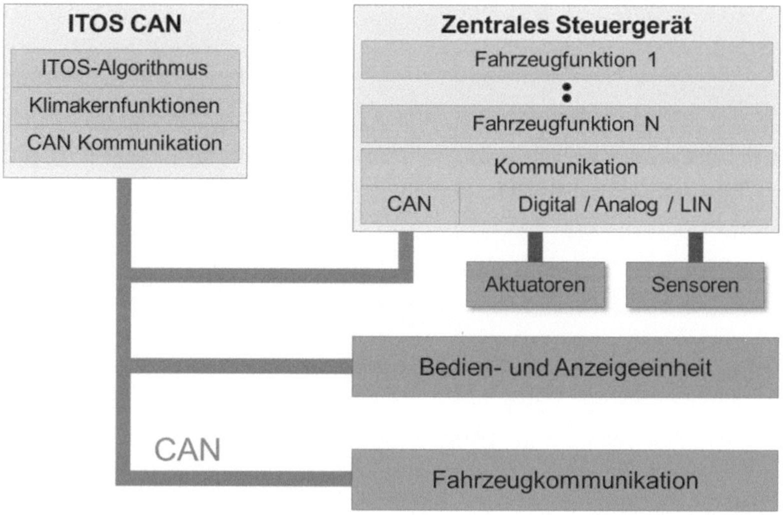

Bild 22: Softwarekomponentenaufteilung bei der CAN-Version des ITOS®.

12.3.7 Intelligenter ITOS®

Der Einfluss der Konsumgüter- und Handheld-Industrie macht sich zunehmend auch in den Bedienkonzepten des Automobils bemerkbar. Dies führt dazu, dass klassische Klimasteuergeräte in Form von Bedieneinheiten mit integrierter Klimaregelung durch vollintegrierte Touch-Bedienflächen und Displaygeräte, die reine Bedien- und Anzeigefunktionen haben, ersetzt werden. Die Klimaregel-Algorithmen werden in vielen Fahrzeugarchitekturen mittlerweile auf Steuergeräten abgebildet, die hinter der Instrumententafel verbaut werden und keine eigene Benutzerschnittstelle mehr aufweisen. Letztere wird, wie oben erwähnt dann auf Displaygeräten in Form einer Touch-Bedienung oder durch andere Bedienfelder realisiert. Ein weiterer Trend besteht derzeit darin, die einzelnen Fahrzeugfunktionen, wozu auch die Klimaregelung gehört, in einem zentralen Steuergerät zusammen zu implementieren, um die Steuergeräteanzahl zu reduzieren.

Die Klimaapplikation ist eine sehr komplexe Funktionalität im Fahrzeug, die üblicherweise durch viele Erprobungen in unterschiedlichen Klimazonen validiert und parametriert wird. Dieses führt im Fahrzeugentwicklungszyklus zu einer erhöhten Anzahl von Software-Entwicklungsständen, die aufwändig und in Abstimmung mit den anderen Fahrzeugdomänen auf dem zentralen Steuergerät entwicklungsbegleitend implementiert werden müssen.

Da der ITOS® in der in Abschnitt 12.3.6 beschriebenen LIN-Version bereits einen Mikrocontroller aufweist, liegt es nahe, auch weitere klimanahe Funktionen bis hin zur kompletten Klimaregelung auf dem Sensor zu implementieren. Die elektrischen Schnittstellen wie Sensoreingänge und Ansteuersignale für die Aktoren würden in diesem Fall im zentralen Steuergerät verbleiben. Alle für die Klimaregelung benötigten Signale würden über ein Bus-Interface zum Sensor und vom Sensor zum Steuergerät übertragen.

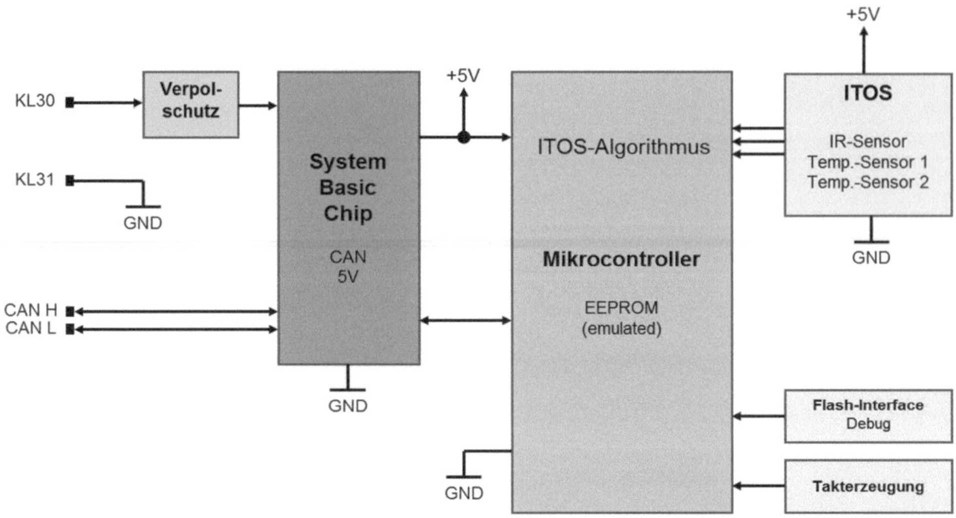

Bild 23: Elektrische Komponenten der CAN-Version des ITOS® mit Mikrocontroller, Sensor und Systemchip für Spannungsversorgung und Buskommunikation.

Die Bandbreite des LIN-Busses ist für eine solche Anwendung nicht ausreichend. Daher wird in dieser Version des Sensors ein CAN-Bus implementiert. Der Sensor würde auf diese Weise an den in nahezu allen Fahrzeugen verfügbaren CAN-Bus angebunden und in die Fahrzeugtopologie integriert. Über den CAN-Bus erhält und sendet der Sensor alle benötigten Klimadaten. Ferner erlaubt es dieser Bus das sogenannte CAN-Calibration-Protocol zu implementieren, so dass alle Klimaparameter zur Laufzeit kalibriert werden können.

Der Vorteil dieses Konzeptes ist, dass die änderungsintensive Klimaapplikation während des Entwicklungszyklus und auch bei späteren Softwareupdates völlig unabhängig von anderen Fahrzeugdomänen durchgeführt werden kann. Im zentralen Steuergerät können beim Einsatz dieses Sensors Co-Prozessoren, die in manchen Fahrzeugen für die Klima-Software vorgehalten werden, entfallen bzw. die vorhandenen Mikrocontroller können um den Speicherverbrauch der Klimafunktionen kleiner ausgelegt werden. In Summe ergibt sich ein Gesamtkonzept, das bei deutlich erhöhter Flexibilität in vielen Topologien mindestens kostenneutral ist.

12.3.8 Technische Daten

In der nachfolgenden Tabelle sind die wesentlichen Eigenschaften der einzelnen Sensorvarianten zusammengefasst.

Tabelle 1: Technische Daten.

Eigenschaft	**Wert**
Umgebungstemperatur T_A	$-40\ °C \leq T_A \leq 105\ °C$
Standardabweichung σ	
+25 °C @ 0 W/m²	σ = 0,63 K; 2σ = 1,25 K
+25 °C @ 500 W/m²	σ = 0,65 K; 2σ = 1,29 K
Auflösung Ausgangssignal	0,1 K
Leistungsaufnahme	
LIN-Version	170 mW
Analog-Version	5 mW
Betriebsspannung U_B	
LIN/CAN-Version	$9{,}0\ V \leq U_B \leq 16\ V$
Analog-Version	5 V ±1%
Interface	Analog / LIN 2.1 (19,2 kBaud) [17] / CAN
Abmessungen	
LIN/CAN-Version	44 x 35 x 26 mm
Analog-Version	41 x 21 x 18 mm
Gewicht	
LIN/CAN-Version	8,6 g
Analog-Version	4,4 g
IP-Schutz	IP5K2 [18]
Lebensdauer	Min. 15 Jahre / 15.000 Betriebsstunden

Der Sensor wurde für den automotiven Einsatz ausgelegt und erfüllt alle üblichen Anforderungen für den Einbauort Instrumententafel. Die Angaben für Analog- und die LIN-Version beziehen sich auf qualifizierte Serienprodukte. Die Angaben für die CAN-Version sind als vorläufige Werte zu verstehen. Das ITOS®-Softwaremodul liefert Temperaturwerte mit einer Auflösung von 0,1 K. In den Busversionen wird die Ausgangstemperatur ebenfalls in dieser Auflösung auf dem jeweiligen Kommunikationsbus gesendet.

12.4 Zusammenfassung

Die Lufttemperatur in der Fahrzeugkabine ist die zentrale Regelgröße bei der Fahrzeugklimatisierung und beeinflusst das Komfortempfinden der Insassen maßgeblich. Die sensorische Erfassung dieser Größe ist daher eine der wichtigsten Aufgaben in der Fahrzeugklimatisierung. Mit dem ITOS®-Konzept wurde in diesem Beitrag ein Verfahren beschrieben, das völlig verschleiß- und geräuschfrei arbeitet und viele Vorteile in Bezug auf Bauraum, Design und Signalgüte aufweist. Es wurden ferner unterschiedliche Varianten von der einfachen analogen Ausführung bis hin zum intelligenten Sensorsystem mit LIN- bzw. CAN-Bus-Interface vorgestellt. Die LIN-Version des Sensors stellt dabei ein universelles Sensorkonzept dar, bei dem der ITOS®-Algorithmus auf dem Sensor implementiert ist und der somit unabhängig von anderen Steuergeräten eingesetzt werden kann. Die CAN-Ausführung gibt einen Ausblick auf kommende Varianten, die über eine Integration von Klimakernfunktionen, die Klimaapplikation in Verbindung mit zentralen Steuergeräten, deutlich vereinfachen können.

Literatur

[1] Bergmann, L., Schaefer, C.: „Lehrbuch der Experimentalphysik – Mechanik, Akustik, Wärme." Walter de Gruyter & Co., Berlin, 1990.

[2] Trapp, R., Kallmeyer, D.; Knittel, O.: „Intelligente Sensorik für die Kraftfahrzeugklimatisierung" R., F. In: Elektronic Systems for Vehicles, VDI Berichte Nr. 1547, pp. 859-875, VDI Verlag GmbH, Düsseldorf, October 2000.

[3] Stich, B., Röhling, H.-D. (Erfinder), Behr-Hella Thermocontrol GmbH (Inhaber): „Vorrichtung zur Ermittlung der Temperatur in einem Raum." Patent-Nr.: DE 103 12 077, 26. August 2004.

[4] Nagel, D., Trapp, R.: „Komfort in der Fahrzeugklimatisierung Der intelligente Solarsensor" Automobiltechnische Zeitschrift (ATZ 12/2005), 107 Jahrgang, Vieweg Verlag Wiesbaden, S. 1106-1109, Dezember 2005. ISSN 0001-2785-10810.

[5] Frigge, M., Trapp, R.: „Modellbasierte Luftmengensteuerung in der Fahrzeugklimatisierung" In: P. Steinberg (Hrsg.), Wärmemanagement das Kraftfahrzeugs IV, Haus der Technik Fachbuch Band 43, Expert Verlag, Renningen, S. 23-28, Dezember 2004. ISBN 3-8169-2478-6.

[6] Reinhardt, T.: „Ermittlung der Kabinentemperatur in der Kraftfahrzeugklimatisierung unter Verwendung von thermoelektrischen Strahlungssensoren" Diplomarbeit, Fachgebiet Grundlagen der Elektrotechnik, Universität-GH Paderborn, September 2005.

[7] Schilz, J.: Thermophysica minima: Application of thermoelectric infrared sensors (Thermopiles): Gas detection by infrared absorption; *NDIR*. PerkinElmer Optoelektronics GmbH, 2000.

[8] Gehsat, C., Bertram, T., Trapp, R.: „Modellierung thermischer Systeme für die Hardware-in-the-Loop Simulation am Beispiel eines Fahrzeugmodells." In: Deatcu, C;

Dünow, P; Pawletta, T.; Pawletta (Hrsg.), 4. ASIM Workshop Wismar – Modellierung, Regelung und Simulation in Automotive und Prozessautomation, Hochschule Wismar, S. 155-161, Mai 2008. ISBN 978-3901608-33-9.

[9] Trapp, R., Stich, B., Knittel, O., Hamann, M. (Inventors), Behr-Hella Thermocontrol GmbH (Assignee): "Device for Detection of the Temperature in the Interior of a Vehicle." Patent No.: US 6,997,605, 14. February 2006.

[10] Trapp, R., Stich, B., Knittel, O., Hamann, M. (Erfinder), Behr-Hella Thermocontrol GmbH (Inhaber): „Vorrichtung zur Erfassung der Temperatur im Innenraum eines Fahrzeuges." Patent-Nr.: EP 1 457 365, 16. Mai 2007.

[11] Evans, L.C.: "Partial Differential Equations", In: American Mathematical Society, 1998, ISBN 0-8218-0772-2].

[12] Polyanin A. D.: "Handbook of Linear Partial Differential Equations for Engineers and Scientists" Chapman & Hall/CRC Press, Boca Raton, 2002. ISBN 1-58488-299-9.

[13] ITOS® ist eine eingetragene Marke der Firma Behr-Hella Thermocontrol GmbH.

[14] DC Sensorgebläse S200, ebm-pabst St. Georgen, GmbH & Co. KG.

[15] Klimasteuergerät VW Golf IV, Climatronic, Behr-Hella Thermocontrol GmbH.

[16] Klimasteuergerät Audi A4/Q5, Behr-Hella Thermocontrol GmbH.

[17] LIN Specification Package Revision 2.1, LIN Consortium, 2006.

[18] ISO 20653:2013 (E): Road vehicles - Degrees of protection (IP-Code) - Protection of electrical equipment against foreign objects, water and access, 2013.

Kapitel 13
Sichtweitensensor zur Optimierung der automatischen Lichtfunktionen im Automobil

Benedikt Büttner[1], **Hans-Michael Schmitt**[1]

Kurzfassung Die automatische Lichtfunktion aktueller Fahrzeuge hat eine wenig bekannte, jedoch eklatante Schwäche: Sie funktioniert bei Nebel nicht zuverlässig. Um in Zukunft auch diese besonders wichtige Fahrsituation mit der Lichtautomatik abdecken zu können, wird in diesem Beitrag ein sog. Sichtweitensensor vorgestellt. Das Funktionsprinzip basiert auf der Rückstreuung von Licht im nahen Infrarotbereich, wobei der Sensor unempfindlich gegenüber Störeinflüssen sein muss.

13.1 Einleitung

13.1.1 Motivation

Der Bereich der Fahrerassistenzsysteme ist innerhalb der Automobilelektronik eines der Felder mit der größten Innovationsdichte. Viele der hier entstandenen Produkte, die meist zuerst in den Fahrzeugen der Oberklasse eingeführt wurden, sind heute weit verbreitet und wurden inzwischen auch in den unteren Fahrzeugklassen zu einer häufig gewählten Sonderausstattung, wenn nicht sogar zu einem Teil der Grundausstattung [1]. Beispiele hierfür sind etwa das Adaptive-Cruise-Control, der Regensensor oder das automatische Fahrlicht (AFL).

Teilweise basiert das Ausgangssignal dieser Fahrerassistenzsysteme (anders als z.B. bei einem Reifendrucksensor) nicht nur auf den Messwerten akkurat arbeitender Sensoren, sondern auch auf einer komplexen Software, die eine Vielzahl von Faktoren zur Ergebnisbildung mit heranzieht. Daher wundert es nicht, dass vor allem zu Beginn des Serieneinsatzes die Zuverlässigkeit solcher Systeme noch nicht uneingeschränkt gut war. Wer etwa schon vor dem Jahr 2010 mit einem Regensensor der ersten Generation unterwegs war, kann ein Lied davon singen. Auch heute kann es noch gelegentlich vorkommen, dass die vom Regensensor vorgegebene Wischgeschwindigkeit nicht zur tatsächlichen Regenmen-

[1] Preh GmbH.

T. Tille (Hrsg.), *Automobil-Sensorik 2*, DOI 10.1007/978-3-662-56310-6_13,

ge passt. In diesen Fällen ist es dem Fahrer jedoch leicht möglich einzugreifen, da er die Fehlfunktion des Regensensors (durch die Anwesenheit von Regentropfen auf der Scheibe) direkt erkennen kann. Er kann dann im Idealfall intuitiv am gewohnten Bedienelement eingreifen, so dass es zu keiner Zeit zu einer Einschränkung der Sicht und somit der Fahrsicherheit kommt.

Etwas anders ist es allerdings mit der Funktion des automatischen Fahrlichts. Zwar basiert dessen Funktion auf einer zuverlässig arbeitenden Messung der Umgebungshelligkeit, so dass es kaum vorkommen wird, dass ein Fahrzeug bei völliger Dunkelheit ohne Licht unterwegs ist, weil das automatische Fahrlicht fehlerhaft arbeitet. Jedoch gibt es auch besondere Umgebungsbedingungen, die von allen heute in Serie zum Einsatz kommenden automatischen Lichtsteuerungen überhaupt nicht erfasst werden können, da diese Systeme lediglich auf Helligkeitsunterschiede, nicht aber auf andere Einschränkungen der Sicht wie Nebel, Rauch oder Smog bei relativer Helligkeit reagieren. Hiermit ist insbesondere die Situation „Nebel“ gemeint. Gerade in diesen Situationen ist es jedoch oft nicht sehr dunkel, denn Nebel kann auch am Tag oder in der Dämmerung auftreten. Wenn in diesen Fällen dann das automatische Fahrlicht unzuverlässig arbeitet, wird dies vom Fahrer selbst (mangels Dunkelheit) häufig nicht bemerkt werden. Nun könnte man einwenden, dass der Nebel die Umgebungshelligkeit zumindest reduziert und die automatische Lichtsensorik nur ausreichend fein justiert werden müsse, um auch diese Situationen in den Griff zu bekommen. Doch genau dies ist nicht immer der Fall.

Denn wenn eine Nebelschicht von oben durch die Sonne angestrahlt wird, wie es bei zwei der häufigsten Nebelsituationen, nämlich dem Morgennebel und dem Hochnebel, sehr oft vorkommt, erscheint der Nebel von unten betrachtet hell. Hier wirkt die Nebelschicht dann wie der weiße Schirm beim Fotografen, der das Licht mehr verteilt als dämpft. Der physikalische Effekt, der hier zugrunde liegt, ist die Mehrfachstreuung an den kleinen und kleinsten Wassertröpfchen. Während es bei direktem Sonnenschein eine klare Unterteilung in Licht und Schatten gibt und man die Sonne nur unter einem sehr kleinen Raumwinkel sieht, ist eine sonnenbeschienene Nebelschicht wesentlich heller als der blaue Himmel. Das Resultat ist dann im Extremfall die paradoxe Situation, dass das automatische Fahrlicht das Licht genau in dem Moment ausschaltet, wenn man in den Nebel einfährt.

13.1.2 Funktionen des automatischen Fahrlichts

Der Automatisierungsgrad der verschiedenen Lichtfunktionen unterscheidet sich nicht nur zwischen den Ausstattungsvarianten, sondern auch zwischen den Fahrzeugherstellern sehr stark, daher soll hier nur ein kurzer Abriss gegeben werden. Bei der heute schon am weitesten verbreiteten Variante, dem automatischen Fahrlicht, wird basierend auf den Messwerten der Umgebungshelligkeit und ggf. des Regensensors bei Dunkelheit oder Regen das Fahrlicht eingeschaltet. Dabei gibt es einen Unterschied zwischen Fahrlicht und Tagfahrlicht, insbesondere bleibt beim Tagfahrlicht das Rücklicht ausgeschaltet und die Helligkeit der Frontscheinwerfer ist oft geringer als beim Fahrlicht. Nun gibt es noch weitere Lichtfunktionen, wie die Nebelschlussleuchte des Fahrzeugs (hinten) und die Nebelscheinwerfer (vorne). Beide müssen (wenn vorhanden) stets manuell bedient werden, da wie bereits dargestellt, die entsprechenden Wetterbedingungen von der Lichtsensorik heute nicht exakt erfasst werden können.

In Tabelle 1 ist vereinfacht zusammengestellt, welche Lichtfunktionen heute bereits in Fahrzeugen automatisiert sind (unter Berücksichtigung der Use-Cases, in denen der Fahrer trotz Automatisierung noch manuell eingreifen muss). Aus Tabelle 1 wird auch ersichtlich, dass eine Lichtautomatikfunktion im Automobil erst unter Einbeziehung eines Sichtweitensensors (SWS) komplett sein wird.

Tabelle 1: Vereinfachte Use-Case-Übersicht zur Darstellung der heutigen Situation der Lichtsensorik im Vergleich zu einer Lichtautomatik mit Sichtweitensensor.

Umgebungsbedingung		Heutige Lichtautomatik		
Helligkeit	Sichtweite	Fahrlicht	Nebelscheinwerfer	Nebelschlussleuchte
Tag	Freie Sicht	automatisch aus	automatisch aus	automatisch aus
Tag	RegenTag	automatisch an	automatisch aus	automatisch aus
Tag	Nebel 70m ...250m	manuell an	manuell aus	manuell aus
Tag	Nebel 50...70m	manuell an	manuell an	manuell aus
Tag	Nebel <50m	manuell an	manuell an	manuell an
Nacht	freie Sicht	automatisch an	automatisch aus	automatisch aus
Nacht	Regen	automatisch an	automatisch aus	automatisch aus
Nacht	Nebel 70m ...250m	automatisch an	manuell aus	manuell aus
Nacht	Nebel 50...70m	automatisch an	manuell an	manuell aus
Nacht	Nebel <50m	automatisch an	manuell an	manuell an

Umgebungsbedingung		Verbesserte Situation mit Sichtweitensensor		
Helligkeit	Sichtweite	Fahrlicht	Nebelscheinwerfer	Nebelschlussleuchte
Tag	Freie Sicht	automatisch aus	automatisch aus	automatisch aus
Tag	RegenTag	automatisch an	automatisch aus	automatisch aus
Tag	Nebel 70m ...250m	automatisch an	automatisch aus	automatisch aus
Tag	Nebel 50...70m	automatisch an	automatisch an	automatisch aus
Tag	Nebel <50m	automatisch an	automatisch an	automatisch an
Nacht	freie Sicht	automatisch an	automatisch aus	automatisch aus
Nacht	Regen	automatisch an	automatisch aus	automatisch aus
Nacht	Nebel 70m ...250m	automatisch an	automatisch aus	automatisch aus
Nacht	Nebel 50...70m	automatisch an	automatisch an	automatisch aus
Nacht	Nebel <50m	automatisch an	automatisch an	automatisch an

13.1.3 Definition Sichtweite

Mit dem Begriff *Sichtweite* wird hier die meteorologische Sichtweite bezeichnet. Dieser Wert beschreibt die maximale Entfernung, in der das menschliche Auge dunkle Objekte vor hellem Hintergrund gerade noch erkennen kann. Die Verminderung der Sichtweite durch die Atmosphäre rührt i.W. daher, dass durch Reflexion und Absorption an Schwebteilchen das Kontrastverhältnis vermindert wird. Das Kontrastverhältnis K wird durch die Formel (1) beschrieben.

$$K = \frac{I_{max} - I_{min}}{I_{max} - I_{min}} \tag{1}$$

Die Größen I_{max} und I_{min} beschreiben die maximale und minimale Lichtintensität des betrachteten Objekts. Je weiter der Weg des Lichts durch die Atmosphäre vom Objekt zum Auge des Betrachters ist, umso mehr Reflexion, z.B. an feinsten Wassertröpfchen, wird unterwegs stattfinden, wodurch die Unterscheidbarkeit von Details vermindert wird. Die Grenze der Wahrnehmbarkeit ist bei Unterschreitung eines Mindestkontrasts von etwa 0,02 erreicht [6].

Man beachte, dass durch diese Definition die Sichtweite in einem Medium nicht für einen Punkt innerhalb des Mediums angegeben werden kann, sondern immer ein Integral über eine Strecke darstellt. Wenn man die Sichtweite für einen Ort angeben möchte, so muss man zumindest noch die Blickrichtung angeben, wobei die Länge des Integrals definitionsgemäß dann vom Wert des Ergebnisses abhängig ist.

In der Realität wird die Sichtweite in der Atmosphäre nicht nur eine starke räumliche Inhomogenität aufweisen, sondern meist auch schnellen zeitlichen Veränderungen unterliegen (z.B. durch Wind) und stellt daher eine anspruchsvolle Messgröße dar.

13.2 Sichtweitenerkennung - Stand der Technik

In verschiedenen Schriften werden Sichtweitensensoren und deren Wirkungsweise beschrieben. So sind solche Sensoren für Anwendungen z.B. auf Flughäfen oder Autobahnen bereits im Einsatz. Das Messprinzip beruht dabei auf der Vorwärtsstreuung von Licht [7]. Diese Art von Sensoren ist allerdings für einen stationären Betrieb ausgelegt und entsprechend sehr groß, sehr teuer und für einen Einsatz in einem Automobil ungeeignet (vgl. Bild 1). Für Anwendungen in Fahrzeugen werden verschiedene Verfahren vorgeschlagen, wobei sich kein solcher Sensor in Serie befindet. Einige dieser Ansätze werden nachfolgend beschrieben.

In einer Lösung wird die Laufzeit von rückgestreutem, gepulstem Laserlicht in einem parallelen und einem im spitzen Winkel zum Sendekanal angeordneten Empfangskanal beobachtet. Die unterschiedliche Anordnung der beiden Empfangskanäle soll dazu dienen, mehrfach gestreutes Licht, das ja eine längere Laufzeit hat, zu kompensieren. Weitere Ausgestaltungen sind, mehrere Sende- und Empfangskanäle anzuordnen und polarisiertes Licht zu verwenden, um zwischen den verschiedenen Sendern unterscheiden zu können [8].

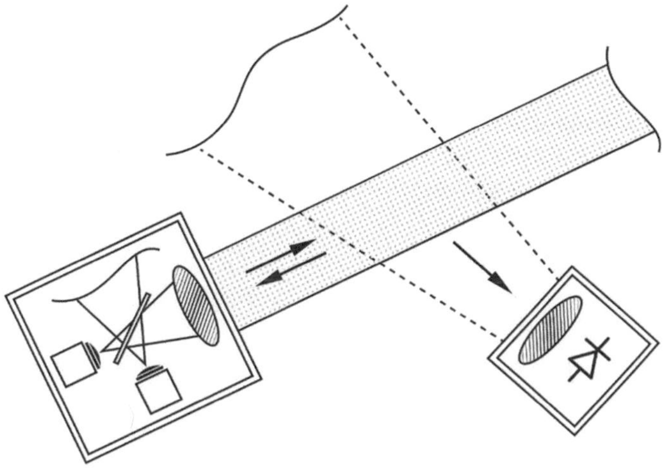

Bild 1: Messprinzip der Vorwärtsstreuung, welches in kommerziell verfügbaren Sichtweitensensoren (z.B. auf Flughäfen) zum Einsatz kommt.

Ein anderes Verfahren mittelt über mehrere, zeitlich nacheinander und in unterschiedlich weit entfernten Raumzonen (vgl. Bild 2) durchgeführten Messungen von rückgestreutem Licht. So soll eine von der Eigenschaft des Streumediums unabhängige, unverfälschte Sichtweite ermittelt werden [9].

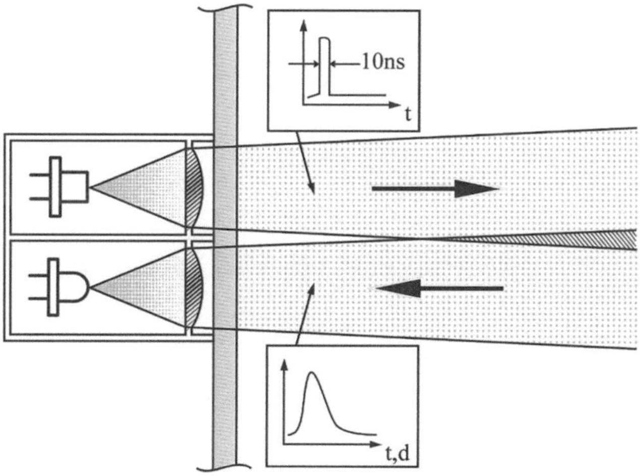

Bild 2: Patentiertes, aber nicht im Serieneinsatz befindliches Verfahren zur Sichtweitendetektion über die Signallaufzeit mit parallel angeordneten Sende- und Empfangsdioden [9].

In einem passiven Ansatz wird ein Vorfeldlichtsensor genutzt. Die mit diesem Sensor gefundenen zeitlich aufeinanderfolgenden Messwerte werden miteinander verglichen. Wenn sich alle Werte in einem definierten Zeitfenster höchstens um einen vorgegebenen Betrag unterscheiden wird auf das Vorhandensein einer Sichtbeeinträchtigung, z.B. Nebel, geschlossen und das Fahrlicht eingeschaltet [10].

Naheliegend ist es auch, im Fahrzeug vorhandene Kameras zur Bestimmung der Sichtweite heranzuziehen. Dabei wird zum Beispiel das Überschreiten einer Kontrastschwelle für Fahrbahnmerkmale als Kriterium benutzt [11]. Eine andere Methode ist, die Kamerabilder verschiedenen Nebelsituationen in einer Klassifizierungsprozedur zuzuordnen [12].

Nach aktuellem Stand gibt es allerdings trotz verschiedener Konzepte bisher keine in einem Automobil serienmäßig umgesetzte Lösung für die Fragestellung einer sicheren und zuverlässigen Messung der Sichtweite.

13.3 Sichtweitensensor

13.3.1 Funktionsprinzip

Der Sichtweitensensor arbeitet nach dem Prinzip der optischen Rückstreuung. Es wird Licht im nahen Infrarotbereich (NIR) bei einer Wellenlänge von 850 nm ausgesendet. Aerosole und kleine Schwebeteilchen, wie sie im Nebel oder auch bei Rauch oder Smog vorkommen, reflektieren dieses Licht. Der zurück gestreute Anteil trifft auf eine Fotodiode und erzeugt einen Fotostrom (vgl. Bild 3).

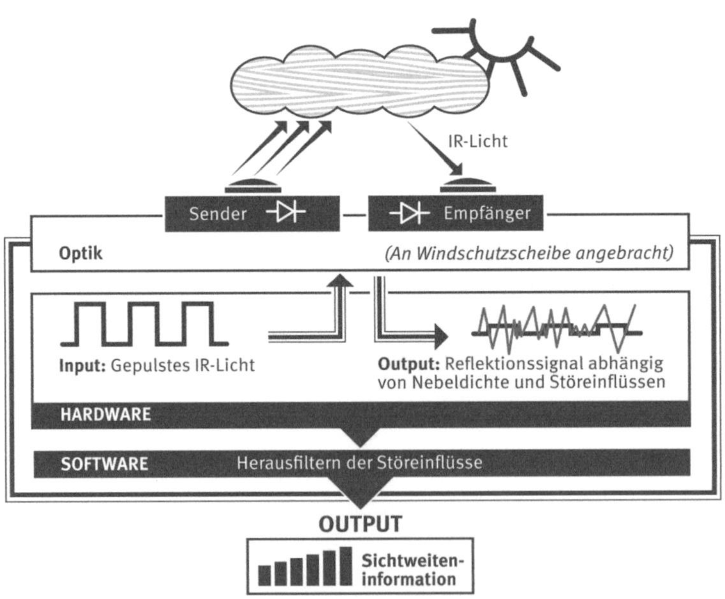

Bild 3: Prinzipschaubild der generellen Wirkungsweise des Sichtweitensensors.

Dabei ist es von Vorteil, dass die Wirkweise dem gesuchten Phänomen ähnlich ist. Denn auch die Wirkung von kleinen Wassertröpfchen auf die Sichtweite basiert auf einer Mehrfachreflexion des Lichts. Größere Wassertropfen, wie sie z.B. im Regen üblicherweise vorkommen, trüben bei weitem nicht so stark die Sicht. Die Empfindlichkeit des Sichtweitensensors bildet dieses Verhalten in den durchgeführten Tests sehr gut ab.

Nach dem Lambert-Beerschen Gesetz nimmt die Intensität I und damit die Sichtweite eines Strahls beim Durchgang durch ein streuendes Medium exponentiell mit dem Weg r ab.

$$I = I_0 e^{-\sigma r} \tag{2}$$

Dabei ist σ der Extinktionskoeffizient des Mediums. Für Tröpfchengrößen > 2 µm bleibt der Extinktionskoeffizient für sichtbares (400 nm bis 800 nm) und Licht bis zu einer Wellenlänge von 1 µm nahezu konstant [8]. Die Absorption von Wasser steigt allerdings ab 900 nm stark an [9]. Diese Überlegungen und die Festlegung, dass das ausgesendete Licht für das menschliche Auge nicht wahrnehmbar sein soll führen zu einer sinnvollen Messwellenlänge von 800 nm bis 900 nm. Ausgewählt wird schließlich eine Fotodiode mit einer Emissionswellenlänge von 850 nm. Da die Größe der Wassertröpfchen im Nebel (1 µm bis 50 µm) [10] grob betrachtet im Bereich der Wellenlänge des sichtbaren Lichtes liegt kann die Streuung im Wesentlichen durch die sog. *Mie-Streuung* beschrieben werden [7]. Danach wird ein geringer Teil des Lichts auch zurückgestreut und es kann entsprechend auch ein schwaches Signal in einem Beobachtungswinkel von 180° gewonnen werden. Da die Lichtstärke am Empfänger, die durch die Umgebungshelligkeit hervorgerufen wird, natürlich um einige Größenordnungen stärker ist, als die zu messende Reflexion an den Nebeltröpfchen, muss durch die Messelektronik eine Gegenlichtkompensation erfolgen. Dabei ist auch die Selektion der Wellenlänge natürlich keine Hilfe, da die Sonne Licht jeder Wellenlänge in großer Menge ausstrahlt.

Weitere Störeinflüsse, die durch den realen Fahrbetrieb gegeben sind, werden vom Sensor per Software kompensiert, wobei zur Plausibilisierung auch weitere, im Fahrzeug auf dem LIN-Bus verfügbare Sensorsignale und Fahrzeugdaten herangezogen werden.

Der Sensor ist üblicherweise im Fahrzeuginnenraum montiert und ist durch die Windschutzscheibe in Fahrtrichtung nach vorne ausgerichtet. Der relativ flache Neigungswinkel der Scheiben hat sich dabei in Tests als gut geeignet erwiesen, um den Störeinfluss von Hindernissen in Fahrtrichtung zu unterdrücken.

Der sensitive Bereich, der durch die Überlappung der Sichtkegel von Sende- und Empfangsdiode definiert wird (vgl. Bild 4), beginnt wenige Zentimeter über der Windschutzscheibe und endet wenige Meter vor dem Fahrzeug. Die vom Sensor gemessene Intensität der Rückstreuung ist sozusagen ein Maß für die Dichte von feinen Streupartikeln, also z.B. Wassertröpfchen, in diesem Raumvolumen. Bei einer angenommenen homogenen Verteilung dieser Wassertröpfchen kann daraus auf die vorliegende Sichtweite geschlossen werden. Es liegt dabei ein stark nichtlinearer Zusammenhang vor, der durch eine Kennlinienkorrektur im Sensor einfach linearisiert werden kann, so dass als Ausgangssignal des Sensors die tatsächliche Sichtweite in Metern zur Verfügung steht. Die verfügbaren

Prototypen bilden dabei aktuell einen Messbereich von unter 50 m bis etwa 500 m Sichtweite ab.

Die räumliche Begrenzung des sensitiven Bereichs hat natürlich zur Folge, dass bei einer stark inhomogenen Verteilung der Sichtweite das Ergebnis der Messung nicht immer die tatsächliche Sichtweite entlang des Fahrwegs abbildet. Dennoch wäre eine Vergrößerung des Messvolumens, z.B. um auch weiter entfernte „Nebelbänke" detektieren zu können, nicht unbedingt zielführend. Das Risiko einer Reflexion an Hindernissen wäre dabei kaum zu begrenzen, vor allem aber wäre die tatsächliche Fahrstrecke bei kurvigen Strecken nur sehr schwer kalkulierbar. Eine Nebelbank, die im Flusstal neben der Fahrbahn dichter wird, soll das Ergebnis schließlich nicht beeinflussen.

Die hier nur kurz angerissene Problematik hat sich in den umfangreichen mit den Prototypen durchgeführten Tests glücklicherweise als weit weniger relevant herausgestellt, als man zunächst annehmen könnte. Die Lage des sensitiven Bereichs kurz vor dem Fahrzeug, knapp über der Fahrbahn in Fahrtrichtung hat sich in den Erprobungen als ideal herausgestellt. Vorteilhaft ist dabei zum Beispiel, dass das gemessene Luftvolumen nicht durch die Verwirbelungen des Fahrtwindes gestört ist, wie wir später noch sehen werden. Eine gewisse Inhomogenität der Messgröße *Nebel* ist ebenso wie bei vielen anderen natürlichen Messgrößen unvermeidbar. Darauf reagiert man mit einer einfachen zeitlichen Mittelung. Nach der Filterung ergibt sich ein Ausgangssignal, das mit dem subjektiven Empfinden gut übereinstimmt. Eine gewisse Trägheit, die gelegentlich bemängelt wird, ist notwendig und gewollt, um die Wirkung des Sensorsignals auf die Lichtsteuerung nicht zu volatil zu gestalten.

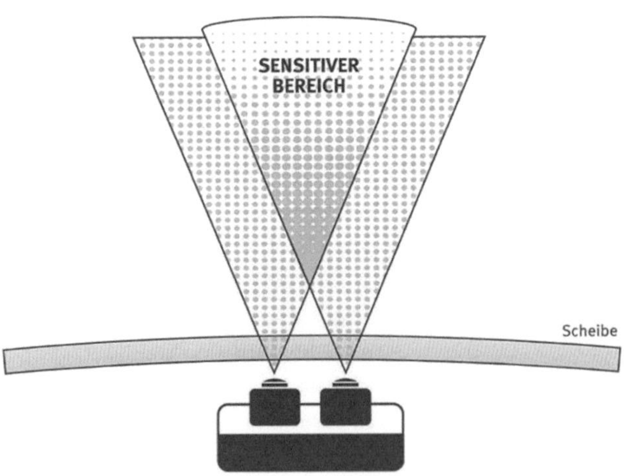

Bild 4: Räumlich abgegrenzter sensitiver Bereich, der Überkreuzung der Lichteinfalls- und Ausfallskegel von Sender und Empfänger resultiert.

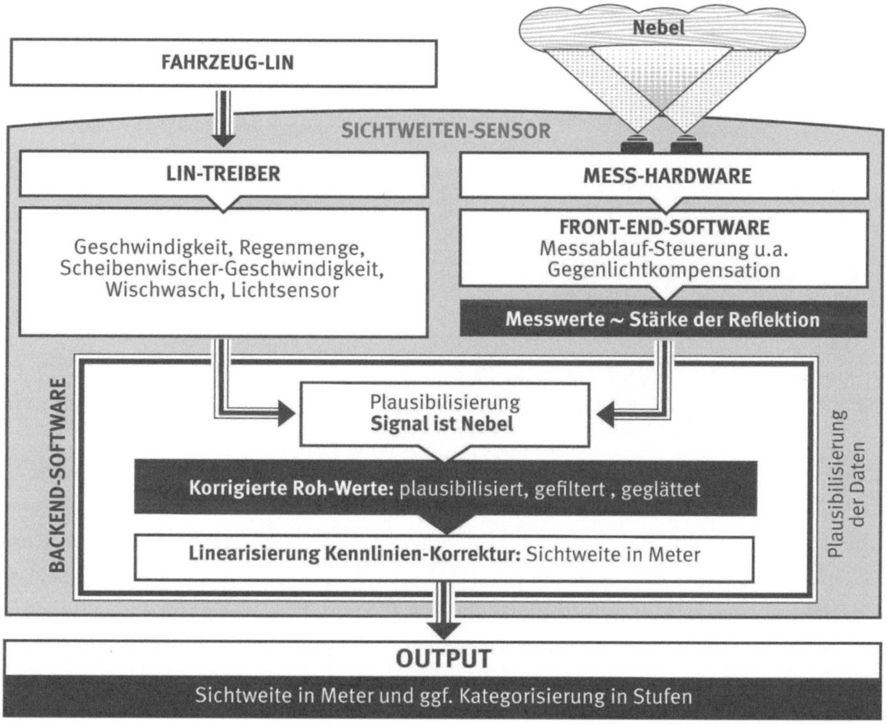

Bild 5: Zusammenwirken der Komponenten des Sichtweitensensors als Systemschaubild.

13.3.2 Aufbau

Wie in Bild 5 dargestellt, besteht der Sichtweitensensor neben der Schlüsselkomponente Optik, die zusammen mit der Hardware vom Gehäuse gehalten wird, noch aus einem weiteren wichtigen Bestandteil, der Software. In den folgenden Abschnitten werden die Aufgaben der einzelnen Bestandteile des Sensors detailliert beschrieben.

13.3.2.1 Optik

Die Aufgabe der Optik des SWS besteht darin, den Strahlengang von Sende- und Empfangsdiode so zu formen, dass er den Anforderungen entspricht. Dabei ist es von besonderer Bedeutung, dass es nicht schon innerhalb des Gehäuses oder im Bereich der Fahrzeugscheibe zu einer Überlappung der Lichtkegel kommt. Auch der Austausch von indirektem Streulicht sollte möglichst vermieden werden. Wie genau eine optimale Ausgestaltung der Optik aufgebaut sein sollte, ist unter anderem auch von der Abstrahlcharakteristik der Sende-LED abhängig und kann mit Hilfe einer Optiksimulation optimiert werden. Exemplarische Ergebnisse einer Optiksimulation sind in Bild 6 dargestellt.

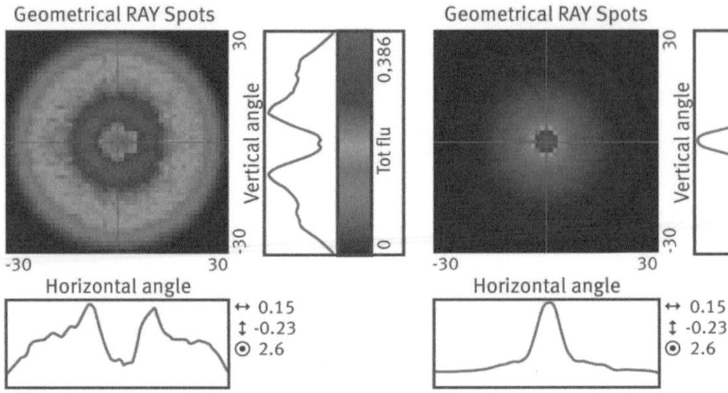

Bild 6: Exemplarische Ergebnisse einer Optiksimulation.

Bei der Optiksimulation wird hier ein sog. *Ray-File* zu Grunde gelegt, das die Abstrahlcharakteristik der Dioden beschreibt. Nachfolgend muss unter Berücksichtigung der konstruktiven Rahmenbedingungen der Strahlengang vom Sender über die Reflexion an den Nebeltröpfchen bis hin zum Empfänger simuliert werden. Ein Optimierungsziel ist dabei die Gesamtempfindlichkeit, wofür die Menge an Photonen am Empfänger maßgeblich ist. Zudem wird die räumliche Verteilung des sensitiven Bereichs erst durch die Optiksimulation ermittelt und kann so optimiert werden.

Zum Einsatz kommen hier aus Kunststoff gespritzte Linsen aus Polycarbonat. Diese können (falls aus Design-Gründen erforderlich) auch so ausgebildet sein, dass sie im sichtbaren Bereich des Lichts schwarz erscheinen und nur für das genutzte NIR-Licht durchlässig sind. In Bild 7 ist eine Linse schematisch dargestellt.

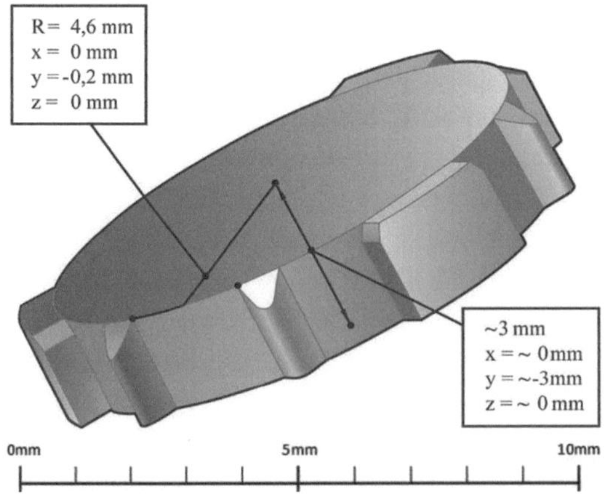

Bild 7: Schematische Darstellung einer Linse aus Polycarbonat (wahlweise auch aus optisch schwarz erscheinendem, aber IR-durchlässigem Material ausführbar).

13.3.2.2 Hardware

Der Sichtweitensensor verfügt über eine speziell ausgelegte Elektronik-Hardware. Die darin enthaltene Messelektronik muss unter anderem dazu in der Lage sein, den durch die Rückstreuung am Nebel verursachten Lichtstrom zu detektieren, wobei dieser um einige Zehnerpotenzen kleiner ist, als der tagsüber immer vorhandene Lichtstrom der Sonne. Dazu wird die Sendediode [13] mit einer Modulation versehen, die es auf der Empfängerseite mit Hilfe einer geeigneten Software ermöglicht, nur genau dieses vom Sender ausgestrahlte Licht zu detektieren. Allerdings ist dies allein nicht ausreichend, um das Nutzsignal vom Störsignal zu trennen. Denn, um überhaupt auf die geringe Lichtintensität des Nutzsignals reagieren zu können, ist ein sehr hoher Verstärkungsfaktor notwendig, der bei Tageslicht am Eingang des Analog-Digital-Wandlers (ADC) stets zu Übersteuerung führen würde. Verzichtet man auf den hohen Verstärkungsfaktor ist ein wesentlich höher auflösender ADC nötig, der für einen Serieneinsatz im Automotive-Bereich kostentechnisch ungünstig ist. Abhilfe schafft ein hoher Verstärkungsfaktor zusammen mit einer dynamischen Umgebungslichtkompensation, die dafür sorgt, dass das Eingangssignal des Verstärkers stets in der Nähe des Arbeitspunktes bleibt. Die Bordnetzanbindung erfolgt über ein LIN (Local Interconnect Network) Interface [16]. In Bild 8 ist ein vereinfachtes Blockschaltbild der Hardware dargestellt.

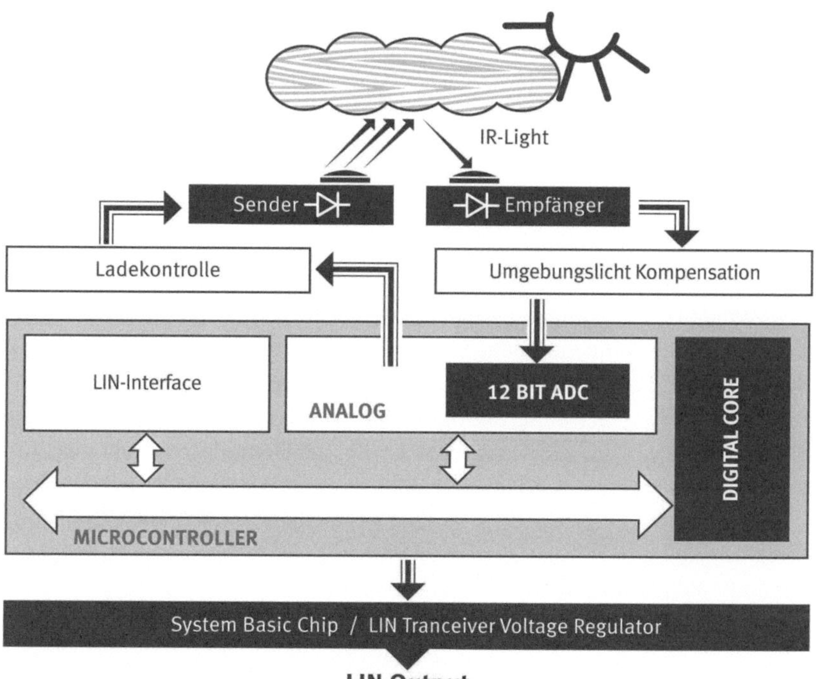

Bild 8: Vereinfachtes Blockschaltbild der Hardware des SWS.

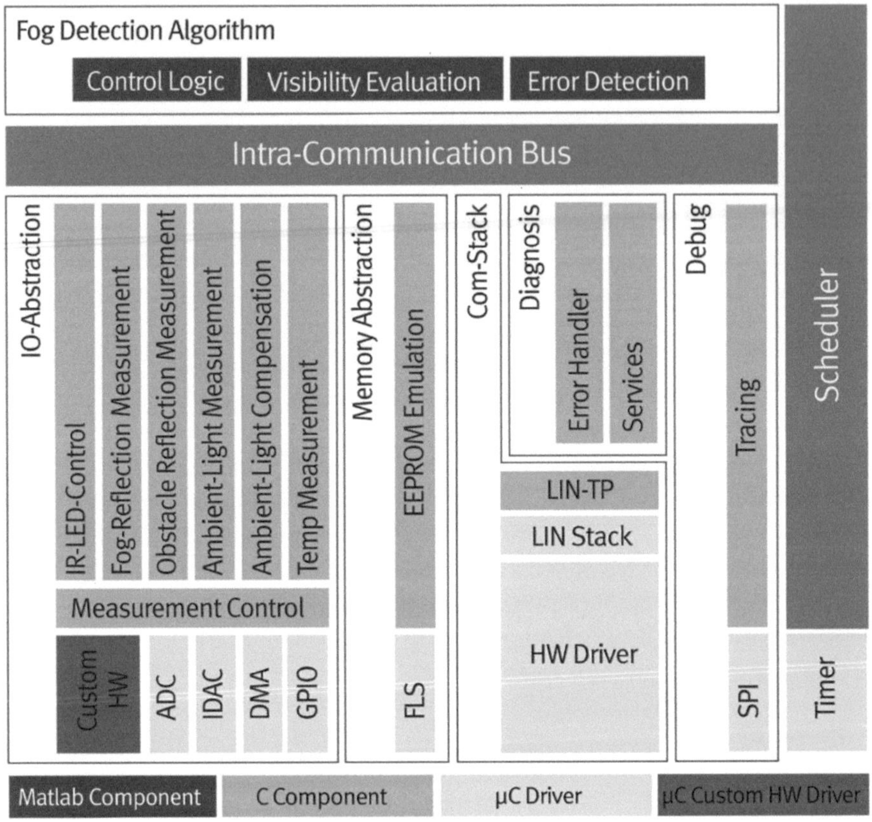

Bild 9: Softwarearchitektur des SWS.

13.3.2.3 Software

Neben den Standardaufgaben jeder Embedded-Software wie Speicherverwaltung, Kommunikation und Programmablaufsteuerung (vgl. Bild 9) gibt es bei diesem Sensorsystem zwei Besonderheiten. Bereits bei der Beschreibung der Hardware wurde die Notwendigkeit der Messablaufsteuerung erwähnt, um durch Modulation des ausgesendeten Lichts (SW Block „IR-LED-Control" in Bild 9) und entsprechender Demodulation auf der Empfängerseite eine Unabhängigkeit des Ausgangssignals von der Umgebungshelligkeit zu erreichen. Um die Funktion des Sensors über den großen gegebenen Bereich der Umgebungshelligkeit zu gewährleisten muss dynamisch nachgeführt werden (Blöcke „Ambient Light Measurement" und „Ambient Light Adjustment"). Die Entkopplung des Sensorsignals durch Modulation kann zwar Störungen durch Fremdlicht und andere Einflüsse unterdrücken, ist jedoch wirkungslos bei Störungen, die von ihrer Natur her dem Nutzsignal gleichkommen. Die Rede ist von Reflexionen an Fremdkörpern, die keine Sichtweiteneinschränkung darstellen. Dies sind in der Praxis vor allem Verkehrsschilder, Garagenwände, Tunneldecken oder überhängende Bäume. Diese Einflüsse müssen herausgefiltert oder ihre Wirkung durch Plausibilisierung unterdrückt werden, wozu der Sensor nicht nur seine eigenen Messwerte, sondern auch weitere, auf dem LIN verfügbare Informationen wie etwa die aktuelle Fahrgeschwindigkeit oder die Scheibenwischergeschwindigkeit mit heranzieht. Dieser Teil wurde in der Programmiersprache Matlab/Simulink umgesetzt und direkt in den Code eingebunden (Block „Fog Detection Algorithm"). Im Extremfall zum Beispiel, wenn die Scheibe von außen vollständig verschmutzt ist oder eine Messung aus anderen Gründen nicht möglich ist, muss der Sensor zumindest an das übergeordnete Steuergerät die Meldung ausgeben, dass er aktuell nicht verfügbar ist. Für die Entwicklung und Optimierung dieses Softwaremoduls war es nötig, eine große Anzahl von Testfahrten durchzuführen, da eine Plausibilisierung der Daten nur anhand realer Messdaten erfolgen konnte. Zur weiteren Optimierung der Software wurden die Rohdaten aus der ersten Stufe des Sensors aufgezeichnet, um durch ein sog. *Software-in-the-Loop* Verfahren die Fortschritte bei Test und Optimierung der Software wesentlich zu beschleunigen. So konnte anhand aufgezeichneter Messdaten der Sensor-Eingangsstufe, bei der alle relevanten Fahrsituationen ausreichend abgedeckt sein sollten, später im Labor die Software immer weiter optimiert werden, ohne dass diese Testfahrten nach jeder Optimierungsschleife wiederholt werden mussten. Dies ist unter anderem deshalb von besonderer Bedeutung, da manche Fahrsituationen (auch *Use-Cases* genannt), nicht zu allen Jahreszeiten anzutreffen sind. So ist nicht nur Nebel ein Wetterphänomen, das man zu manchen Jahreszeiten in Deutschland eher selten antreffen wird, sondern auch alle anderen Wetterbedingungen müssen getestet werden, etwa starker Schneefall oder Regen bei gleichzeitigem Sonnenschein und Weitere. Die Softwarearchitektur des Sensors ist in Bild 9 dargestellt.

Neben einer mehrstufigen Unterdrückung von Störsignalen wird das Nutzsignal noch geglättet und linearisiert. Als Ausgangssignal steht dann wahlweise der Wert der Sichtweite in Meter zur Verfügung oder eine Kategorisierung der Sichtweite (z.B. Sichtweite unter 50 m). Diese Sichtweitenstufen können direkt zur Ansteuerung der Lichtfunktionen im Fahrzeug genutzt werden.

13.3.2.4 Mechanik

Für die Einbauposition des Sichtweitensensors im Fahrzeug gibt es ein Vorgaben, die sich aus der Funktion ergeben. So muss der Sensor notwendigerweise Licht nach außen abstrahlen und auch empfangen können. Zudem ist der konstruktive Aufwand für ein Bauteil im Fahrzeuginnenraum deutlich geringer als im Außenraum, da hier die Umgebungsbedingungen wesentlich härter wären, u.a. müsste das Gehäuse eine sehr hohe Schutzklasse für Staub- und Wasserdichtigkeit aufweisen, was das Sensorsystem verteuern würde. Deshalb wurde der Sensor so ausgelegt, dass er hinter der Windschutzscheibe, und zwar im vom Scheibenwischer überwischten Bereich, angebracht werden muss. Bei allen anderen Positionen wäre nicht sichergestellt, dass nicht durch starke Verschmutzungen die Lichtdurchlässigkeit mit der Zeit zu stark vermindert würde.

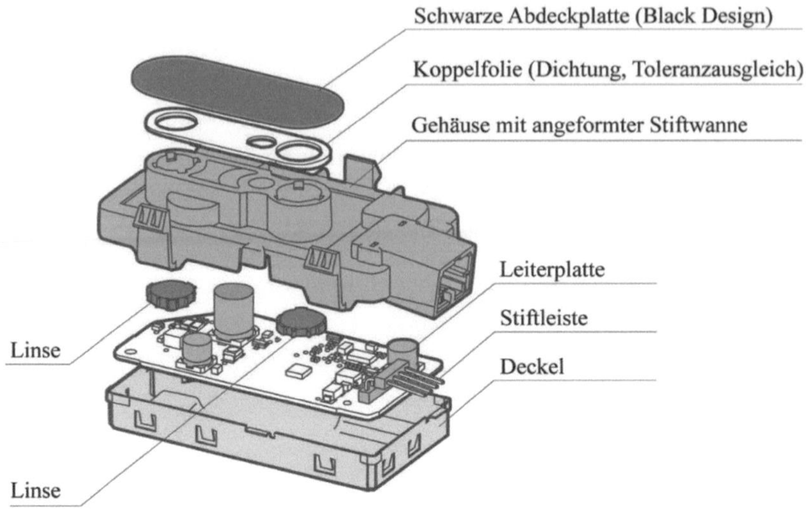

Bild 10: Explosionsansicht eines SWS-Prototypen.

Das Gehäuse des Sensors (vgl. Bild 10) muss nicht nur die Hardware und die Optik umschließen, sondern hat auch weitere Funktionen übernehmen, wie etwa je nach Anwendungsanforderung einen Staub- und Spritzwasserschutz zu gewährleisten und die entstehende Wärme abzuführen. Zudem wird der Stecker durch eine Stiftwanne am Gehäuse kostengünstig realisiert. In der Praxis stellt der Bauraum eine große Herausforderung dar. Die aktuell favorisierte Einbauposition (unter dem Innenspiegelfuß) stellt einen sehr eingeschränkten Bauraum dar. Hierfür ist denkbar, den Sichtweitensensor gemeinsam mit anderen Sensoren (z.B. Feuchtigkeitssensor, Temperatursensor, Fahrlichtsensor) zu integrieren.

13.4 Experimentelle Ergebnisse

13.4.1 Messaufbau

Da es sich beim SWS um einen völlig neuartigen Sensor handelt, mussten in der Entwicklungsphase nicht nur der Sensor selbst, sondern auch die Tools und Methoden zum größten Teil neu definiert werden. Damit ist nicht nur die Notwendigkeit gemeint, einen geeigneten Referenzsensor zur Überprüfung der Performance der Prototypen zu finden, sondern auch allgemein die Methodik, welche Messungen überhaupt sinnvoll im Labor durchgeführt werden können und welche Tests sich nur durch Erprobungsfahrten auf der Straße darstellen lassen. Dazu kommt die Aufzeichnung und Auswertung sämtlicher relevanter Umgebungsdaten, wie zum Beispiel Bewölkung, Niederschlag oder Straßenbeschaffenheit. Die aufgezeichneten Daten der Erprobungsfahrten dienen nicht nur zur Bewertung der aktuellen Sensorperformance, sondern auch zur Weiterentwicklung der Software. Wie in Bild 11 dargestellt ist, wird während den Erprobungsfahrten nicht nur das normale LIN-Bus Ausgangssignal des Sensors aufgezeichnet, sondern auch über eine SPI-Debug-Schnittstelle Rohdaten von höherem Informationsgehalt und größerer zeitlicher Auflösung mitgeschnitten. Dazu wird der Fahrzeugbus mit geloggt, so dass alle relevanten Fahrzeugdaten für eine spätere Auswertung zur Verfügung stehen.

Ein besonders wichtiges Element ist natürlich der ebenfalls aufgezeichnete Referenzsensor, der auf dem Dach des Fahrzeugs montiert ist und auch während der Fahrt kontinuierlich die vorliegende Sichtweite messen kann. Derartige Sensoren sind als sog. *Visibility Sensoren* von einer geringen Anzahl an Herstellern von Spezialmessgeräten verfügbar [11]. Bei den durchgeführten Erprobungsfahrten wurden Geräte von mehreren verschiedenen Herstellern verwendet [14].

Der Einsatzzweck dieser Sensoren liegt für gewöhnlich im Bereich der Luftfahrt oder der Objektüberwachung, zum Teil werden auch Verkehrswege damit überwacht. Obschon diese Sensoren in ihrer Funktionsweise stark dem hier vorgestellten System ähneln, gibt es doch einige deutliche Unterschiede. So sind die verfügbaren Sichtweitensensoren einige Zehnerpotenzen größer und vor allem teurer als der für den Automotive-Markt konzipierte Sichtweitensensor. Zwar können die teuren Spezialgeräte die Sichtweite in einem weiten Messbereich, teilweise bis hinauf zu 20.000 m mit einer spezifizierten Genauigkeit im Bereich von 10% messen, jedoch ist die Dynamik der Messung dabei wesentlich schlechter als es für einen Einsatz zur Lichtsteuerung nötig ist. Für die Überwachung eines Flughafens oder einer Autobahn ist eine Zeitkonstante im Bereich von etwa einer Minute völlig ausreichend, für die Steuerung des Fahrlichts sollte dieser Wert aber nicht höher liegen als wenige Sekunden. Daher handelt es sich bei den verfügbaren Referenzsensoren zwar durchaus um brauchbare Vergleichsnormale, die jedoch aufgrund der Tatsache, dass sie nicht für die hoch dynamische Messung der Bedingungen um ein fahrendes Auto herum konzipiert sind, ein paar Probleme bereiten. Die mangelnde Dynamik ist dabei nicht der einzige Nachteil der Referenzsensoren. So wird das Messsignal des Referenzsensors durch den Fahrtwind um das Kraftfahrzeug herum verfälscht. Dabei handelt es sich vermutlich um einen Zusammenhang, den der Einfluss von Luftverwirbelungen auf die Dichte des Nebels hat. Zur Erklärung muss darauf hingewiesen werden, dass der sensitive Bereich des SWS in Fahrtrichtung in einer Entfernung von bis zu einigen Metern vor dem Auto liegt. Das gemessene Luftvolumen ist also ungestört von der Bewegung des Fahrzeugs. Der Referenzsensor kann wegen seiner Größe nur auf dem Dach des Fahrzeugs befestigt werden und hat einen vergleichsweise kleinen sensitiven Bereich, der seitlich versetzt relativ dicht im Kreuzungsbereich der Lichtkegel von Sender und Empfänger liegt. Anders als beim SWS ist das Luftvolumen, das dieser Messung unterliegt, durch die Bewegung des Fahrzeugs Verwirbelungen unterworfen. Es konnte während den Testfahrten eindeutig gezeigt werden, dass bei einer konstanten Nebelsituation die vom Sensor gemessene Sichtweite unabhängig davon war, ob das Fahrzeug im Stand betrieben wurde oder die Messung während der Fahrt stattfand. Der zeitgleich auf dem Fahrzeugdach betriebene Referenzsensor jedoch misst während der Fahrt (abhängig von der jeweiligen Geschwindigkeit) eine etwa um den Faktor drei größere Sichtweite.

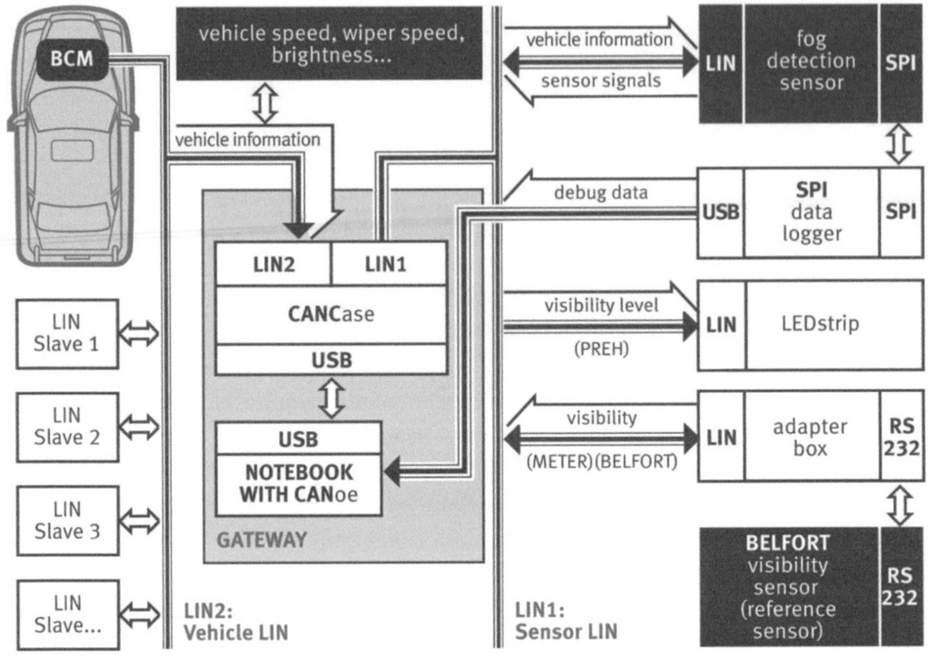

Bild 11: Blockschaltbild des im Fahrzeug genutzten Messaufbaus zu Datenaufzeichnung für Testfahrten mit dem SWS.

Es ist unerlässlich, die bei der Volumenfertigung auftretenden Bauteiltoleranzen durch eine Kalibration auszugleichen. Hierfür und für vergleichende Messungen verschiedener Prototypenstände im Labor wurde eine spezielle Messmethode entwickelt. Es ist es nicht ausreichend nur eine Kammer mit zerstäubtem Wasser zu füllen, um einen Laborversuch durchführen zu können. Es gibt hier eine Reihe von Herausforderungen, wie zum Beispiel die Frage nach der Vergleichbarkeit der künstlichen Nebeltröpfchen mit den realen, die Problematik mit Streulicht an den Wänden der Messkammer, die Nachbildung von realen, dynamischen Effekten wie Gegenlicht, Wind oder die Reflexion an Hindernissen. Daher muss man stets eine Vereinfachung der Nebelnachbildung in Kauf nehmen, die dem jeweiligen Zweck angemessen ist. Eine Erprobung des Sichtweitensensors unter realen Bedingungen im Fahrzeug ist unerlässlich. Zweckmäßigerweise kategorisiert man vor dem Start der Erprobung die zu erwartenden Umgebungsbedingungen in Use-Cases, um jederzeit die Testabdeckung angeben zu können und so ein methodisches Vorgehen zu ermöglichen. Jeder der Use-Cases sollte im Idealfall mehrfach durch Tests erfasst und die Performance bewertet werden. Der hier vorgestellte Sichtweitensensor konnte bei dieser Form der Erprobung bereits durchwegs sehr gute Testergebnisse vorweisen. Auch die Steuerung der Lichtfunktionen durch das Ausgangssignal des Sichtweitensensors wurde auf den Testfahrten umgesetzt und erfolgreich getestet.

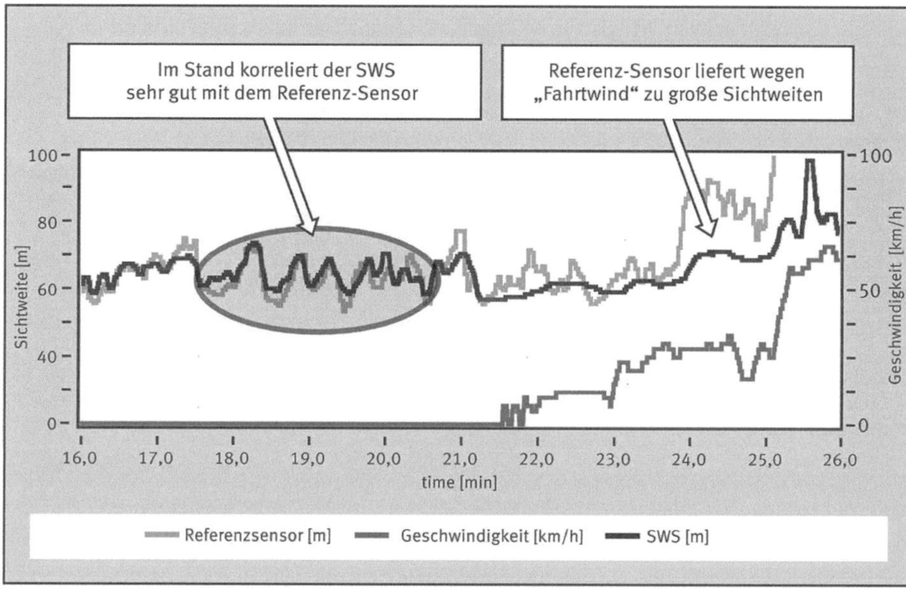

Bild 12: Exemplarische Darstellung realer Testfahrtergebnisse. Während der Testfahrt zeigt der Sichtweitensensor eine bessere Performance als der Referenzsensor (der auf dem Dach Luftverwirbelungen ausgesetzt ist).

13.4.2 Messergebnisse

Die Evaluierung der Prototypen basiert sowohl auf umfangreichen Testfahrten, als auch auf Messungen unter Laborbedingungen. Die beste Vergleichbarkeit zum Referenzsensor hatten dabei die Messungen mit dem SWS im Fahrzeug im Stand unter realen Nebelbedingungen. Bei den Messungen während der Fahrt war der SWS dem Referenzsensor (wie oben beschrieben) sogar deutlich überlegen (vgl. Bild 12).

In Tabelle 2 ist die Abdeckung der Use-Cases durch Testfahrten mit Bewertung dargestellt.

Die Messgenauigkeit des SWS kann wie folgt ausgewiesen werden: Sichtweiteneinschränkungen im Bereich von 0 bis 500 m können in diesem Bereich mit einer Genauigkeit von 10% und einer Sprungantwortzeit von weniger als 5 s detektiert werden (vgl. Bild 12). In Tabelle 3 sind die wesentlichen Eigenschaften des SWS zusammengefasst.

Die Messgenauigkeit des SWS lässt sich nur bedingt ausweisen, da es für einen Sichtweitensensor weder eine konkrete Messgröße noch eine Referenzmessung gibt, die eine messtechnische Verifikation der Messgenauigkeit dieses Sensors erlaubt. Die Bedingungen im Labor sind nicht ausreichend gut auf die Realität übertragbar: Realer Nebel ist zeitlich und räumlich inhomogen und zudem nicht reproduzierbar. Referenzsensoren sind zwar verfügbar, liegen von ihrer Messgenauigkeit her aber auch nur in derselben Größenordnung wie der vorgestellte, automotive-taugliche Sichtweitensensor. Zudem sind die

Referenzsensoren für eine Messung während der Fahrt bei bewegter Luft nicht geeignet und zu träge.

Tabelle 2: Abdeckung der Use-Cases durch Testfahrten mit Bewertung.

USE-Case					Sichtweite			
N	Name	Sub-Varianten	Test Done	Gesamtwertung	A Stufe 1 Sichtweite 0...50m Bewertung	B Stufe 2 & 3 Sichtweite 50...150m Bewertung	C Stufe 4 & 5 Sichtweite 150...500m Bewertung	D Stufe 6 Sichtweite >500m Bewertung
Wetter und Lichtverhältnisse								
1	Hochnebel (homogen)	3	3	1	1	1	1	
2	Morgen - Nebel (inhomogen)	3	3	1	1	1	1	
3	Smog	4	1	1				1
4	Regen und Gischt	4	3	2		2	2	1
5	Schneefall	4	3	1		1	1	1
6	Sonne	4	4	1	1	1	1	1
7	Sonne / Wolken - Mix	2	1	1				1
8	Geschlossene Bewölkung	3	3	1		1	1	1
9	Nacht	4	3	1		1	1	1
Umgebung								
10	Autobahn	3	3	1		1	1	1
11	Landstraße	4	4	1	1	1	1	1
12	Fahrt hinter LKW	2	2	1			1	1
13	Allee und Wald	4	4	2	1	1	1	2
14	Stadt	4	4	1	1	1	1	1
15	Brücke	4	4	1	1	1	1	1
16	Tunnel, Parkhaus	2	2	2			2	2
17	Wasch - Anlage und Tankstelle	1	1	1				1
Situation								
18	Fahrzeugstart	4	4	1	1	1	1	1
19	Einfahren in den Nebel	3	3	1	1	1	1	
20	Verlassen von Nebel	3	3	1	1	1	1	
21	Vereiste, verschmutzte Scheibe	4	4	1	1	1	1	1
22	Verkratzte Scheibe	4	4	1	1	1	1	1
Add-On								
23	Tunnel bei Nacht	4	3	2		2	2	1
24	Staub auf der Scheibe	4	3	1		1	1	1
25	Sensor abgeklebt, Blatt vor Sensor	1	1	1				1
26	Längere Fahrt in rel. homog. Nebel	3	3	1	1	1	1	

Legende: Bewertung: Schulnoten von 1-6 * ▒ - Use Case ist unrealistisch ■ - nicht vorgefunden

Tabelle 3: Technische Performance des Sichtweitensensors.

Eigenschaft	**Wert**
Messbereich	0 m bis 500 m
Auflösung	9 bit (entspricht 1m Sichtweite)
Genauigkeit	±10%
Reaktionszeit	< 2 s
Umgebungstemperatur ϑ_A	$-40\ °C \leq \vartheta_A \leq 85\ °C$
Betriebsspannung V_B	$10{,}5\ V \leq V_B \leq 16{,}5\ V$
Leistungsaufnahme P_{Max}	1,2 W
Schnittstelle	LIN 2.1
Steckerbelegung	Pin 1: Betriebsspannung Pin 2: Masse Pin 3: Ausgang (LIN)
Abmessungen	61 x 33 x 20 mm
Gewicht	ca. 30 g
IP Schutzklasse	IP5K2 [15]
Steckhäufigkeit	≥ 10 mal

13.5 Zusammenfassung und Ausblick

Mit der Verfügbarkeit des vorgestellten Sichtweitensensors ist jetzt das fehlende Element existent, das zur Komplettierung und Optimierung der heutigen Lichtautomatikfunktion in Bezug auf Nebelszenarien notwendig war. Durch die Integration des Sichtweitensensors erschließen sich auch für das Design neue Möglichkeiten hinsichtlich Vereinfachung der Bedienelemente für Lichtfunktionen (Entfall der Tasten für Nebelschlussleuchte und Nebelscheinwerfer). Um die Sicherheit im Straßenverkehr noch weiter zu erhöhen, könnte der Sichtweitensensor in Kombination mit der Vernetzung über sog. *Car-2-X* Kommunikation weiteren Nutzen ermöglichen. Schon heute gibt es die Bestrebung, dass die Fahrzeuge untereinander nicht nur Informationen über die Verkehrsdichte, sondern auch über die Wettersituation oder die Fahrbahnbeschaffenheit austauschen. Sobald auf den Straßen ein nennenswerter Anteil von Fahrzeugen, die mit einem Sichtweitensensor ausgestattet sind, unterwegs ist, kann die Information über die Nebeldichte im Bereich der Fahrbahn an nachfolgende Fahrzeuge übermittelt und in konkrete, auf realen Messungen basierende Warnhinweise umgesetzt werden. Gerade im Winter und bei Nacht ereignen sich im Bereich von Autobahnen häufig Unfälle aufgrund von zu hoher Geschwindigkeit trotz dichtem Nebel. Die Einführung von Schwarmintelligenz und Car-2-X Kommunikation könnte so mit Hilfe der Sichtweitenmessung für die Fahrsicherheit von großem Vorteil sein.

Literatur

[1] DAT-VEEDOL-Report, S. 10, 2016.

[2] "Zur Tragweite von Beleuchtungseinrichtungen im Nebel", Verkehrsunfall und Fahrzeugtechnik, Heft 12, S. 341 - 343, 1994.

[3] Gustav Mie, "Beiträge zur Optik trüber Medien, speziell kolloidaler Metalllösungen, Ann. der Physik. 4, S. 377 - 445, 1908.

[4] M. Grabner, V. Kvicera, "On the relation between atmospheric visibility and the drop size distribution of fog for FSO link planning", Proceedings of the 35th European Conference on Optical Communication, VDE Verlag GMBH, Vienna, S. 1 - 2, 2009.

[5] G. M. Hale, M. R. Querry, "Optical Constants of Water in the 200 nm to 200 µm Wavelength Region", APPLIED OPTICS, Vol. 12, No. 3, S. 555, 1973.

[6] T. Jordi, "Satellitengestützte Nebeluntersuchung im Alpenraum", Diplomarbeit, Philosophisch-naturwissenschaftliche Fakultät der Universität Bern, 2004.

[7] Driesen + Kern GmbH, Vaisala Instruments Katalog, S. 118 - 121, 2006.

[8] W. Hahn, D. Maier, C. Werner, W. Krichbaumer, J. Streicher (Erfinder), Bayerische Motoren Werke AG, München (Anmelder), Deutsches Patent, Nr. DE 4324308 C1, 1993.

[9] G. Kuehnle (Erfinder), Robert Bosch GmbH, Stuttgart (Anmelder), Offenlegungsschrift, Nr. DE 199 31 825 A1, 1999.

[10] B. Friedrich, Dr. Mark-Tell (Erfinder), Daimler Chrysler AG, Stuttgart (Anmelder), Offenlegungsschrift, Nr. DE 103 53 477 A1, 2003.

[11] C. Busch, E. Debes, „Wavelet Transform for Analyzing Fog Visibility", IEEE Intelligent Systems, 13.6, S. 66 - 71, Nov. 1998.

[12] M. Pavlić, "Kamerabasierte Nebeldetektion und Sichtweitenschätzung im Fahrzeug", Dissertation, Lehrstuhl für Mensch-Maschine-Kommunikation Technische Universität München, 2013.

[13] Osram, Datenblatt Photodioden, BPW 34 FAS; SFH 4715.

[14] Belfort, Modell 6000 Sensor; http://belfortinstrument.com/ambient-meteorological/visibility/

[15] International Organization for Standardization, Industriestandard, ISO 20653:2013.

[16] International Organization for Standardization, Industriestandard, ISO 17987-1:2016.

Kapitel 14
Sensorik für intelligente Steckverbinder im Automobil

Frank Ansorge[1], Christian Baar[2], Ixchen Elias Ilosvay[1], Christof Landesberger[1], Christoph Kutter[1]

Kurzfassung Steckverbinder und elektrische Anschlusstechnologien spielen eine zentrale Rolle in vielen Bereichen der industriellen Anwendung. Im Automobil sind diese für sichere Daten- und zuverlässige Leistungsübertragung unerläßlich. In der Vernetzung der Produktion von morgen ist die Anschlusstechnik die Hauptschnittstelle zwischen Maschinen, Steuerungen und Datenverarbeitungsanlagen. Zuverlässige Steckverbinder in Automobil und Industrie bilden somit die Grundlage für Funktionalität, einfache Handhabung und Zuverlässigkeit der zu erfüllenden Aufgaben. Die Integration innovativer Funktionen in diese Verbindungstechnik ermöglicht wesentliche Effizienzsteigerungen bei der Installation und Inbetriebnahme sowie beim zuverlässigen Betrieb von Maschinen und Anlagen. Darüber hinaus wird eine optimale Verfügbarkeit und Stabilität der Funktionen Datenübertragung und Bereitstellung elektrischer Leistung im Automobil, z.B. für das vollautomatisierte Fahren, gewährleistet.

Diese Schnittstellen und Anwendungen für intelligente Steckverbinder werden aufgezeigt und es wird die dafür erforderliche Packaging-Technologie ausführlich diskutiert. Es werden verschiedene Sensorprinzipien und Sensortechnologien beleuchtet, die für die durchgängige Verfügbarkeit von Prozessinformationen, Zustandsdiagnose und Energiemanagement, als wichtigen Teil der Bordnetzverbindungstechnik im Automobil, erforderlich sind.

14.1 Einleitung

Das digitalisierte Bordnetz ist einer der wichtigsten Funktionsträger innerhalb von (autonomen) Automobilen, wie auch von Automatisierungsanlagen. Die deutsche Industrie ist Weltmarktführer auf diesem Gebiet und muss sich in einem immer härter werdenden internationalen Wettbewerb behaupten. Die Differenzierung der Produkte erfolgt hier nicht nur

[1] Fraunhofer EMFT München.
[2] Siemens AG München.

T. Tille (Hrsg.), *Automobil-Sensorik 2*, DOI 10.1007/978-3-662-56310-6_14,

über den Preis, sondern insbesondere über Attribute und Zusatznutzen wie technische Zuverlässigkeit und Innovation, Bedienkomfort und kompakte Bauweise. Hierbei kommt der Anschluss- und Kontakttechnik eine besondere Rolle zu, da diese oftmals die Schnittstelle zwischen den Herstellern von Fahrzeugen und den unmittelbaren Zulieferern für Bordnetzkomponenten definiert.

14.2 Motivation und Innovationspotential

Industrie 4.0 hat das Potential, weltweit die industrielle Fertigung komplett neu zu gestalten und auszurichten. Das Internet bildet als Kommunikationsplattform die Basis von *Industrie 4.0* sowie *Smart Factory*, in der intelligent vernetzte Maschinen untereinander sowie mit den zu produzierenden Produkten kommunizieren. Die elektrischen Anschlusstechnologien in Form von Steckverbindern spielen dabei eine große Rolle.

Die Automobilindustrie ist neben der Fabrikautomatisierung einer der wichtigsten Märkte innerhalb der Verbindungstechnik. Der Anschluss- und Kontakttechnik von lösbaren Verbindungen, der Steckverbinder-Technologie, kommt in beiden Fällen eine besondere Bedeutung zu. Typische Ausfälle, durch Reibkorrosion oder chemische Korrosion, haben geringe Ankündigungszeiten und können dennoch zum Ausfall wichtiger Systeme führen. Eine integrierte Überwachung der jeweils aktuellen Verbindungsqualität durch integrierte, miniaturisierte elektronische Sensorsysteme könnte Abhilfe schaffen. Zukünftig können neuen aktiven Steckverbinder Sensor- und Diagnosefunktionen für die angeschlossenen Geräte (z. B. Erfassung des Energieverbrauchs, fehlerhafte Zustände, etc.) aufweisen.

Trends bei vorwiegend industriellen Steckverbindern sind durch den Zentral Verband der Elektronik Industrie [12] untersucht worden. Es werden unter anderem die folgenden Themen herausgestellt:

- Steckverbinder für hohe Übertragungsraten
- Steckverbinder mit Integration elektronische Intelligenz
- Schnellanschlusstechniken für große Querschnitte
- Kostengünstige Handhabung in der Anwendung
- Steckverbinder für Hybridfahrzeuge
- Steckverbinder in der Medizintechnik

Wichtige Technologietrends der mechanischen Anschlusstechnologien finden sich bei der Übertragung von HF-Signalen, der Übertragung und Überwachung von hohen Strömen, der Übertragung und Überwachung von hohen Spannungen und durch die Integration elektronischer Sensorik und Intelligenz.

Während im Projekt ISA [13] die Produktionsvernetzung für wesentliche Bereiche der Automatisierungstechnik verbessert werden soll, lassen sich für den Bereich der Bordnetze deutliche Parallelen finden. Es werden neue Verbindungstechnologien und Integrationstechniken erforscht, um intelligente Steckverbinder mit Sensoren und Aktoren umzusetzen.

Damit wird ein weiterer Grundstein zur Verwirklichung der *Industrie 4.0* bzw. autonomen Fahrzeuge und zur Schaffung *cyber-physischer Systeme* gelegt.

An der Schnittstelle zwischen Automobilen, Maschinen, Steuerungen und Datenverarbeitungsanlagen bilden diese Technologien die Grundlage für Innovation, Funktionalität, einfache Handhabung und Zuverlässigkeit der jeweiligen zu überwachenden Prozesse. Bedeutsame Effizienzsteigerungen lassen sich durch die Integration von Funktionen in die Verbindungstechnik erzielen (und zwar gleichermaßen bei der Installation und Inbetriebnahme sowie beim zuverlässigen Betrieb von Automobilen und Anlagen). Diese intelligente Anschlusstechnik zeichnet sich durch optimale Handhabung und Zuverlässigkeit aus. Sie integriert Sensor-und Diagnosefunktionen und hält natürlich dem harten Alltag, wie z.B. Vibrationen und Schmutz stand.

14.3 Anforderungen und Anwendungen intelligenter elektrische Steckverbinder

14.3.1 Definition

Intelligente Steckverbinder sollen im Folgenden als lösbare elektrische Schnittstelle verstanden werden, die mit zusätzlichen Funktionen ausgestattet ist. Zu dieser zusätzlichen Funktionalität werden verschiedene Sensoren gezählt. Damit die Sensoren effizient eingesetzt werden können, müssen ihre Daten direkt im Steckverbinder umgewandelt und ausgewertet werden. Der Steckverbinder wird demnach auch zu einem multifunktionalen integrierten Sensorsystem. Die Ausgabe der Daten soll dann schließlich über bekannte Schnittstellen erfolgen. Zu den bekannten Ausgabe-Interfaces im Industriegebrauch zählen zum Beispiel optische Anzeigen oder klassisch beschriftete Etiketten zur Kennzeichnung der Ein- bzw. Ausgangsfunktion von Kontakten. Neue Schnittstellen können die Übertragung der Daten durch ein Funkprotokoll darstellen oder eine reversible konfigurierbare Anzeige (auch auf mobile Endgeräte) sein.

14.3.2 Anforderungen

Komplexe Anlagen sowie Automobile enthalten bereits heute eine hohe Anzahl von konventionellen Steckverbindern, die extrem hohen Ansprüche bezüglich geringstem Platzbedarf bei optimaler Funktion in Handhandhabung und Konfektionierung stellen.

Bei der zukünftigen Integration von Funktionalität in derartige Stecksysteme oder durch den Einsatz von *IoT* und *Industrie 4.0* wird erwartet, dass ohne den Einsatz von 3D Technologien das erforderliche Verschmelzen der ursprünglichen physikalischen Grenzen der Komponenten nicht gewährleistet werden kann. Der Steckverbinder wird zusätzlich zur Funktion der elektrischen Verbindung gleichzeitig Schaltungsträger und mechanisches Funktionselement werden. Bereits im Jahr 2004 wurde dies unter der Bezeichnung

GEMIPAC [14] realisiert. Der Fokus dieses Vorhabens lag auf der Integration von Mikrosystemen auf modifizierten Leadframe-Trägern aus der Mikroelektronik.

Derzeit wird der Fokus auf die Modifikation des eigentlichen *Steck*-Verbinders gelegt. Die damit einhergehende Anforderung an die Miniaturisierung und Integration von Sensoren ist der Schwerpunkt dieses Beitrags.

Dieser bekannte Trend zur Miniaturisierung darf jedoch nicht zu Einbußen bei der Qualität oder Lebensdauer führen. Alle Komponenten müssen ein zuverlässig funktionierendes Gesamtsystem darstellen. Im Sinne der eigentlichen Funktion gilt diese sowohl für hochfrequente Feldbussignale, wie auch für kleinste Sensorsignale und für die Übertragung großer elektrischer Leistungen, z. B. bei Antrieben. Neue Technologien, wie zum Beispiel die Mikrosystemtechnik, fördern gleichermaßen die Miniaturisierung sowie Integration und bieten Chancen, im globalen Wettbewerb auch zukünftig erfolgreich zu sein. Es gilt, durch optimale Materialauswahl und geeignete Herstellungsverfahren, wirtschaftliche und für den Anwender vorteilhafte Lösungen zu finden.

Bezogen auf das Anforderungsspektrum eines Steckverbinders lassen sich daraus allgemeine und spezielle Anforderungen, wie in Bild 1 dargestellt, ableiten.

Basierend auf diesem sehr umfangreichen Anforderungskatalog und den Einzelcharakteristika wie beispielsweise niedrige, aber ausreichende Kontaktkräfte, hohe thermische und elektrische Leitfähigkeit, Abrieb- und Korrosionsfestigkeit, Kontaktausfallverhalten, Überwachung sowie Kosten je Kontakt muss für zukünftige Stecker Rechnung getragen werden.

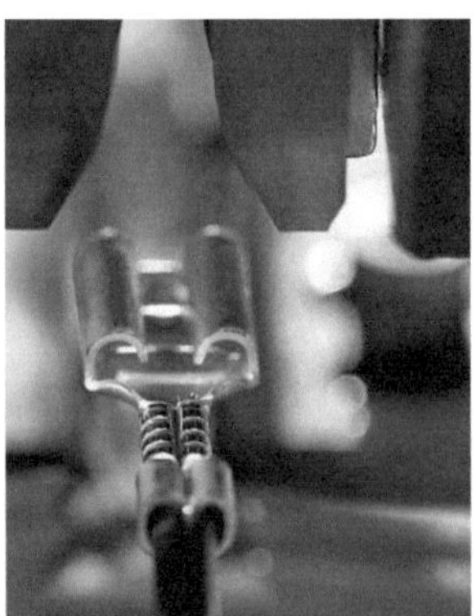

Kontaktleistung • Kontaktstrom • Kontaktspannung • Kontaktwiderstand	**Isolationsmaterial** • spannungsfest • isolierend • formstabil (z.B. gegen Temperatur)	**Vibration** • Vibrationswiderstand • Schockwiderstand
Kontaktteile • elastisch • Temperaturwiderstand	**Verbindungsart** • Lötverbindung • Einpresstechnik • Crimpverbindung • IDC...	**Kontaktausfall** • Oxidfilm • Korrosion • Klimate
Oberfläche • Schichtdicken • Materialabrieb • Steckzyklen	**Kontakttests** • mechanisch • elektrisch • klimatisch	**Standards** • Richtlinien • Normen • Kontaktabstand
Preis je Kontakt • Kontaktfeder • Kontaktmaterial • Kontaktart	**Kontaktwärme** • Leistungsverlust • Hitzefallen • Thermischer Widerstand	**Frequenzverhalten** • Shielding • Reflexionsfaktor • Kapazität
Schaltverhalten • Kontaktwiderstand • Isolationswiderstand	**Kontaktkräfte** • ausreichend • konstant	**Steckkräfte** • niedrig • anforderungsspezifisch

Bild 1: Schaubild eines beispielhaften Steckverbinders und Anforderungen an elektrische Steckverbinder, in Anlehnung an [12].

Vor diesem Hintergrund stehen eine Reihe von möglichen Handlungsfeldern im Fokus der nachfolgenden Betrachtungen. Eines davon ist die Effizienz das zur Verfügung stehende Volumen zu nutzen. Bei der Betrachtung von elektronischen Baugruppen fällt auf, dass ein großer Flächenbedarf für erforderliche Steckverbinder genutzt wird. Genauso verhält es ich bei den Steuergeräten in Automobil und Industrie sowie bei den Anschlüssen für Leistung und Daten zur Versorgung der Infrastrukturen. Daher kann auf der einen Seite der Platzbedarf durch Miniaturisierung reduziert werden, gleichzeitig scheint es erforderlich durch den Einsatz von Mikroelektronik mit der gekoppelten Sensorik und Aktorik den Bedarf an mechanisch bedienten Anschlußbauteilen zu reduzieren.

Dies erfordert die Integration von neuen oder neuartigen Funktionen. Die Ermittlung von Leistung und Information soll aufgezeichnet werden und mittels innovativer Übertragungsmechanismen weitergeleitet werden. Dazu ist die Integration von Sensoren erforderlich. Mit Rücksicht auf mechatronische Systemvarianten ist es von hoher Wichtigkeit, einen Großteil der Funktionen bereits im Steckverbinder zu erfassen und zu verarbeiten.

14.3.3 Steckverbinder für Anwendungen in höheren Leistungsbereichen

In der Mechatronik gelten Stecker als problematische Bauteile, weil sie einerseits eine relativ hohe Ausfallwahrscheinlichkeit besitzen und andererseits als physikalische Schnittstelle die Systemfunktion signifikant beeinflussen. Somit haben Stecker bezogene Fehler oft hohe Risikoprioritätszahlen. Die Erhöhung der Zuverlässigkeit von Steckverbindern hat demnach auch eine Verbesserung der Systemsicherheit zur Folge.

Viele Ausfallmechanismen an Steckern sind als Folge von Alterung/Abnutzungserscheinungen zeitabhängig. Daher existieren eine Reihe von Möglichkeiten, Selbsttests für die Degradation im elektrischen Betrieb anzuwenden, um bevorstehende Ausfälle im Betrieb zu erkennen oder sogar vorherzusagen. Einer der Ansätze für Built-in Self-Test (BIST) oder Condition-Monitoring ist es, die beteiligten Stecker mit intelligenten sensorischen Funktionen auszustatten.

Eine Weiterentwicklung dieses Konzeptes führt zu leistungselektronischen Halbleiterschaltern, die in die Stecker integriert werden können. Dies ermöglicht integrierte intelligente Sicherungen oder auch eine programmierbare Schaltmatrix für die I/O (Input/Output)-Kanäle. Vorteile solcher Lösungen sind die Erhöhung der Redundanz oder die Verringerung der Zahl zu übertragender Kanäle bzw. paralleler Leitungen.

Forschungsbedarf ist demnach zur Evaluierung der unterschiedlichen denkbaren Funktionalitäten, zu Konzepten für ihre physikalische Implementierung, zur Stecker Integration mit der zugehörigen Aufbau- und Verbindungstechnik und zu Performanceparametern gegeben. Im Folgenden wird jedes dieser Themen kurz behandelt.

14.4 Kontaktphysikalische Grundlagen

Degradationserscheinungen an ursprünglich als gut getesteten Verbindungen gelten als Ausfallursache für viele Steckverbinder. Typische Fehler bzw. Ursachen an Steckern sind Alterung der Kunststoffe und damit Undichtigkeiten, Feuchtigkeit und Kriechströme. Korrosion und intermittierende Kontakte, Leistungseinbruch, und parasitäre Widerstände. Diese Phänomene sind prinzipiell elektrisch detektierbar. Hier soll die Ursache der genannten Auswahl von Fehlern genauer beschrieben werden.

14.4.1 Engewiderstand und ruhender Kontakt

Oberflächen von Festkörpern sind wellig, rau und weisen nano-Rauigkeiten auf. Selbst glatteste, durch mechanische Bearbeitung erzielbare Metalloberflächen, weisen Mittenrauwerte von etwa 0,02 µm bis 0,05 µm auf. Diese Gestaltabweichungen werden, je nach Größe der Formabweichung in unterschiedliche Ordnungen von 1 bis 6 klassiert. Für den metallischen, elektrischen Kontakt ist in guter Näherung die 3. Ordnung (Rillen durch Bearbeitung) bis zur 5. Ordnung (Veränderung durch chemische Einwirkungen) von Bedeutung. Nähern sich zwei raue Oberflächen und wird mit ausreichend großer Kraft zusammengedrückt, so findet die erste Berührung nur über die sich nähernden Spitzen statt. Diese Mikrospitzen werden auf der Kontaktfläche verformt.

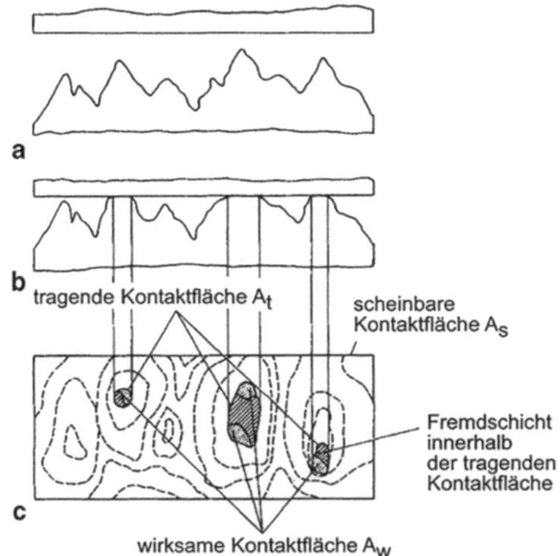

Bild 2: Raue, ebene Oberfläche. (a) vor und (b) während der Berührung mit einer ideal glatten, ebenen Fläche. (c) Darstellung der scheinbaren, tragenden und wirksamen Kontaktfläche (Maßstäbe willkürlich; gestrichelte Linien sind Höhenlinien) [5].

Wie in Bild 2 gezeigt, ist für die Leitung von Elektronen, von einer Seite des Kontaktes zur andern Seite, nur die sogenannte wirksame Kontaktfläche A_W zur Verfügung. Diese wird umgeben, bzw. teilweise überlagert von Fremdschichten aus Verunreinigungen, organischen Rückständen oder sich durch Oxidation ausbreitenden Oxidschichten (Kontaktfläche A_t) Dies führt zur scheinbaren Kontaktfläche. Die gesamte Fläche des Kontaktes wird als scheinbare Kontaktfläche A_s bezeichnet.

Es gilt:
$$A_w < A_t < A_s \tag{1}$$

Die wirksame Kontaktfläche steht in Wechselwirkung zur aufgebrachten Kraft und zu verkleinernd wirkenden Korrosions- bzw. Oxidationsreaktionen. Eine Erhöhung der Kontaktnormalkraft führt in weiten Bereichen der Kraft zu einer Vergrößerung der gesamten Kontaktfläche N_{ges}, wie in Bild 3 ersichtlich wird.

Der aus diesen Reaktionen sich ergebende Kontaktwiderstand R_K setzt sich maßgeblich aus dem Engewiderstand R_E und dem Widerstand der Fremdschicht behafteten Fläche R_F zusammen.

$$R_K = R_E + R_F \tag{2}$$

Aus geometrischen Überlegungen ergibt sich für einen gegebenen spezifischen Widerstand ρ der Kontaktpartner der Engewiderstand zu

$$R_E = \frac{\rho}{2A} \quad \text{und} \quad R_E \sim \sqrt{\frac{1}{F_N}} \tag{3}$$

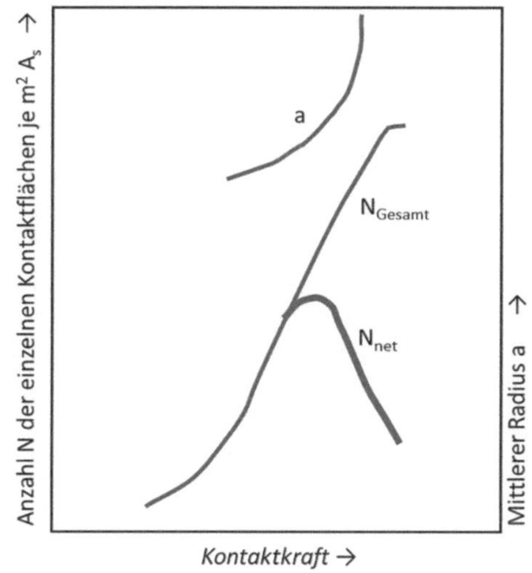

Bild 3: Mittlerer Radius a und Zahl der Einzelflächen N in Abhängigkeit von der Kontaktkraft für Aluminium gegen Stahl. N_{ges}: Gesamtzahl der Mikroflächen, N_{net}: Nettozahl der Flächen nach deren Zusammenwachsen bei höheren Kräften [5].

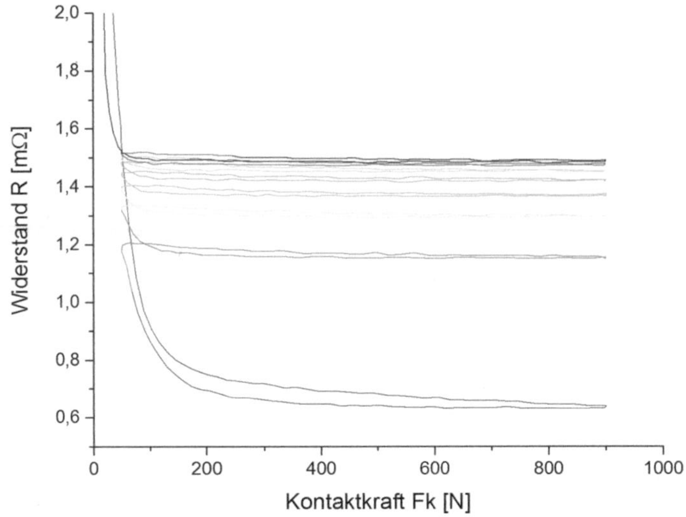

Bild 4: Repetitive Widerstandsänderung bei der Belastung von Aluminium-Kontakten [6].

Der Engewiderstand ist demnach umgekehrt proportional zur aufgebrachten Kontaktnormalkraft. Dies gilt für den elastischen Belastungsfall. Wird die Kontaktkraft über einen Schwellwert angehoben, so schwenkt die Widerstands/Kraft-Kurve auf ein Plateau ein, wie Bild 4 gezeigt. Der Endwert, der bei hohen Kontaktkräften erreicht wird, ist stets materialabhängig.

Die Engstelle des Kontaktes muss sich bei Stromdurchfluss zwangsläufig erwärmen. Die Temperatur der Engstelle kann für gegebene Leitfähigkeiten und Umgebungstemperaturen berechnet werden. Für vorgegebene Engewiderstände und maximalen Temperaturen kann eine Beziehung als maximaler Strom über der Temperatur der Kontaktstellen dargestellt werden. Diese sog. *Derating-Kurve* beschreibt demnach die Verlustleistung, welche maximal zulässig ist einer Verbindungsstelle in Abhängigkeit der Umgebungstemperatur

$$I(T_0) = \sqrt{\left(T_{max}{}^2 - T_0^2\right) \cdot \frac{4 \cdot L}{R_E{}^2}} \tag{4}$$

$$T_{max} = T_0 + \Delta T$$

Die Derating-Kurve einer Kontaktstelle ist in Bild 5 dargestellt [11].

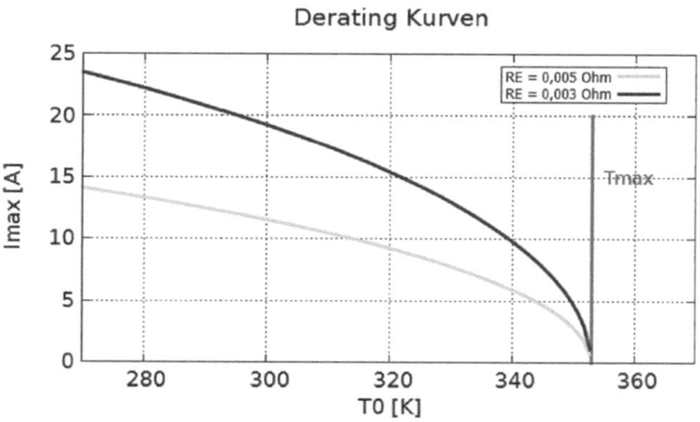

Bild 5: Derating-Kurve einer Kontaktstelle [11].

Momentan gibt es bezüglich der Sicherheitsvorschriften für die Zuverlässigkeit von lösbaren Kontakten, viele technische Richtlinien und wenige internationale anerkannte Standards oder gar Normen. Diese liefern jedoch keine Modelle und wissenschaftliche Analysen, sondern auf Grund von Erfahrungen im Betrieb und mit großen Sicherheitsmargen entwickelte Vorgaben. Hierdurch kann bei Einhaltung ein Ausfall zumeist vermieden werden. Beispiele liefert die in verschiedenen Prüfsequenzen, die zum Teil internationalen Normen folgen [15] gemäß dargestellte Untersuchung. Diese wird durchgeführt, um die Integrität von Steckern bei Einwirkung mechanischer, klimatischer oder chemischer Größen zu testen. Das Verhalten soll von Steckern und Kabelsätzen im Einsatz simuliert werden. Fehleinschätzungen der wahren Betriebsbedingungen und resultierende ungenügende Auswahl von Bauart und Materialien gelten als eine der wesentlichen Ursachen für Steckerprobleme.

Im Ergebnis scheint es wesentlich, die Güte der lösbaren elektrischen Verbindungen durch geeignete Sensorik an kritischen Stellen zu erfassen. In erster Näherung kann durch die kontinuierliche Erfassung der Kontaktkraft, der Temperatur am Kontakt und des Stromflusses eine Aussage über die Güte bzw. Degradation des Steckkontaktes (allgemeiner: des lösbaren elektrischen Kontaktes) getroffen werden.

14.5 Sensorik

Hinsichtlich der zu integrierenden Sensorik ist eine Miniaturisierung und damit eine Reduzierung des Bauraums von essentieller Bedeutung. Daher sind insbesondere Silizium-basierte Sensorik, wie Hall-Sensoren von Interesse, die möglichst ungehäust im Direktmontageprozess verarbeitet werden können. Die Nutzung neuer Sensortechnologien ist ebenfalls von großer Bedeutung. Es werden im Folgenden Materialeigenschaften für die Verwendung von *inhärent-intelligenter* Sensorik diskutiert und beispielhaft erläutert.

Weitere Komponenten von intelligenten Steckverbindern sind die erforderlichen Mikro-Controller, diskrete Bauelemente, Funk- und Cryptocontroller sowie Substrate. Wird eine nicht-modulare Vollintegration vorgesehen, so müssen zu der konventionellen Verarbeitung der Elektronik-Montage zusätzlich die Anforderungen für Steckverbinder eingehalten werden. Dazu zählen vor allem Anforderungen an Umweltprüfungen, an das Handling und erweiterte Anforderungen an die mechanische Belastung von Steckverbindern.

14.5.1 Stromsensorik

Zur Messung und Steuerung der im Fahrzeug fließenden Ströme stehen grundsätzlich drei Technologien zur Verfügung. Dazu zählen Messwiderstände (sog. *Shunts*), Hall-Effekt-Sensoren und Fluxgate-Sensoren. Jede dieser Technologien hat spezifische Vor- und Nachteile, die nachfolgend kurz betrachtet werden.

14.5.1.1 Shunts

Shunts kommen vor allem für die Messung von Batterieströmen zum Einsatz. Mit dieser Technik sind hochaufgelöste Strommessungen von einigen Milliampere bis etwa 1000 A möglich [7]. Aufgrund der verwendeten Materialien und der erforderlichen Auslegung der Mess-Widerstände auf den maximalen Strom ist der Einsatz aus wirtschaftlicher Perspektive vergleichsweise problematisch. Im Bereich Steckverbinder würde der Einbau eines Shunt-Systems zusätzlich die Unterbrechung des Strom-Laufs bedingen. Dies ist aus Gründen der Systemzuverlässigkeit stets gut abzuwägen.

14.5.1.2 Hall-Sensoren

Hall-Sensoren sind für eine große Vielzahl von Anwendungen in Industrie und Automobil verfügbar. Einer der wichtigsten Vorteile gegenüber Shunt-Sensoren ist die galvanische Trennung vom zu messenden Stromkreis. Das in den Sensor integrierte Hall-Fenster liefert eine zur Ausgangsspannung proportionale Hall-Spannung, die von der magnetischen Flussdichte und damit z.B. von dem Magnetfeld abhängt. In dem hier vorliegenden Fall wird das Magnetfeld gemessen, welches durch ein von einem Strom durchflossenen Leiter erzeugt wird. Hall-Sensoren lassen sich demnach an beliebigen Positionen anbringen, an denen der Stromfluss gemessen werden soll. Für Hall-Effekt Sensoren lassen sich eine Vielzahl von Herstellern finden, nahezu alle Halbleiterhersteller haben auch Hall-Sensoren zumeist mit integrierter Auswerte-Einheit im Lieferprogramm. Damit lassen sich sowohl Offset-, als auch Temperatur-abhängige Effekte als Kalibrationskurven im Speicher ablegen.

Die Montage des Hall-Fensters muss senkrecht zum Stromfluss erfolgen. Dies ist bei konventionell gehäusten Sensoren der meisten Baureihen, die mit einem Standard Gehäuse verarbeitet werden völlig unproblematisch [8]. Ein Beispiel für Hall Sensoren ist in [16] zu finden.

Im Fall der Montage der Sensoren innerhalb von sehr kleinen Steckverbindern sind weitere Techniken erforderlich. Es ist entscheidend das Magnetfeld, welches durch den Stromfluss im Feder/Messer-System des Steckverbinders erzeugt wird, geeignet zu bündeln. Weichmagnetische Materialien mit geeigneter Permeabilität (μ_r ca. 55.000 bis 140.000) erweisen sich als geeignet diese Aufgabe zu erfüllen. Solche Materialen werden aus Nickel-Eisen-Legierungen hergestellt und als *Mu-Metall* oder *Permalloy* bezeichnet. Die messbare Stärke des Magnetfeldes steigt umso mehr, je näher das Feld an die Oberfläche des Sensorelementes geführt werden kann. Eine Simulation zeigt, dass der Abstand zwischen den Enden eines Rings aus Mu-Metall kleiner sein sollte, als es dies gehäuste Hall-Sensoren ermöglichen.

Der bündelnde Metallring ist demnach auch sehr eng um den stromführenden Leiter zu führen. Der Spalt zwischen Sensoroberfläche und Metallring muss minimal ausgebildet sein. Bei der Auswahl der Sensoren fiel die Wahl auf ein System wie unter [16] beschrieben. Für die Aufbau- und Verbindungstechnikist es von entscheidender Bedeutung, das der jeweilige Sensor ungehäust verfügbar ist. Folgende Spezifikationen wurde im vorleigenden Fall ausgewählt:

- Stromverbrauch 7 mA (aktiv)
- Messbereich ±25 mT bis ±200 mT
- Messfrequenz: Maximal 2 kHz
- Analoger Signalausgang

In Bild 6 ist in einer Designstudie die Montage in eine Leiterplatte mit entsprechender Kavität gezeigt. Die einzelnen Hall-Sensoren werden im Wafer mit Lotbumps versehen. Die Kontaktierung des vertikal stehenden ICs erfolgt über gelötete Flip-Chip-Verbindungen.

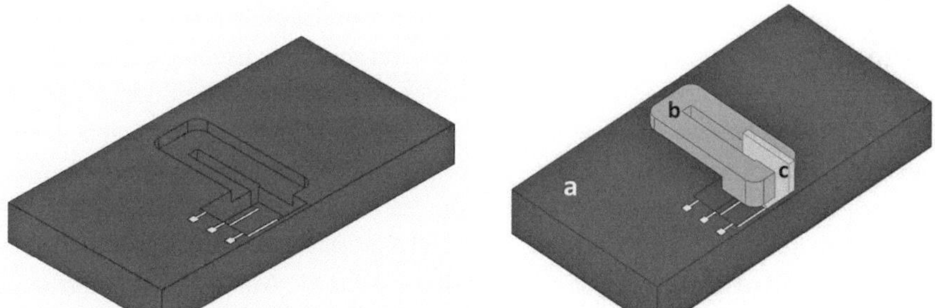

Bild 6: Designstudie zum Testsubstrat Vertical-Flip-Chip, (a) Substrat mit Kavität, (b) Mu-Metall-Ring zur Bündelung von Magnetfeldern, (c) Hall-Sensor ungehäust.

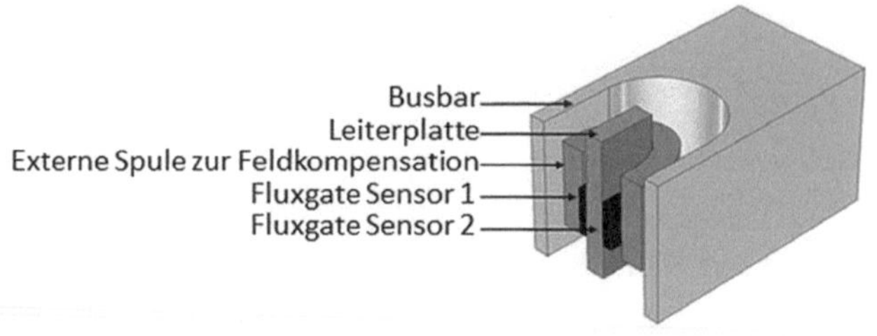

Bild 7: Flux-Gate Sensor mit Kompensationsspule [7].

14.5.1.3 Fluxgate-Sensoren

Die Fluxgate-Technologie soll die Lücke zwischen Hall-Sensoren und Shunts überbrücken [6]. Derzeit messen Fluxgate-Sensoren, ähnlich der Hall-Sensoren, das von einem stromdurchflossenen Primärleiter erzeugte Magnetfeld. Dazu kommen Varianten mit einem Spulenpaar, welches Signal-Offsets eliminiert oder die in [7] vorgestellte Variante des Differential Fluxgate-Sensors.

14.5.2 Temperatur-Sensorik

Temperatursensoren werden von einer Reihe namhafter Hersteller angeboten. Dabei wird im Allgemeinen die Abhängigkeit des elektrischen Widerstands des Sensormaterials von der Temperatur ausgenutzt. Wesentliche Vorteile weisen integrierte Halbleiter-Temperatur-Sensoren auf, die ein zu ihrer Temperatur proportionales Messsignal liefern, nicht abgeglichen werden müssen und eine kleine, leicht verarbeitbare Bauform bieten. Für die Integration von Temperatur-Sensoren in Steckverbinder sind folgende Eigenschaften von Bedeutung. Aufgrund der Einsatztemperaturen und der Temperaturbeständigkeit der übrigen Materialien ist ein Messbereich von ca. -65 °C bis 125 °C ist zu bevorzugen. Die Messgenauigket der Sensoren ist im Bereich von +/-1 K hinreichend genau. Bezüglich der Beanspruchung im Steckverbinder sind Sensoren zu bevorzugen, die mit einer geringen Kontakt-Anzahl für Energieversorgung, Erfassen und Auslesen der Daten arbeiten. Die Integrierbarkeit und damit die Größe der Sensoren ist für die Auswahl von entscheidender Bedeutung, da die Temperatur möglichst nahe an dem elektrischen Kontakt gemessen werden muss. Damit sollten die äußeren Dimensionen des Sensors jeweils im Bereich der Kontaktbreite der zu messenden Verbindung liegen.

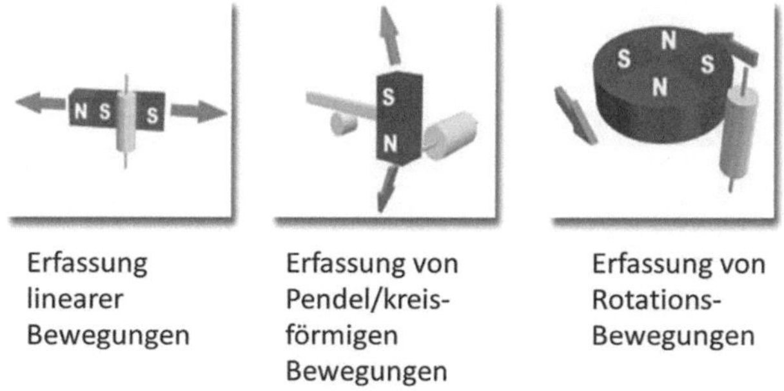

Bild 8: Detektionsmöglichkeiten für Puls-Perm-Sensoren [10].

14.5.3 Intrinisch-inhärente Sensorik

Die sensorische Erfassung unterschiedlicher Zustände von Steckverbindern vor der Inbetriebnahme oder bei Ausfall der zentralen Energieversorgung ist von steigender Bedeutung. Die zentrale Aufgabe ist in diesem Fall die im Bedarfsfall kurzfristig zur Verfügung stehende Energie und die Möglichkeit der Speicherung der Sensordaten.

Klassische sog. *Energy-Harvesting-Methoden*, wie Solarenergie, Vibration, Temperaturunterschiede sind an dieser Stelle von geringer Bedeutung. Vor der eigentlichen Inbetriebnahme kann nicht sichergestellt werden, ob dieser Energiearten zur Verfügung stehen.

Ist der zu messende Vorgang mit Bewegung verbunden, stehen zwei Methoden zur Verfügung diese Abläufe zu erfassen und zeitlich angeordnet zu speichern. Zum einen bieten Piezo-basierte Verfahren die Möglichkeit durch geeignete mechanische piezo-Elemente hinreichend viel Energie zu erzeugen, dass ein Speicherelement für kurze Zeit mit Energie versorg werden kann und der Vorgang aufgezeichnet wird. Der Nachteil dieser Verfahren ist die „schwingende“ Bewegung, die das Piezoelement durchführen muss, da diese mit zusätzlichem Bauraum sowie einer individuell vom System abhängigen Ausfallwahrscheinlichkeit zu bewerten ist. Der Vorteil ist die sofortige Verfügbarkeit in verschiedenen Ausführungen.

Andere Verfahren nutzen die Erzeugung von Energie-Stößen auf der Basis von Ummagnetisierungen spezieller Drähte. Unter der Bezeichnung Pulse-Perm-Sensor [10] oder Wiegand-Sensor werden Module angeboten, die hinreichend viel Energie erzeugen, um einen angeschlossenen Microcontroller für das Erfassen der Sensordaten und der Speicherung kurzzeitig zu aktivieren. Der Puls-Perm-Sensor enthält einen Draht, der duale magnetische Eigenschaften aufweist. Im Inneren des Drahtes befindet sich eine hartmagnetische Lage, die Außenseite des Drahtes ist weichmagnetisch. Ist der Draht in Längsrichtung magnetisiert, so kippt diese Magnetisierung beim Anlegen eines hinreichend großen gegenläufigen Magnetfeldes spontan in die entgegengesetzte Richtung. Eine um den Draht gelegte Spule kann diesen Impuls detektieren oder sogar, wie oben beschrieben, damit das Aktivieren eines µ-Controllers ermöglichen. In Bild 8 sind verschiedene Relativbewegungen von Draht (Spule) und Magnetfeld dargestellt, die zu einem Kippen des Magnetfeldes führen können. Es sind je nach mechanischer Konfiguration lineare oder verschiedene rotatorischee Bewegungen zur Auslösugn eines Wigenadimpulses möglich.

Eine der Hauptaufgaben liegt derzeit in der Bereitstellung geeigneter Speichermöglichkeiten, die unabhängig von einer Versorgungsspannung beliebig viele Ereignisse aufnehmen können und bei Bedarf (und Anlegen einer Versorgungsspannung) diese Information in zentrale Speicher abgeben können.

14.6 Packaging-Technologie

Der Aufbau- und Verbindungstechnologie kommt eine besondere Bedeutung zu. Daneben ist das Zusammenwirken von Steckverbindern unterschiedlicher Hersteller eine wichtige Voraussetzung für den breiten Einsatz eines aktiven Steckverbinders.

In [14] konnten Leadframe-basierte Verbindungstechniken erprobt werden. In diesem Fall wurde die gesamte Schaltung inklusive der Sensorik mittels *Transfermolding* umspritzt und so vor Umwelteinflüssen geschützt.

Im Falle der Leiterplatten-Steckverbinder werden klassische Methoden, wie MID (Molded Interconnect Device) in den Vordergrund treten. Die MID-Materialien sind zumeist mit den Kunststoffen der Gehäuse für Stecker kompatibel. Es bietet sich zudem der entscheidende Vorteil, dass der ungehäuste Sensor sehr präzise senkrecht zur Substrat-Grundfläche ausgerichtet werden kann. Bild 9 zeigt eine Übersicht mit zwei Hall-Sensoren, die mittels Löten kontaktiert sind. Eine Voraussetzung ist die Eignung für strukturierte Metallisierung und die Lötwärme-Beständigkeit der Polyamid-basierten MID-Substrate.

In den nachfolgenden Aufnahmen ist das komplettierte Modul in unterschiedlichen Ansichten abgebildet. Auf den Bildern 10 und 11 ist die bestückte Rückseite eines MID-Substrates abgebildet. Es wurden jeweils 4 Steckkontakte vorgesehen, die von 4 Temperatursensoren individuell überwacht werden können. Die Package-Outline der Temperatur-Sensoren liegt bei ca. 1,1 x 1,1 mm^2. Damit sind die Sensoren hinreichend klein ausgewählt worden, um eine Integration in der Nähe der mechanischen Kontakte zu ermöglichen. Der geringe Abstand stellt einen Kompromiss zwischen der Montagefähigkeit der Sensoren und dem zu erwartenden Temperatur-Messergebnis dar.

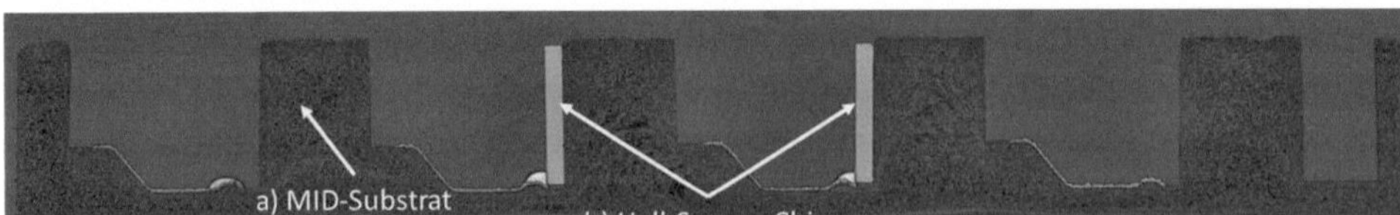

Bild 9: Schliffbild als Übersicht zu Montage von Hall-Sensoren im 3D-Substrat. (a) MID Substrat, (b) Senkrecht zur Substratfläche kontaktierter Hall-Sensor-Chip.

Bild 10: Lage der Temperatursensoren.

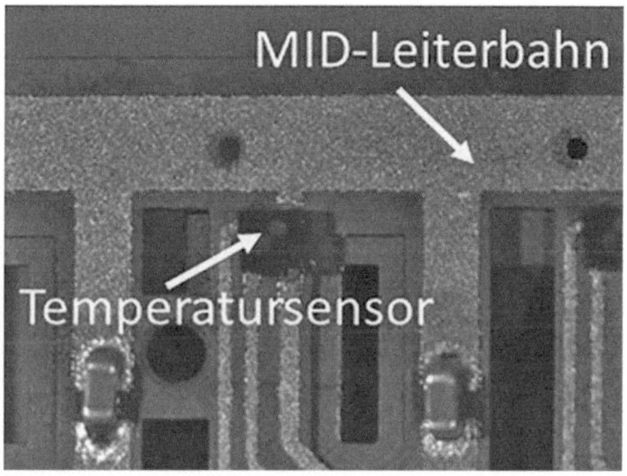

Bild 11: Detaildarstellung der Lage der Temperatur-Sensoren im 3D-Substrat, (a) Temperatur-Sensor, (b) MID-Leiterbahn.

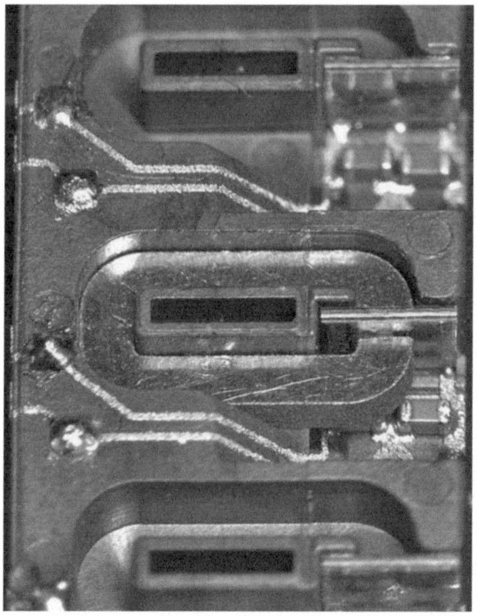

Bild 12: Übersichtsaufnahme eines komplettierten MID-Messmoduls. In die sichtbare rechteckige Öffnung innerhalb des ovalen Mu-Metallrings wird später der stromdurchflossene Steck-Kontakt eingeführt. Der senkrecht stehende Hall-Sensorchip ist in einer Aussparung des Mu-Metallrings senkrecht zu dem durch den Stromfluss hervorgerufenen Magnetfeld montiert.

In Bild 12 ist das komplettierte Modul vor dem Einbau in ein Steckergehäuse abgebildet. Zu erkennen ist der durch Lötmontage kontaktierte Hall-Sensor, der in eine Aussparung eines ovalen Metall-Rings aus Mu-Metall eingebracht ist. Der spätere Steckkontakt wird in die rechteckigen Aussparungen geführt. Das zu messende, durch den Stromfluß induzierte Magnetfeld wird durch den Mu-Metallring gebündelt und so auf das Hall-Fenster des Sensors konzentriert.

Eine weitere zukunftsweisende Aufbauvariante kann die Kombination der (in gestanzten Bändern angebotenen) Steckverbinder mit Foliensensoren auf der Basis von *Rolle-zu- Rolle* Prozessen sein. Das Besondere an dieser Aufbauvariante zeigt sich durch die grundlegende Annahme, dass damit eine Konfektionierung ermöglicht wird und der spätere Steckverbinder, der aus Metallteilen (Feder-Messer-System, Foliensensorik) in einem Gehäuse besteht, individuell bestückt werden kann.

14.7 Erwartete Degradationseffekte

Als Ausfallursachen für Steckverbinder und Kabelsätze gelten gemäß [1] - [4] zum Beispiel die Ausbildung von widerstandserhöhenden Schichten auf den Kontaktflächen. Dies kann durch verschiedene Korrosions- oder Kontaminationsprozesse hervorgerufen werden. Die Widerstandserhöhung ist elektrisch nachweisbar. Gleiches gilt für den Beschichtungsabtrag in Kontaktzonen. Durch mechanische Belastung wird die Güte der Kontaktzone verschlechtert. Wie in Abschnitt 14.4 beschrieben, verändert dies auch den Kontaktwiderstand.

Herstellungsbedingte Eigenschaften des Kontaktsystems sowie Kabelbruch/Steckerbruch sind grundsätzlich auch elektrisch erfassbar. Allerdings ist diese Versagensart oft von intermittierenden Kontakteigenschaften geprägt und damit schwieriger nachzuweisen, als die Schäden mit kontinuierlicher Verschlechterung.

Mit dem vorgestellten Sensorsystem lassen sich Einflüsse dieser Effekte nachweisen und so die schleichende Degradation von Steckverbindern messbar machen.

14.8 Zusammenfassung

Elektrische Anschlusstechnologien spielen eine zentrale Rolle in der Vernetzung der Produktion bei der vierten industriellen Revolution und bei dem Bordnetz zukünftiger, vollautomatisierter Automobile. Sie sind die Hauptschnittstelle zwischen Maschinen, Steuerungen und Datenverarbeitungsanlagen und stellen einen zentralen Baustein für Funktionalität, Handhabung und Zuverlässigkeit der Übertragung von Leitung und Information dar.

Die Integration von Intelligenz in die Verbindungstechnik weist eine Reihe von Innovationspotentialen auf, die wesentlich zu Effizienzsteigerungen bei der Installation und Inbetriebnahme, zu zuverlässigen Automobilen und Anlagen sowie einer optimalen Verfügbarkeit beitragen.

Im Beitrag wurde dargestellt, welche wesentlichen Kontakt-physikalischen Gründe für das Versagen von elektrischen Kontakten verantwortlich gemacht werden können. Es wurden verschiedene Sensorsysteme aufgezeigt, die dieses Versagen erfassbar machen. Gleichzeitig konnte gezeigt werden, dass nur höchste Miniaturisierung zu geeigneten Systemen führen kann, da die zu messenden Effekte sowohl sehr klein sind, als auch teilweise nur in unmittelbarer Umgebung des elektrischen Kontaktes unverfälscht auftreten.

Danksagung

Teile der Arbeiten wurden vom Bayerischen StMWI unter dem Titel: „Smart Power Mechanics“, AZ: VIII/3-3628b/25/1 und vom BMBF unter dem Titel „Intelligente Steckverbinder und Anschlussklemmen für industrielle Anwendungen“, Verbundnummer: ES1IP3D018 gefördert.

Literatur

[1] J. Horn, B. Lippmann, J. Haase, J. Albrecht, „Fehleranalyse von Steckverbinderkontakten“, *16. Albert-Keil-Kontaktseminar*, Karlsruhe 2001.

[2] Y. Ren, Q. Feng, T. Ye, B. Sun, “A Novel Model of Reliability Assessment for Circular Electrical Connectors”, *IEEE Transactions on Components, Packaging and Manufacturing Technology*, vol. 4, no. 6, pp. 202–206, 2015.

[3] T. Shibutani, J. Wu, Q. Yu, and M. Pecht, “Key reliability concerns with lead-free connectors”, *Microelectron. Rel.*, vol. 48, no. 10, pp. 1613–1627, 2008.

[4] R. S. Mroczkowski, “Concerning reliability modeling of connectors”, in Proc. 44th *IEEE Holm Conf. Elect. Contacts*, Washington, DC, USA, pp. 57–68., Oct. 1998.

[5] E. Vinaricky, „Elektrische Kontakte, Werkstoffe und Anwendungen“, 3. Auflage Springer Verlag, 2016.

[6] H. Radtke, C. Baar, T. Schreier-Alt, F. Ansorge, K.-D. Lang, „Aluminium in der elektrischen Anschlusstechnik von Leichtbaufahrzeugen“, *9. Anwenderkongress Steckverbinder*, Würzburg 2015.

[7] http://www.all-electronics.de/stromsensoren-das-beste-aus-zwei-welten/, Zugriff am 01.12.2017.

[8] C. Berger, „Stromsensoren für Hybrid und Elektrofahrzeuge auf Basis integrierter Fluxgate-Sensoren“, *Bordnetz Konferenz Bayern Innovativ*, München 2017.

[9] https://www.micronas.com/en/system/files/downloads/files/HAL_24xy_Precise_and_Robust_Programmable_Linear_Hall-Effect_Sensor_1.pdf, Zugriff am 01.12.2017.

[10] http://www.mrsensor.com/ppsprinciple_en.html, Trademark von Nikkoshi Co. Ltd Zugriff am 01.12.2017.

[11] F. Ansorge, „Steigerung der Systemzuverlässigkeit durch intellignete Schnittstellen im Bordnetz“, *Fachtagung*: *Effizienzsteigerung in der Bordnetzfertigung durch Automatisierung, schlanke Organisation und Industrie 4.0 Ansätze*, Nürnberg 2016.

[12] „Steckverbinder Technologien und Trends“, Herausgeber; ZVEI, Frankfurt am Main, 2015.

[13] „Intelligente elektrische Steckverbinder und Anschlusstechnologien mit elektronischer Signalaufbereitung (ISA)“ BMBF gefördertes Projekt des Rahmen des Förderschwerpunktes „Hochintegrierte 3D-Elektroniksysteme für die intelligente Produktion“, (01/2015 bis 12/2017).

[14] Eine skalierbare Aufbau- und Verbindungstechnik für „Next Generation" Mechatronik, GEMIPAK-BMBF gefördertes Projekt 16SV837I5, Berlin/Coburg/Munich, 1999-2002.
[15] IEC 601076-4-1xx identisch mit deutscher Version HD 567.6 S1:1990, https://www.beuth.de/de, Zugriff am 18.01.2018.
[16] HAL® 24xy in einem TO92UT Gehäuse; https://www.micronas.com/de/produkte/linear-hall-sensoren/hal-24xy, Zugriff am 18.01.2018.